零基础学习电工

机电维修孔师傅　等编著

机 械 工 业 出 版 社

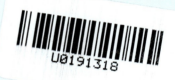

本书采用完全图解的方式对电工基本元器件与常用工具、常用家庭用电电路的安装接线、常用电动机及其控制电路的安装接线、常用器件应用电路的接线、实际应用电路的接线进行了详细说明。全书以超大的实物彩图，辅以清晰的接线引导，给电工领域的初学者提供了一种全新的、直接的学习方式，可帮助电工初学者、从业者快速提高电工技能、提升工作效率。

图书在版编目（CIP）数据

零基础学习电工/机电维修孔师傅等编著. —北京：机械工业出版社，2020.1（2025.1 重印）

ISBN 978-7-111-64331-9

Ⅰ.①零… Ⅱ.①机… Ⅲ.①电工技术－图解 Ⅳ.①TM-64

中国版本图书馆 CIP 数据核字（2019）第 277379 号

机械工业出版社（北京市百万庄大街 22 号 邮政编码 100037）
策划编辑：任 鑫 责任编辑：任 鑫
责任校对：王 延 封面设计：马精明
责任印制：任维东
天津市银博印刷集团有限公司印刷
2025 年 1 月第 1 版第 18 次印刷
260mm×184mm · 15 印张 · 400 千字
标准书号：ISBN 978-7-111-64331-9
定价：99.00 元

电话服务	网络服务
客服电话：010-88361066	机 工 官 网：www.cmpbook.com
010-88379833	机 工 官 博：weibo.com/cmp1952
010-68326294	金 书 网：www.golden-book.com
封底无防伪标均为盗版	机工教育服务网：www.cmpedu.com

前　言

尊敬的电工师傅，您好！

非常感谢您选购《零基础学习电工》，本书专门针对电工初学者编写，以最为直接的实物彩图全面、直观地展示、描述了电工操作的必备知识和技能。书中包含了上百种实物接线彩图，经典、直观、通俗易懂、易学易上手，实为学习电工的必选书籍。

在学习并实践本书内容时，要学会分解。一般控制原理图分为主电路图和二次电路图，一定要分开理解，不要混为一体去看。为了便于理解，本书中的工业控制电路，主线路和二次电路都是分开的。二次线路可使用低电压控制方式，也可以使用高电压控制方式，但不管何种方式，其原理都是一样的，要根据现场使用的条件来选择。

本书中的电路图大多都是在工业生活中现场采集、整理、加工、实践后绘制而成的。书中的每个示例是独立的，都有其自身的特点，既可以由前至后、由浅入深地系统阅读，也可以在实际应用中随时单独查看。书中使用了实物图形与标准图形相结合的表达方式，目的是方便初学者尽快地掌握电路的实质内容，从实践中来，到实践中去，不仅能学以致用、节省精力，而且还可以节约大量的时间。本书源于现场，服务于现场，是一本实用价值较高的参考书。

本书力求精益求精。在电路原理说明中，尽量使用简洁的语言描述电路，使读者一目了然。对部分长期应用而概念认知模糊的电路，本书力求做出客观的分析，以加深对应用电路的认识，解答心中的疑惑。只要按照目录顺序，逐节细心阅读，领悟其中的道理，定会受益匪浅。

值得注意的是，为了便于读者区分，本书中的电路图使用了不同颜色线条表示不同功能的导线，但并未按国家标准进行统一，仅作为示例，请读者在阅读使用时注意区分。另外，为了便于读者阅读，书中的元器件图形符号和文字符号，以及相关的名词术语也并未按照国家标准进行完全统一。书中电路虽然已经过电子仿真和实际验证，但由于使用条件不同，器件参数不一致，电路运行效果也会不同，所以本书中的电路仅供参考！

本书由机电维修孔师傅统稿，孔得需、孔争争也参与了部分章节的编写工作。此外，在本书编写过程中，很多同行、经验丰富的老师傅给予了大力支持和帮助，在此一并表示感谢！

由于作者水平有限，加之时间仓促，书中难免存在错漏之处，敬请广大电工师傅批评指正。

机电维修孔师傅

2019 年 12 月

目　录

第 1 章

图解基本元器件与常用工具

1 电阻、电容、电感详解

电阻（Resistance），通常用“R”表示，是一个物理量，在物理学中表示导体对电流阻碍作用的大小，单位为欧姆(Ω)。导体的电阻越大，表示导体对电流的阻碍作用越大。不同的导体，其电阻一般不同。电阻是导体本身的一种特性。电阻会导致电子流通量的变化，电阻越小，电子流通量越大，反之亦然。而超导体可以认为没有电阻。

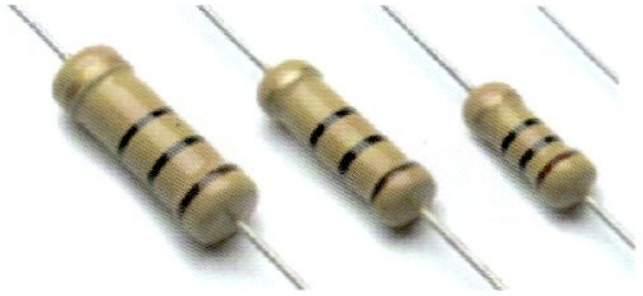

四色环金属膜电阻器

贴片电阻器

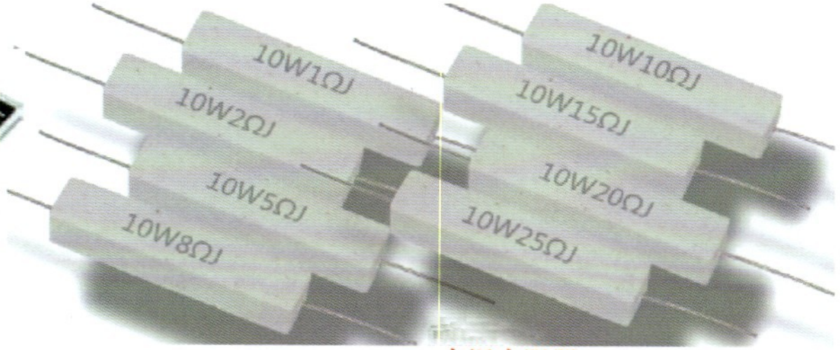

水泥电阻器

大功率负载滑动瓷管线绕变阻可调电阻器

电容(Capacitance)亦称作“电容量”，是指在给定电位差下的电荷存储量，记为C，国际单位是法拉(F)。一般来说，电荷在电场中会受力而移动，当导体之间有了介质，则阻碍了电荷移动而使得电荷累积在导体上，造成电荷的累积存储，存储的电荷量称为电容。电容是指容纳电场的能力。任何静电场都是由许多个电容组成，有静电场就有电容，电容是用静电场描述的。一般认为孤立导体与无穷远处构成电容，导体接地等效于接到无穷远处，并与大地连接成整体。电容（或称电容量）是表现电容器容纳电荷本领的物理量。电容从物理学上讲，是一种静态电荷存储介质。它的用途较广，是电子、电力领域中不可缺少的电子元件，主要用于电源滤波、信号滤波、信号耦合、谐振、滤波、补偿、充放电、储能、隔直流等电路中。

电解电容器

风扇起动电容器

安规电容器

三相自愈式补偿并联电力电容器

电感（Inductance）是闭合回路的一种属性，是一个物理量，通常用“L”表示。当线圈通过电流后，在线圈中形成磁场感应，感应磁场又会产生感应电流来抵制通过线圈中的电流。这种电流与线圈的相互作用关系称为电的感抗，也就是电感，单位是亨利（H），以美国科学家约瑟夫·亨利命名。它是描述由于线圈电流变化，在本线圈中或在另一线圈中引起感应电动势效应的电路参数。电感是自感和互感的总称。提供电感的元件称为电感器。

电动机起动电容器　电动机运行电容器

铁硅铝磁环电感器、线径环形电感器、大电流储能电感线圈

贴片功率电感器、绕线电感器

QH贴片共模电感器、扼流圈

变频器调速器输入出线端电抗器、电压降2%的电感器

工字电感器、大电流电感器

2　二极管、晶体管详解

二极管又称晶体二极管，简称二极管（Diode）。二极管由两块不同特性的半导体材料制成，交界处形成一个PN结，从P型半导体引出的是正极，从N型半导体引出的是负极。二极管具有单向导电的特性，电流只能从P极（正极）流向N极（负极），而不能从N极流向P极。当电流由P极流向N极的时候，二极管呈导通状态，对电流的流通阻碍很小；反之，当电流企图从N极流向P极的时候，二极管呈阻断状态，具有很大的电阻，使电流无法流通。二极管导通的条件是正极电压大于负极电压一定值（开启电压），稳压二极管是负极大于正极电压一定值才导通（它的稳压值）。

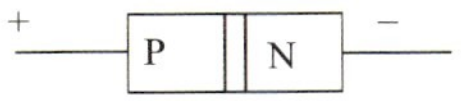

A图中的VD由于正极接的是电源的正极，所以VD的正极电压大于负极电压，VD导通，整个电路中有电流通过。B图中的VD是负极接电源的正极，负极电压比正极电压高，反向截止，相当于开路，整个电路中没有电流通过。

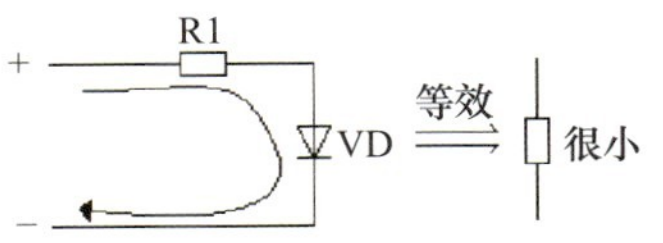

A　正向导通

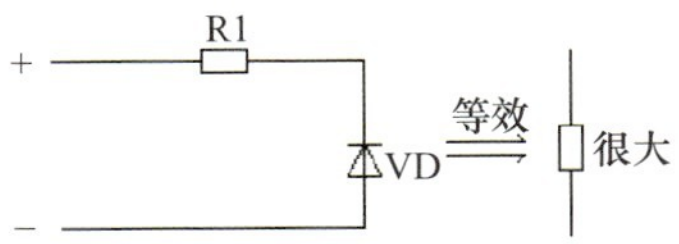

B　反向截止

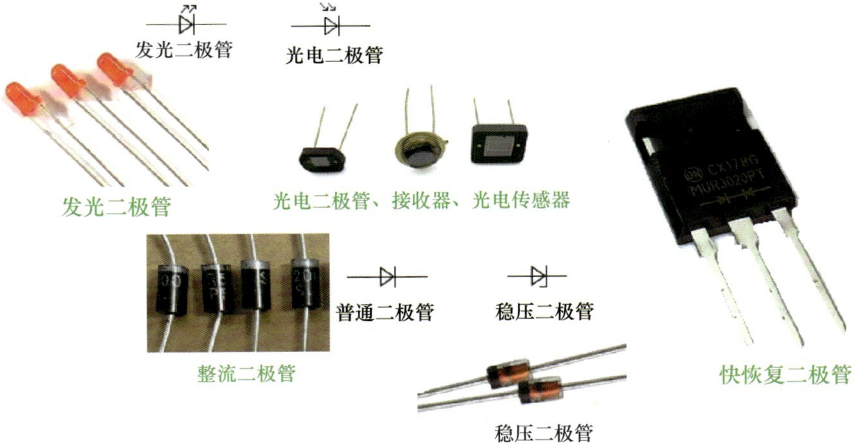

晶体管（Transistor）是一种固体半导体器件，具有检波、整流、放大、开关、稳压、信号调制等多种功能。晶体管作为一种可变电流开关，能够基于输入电压控制输出电流。与普通机械开关（如继电器、开关）不同，晶体管利用电信号来控制自身的开合，而且开关速度非常快，在实验室中的切换速度可达100GHz以上。

E B C

PNP型功率晶体管、稳压器

晶体管的原理图符号主要有两种，如下图所示：

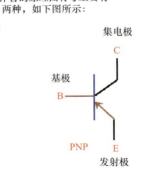

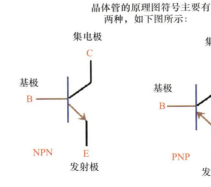

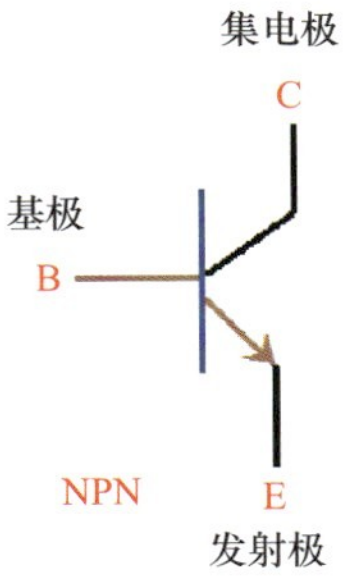

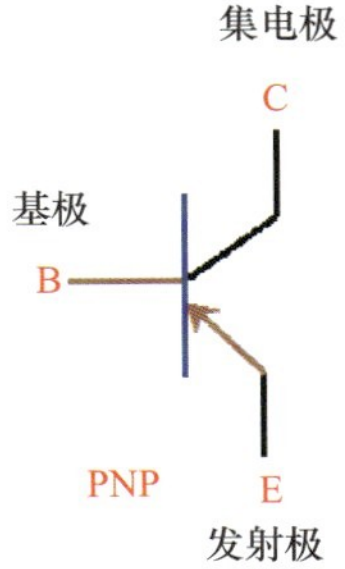

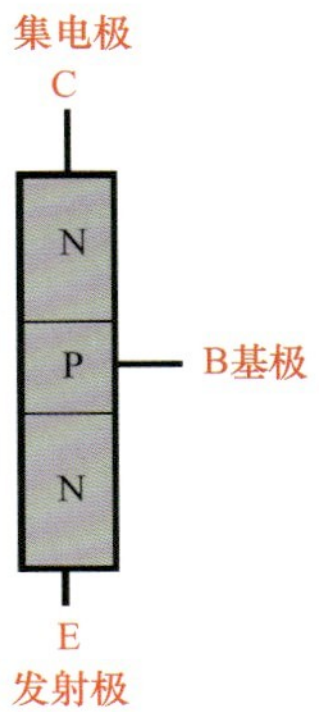

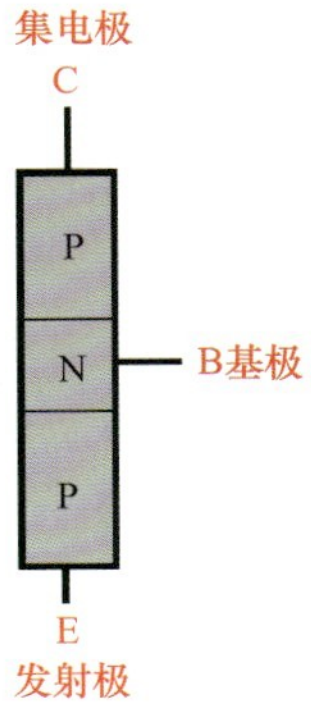

→3 按钮详解

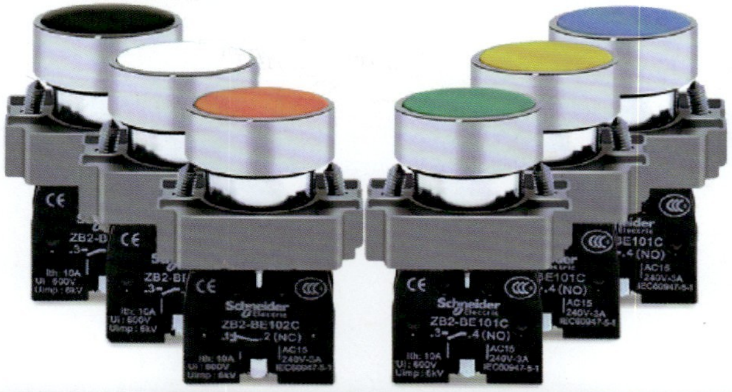

红色标配常闭触点，蓝绿黄黑白标配常开触点

知识小科普

自复位：按下之后，手一松，按钮就复位弹回来。

自锁式：按下之后，按钮锁住，再按一下，按钮才能弹回。

常开触点：平常处于断开状态，按下之后接通。

常闭触点：平常处于接通状态，按下之后断开。

按钮的文字符号：SB

按钮的图形符号：

绿色代表常开
ZB2-BE101C

常开触点：按钮没按是断开，按下接通

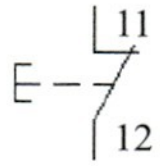

常闭按钮

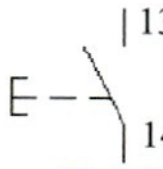

常开按钮

红色代表常闭
ZB2-BE102C

常闭触点：按钮没按是接通，按下断开

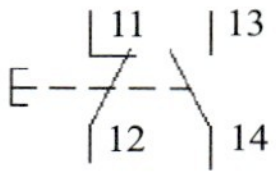

复合式按钮

按钮的作用

按钮是指利用按钮推动传统机构使动触点与静触点接通或断开并实现电路换接的开关，按钮是一种结构简单、应用十分广泛的主令电器，在电气自动控制电路中用于手动发出控制信号，以控制接触器、继电器、电磁起动器等。

→4 按钮结构详解

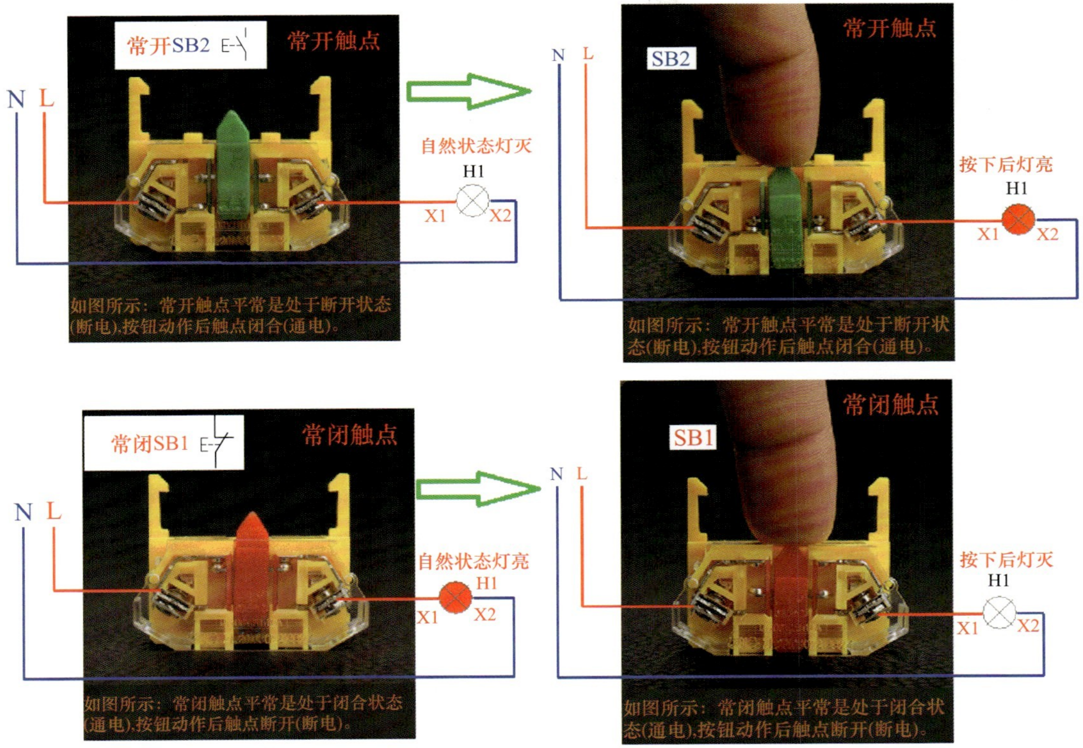
常开SB2
常开触点
N L
自然状态灯灭
H1
X1
X2
如图所示：常开触点平常是处于断开状态(断电),按钮动作后触点闭合(通电)。
N L
SB2
常开触点
按下后灯亮
H1
X1
X2
如图所示：常开触点平常是处于断开状态(断电),按钮动作后触点闭合(通电)。
常闭SB1
常闭触点
N L
自然状态灯亮
H1
X1
X2
如图所示：常闭触点平常是处于闭合状态(通电),按钮动作后触点断开(断电)。
N L
SB1
常闭触点
按下后灯灭
H1
X1
X2
如图所示：常闭触点平常是处于闭合状态(通电),按钮动作后触点断开(断电)。

按钮的结构原理与符号

按钮一般由按钮帽、复位弹簧、桥式动触点、静触点、支柱连杆及外壳等部分组成。

按钮不受外力作用（即静态）时触点的分合状态，分为停止按钮（即动断按钮）、起动按钮（即动合按钮）和复合按钮（即动合、动断触点组合为一体的按钮）。

详　解　按　钮
按下松手后保持凹陷—通电
再按一下恢复平整—断电
按下不松手—通电
松手自动弹起—断电
自锁
自复位

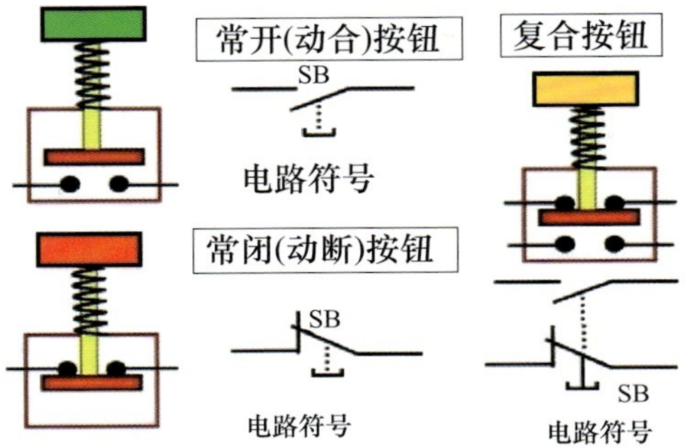
常开(动合)按钮
SB
电路符号
常闭(动断)按钮
SB
电路符号
复合按钮
SB
电路符号

按钮的功能

按钮是一种用人体某一部分（一般为手指或手掌）施加力而操作，并具有弹簧储能复位功能的控制开关，是一种最常用的主令电器。按钮的触点允许通过的电流较小，一般不超过5A。因此，一般情况下它不直接控制主电路（大电流电路）的通断，而是在控制电路（小电流电路）中发出指令信号，控制接触器、继电器等电器，再由它们去控制主电路的通断、功能转换或电器联锁。

→5 旋钮开关详解

旋钮开关的结构种类很多，可分为旋钮自锁式、旋钮自复位式、钥匙式等，有单钮、双钮、三钮及不同组合形式。

旋钮开关的文字符号:SA

旋钮开关的图形符号:

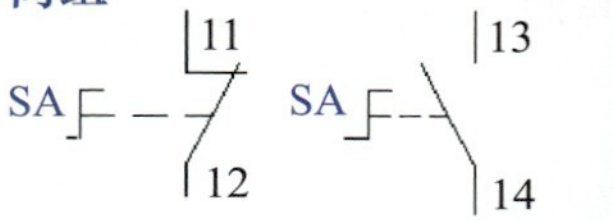

常闭旋钮开关　常开旋钮开关

3档

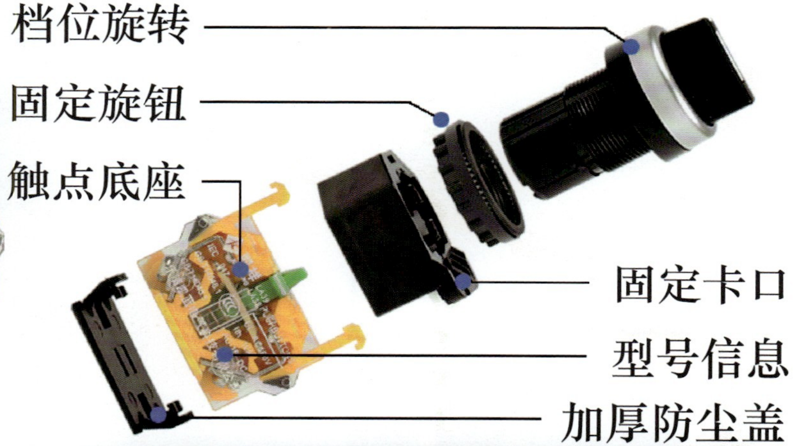

一般是采用积木式结构，由旋钮帽、复位弹簧、桥式触点和外壳等组成，通常做成复合式，有一对常闭触点和常开触点，有的产品可通过多个元件的串联增加触点对数。

旋钮开关可以完成起动、停止、正反转、变速以及互锁等基本控制。通常每一个旋钮开关有两对触点。每对触点由一个常开触点和一个常闭触点组成。当按下按钮，两对触点同时动作，常闭触点断开，常开触点闭合。

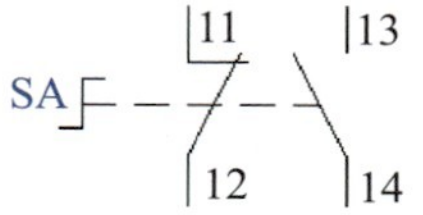

复合式旋钮开关

2档

自锁旋钮开关与自复位旋钮开关的区别

自锁旋钮开关

旋转一下通电，松手不弹回，再往回旋转一下断电

自复位旋钮开关

旋转一下通电，松手自动弹回断电

→ 6　行程开关详解

行程开关的文字符号：SQ

行程开关图形符号：

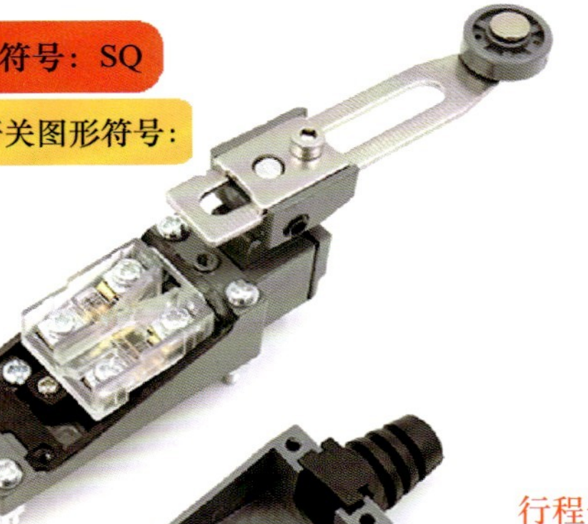

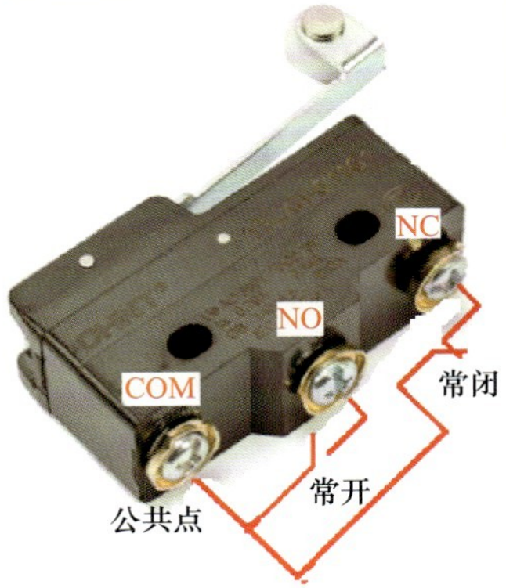

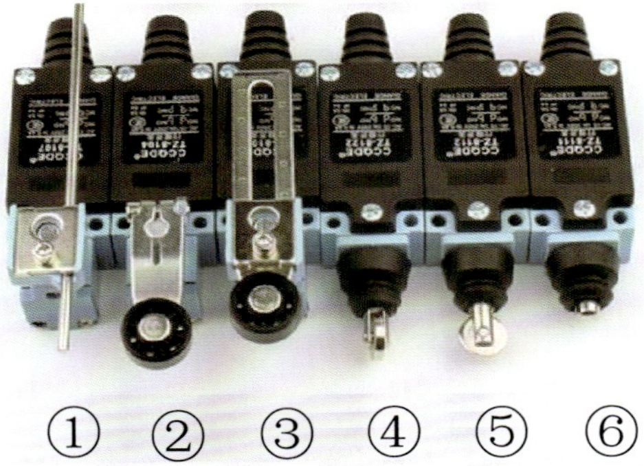

行程开关的作用：行程开关是位置开关的一种，是一种常用的小电流主令电器，利用生产机械运动部件的碰撞，使其触点动作来实现接通或分断，达到一定的控制目的。通常这类开关被用来限制机械运动的位置或行程，使运动机械按一定位置或行程自动停止、反向运动，变速运动或自动往返运动等。

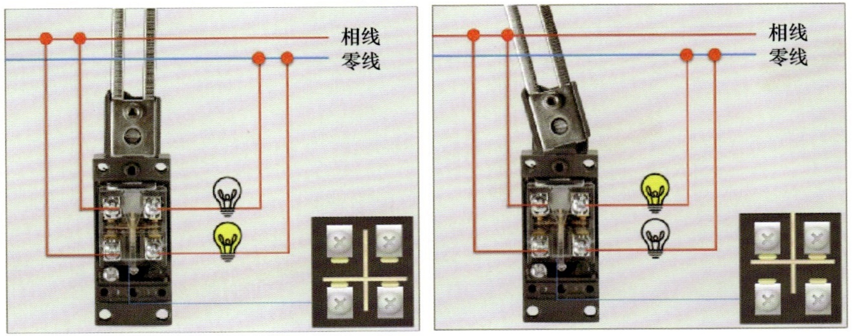

工作原理：物体运动碰到滚轮，常开变成常闭，常闭变成常开。

行程开关的结构：其主要由滚轮、杠杆、转轴、复位弹簧、块、微动开关、凸轮和调节螺钉组成。当运动机械的挡铁撞到行程开关的滚轮上时传动杠杆连同转轴一起转动，使凸轮推动撞块，当撞块被压到一定位置时，推动微动开关快速动作，使其常闭触点分断，常开触点闭合，当滚轮上的挡铁移开后，复位弹簧就使行程开关各部分恢复原始位置，这种单轮自动恢复的行程开关是依靠本身的复位弹簧来复原的。

行程开关的选用：选用行程开关时，根据使用场合和控制对象确定行程开关种类。例如，当机械运动速度不太快时，通常选用一般用途的行程开关，在机床行程通过路径上不宜装直动式行程开关，而应选用凸轮轴转动式行程开关。行程开关额定电压与额定电流，应根据控制电路的电压与电流选用。

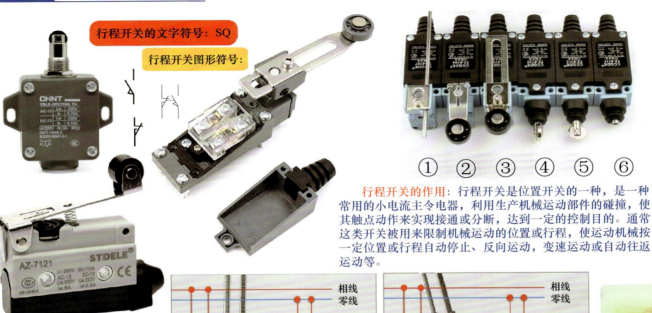

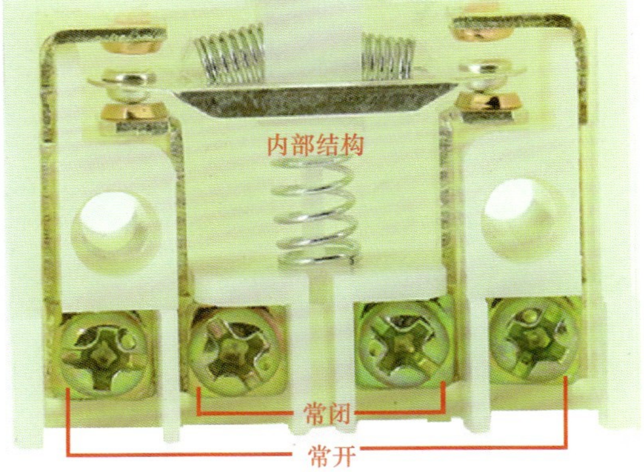

→7 万能转换开关详解

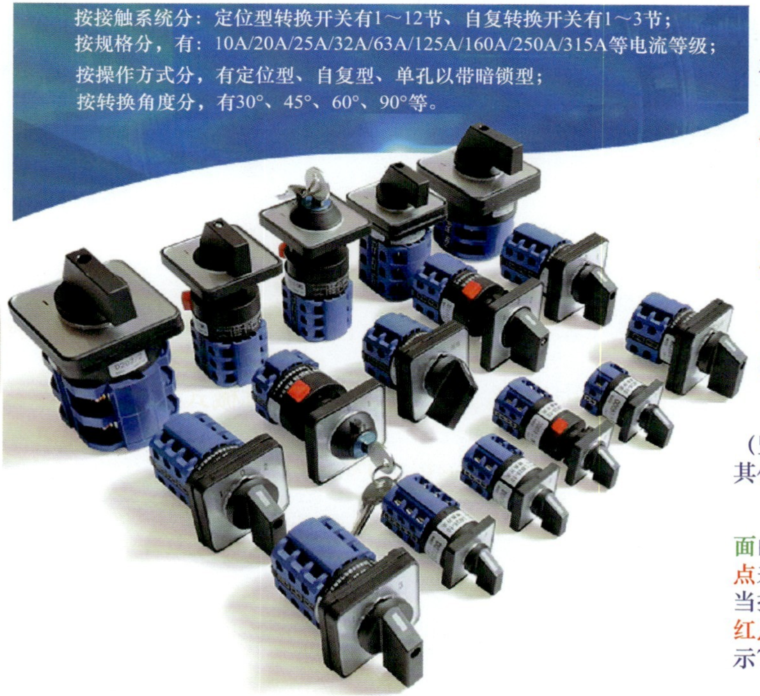
按接触系统分：定位型转换开关有1～12节、自复转换开关有1～3节；
按规格分，有：10A/20A/25A/32A/63A/125A/160A/250A/315A等电流等级；
按操作方式分，有定位型、自复型、单孔以带暗锁型；
按转换角度分，有30°、45°、60°、90°等。

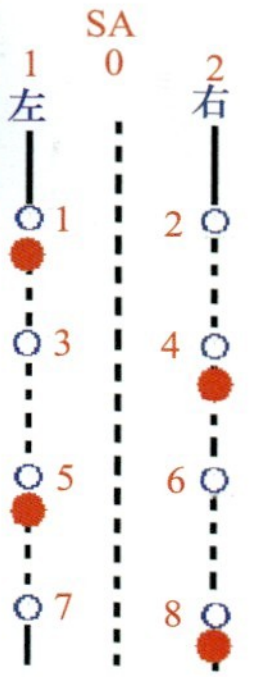

图形及文字符号

在上图中，扳把在中间0位时（竖着看中间的虚线），没有红点，其他各点都不接通。

当扳把在左面时，竖着看，1下面的红点表示1、2接通；5下面的红点表示5、6也接通。其他不接通。当扳把在右面时，竖着看，4下面的红点表示3、4接通；8下面的红点表示7、8也接通。其他不接通。

默认	开关内部通电图			
X 代表 接通	档位 / 触点	1 45°	0 0°	2 45°
1节	1 —⌐— 2	X		
	3 —⌐— 4			X
1节	5 —⌐— 6	X		
	7 —⌐— 8			X

万能转换开关符号表示

上图我们看到有“档位”和“触点”。“档位”就是上述说的1、0、2触点，即接线端子编号。看上图表示接通的例子：当转换开关打到1档，这一列的X对应1—2、5—6接线端子，即1和2接通，5和6接通。当转换开关打到0档，这一列并没有X，所以打到这个档位，所有触点均断开。当转换开关打到2档，这一列的X对应3—4、7—8接线端子，即3和4接通，7和8接通。

注：此接点图不是固定的，具体各厂家都有样本，甚至可以定制！这里仅举例最常用的。

万能转换开关的工作原理

万能转换开关是一种多档式、控制多回路的主令电器。万能转换开关主要用于各种控制线路的转换，如电压表、电流表的换相测量控制，配电装置线路的转换和遥控等。万能转换开关还可以用于直接控制小容量电动机的起动、调整和换向。

简单地说，打到哪个档位，哪几个点接通，哪几个点断开。详细看其正面，我们看到上面有1、0、2三个数字，这是其档位，我们就可以知道这个转换开关有3个档位（值得注意的是，这里的1、0、2并没有实质的意义，也可以定制成其他的字母、数字、文字等，比如常用的手动、停止、自动）。

1
0
2

→8 接近开关原理

交流两线制接近开关

交流两线制接近开关

三线制接近开关

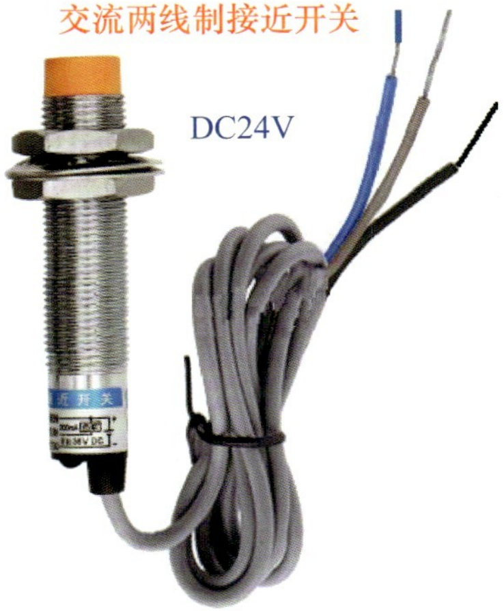

三线制接近开关

接近开关是一种无需与运动部件进行机械直接接触便可以操作的位置开关，当物体接近开关的感应面达到动作距离时，不需要机械接触及施加任何压力即可使开关动作，从而驱动直流电器或给控制装置提供控制指令。接近开关是一种开关型传感器（即无触点开关），它既有行程开关、微动开关的特性，同时具有传感性能，且动作可靠、性能稳定、频率响应快、应用寿命长、抗干扰能力强，防水防震、耐腐蚀等特点。其类型有电感式、电容式、霍尔式。交直流型接近开关又称无触点接近开关，是理想的电子开关量传感器。当金属检测体接近开关的感应区域，开关就能无接触、无压力、无火花、迅速发出电气指令，准确反映出运动机构的位置和行程。即使用于一般的行程控制，其定位精度、操作频率、使用寿命、安装调整的方便性和对恶劣环境的适用能力，是一般机械式行程开关所不能相比的，广泛地应用于机床、冶金化工、轻纺和印刷等行业，在自动控制系统中可作为限位、计数定位控制和自动保护环节等。

性能特点

在各类开关中，有一种对接近物件有感知能力的位移传感器，利用位移传感器对接近物体的敏感特性达到控制开关通或断的目的，这就是接近开关。当有物体移向接近开关并接近到一定距离时位移传感器才有感知，开关才会动作。通常把这个距离叫检出距离。但不同的接近开关检出距离也不同。有时被检测物体是按一定的时间间隔，一个接一个地移向接近开关，又一个一个地离开，这样不断地重复，不同的接近开关，对检测对象的响应能力是不同的。这种响应特性被称为频率响应。

→9 接近开关详解

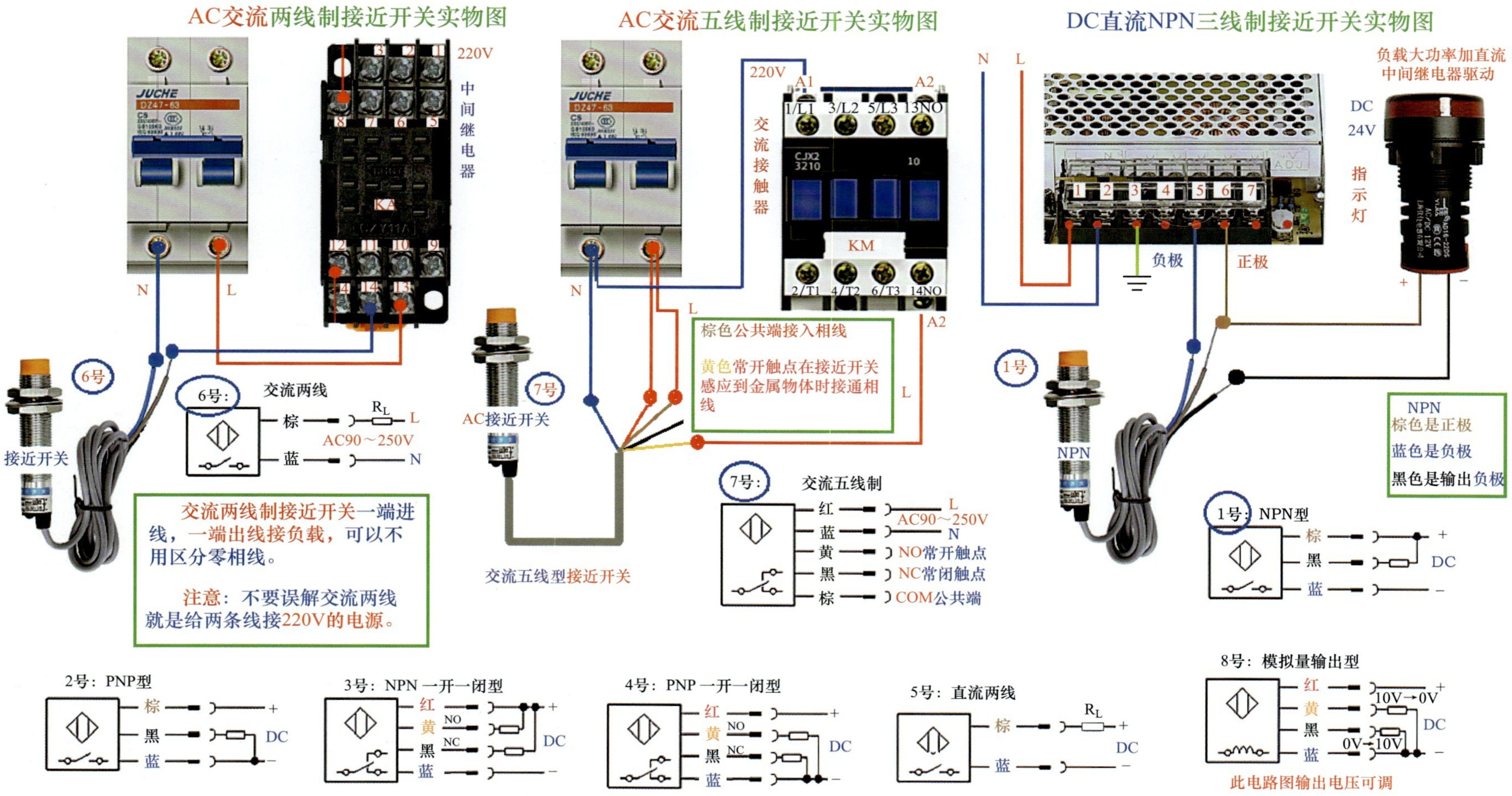
AC交流两线制接近开关实物图
220V
中间继电器
KA
N
L
6号
接近开关
6号: 交流两线
棕
蓝
R_L
L
AC90～250V
N
交流两线制接近开关一端进线，一端出线接负载，可以不用区分零相线。
注意：不要误解交流两线就是给两条线接220V的电源。
AC交流五线制接近开关实物图
220V
A1
A2
1/L1 3/L2 5/L3 13NO
交流接触器
KM
2/T1 4/T2 6/T3 14NO
N
L
7号
AC接近开关
棕色公共端接入相线
黄色常开触点在接近开关感应到金属物体时接通相线
交流五线型接近开关
7号: 交流五线制
红
蓝
黄
黑
棕
L
AC90～250V
N
NO常开触点
NC常闭触点
COM公共端
DC直流NPN三线制接近开关实物图
N
L
负载大功率加直流中间继电器驱动
DC
24V
指示灯
负极
正极
1号
NPN
NPN
棕色是正极
蓝色是负极
黑色是输出负极
1号: NPN型
棕
黑
蓝
+
DC
−
2号：PNP型
棕
黑
蓝
DC
3号：NPN 一开一闭型
红
黄
黑
蓝
NO
NC
DC
4号：PNP 一开一闭型
红
黄
黑
蓝
NO
NC
DC
5号：直流两线
棕
蓝
R_L
DC
8号：模拟量输出型
红
黄
黑
蓝
10V→0V
0V→10V
DC
此电路图输出电压可调

→10　光电开关原理

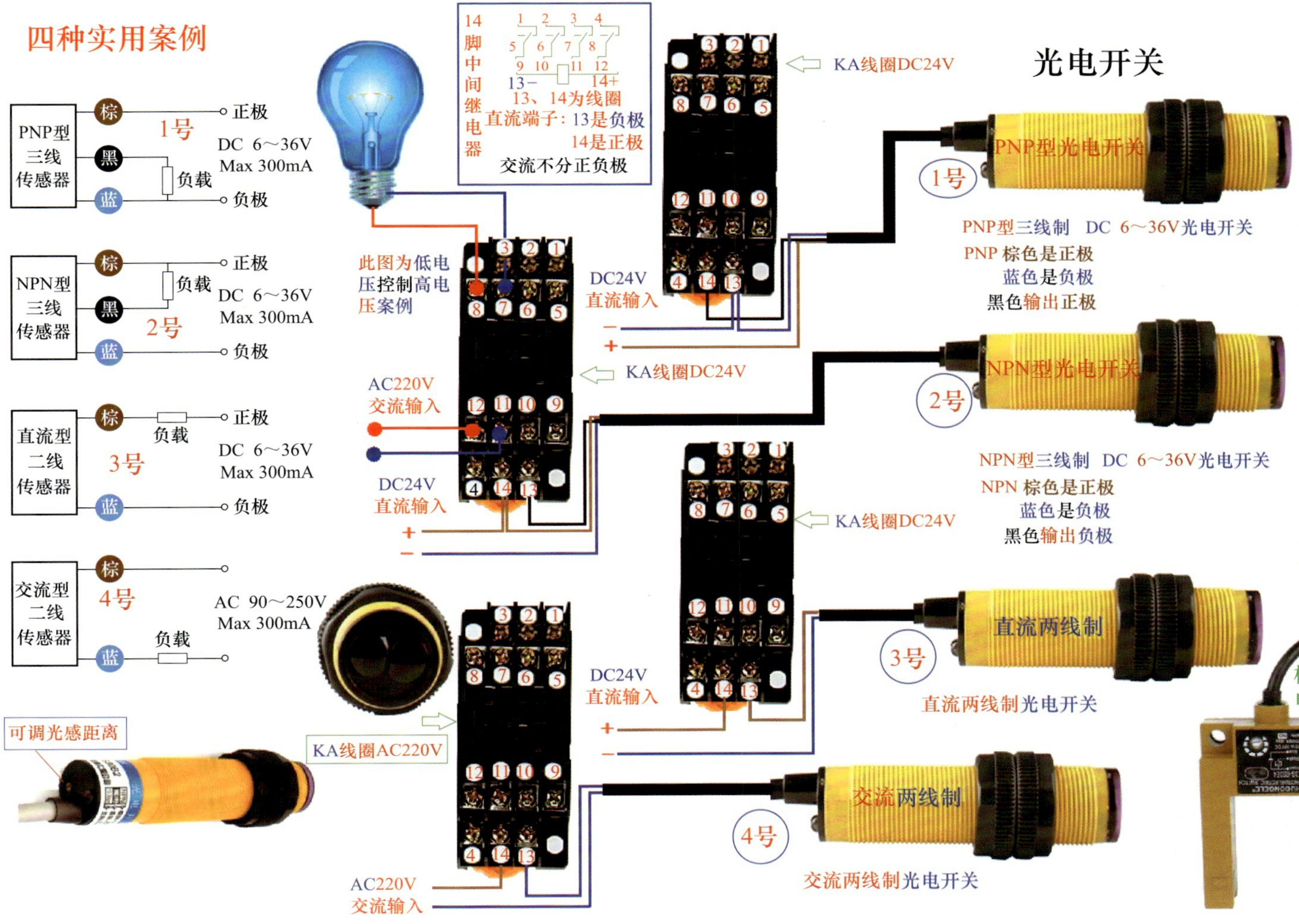

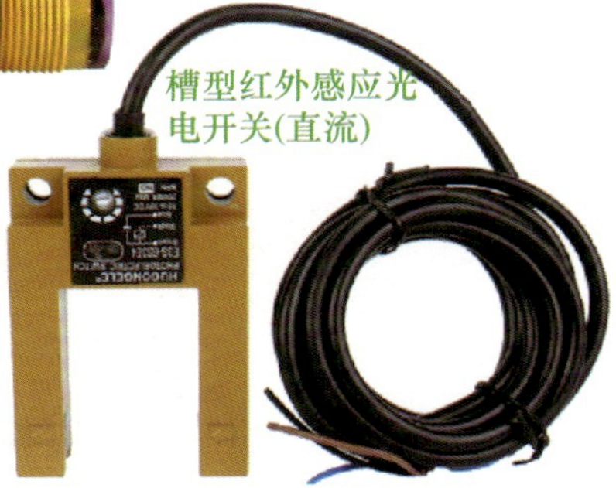

光电开关是光电接近开关的简称，它是利用被检测物对光束的遮挡或反射，由同步回路接通电路，从而检测物体的有无。物体不限于金属，所有能反射光线(或者对光线有遮挡作用)的物体均可以被检测。光电开关将输入电流在发射器上转换为光信号射出，接收器再根据接收到的光线强弱或有无对目标物体进行探测。安防系统中常见的光电开关是烟雾报警器。工业中经常用光电开关来计数机械臂的运动次数。常开指的是在电力系统中，标准规定所有触点应该在自然未通电状态下。

如果两个触点是导通的，就称为常闭(NC)。

如果两个触点是断开的，就称为常开(NO)。

→11 激光对射型光电开关传感器详解

传感器分漫反射型、反馈反射型、对射型。传感器可与PLC、单片机、非门电路、电子计数器、小型继电器等产品配套使用。发射器对准检测到的目标不间断地发射红外线光束，接收器接收检测物返射回来的光束（光能量）。

常开型：

是在光电开关没有动作时（没有感应到物体时）触点是断开的，在光电开关感应到物体时是闭合的。常开是常规状态下信号输出为断开状态，当感应到物体时触点闭合，输出信号。

常闭型：

是在光电开关没有动作时（没有感应到物体时）触点是闭合的，在光电开关感应到物体时是断开的。常闭是常规状态下信号输出为闭合状态，信号持续输出，当感应到物体时触点断开，输出关闭信号。

NPN：安装后，信号线输出是负极。
PNP：安装后，信号线输出是正极。

线色区分：棕色是正极VCC
蓝色是负极GND
黑色是信号输出OUT

注意：此传感器为红外漫反射传感器，参数如下：
电源电压：直流6V、12V、24V、36V；
交流90V、110V、220V、230V可用。
输出电压：直流6V、12V、24V、36V；
交流90V、110V、220V、230V可用。

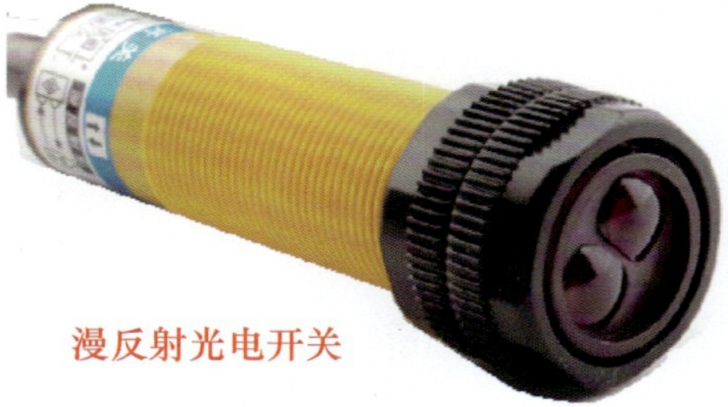

漫反射光电开关

红外线镜面反射光电开关

激光对射型光电开关传感器接线

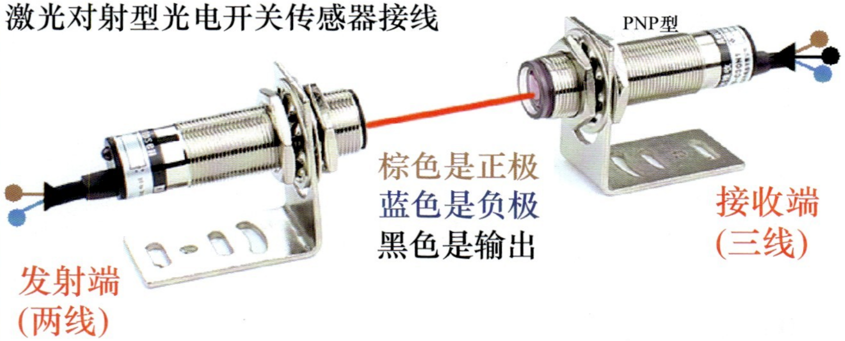

直流开关电源DC24V

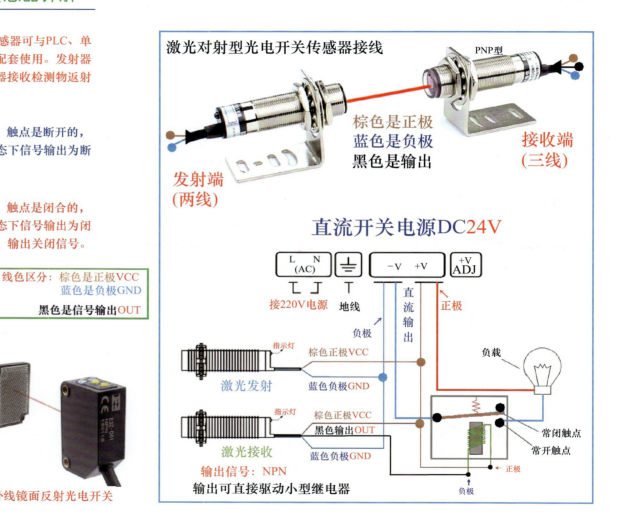

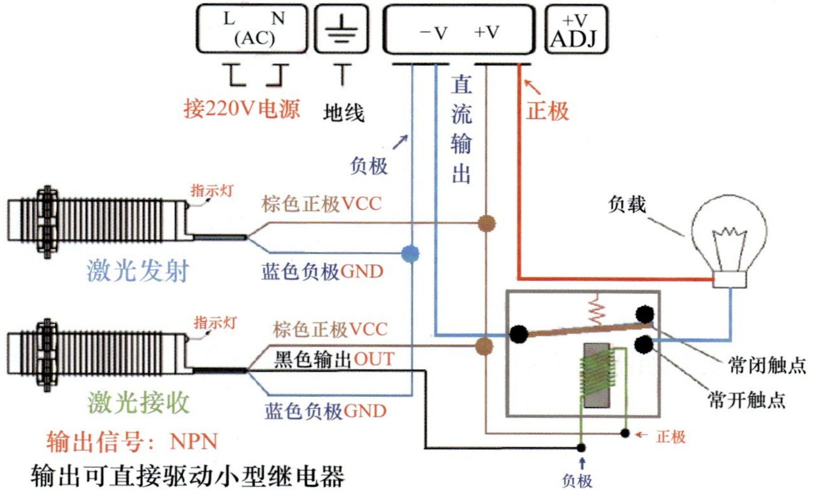

输出信号：NPN

输出可直接驱动小型继电器

→12　交流接触器原理

交流接触器是由三组主触点、1～2组辅助触点和线圈组成。通过控制线圈A1、A2是否有电来控制交流接触器的吸合或脱开，从而控制主触点和辅助触点的通断。

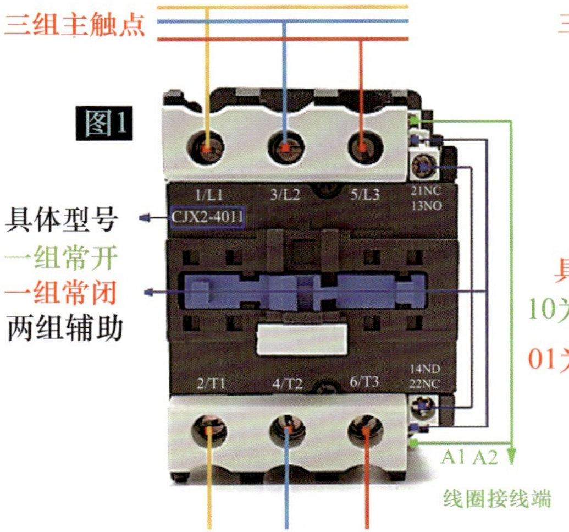

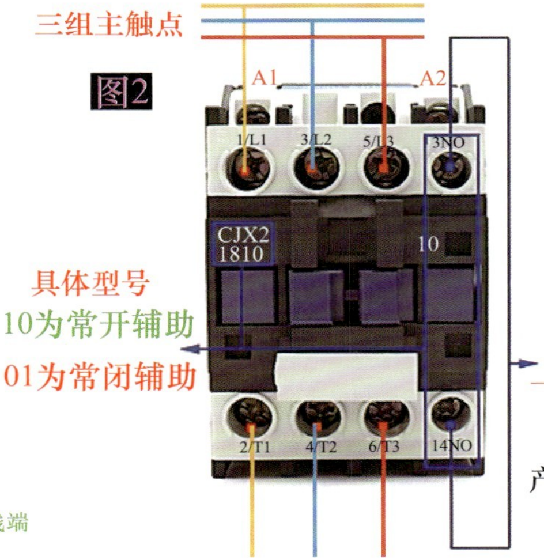

例：正泰CJX2-4011/线圈电压AC220V　图1

1）CJX2是该产品的代号或系列号。

2）40是额定电流40A（三组主触点，每组最大可以承载40A）。

3）11表示一组常开辅助触点，一组常闭辅助触点（01表示一组常闭触点，11表示一组常开、一组常闭）。

4）线圈电压AC220V。

注：常见交流接触器的线圈电压有24V、36V、220V、380V。

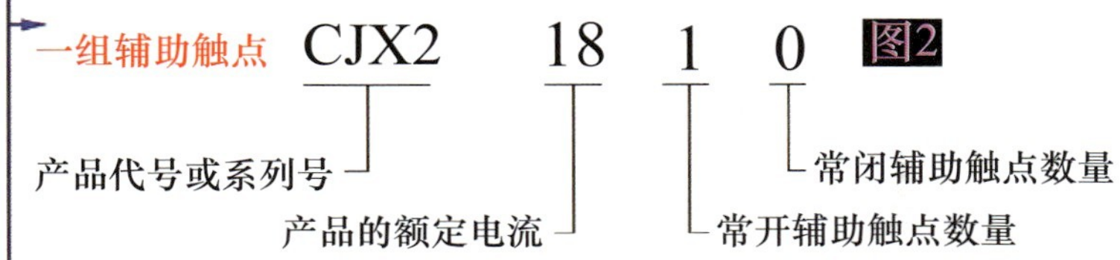

三组主触点都是常开触点，有额定电流大小之分。辅助触点分常开NO和常闭NC，交流接触器没吸合时，NO是断开的，NC是闭合的，当交流接触器吸合时，NO是闭合的，NC是断开的。

交流接触器内部结构:交流接触器内部是由线圈、静铁心、动铁心、复位弹簧、主触点、辅助触点和灭弧装置组成。当线圈有电，产生磁场，静铁心是固定在底座上不动的，磁场拉动动铁心向下动作，吸合，从而带动动铁心上的主触点和辅助触点接通；当线圈失电，磁场消失，通过静铁心和动铁心之间的复位弹簧把动铁心顶上去，从而带动动铁心上的主触点和辅助触点断开。

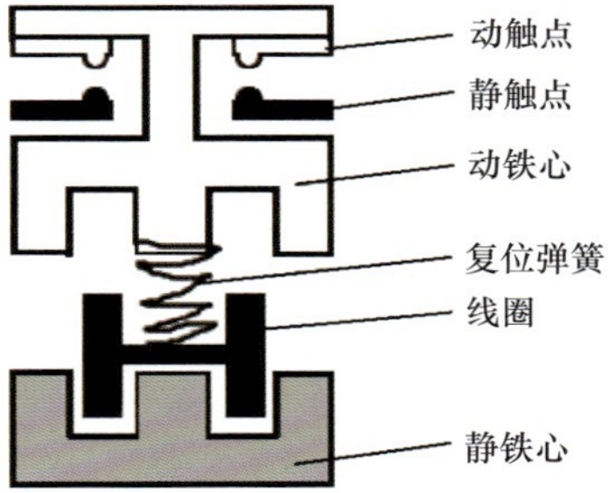

→13 交流接触器详解

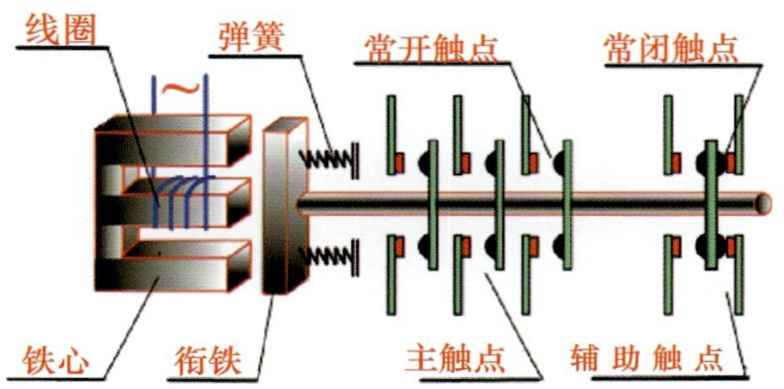
线圈
弹簧
常开触点
常闭触点
铁心
衔铁
主触点
辅助触点

用于频繁接通和断开大电流电路的开关电器。

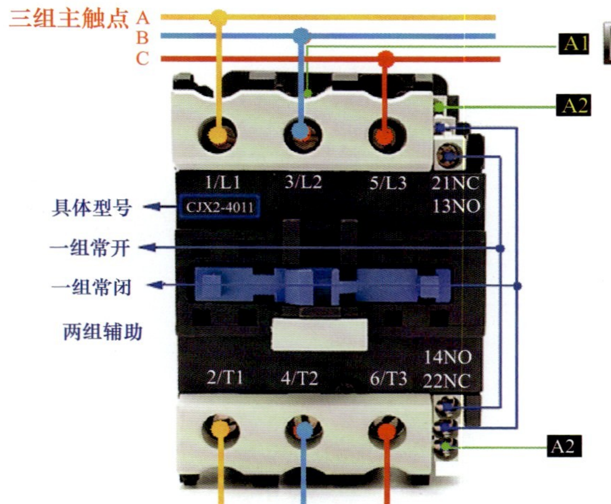
三组主触点 A
B
C
A1
A2
1/L1
3/L2
5/L3
21NC
13NO
具体型号
CJX2-4011
一组常开
一组常闭
两组辅助
14NO
22NC
2/T1
4/T2
6/T3
A2

如CJX2系列接触器

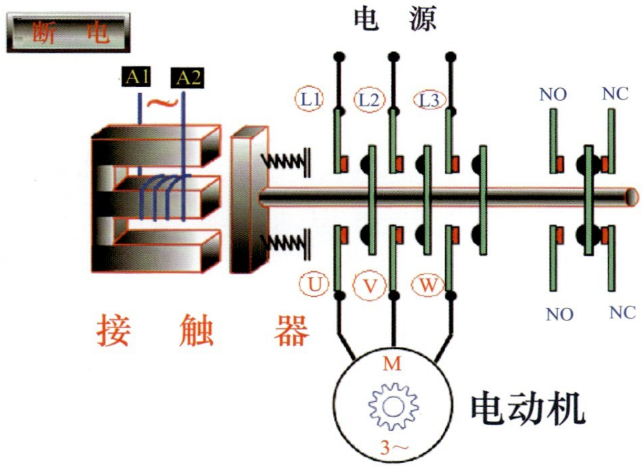

符号

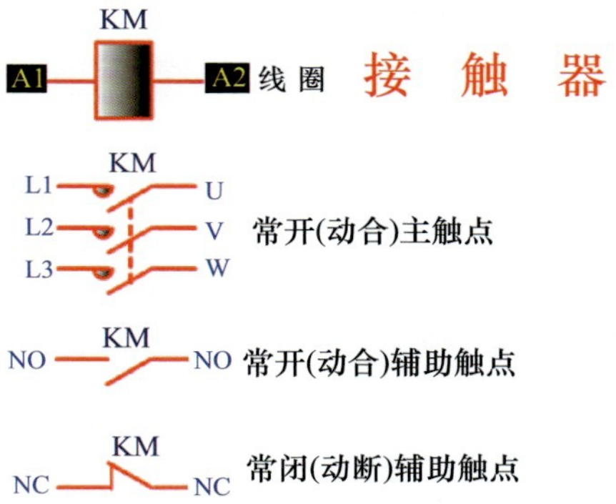
KM
A1
A2
线圈
接触器
L1
L2
L3
U
V
W
常开(动合)主触点
NO
NO
常开(动合)辅助触点
NC
NC
常闭(动断)辅助触点

符号

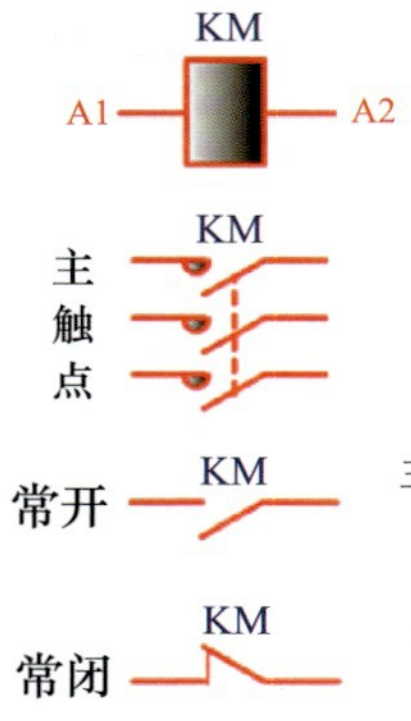

额定电流有9A、12A、18A、32A、40A、50A、65A、80A、95A、100A、120A等。

额定电压通常有12V、24V、36V、220V或380V。

主触点用于主电路，流过的电流大（需加灭弧装置）

辅助触点用于控制电路，流过的电流小（无需加灭弧装置）

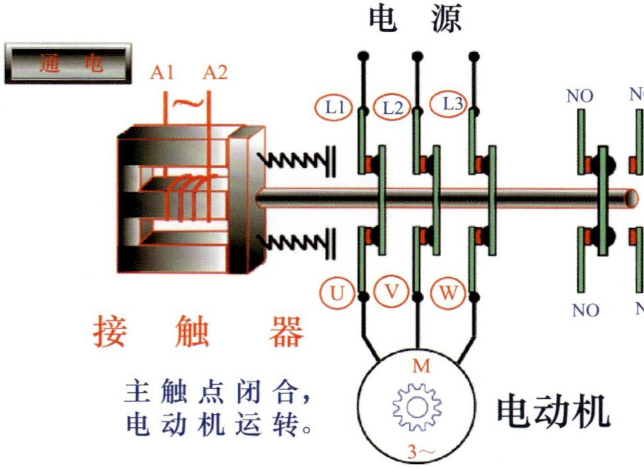

主触点闭合，电动机运转。

→14 热继电器原理

热继电器是用于电动机或其他电气设备、电气线路的过载保护的保护电器。

电动机在实际运行中（如拖动生产机械进行工作过程中），若机械出现不正常的情况或电路异常使电动机过载，则电动机转速下降，绕组中的电流将增大，使电动机的绕组温度升高。若过载电流不大且过载的时间较短，电动机绕组不超过允许温升，这种过载是允许的。但若过载时间长，过载电流大，电动机绕组的温升就会超过允许值，使电动机绕组老化，缩短电动机的使用寿命，严重时甚至会烧毁电动机绕组。所以，这种过载是电动机不能承受的。

热继电器就是利用电流的热效应原理，在出现电动机不能承受的过载时切断电路，为电动机提供过载保护的保护电器。

使用热继电器对电动机进行过载保护时，将热元件与电动机的定子绕组串联，将热继电器的常闭触点串联在交流接触器的电磁线圈的控制电路中，并调节整定电流调节旋钮，使人字形拨杆与推杆保持适当距离。当电动机正常工作时，通过热元件的电流即为电动机的额定电流，热元件发热，双金属片受热后弯曲，使推杆刚好与人字形拨杆接触，而又不能推动人字形拨杆。常闭触点处于闭合状态，交流接触器保持吸合，电动机正常运行。

若电动机出现过载情况，绕组中电流增大，通过热继电器元件中的电流增大使双金属片温度升得更高，弯曲程度加大，推动人字形拨杆，人字形拨杆推动常闭触点，使触点断开而断开交流接触器线圈电路，使接触器释放、切断电动机的电源，电动机停车而得到保护。

热继电器其他部分的作用如下：人字形拨杆的左臂用双金属片制成，当环境温度发生变化时，主电路中的双金属片会产生一定的变形弯曲，这时人字形拨杆的左臂也会发生同方向的变形弯曲，从而使人字形拨杆与推杆之间的距离基本保持不变，保证热继电器动作的准确性。这种作用称为温度补偿作用。

螺钉是常闭触点复位方式调节螺钉。当螺钉位置靠左时，电动机过载后，常闭触点断开，电动机停车后，热继电器双金属片冷却复位。常闭触点的动触点在弹簧的作用下会自动复位。此时热继电器为自动复位状态。将螺钉逆时针旋转向右调到一定位置时，若这时电动机过载，热继电器的常闭触点断开。其动触点将摆到右侧一新的平衡位置。电动机断电停车后，动触点不能复位。必须按动复位按钮后动触点方能复位。此时热继电器为手动复位状态。若电动机过载是故障性的，为了避免再次轻易地起动电动机，热继电器宜采用手动复位方式。若要将热继电器由手动复位方式调至自动复位方式，只需将复位调节螺钉顺时针旋至适当位置即可。

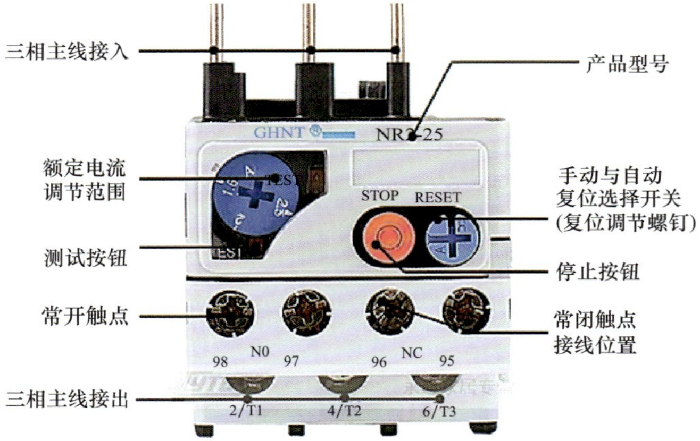

→15 热继电器详解

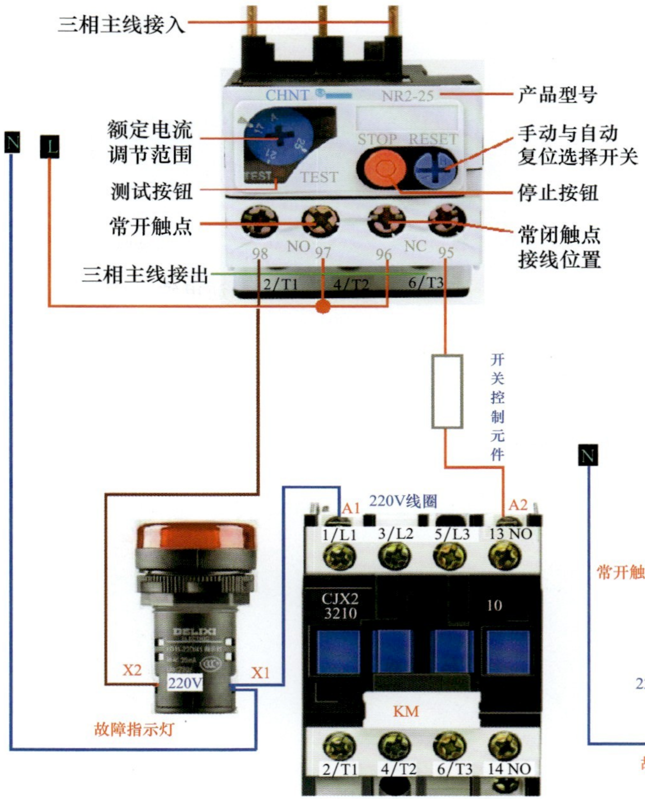

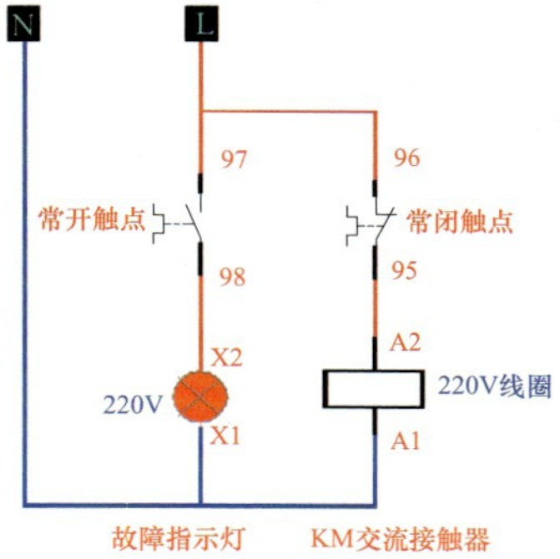

热继电器选择方法

热继电器主要用于电动机的过载保护、断相保护及三相电源不平衡保护，对电动机有着很重要的保护作用。因此选用时必须了解电动机的情况，如工作环境、起动电流、负载性质、工作制、允许过载能力等。

1）原则上应使热继电器的安秒特性尽可能接近甚至重合电动机的过载特性或者在电动机过载特性之下，同时在电动机短时过载和起动的瞬间，热继电器应不受影响（不动作）。

2）当热继电器用于保护长期工作制或间断长期工作制的电动机时，一般按电动机的额定电流来选用。例如，热继电器的整定值可等于0.95～1.05倍的电动机的额定电流，或者取热继电器整定电流的中值等于电动机的额定电流，然后进行调整。

3）当热继电器用于保护反复短时工作制的电动机时，热继电器仅有一定范围的适应性。如果短时间内操作次数很多，就要选用带速饱和电流互感器的热继电器。

4）对于正反转和通断频繁的特殊工作制电动机，不宜采用热继电器作为过载保护装置，而应使用埋入电动机绕组的温度继电器或热敏电阻来保护。

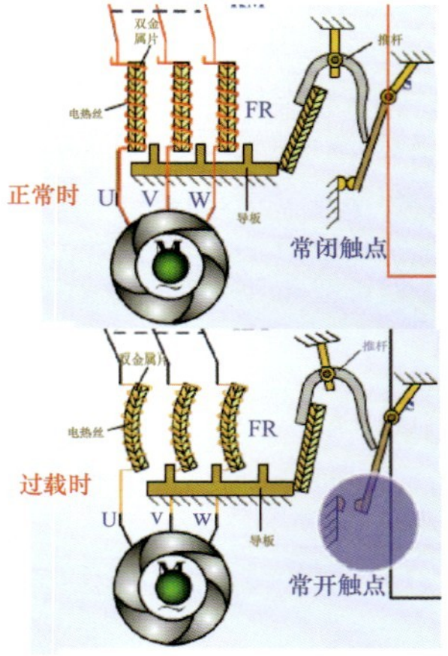

大功率常用的热继电器

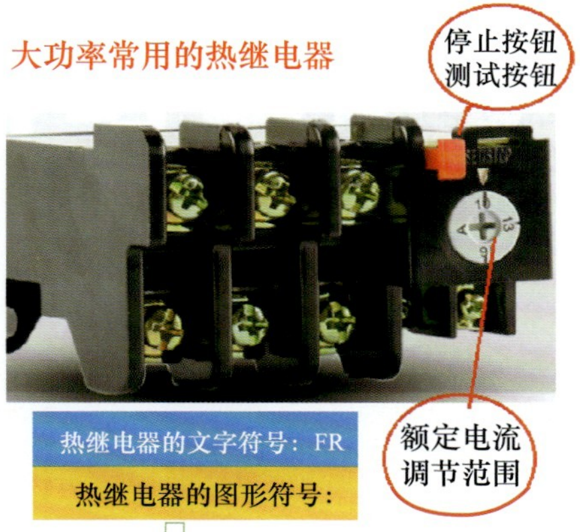

热继电器的文字符号：FR

热继电器的图形符号：

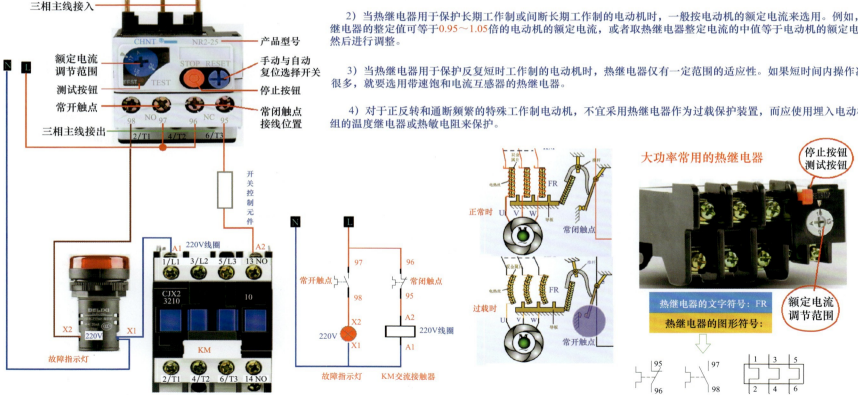

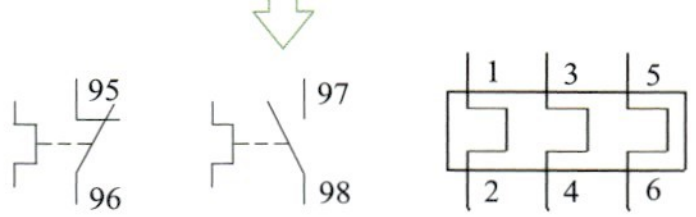

→16 时间继电器原理

时间继电器可能有很多人没有接触过，对它的原理和接线方法、作用都不很清楚。其实时间继电器可以说是一种计时仪器，它作为自动控制器件应用较为广泛。接下来就具体介绍一下时间继电器原理图、接线方法及作用。

1.电气原理

当线路通电时，衔铁及托板被铁心吸引而瞬时下移，使瞬时动作触点接通或断开。但是活塞杆和杠杆不能同时跟着衔铁一起下落，因为活塞杆的上端连着气室中的橡皮膜，当活塞杆在释放弹簧的作用下开始向下运动时，橡皮膜随之向下凹，上面空气室的空气变得稀薄而使活塞杆受到阻尼作用而缓慢下降。经过一段时间，活塞杆下降到一定位置，便通过杠杆推动延时触点动作，使常闭触点断开，常开触点闭合。从线圈通电到延时触点完成动作，这段时间就是继电器的延时时间。延时时间的长短可以用螺钉调节空气室进气孔的大小来改变。吸引线圈断电后，继电器依靠恢复弹簧的作用而复原。空气经出气孔被迅速排出。

2.常用时间继电器的接线方法

1）控制接线。2、7脚用来接220V、24V控制电压的。其中7脚接直流电的正极。2脚接直流电的负极。

2）工作控制。虽然控制电压接上了，但是是否起控制作用，由面板上的计时器决定。

3）功能理解。它就是一个单刀双掷开关，有一个活动臂，就像常见的刀开关的活动刀臂一样。8脚是活动点，5脚是常闭触点，继电器不动时，它们两个相连。6脚是常开点，其动作时，8脚、6脚外接负载。

8脚、5脚相连，相当于我们平常电灯开关处于断开状态。

8脚、6脚相连，相当于我们平常电灯开关处于接通状态。

3.时间继电器的作用

时间继电器广泛应用于遥控、通信、自动控制等电子设备中，是最主要的控制元件之一。

目前常用的时间继电器是大规模集成的时间继电器。时间继电器在生产设备中运用也特别广泛，它能精准地把握住时间的分寸，将产品的精度和性能提高很多。时间继电器有自动监控的作用，将时间继电器和其他的设备放在一起，可以组成程序空间路线，实现设备的自动化运行。

很多智能产品都用到了时间继电器。

4.时间继电器的分类及使用场合

1.通电延时型　2.断电延时型　3.自动翻转型

①通电延时型，如负载A通电后使时间继电器得电，经过延时后，可接通负载B，失电后复位；②断电延时型，如负载A通电再断电后，时间继电器失电，经过延时后，可接通负载B，失电后复位；③自动翻转型，如当时间继电器得电后负载A先通电，负载B失电，经延时负载A失电，负载B通电，这样负载A与负载B就可以轮流工作了。

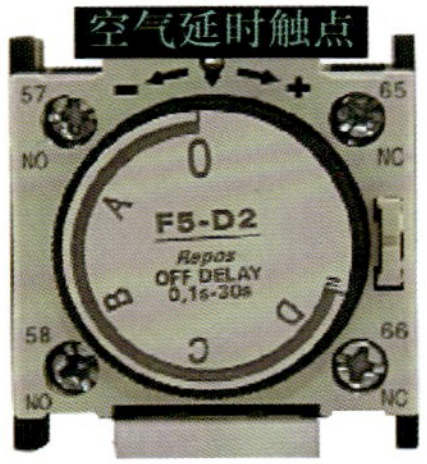

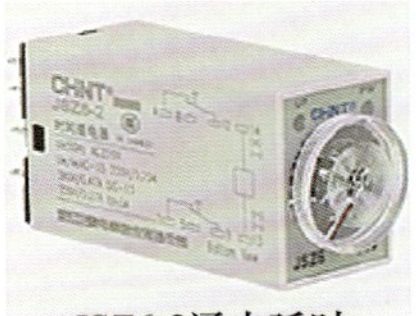

JSZ6-2通电延时

1.通电延时型

2. 断电延时型

JSS48A-S时间继电器数显循环控制

3.自动翻转型

常用时间继电器

→17 时间继电器详解

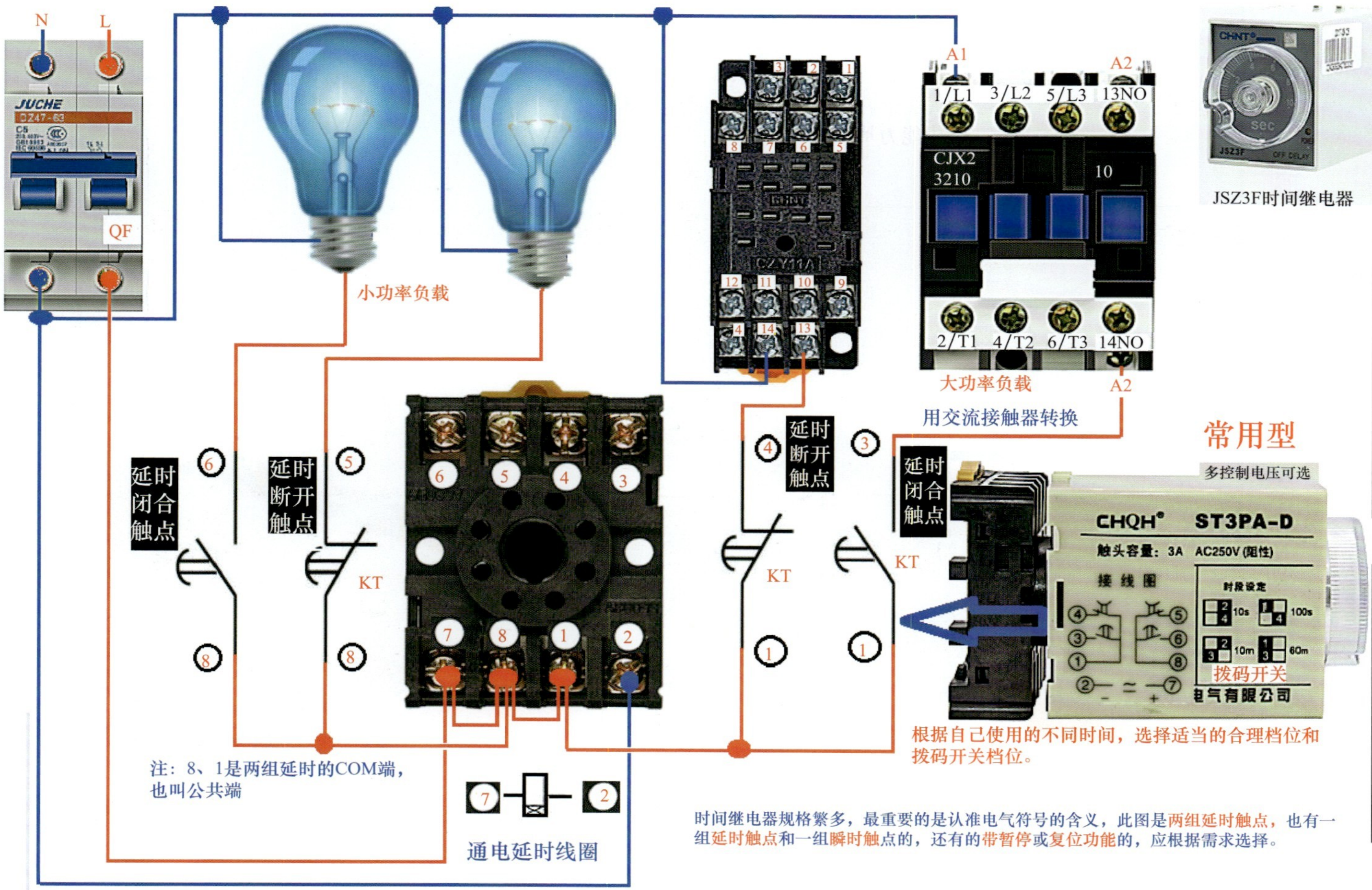

N
L
QF
小功率负载
大功率负载
用交流接触器转换
A1
A2
1/L1 3/L2 5/L3 13NO
2/T1 4/T2 6/T3 14NO
CJX2
3210
10
CZY11A
JSZ3F时间继电器
空气延时触点
F5-D2
OFF DELAY
0.1s-30s
常用型
多控制电压可选
CHQH ST3PA-D
触头容量：3A AC250V (阻性)
接线图
时段设定
10s
100s
10m
60m
拨码开关
延时闭合触点
延时断开触点
延时断开触点
延时闭合触点
KT
注：8、1是两组延时的COM端，也叫公共端
通电延时线圈
根据自己使用的不同时间，选择适当的合理档位和拨码开关档位。
时间继电器规格繁多，最重要的是认准电气符号的含义，此图是两组延时触点，也有一组延时触点和一组瞬时触点的，还有的带暂停或复位功能的，应根据需求选择。
延时闭合瞬时断开
延时断开瞬时闭合
通电延时吸合(缓吸)线圈
瞬时断开延时闭合
瞬时闭合延时断开
断电延时释放(缓放)线圈
或

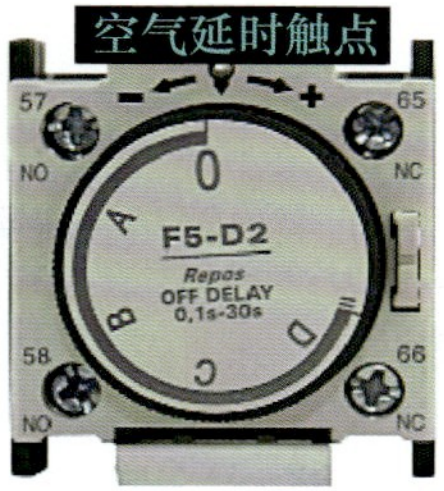

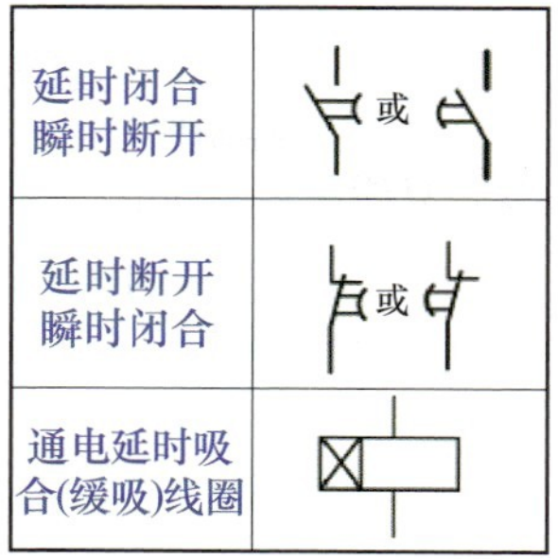

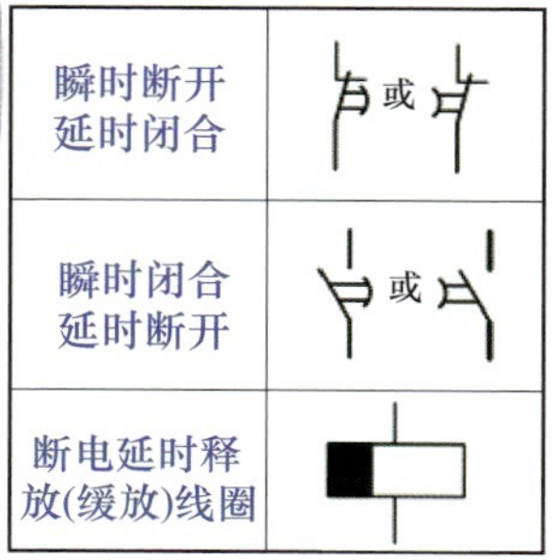

→18 中间继电器详解

中间继电器是一种继电保护元件，主要用于继电保护与自动控制系统中。中间继电器和时间继电器及一些其他类型的继电器是有所区别的，它一般没有主触点，因为过载能力比较小，所以它用的全部都是辅助触点，而且数量比较多。

中间继电器的文字符号：KA

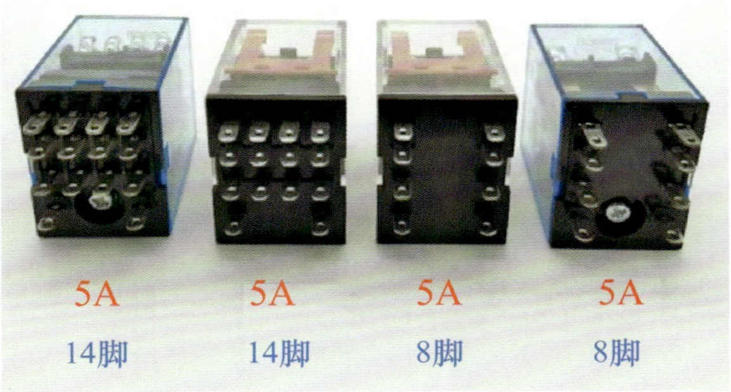

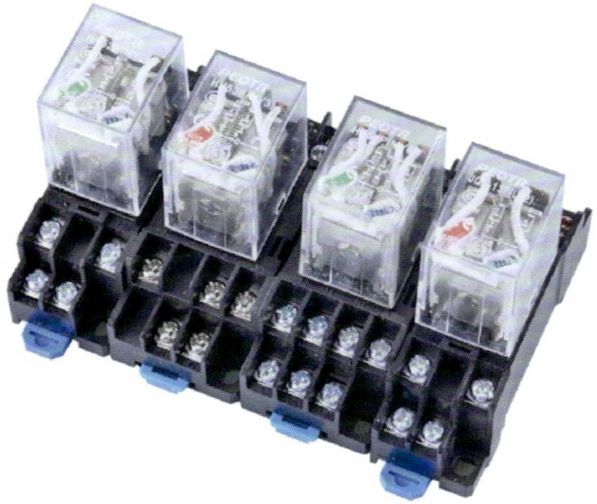

1.中间继电器的作用

1）隔离。控制系统的输出信号与负载端电气隔离。

2）转换。比如控制系统输出信号为DC24V，但负载使用AC220V供电，对于输入，可逆。

3）放大。控制器输出信号的带负载能力往往有限，在毫安或者数安的级别，如果有需要更大电流的负载，只能通过中间继电器来转换。

2.中间继电器的工作原理

中间继电器工作原理和交流接触器一样，都是由静铁心、动铁心、弹簧、动触点、静触点、线圈、接线端子和外壳组成。线圈通电，动铁心在电磁力作用下动作吸合，带动动触点动作，使常闭触点断开，常开触点闭合；线圈断电，动铁心在弹簧的作用下带动动触点复位。

电磁型中间继电器。当继电器线圈施加激励量等于或大于其动作值时，衔铁被吸向导磁体，同时衔铁压动触点弹片，使触点接通、断开或切换被控制的电路。当继电器的线圈被断电或激励量降低到小于其返回值时，衔铁和接触片返回到原来位置。

继电器（Relay）通俗来说就是用小电流控制大电流。由控制回路和负载回路组成，在自动控制电路中，相当于自动开关。

中间继电器的图形符号：

→19 断相与相序保护器详解

断相与相序保护器的作用

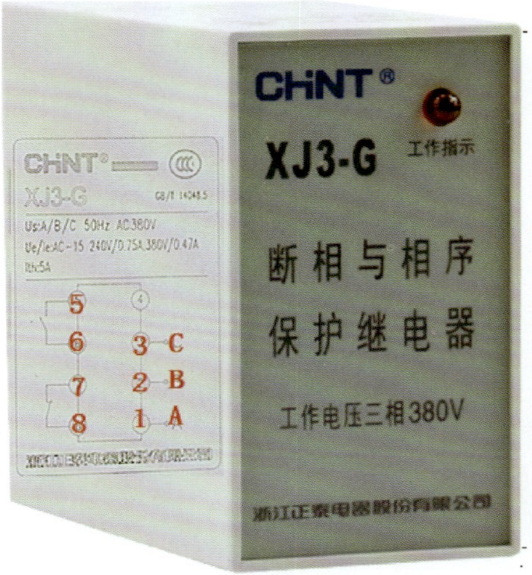

图1

图2

图1 是一台断相与相序保护器外形。

它的作用就是当线路相序不对，或者出现断相，此继电器触点将不动作，从而使串联在其触点中的控制回路不能导通，无法工作。它的内部工作原理是，当三相相序正确时，经过阻容元件降压后电压较高，以驱动检测机构动作，触点动作，比如常开接通，使串联的控制回路导通，可以正常工作。当三相相序错误或者出现断相，经阻容元件降压后电压低，不足以驱动执行检测机构动作，继电器处于复位状态。比如常开触点，处于断开状态，串联在外部控制回路中，控制回路无法接通。它的外部接线其实很简单，按照其外壳上标出的接线图接线即可。

图2 是底座。

1、2、3接线柱分别接三相电源，5、6接线柱为常开触点，7、8为常闭触点。一般在送电回路中用到其常开触点，也就是接5、6两个接线柱。此断相与相序保护器用到的就是常开触点。将常开触点串联到龙门吊送电控制回路中，如出现相序错误或者断相，无法送电。

→20 熔断器详解

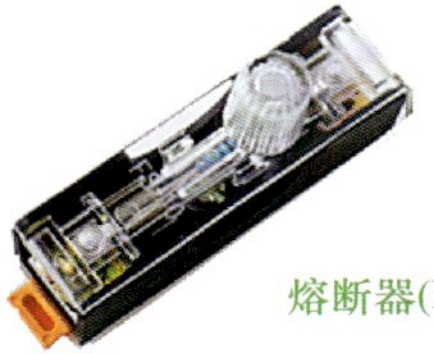

熔断器(FU)

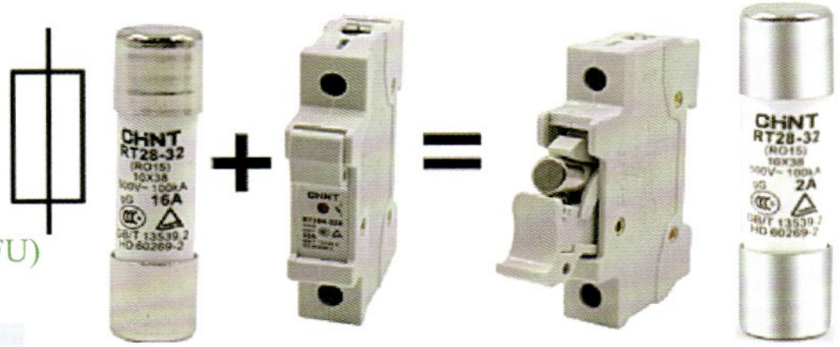

常见的几种熔断器

如果熔断器损坏，熔断器故障指示灯会亮起。

RT28型圆筒形帽熔断器

适用于交流50Hz，额定电压至500V的配电装置中，作为过载和短路保护之用。

熔断器结构简单、使用方便、价格低廉，广泛用于低压配电系统中，主要用于短路保护，也常用于电气设备的过载保护。

熔断器的种类

熔断器的文字符号：FU

熔断器的图形符号：

陶瓷式熔断器、螺旋式熔断器、封闭式熔断器、快速熔断器、自复式熔断器

FU

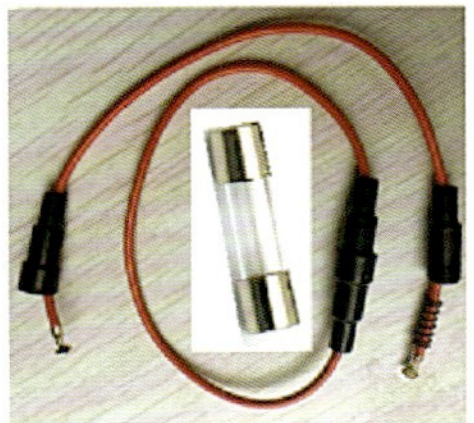

玻璃管熔断器

螺旋式熔断器

自复式熔断器

熔断器使用注意事项

①熔断器与线路串联，垂直安装，并装在各相线上；二相三线或三相四线回路的中性线上，不允许装熔断器。②螺旋式熔断器的电源进线端应接在底座中心点上，出线应接在螺纹壳上；该熔断器用于有振动的场所。③动力负荷大于60A，照明或电热负荷（220V）大于100A时，应采用管形熔断器。④电能表电压回路和电气控制回路应加装控制熔断器。⑤瓷插熔断器采用合格的铅合金丝或铜丝，不得用多股熔丝代替一根大的熔丝使用。⑥熔断器应完整无损，接触应紧密可靠，结合配电装置的维修，检查接触情况，以及熔件变色、变形、老化情况，必要时更换熔件。⑦熔断器选好后，还必须检查所选熔断器是否能够保护导线。

熔断器的额定电流要依据负载情况而选择

①电阻性负载或照明电路，这类负载起动过程很短，运行电流较平稳，一般按负载额定电流的1～1.1倍选用熔体的额定电流，进而选定熔断器的额定电流。

②电动机等感性负载，这类负载的起动电流为额定电流的4～7倍，一般选择熔体的额定电流为电动机额定电流的1.5～2.5倍。这样来说，熔断器难以起到过载保护作用，只能用作短路保护，这时可应用热继电器才行。

→21 断路器详解

断路器是一种很基本的低压电器，断路器具有过载、短路和欠电压保护功能，有保护线路和电源的能力。根据所采用灭弧介质的不同，断路器包括低压断路器（俗称空气开关）、真空断路器、SF_6断路器、油断路器等。民用建筑电气设计由于电压多为220～380V，断路器灭弧介质为空气，故称空气开关或低压断路器都对。但对于电力系统来说，就要具体问题具体分析。

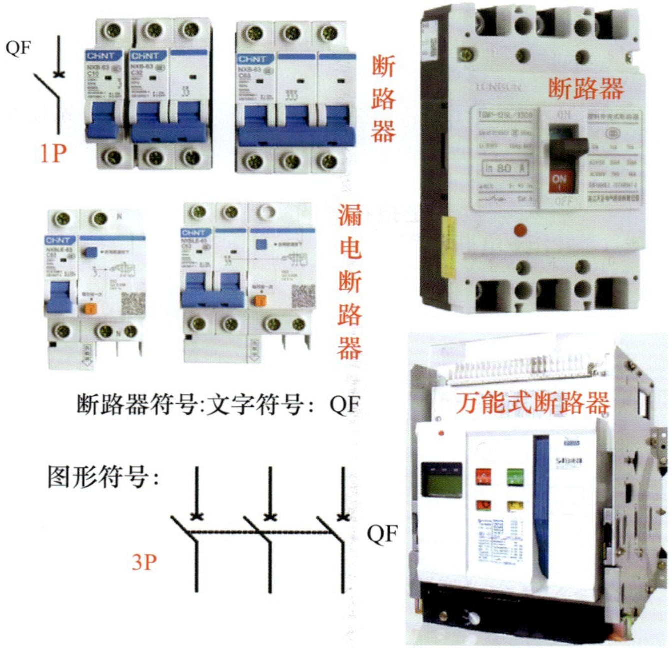

断路器的工作原理

1）断路器是由外壳、脱扣器、触头系统、操作机构、灭弧系统组合而成的。当发生短路时，大电流（一般处在10～12倍）所产生的磁场会克服反力弹簧，从而让脱扣器拉动操作机构，让开关迅速跳闸。当电路过载、电流变大时，发热量加剧，双金属片会变形到一定的程度，从而使机构动作（当电流越大时，动作的时间也就越短）。

2）电子型的断路器，会运用互感器来采集各相电流大小，与设定值比较，当电流异常时，微处理器会发出信号，让电子脱扣器来带动操作机构动作。

3）低压类型的断路器，俗称自动空气开关，其主触点是靠手动操作或电动合闸的，能够分断和接通负载电路，也能够控制不频繁起动的电动机。其功能相当于过电流继电器、刀开关、失电压继电器、漏电保护器、热继电器等电器部分的全部功能总和，是低压配电网中一种重要的保护电器。

→22 漏电断路器详解

1.选择合适的漏电断路器

合理选择漏电动作电流及动作时间。额定漏电动作电流是指在制造厂规定的条件下，保证漏电断路器必须动作的漏电电流值。漏电断路器的额定漏电动作电流主要有5mA、10mA、20mA、30mA、50mA、75mA、100mA、300mA等，家用漏电断路器漏电动作电流一般选用30mA及以下。特别潮湿区域，如浴室、卫生间等最好选用额定动作电流为10mA的漏电断路器。

额定漏电动作时间是指在制造厂规定的条件下，对应于额定漏电动作电流的最大漏电分断时间。单相漏电断路器的额定漏电动作时间，主要有小于或等于0.1s、小于0.15s、小于0.2s等。小于或等于0.1s的为快速型漏电断路器，防止人身触电的家庭用单相漏电断路器，应选用此类漏电断路器。

2.选择合适的额定电流

目前市场上适合家庭生活用电的单相漏电断路器，从保护功能来说，有漏电保护专用、漏电保护和过电流保护兼用及漏电、过电流、短路保护兼用三种产品。漏电断路器的额定电流主要有6A、10A、16A、20A、40A、63A、100A、160A、200A等多种规格。对带过电流保护的漏电断路器，同一等级额定电流下会有几种过电流脱扣器额定电流值。

如DZL18—20/2型漏电断路器，它具有漏电保护与过电流保护功能，其额定电流为20A，但其过电流脱扣器额定电流有10A、16A、20A三种，因此过电流脱扣器额定电流的选择，应尽量接近家庭用电的实际电流。

3.额定电压、频率、极数的选择

漏电断路器的额定电压有交流220V和交流380V两种，家庭生活用电常为单相，故应选用额定电压为交流220V/50Hz的产品。漏电断路器有1极、2极、3极、4极四种，家庭生活用电应选2极的漏电断路器。

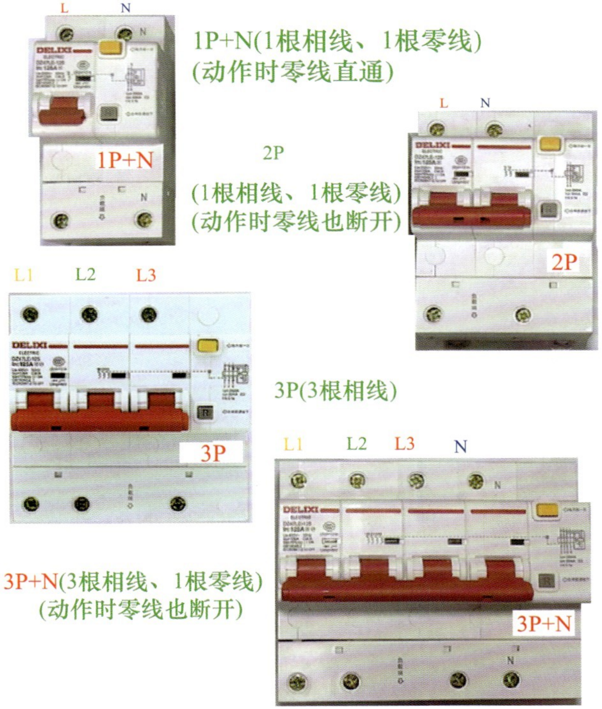

→23 指示灯使用详解

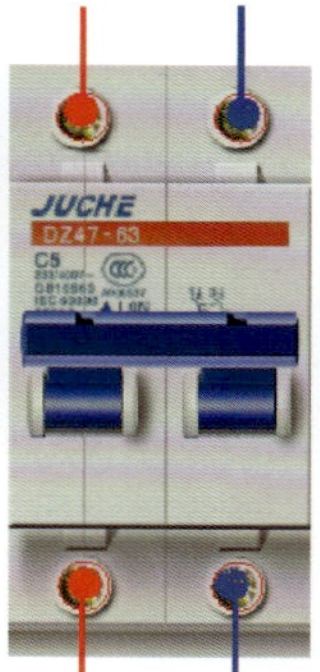

电源指示灯用于表示系统的电源状态。
可选电压为：6.3V、12V、24V、36V、110V、220V、380V。
指示灯颜色有红、绿、黄、蓝、白。

指示灯的作用如下：

1）指示电气设备的运行与停止状态。
2）监视控制电路的电源是否正常。
3）利用红灯监视跳闸回路是否正常，用绿灯监视合闸回路是否正常。

接触器辅助触点不够用可选择加装辅助触头

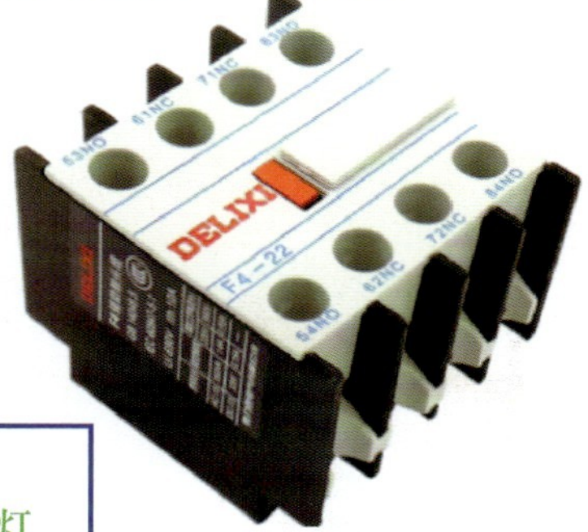

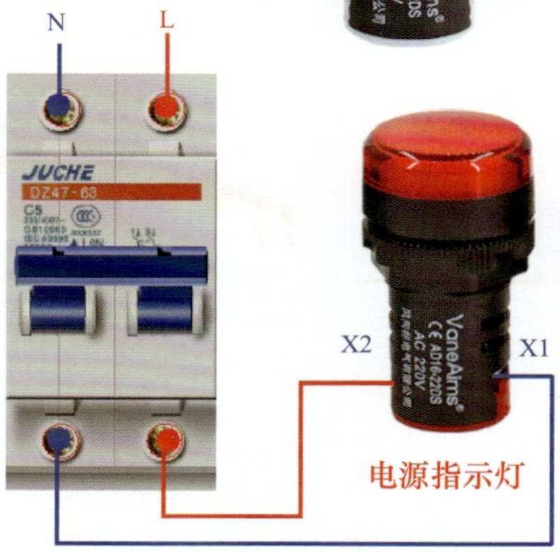

合上开关，指示灯亮
断开开关，指示灯灭

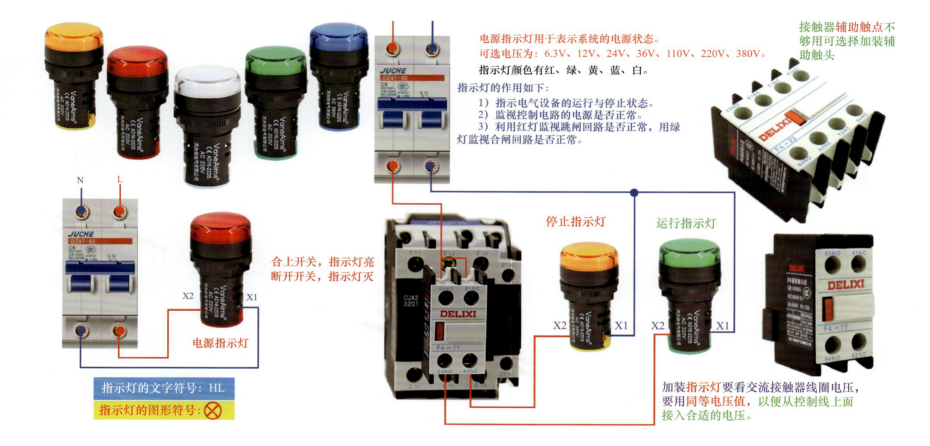

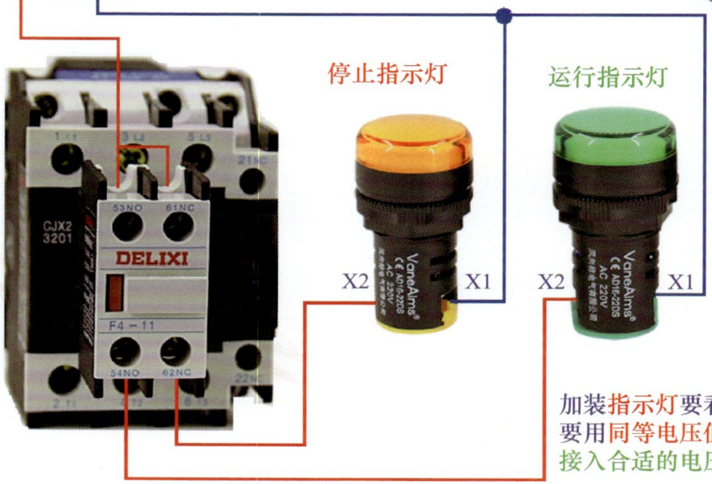

指示灯的文字符号：HL

指示灯的图形符号：⊗

加装指示灯要看交流接触器线圈电压，要用同等电压值，以便从控制线上面接入合适的电压。

→24 万用表使用详解

交流电压测试

1) 将黑表笔插入COM插孔，红表笔插入V/Ω插孔。

2) 将量程置于V量程范围，将表笔接在测量线路两端。国家电网规定220V供电误差为±10%，电压在210～240V之间是正常的。

直流电压测试

1) 将黑表笔插入COM插孔，红表笔插入V/Ω插孔。

2) 将档位打在$\overline{\overline{V}}$档位。

二极管测试

1) 将黑表笔插入COM插孔，红表笔插入V/Ω插孔。

2) 打在蜂鸣档/二极管档，导通则显示正向电压降数值。

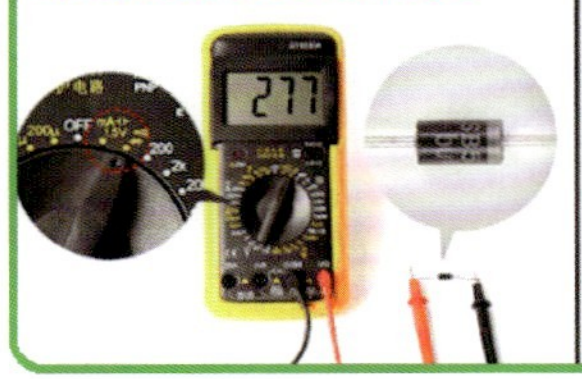

晶体管测试

无论是NPN或PNP型晶体管，数值大代表是好的。

直流电流测试

1) 将黑表笔插入COM插孔，红表笔插入mA插孔。

2) 档位打$\overline{\overline{A}}$档，不清楚电流有多大一定调到最大量程档位，换档位时一定要断电，严禁带电操作。

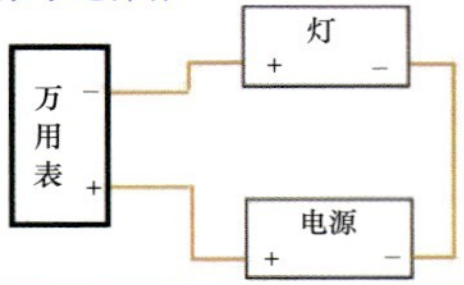

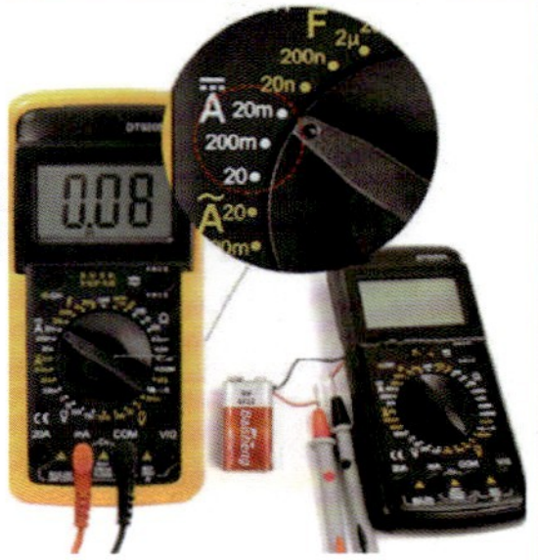

电阻测试

1) 将黑表笔插入COM插孔，红表笔插入V/Ω插孔。

2) 将量程档位开关置于Ω量程范围，将表笔并接到待测电阻上进行检测。

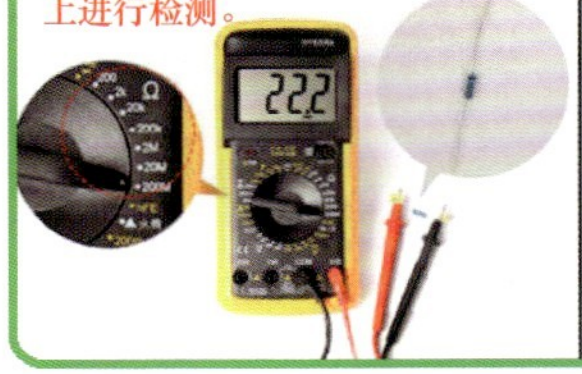

电容测试

1) 将黑表笔插入COM孔，红表笔插入mA插孔。

2) 量程打在电容F档，量程范围20nF～200μF。

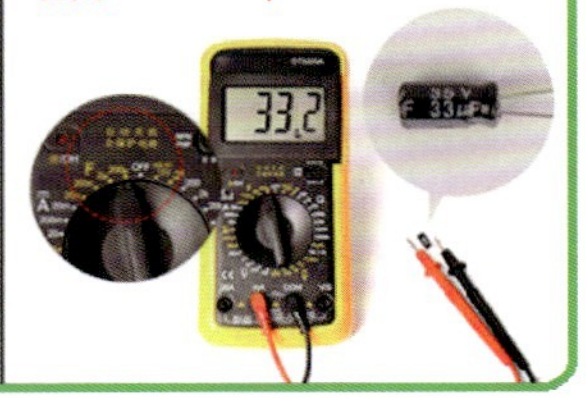

交流电流测试

1) 将黑表笔插入COM插孔，红表笔插入20A插孔。

2) 档位打在$\widetilde{A}$档，不清楚电流有多大一定调到最大量程档位，换档位时一定要断电，严禁带电操作。

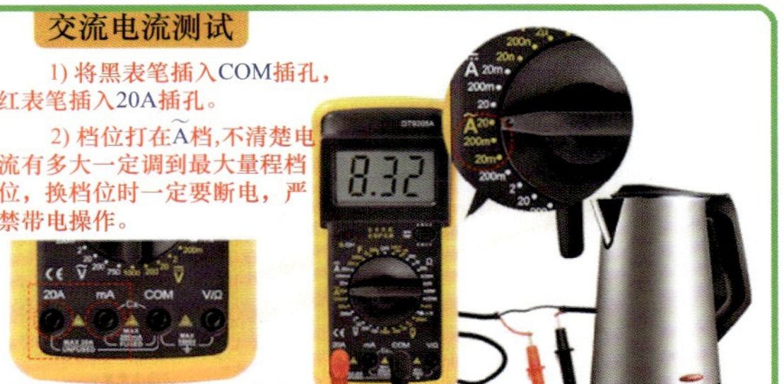

警告：严禁在电流档位去检测直流或交流电压。

通断蜂鸣

指示灯会亮，蜂鸣器会叫，证明线是通的。没声音，证明线是不通的。

→25 绝缘电阻表使用详解

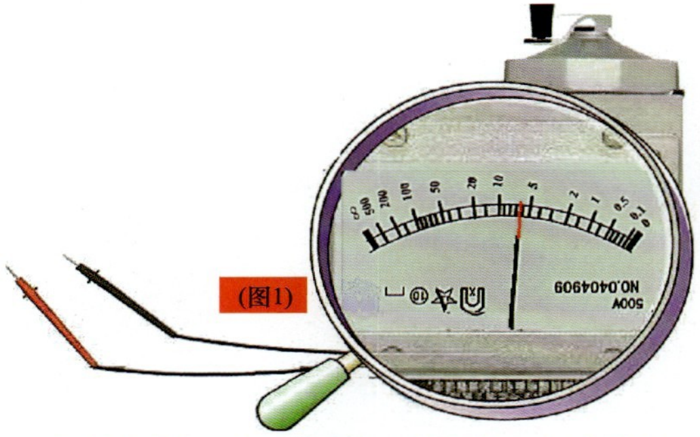

选择合适的：如果被测电动机额定工作电压是380V，那么可以选择500V的绝缘电阻表

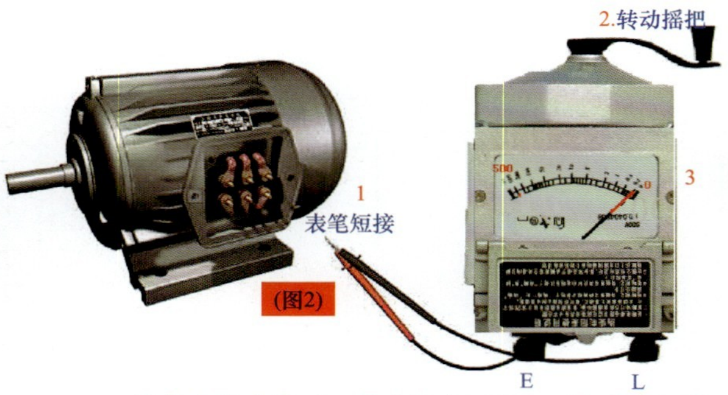

绝缘电阻表放平，做个短路测试，两支表笔短接，摇动手柄，指针接近“0”就是好的

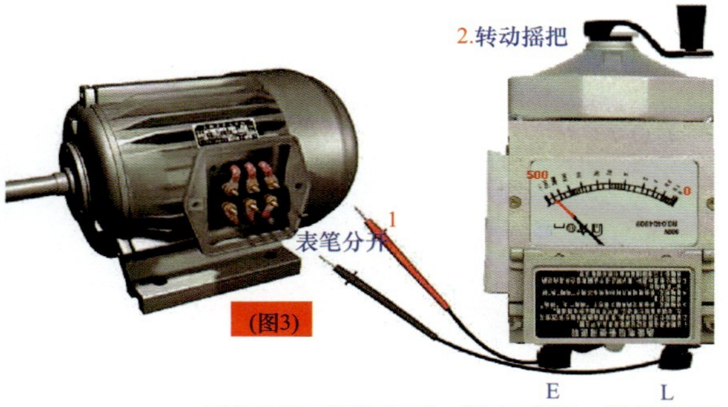

再把两支表笔分开，摇动手柄，指针接近无穷大就是好的

测量时最好把三相电动机的连接片去掉，外壳接地，三个绕组底部接线端我们从左到右编号U、V、W

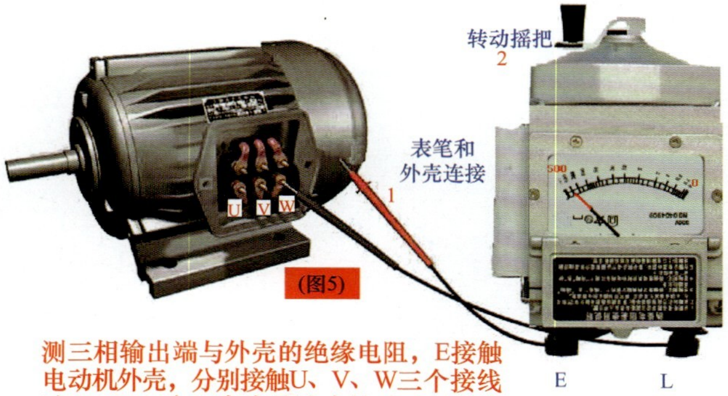

测三相输出端与外壳的绝缘电阻，E接触电动机外壳，分别接触U、V、W三个接线端，以120r/min左右的速度转动手柄，待指针稳定在无穷大时即为绝缘良好

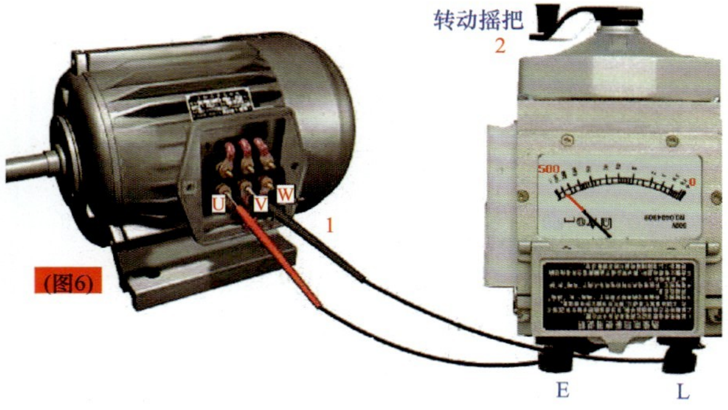

→26 钳形电流表使用详解

钳形电流表是一种测量正在运行的电气线路中电流大小的便携式电流表。它由电流互感器和电流表组成。

根据测量机构可分为整流式的磁电系仪表（用于交流电路）和电磁系仪表（用于交流电路和直流电路）。根据显示方式分为指针式、数显式。

钳形电流表是维修电工常用的测量仪表之一,那么我们应该怎样正确使用和应该了解注意哪些事项呢?

①安全操作规程要牢牢记住：在高压回路操作应两人进行，禁止用导线从钳形电流表另接表计测量。使用时注意电压等级，穿戴好绝缘鞋、绝缘手套，站在绝缘垫上，不得触及其他设备，以防短路或接地。读取测量数据时，要特别注意保持头部与带电部位的安全距离。在测量高压电缆时，电缆两线距离应该大于300mm，且绝缘良好，测量方便，才能进行操作。

②使用钳形电流表时要根据使用场所、电流的性质及大小选择相应的型号或档位。

③选择量程，要先估计被测电流的大小，如果无法估计应把量程打到最大，然后再逐步缩小量程，进行精确测量。

④不能在使用钳形电流表测量时换档，因为内部的电流互感器在测量时二次侧是不允许断路的。否则容易造成仪表损坏，产生的高压甚至危及操作者的人身安全。

⑤单相线路中，两根线不能同时钳入钳口。

⑥要养成每次使用完毕后，把量程拨至最大档，以防下次使用没看量程就进行测量。

⑦钳形电流表在测量时要在规定的频率范围内使用，除正弦波电流之外，它对所有波形电流的测量都会产生误差。

⑧绕线转子异步电动机的转子电流不能用交流钳形电流表测量，因为电动机工作时，转子的频率低，会产生较大误差，导致误判。以上几点就是我们应该了解的一些基本常识。

注意：在测量的过程中，屏幕显示的数值，一是要看小数点的位置，二是要看数值后面的单位，特别是测量电阻值，1000Ω=1kΩ，1000kΩ=1MΩ。

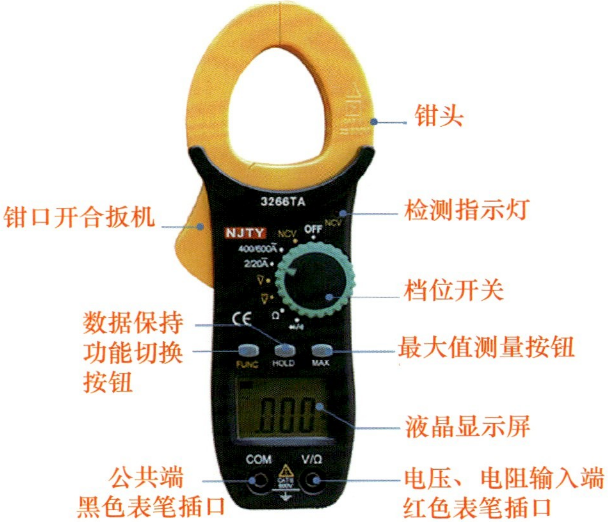
钳头
钳口开合扳机
检测指示灯
档位开关
数据保持
功能切换
按钮
最大值测量按钮
液晶显示屏
公共端
黑色表笔插口
电压、电阻输入端
红色表笔插口
3266TA
NJTY
COM
V/Ω

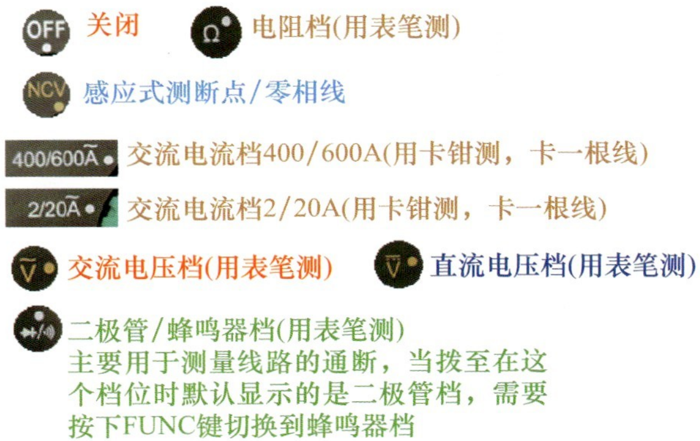
OFF 关闭
Ω 电阻档(用表笔测)
NCV 感应式测断点/零相线
400/600Ã 交流电流档400/600A(用卡钳测，卡一根线)
2/20Ã 交流电流档2/20A(用卡钳测，卡一根线)
Ṽ 交流电压档(用表笔测)
V̄ 直流电压档(用表笔测)
二极管/蜂鸣器档(用表笔测)
主要用于测量线路的通断，当拨至在这个档位时默认显示的是二极管档，需要按下FUNC键切换到蜂鸣器档

→27 电流表和电流互感器的量程选择详解

电流表

一般电流表在正常工作时，指针大约指示在满量程的2/3处比较合适。

额定电流÷$\frac{2}{3}$=电流表的量程，即额定电流×1.5=电流表量程。

电流互感器与电流表的量程匹配。

例：100kW电阻丝加热炉，三相380V，因阻性负载额定电流数值上是功率（kW）的1.5倍，那么额定电流就是150A。电流表应选择的量程为

150A×1.5倍=电流表量程=225A。

由于没有225/5这个规格的，所以选择250/5的电流表和电流互感器。

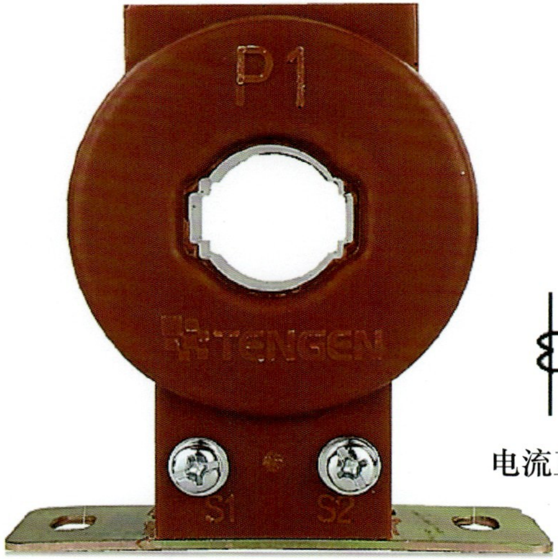

电流互感器

产品参数

【150/5通用型】

LMZJ1-0.5	150/5	75/5	50/5	30/5	25/5	15/5
穿心匝数	1	2	3	5	6	10

【200/5通用型】

LMZJ1-0.5	200/5	100/5	40/5	20/5
穿心匝数	1	2	5	10

其他型号均为一次穿心

第 2 章

图解家庭用电电路

→1 家庭配电箱的实物接线图

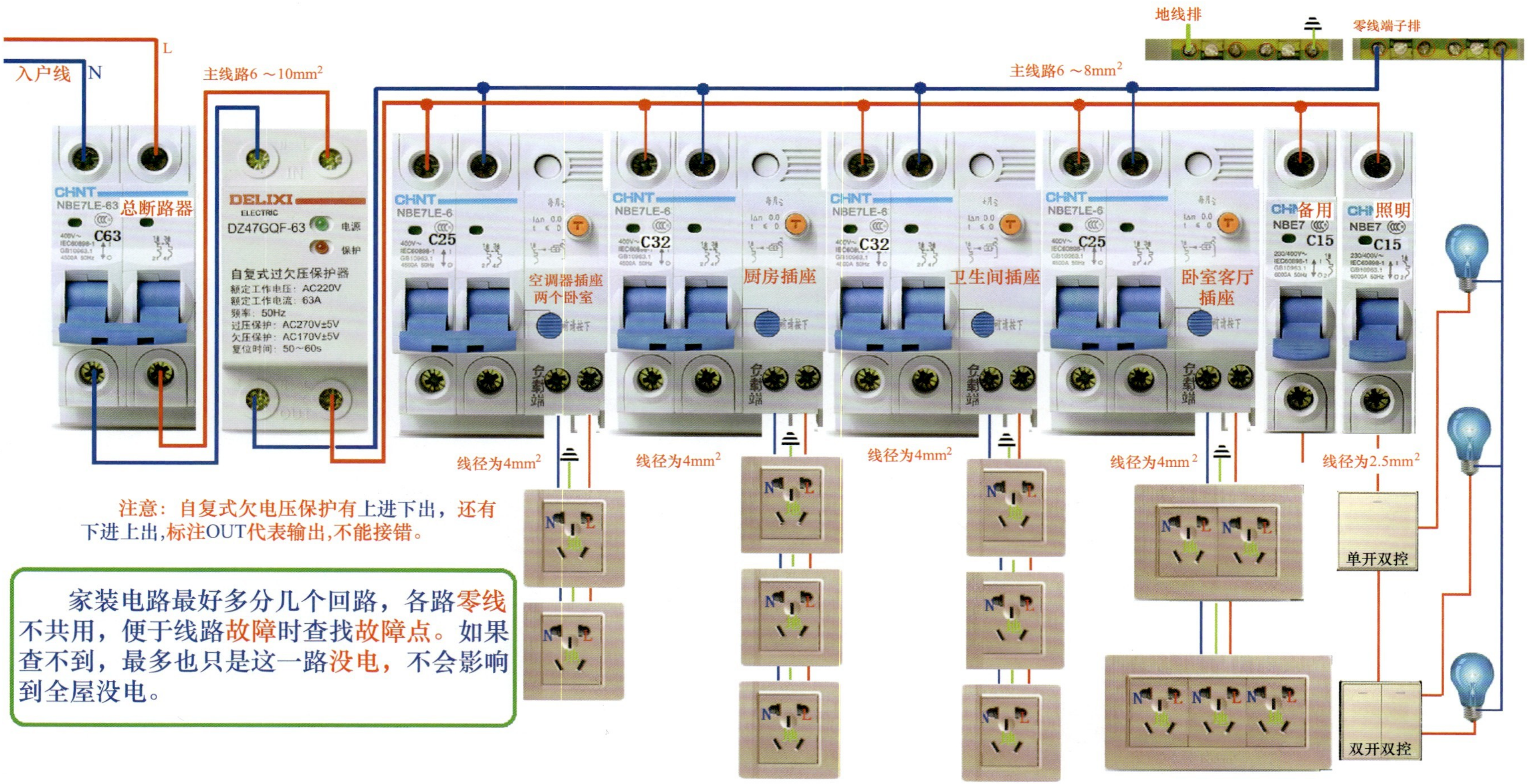

注意：自复式欠电压保护有上进下出，还有下进上出，标注OUT代表输出，不能接错。

家装电路最好多分几个回路，各路零线不共用，便于线路故障时查找故障点。如果查不到，最多也只是这一路没电，不会影响到全屋没电。

→2　单相电能表的实物接线图

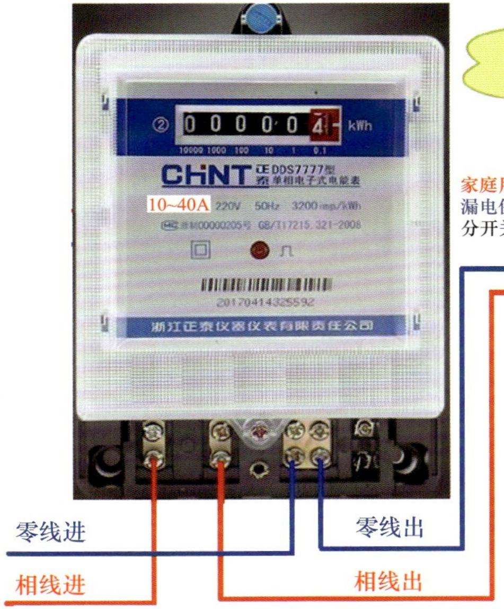

家庭用总开关请选2P/63A漏电保护器，卫生间用2P/32A漏电保护器，厨房用2P/40A空气开关（断路器），照明分开关用16A、20A、25A空气开关（断路器）1P、2P均可。

怎么选择合适的电能表?

电能表电流不是选越大越好或者越小越好，要与耗电功率相对应。计算方式：电流×电压=功率

例如：40A×220V=8800W（10～40A最大承受功率为8800W），建议以最大电流的80%计算（8800W×0.8=7040W），因为电能表长时间最大功率工作会影响正常使用寿命。

安数规格选择

1) 如是小功率电器与普通照明可选择2.5～10A。
2) 如有电磁炉、电水壶、电饭煲等可选择5～20A。
3) 如是2～3居室有空调器、热水器、电磁炉等大功率电器可选择10～40A。

产品参数：

2.5～10A，最大功率为2200W
5～20A，　最大功率为4400W
10～40A，　最大功率为8800W
15～60A，　最大功率为13200W
20～80A，　最大功率为17600W
30～100A，最大功率为22000W

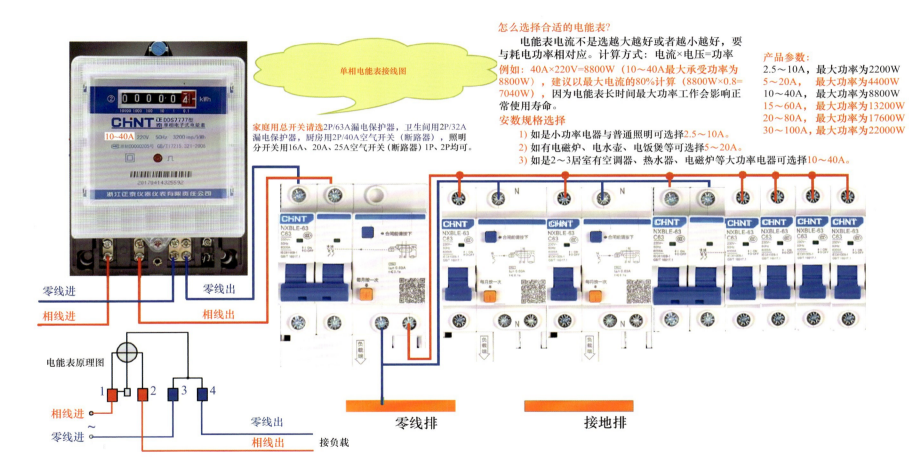

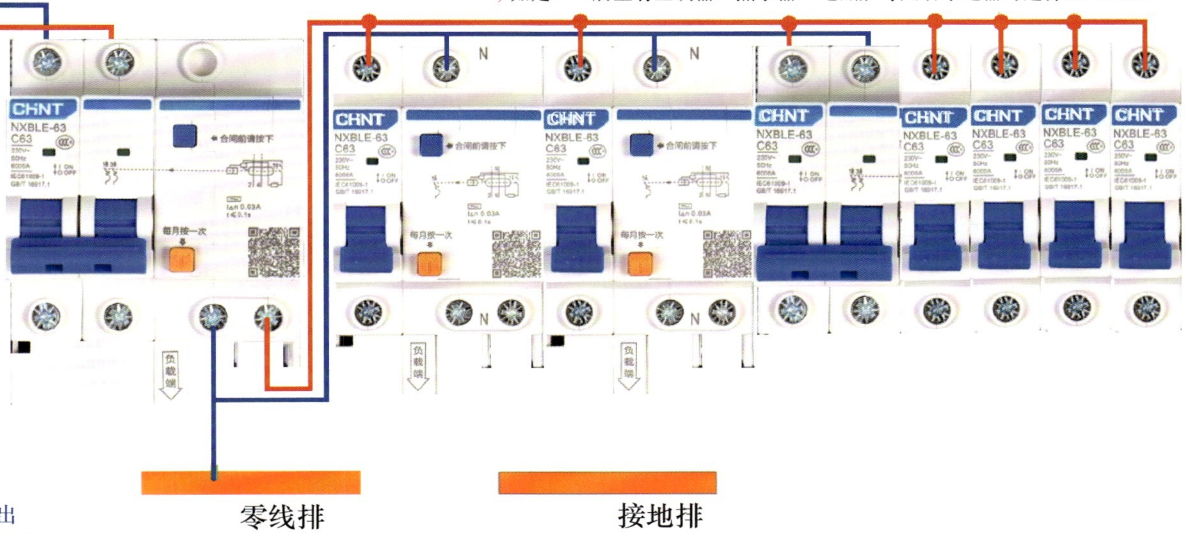

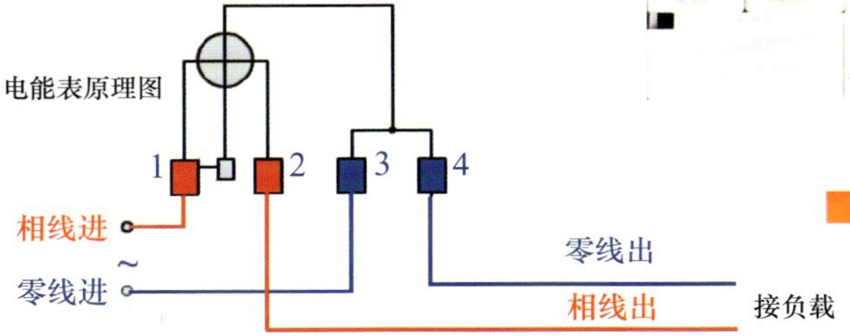

→3 单开单控开关的实物接线图

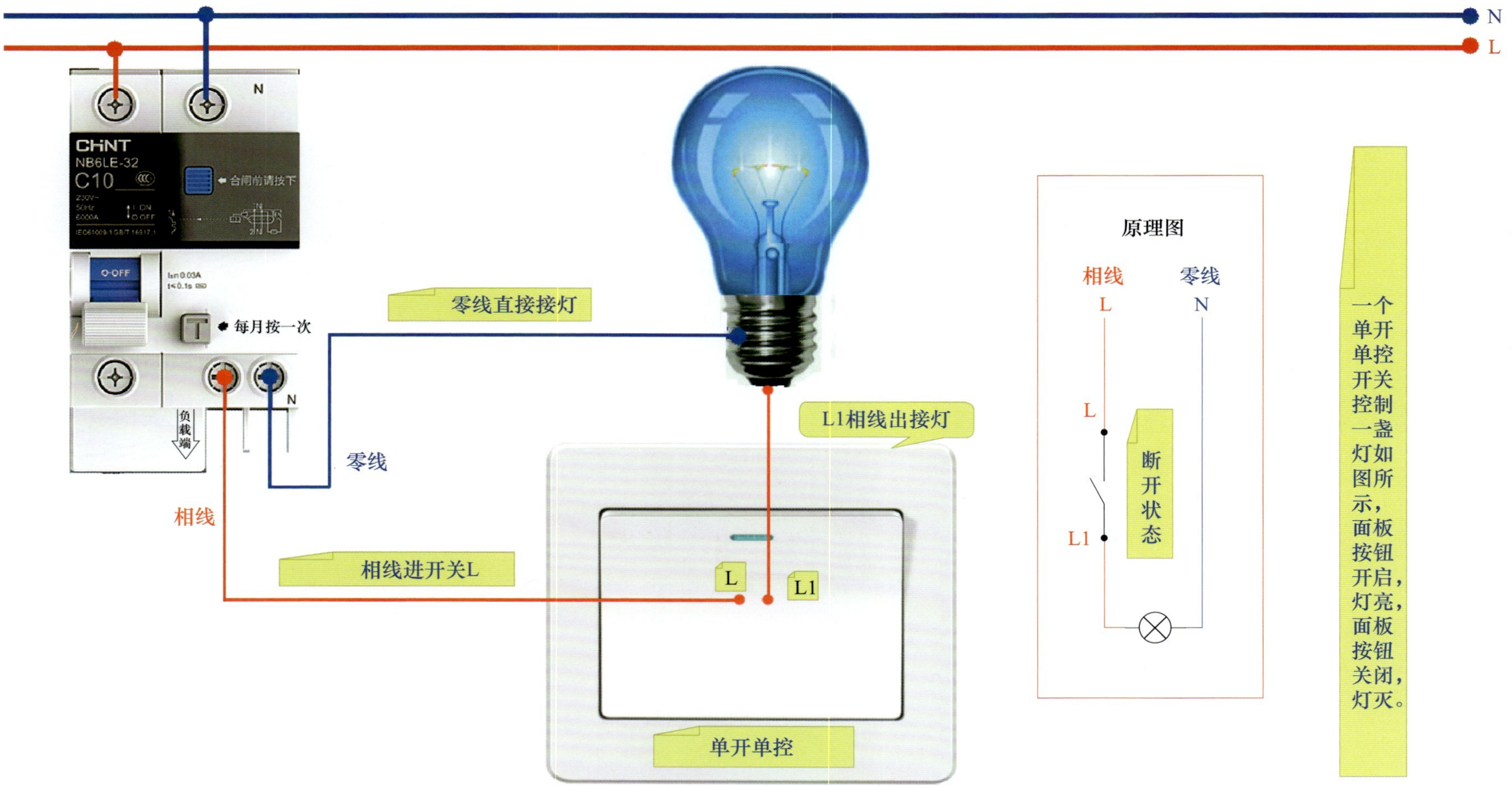

一个单开单控开关控制一盏灯如图所示，面板按钮开启，灯亮，面板按钮关闭，灯灭。

4 三联单控开关的实物接线图

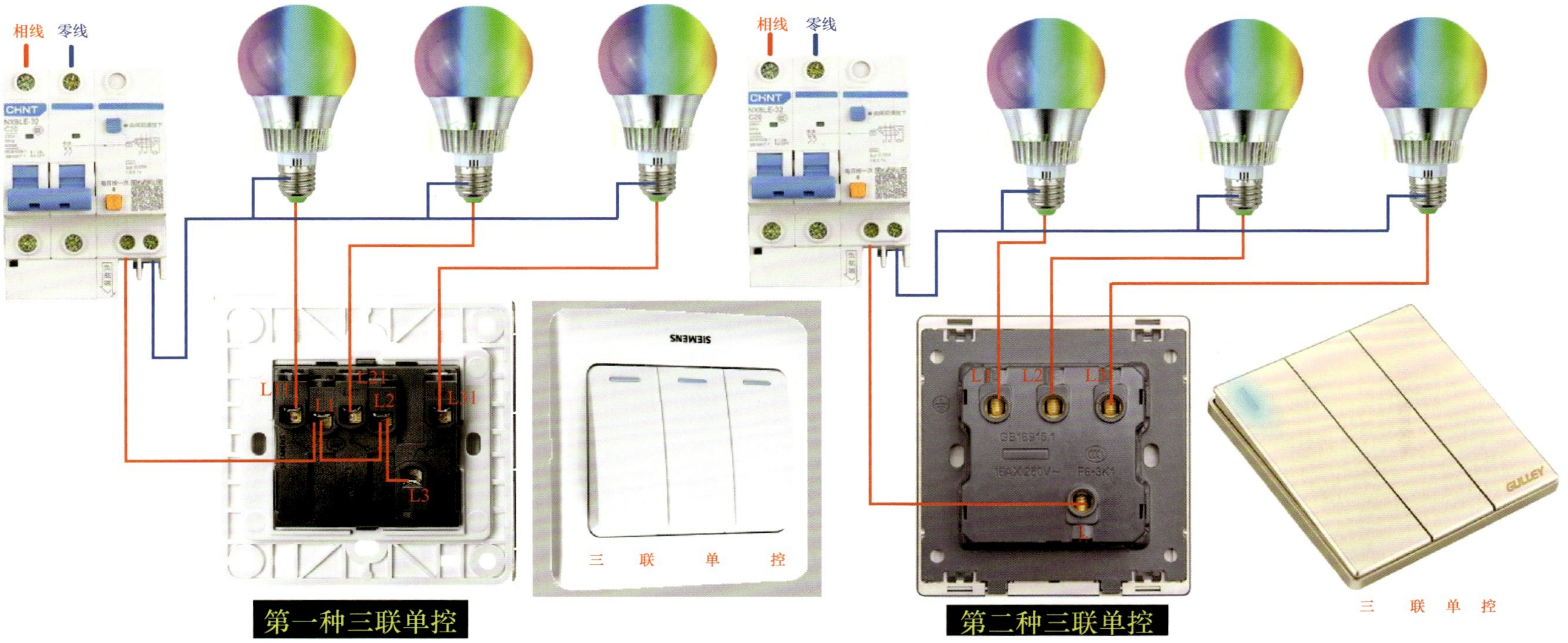

第一种三联单控　　第二种三联单控

→5 三个开关控制一盏灯的实物接线图

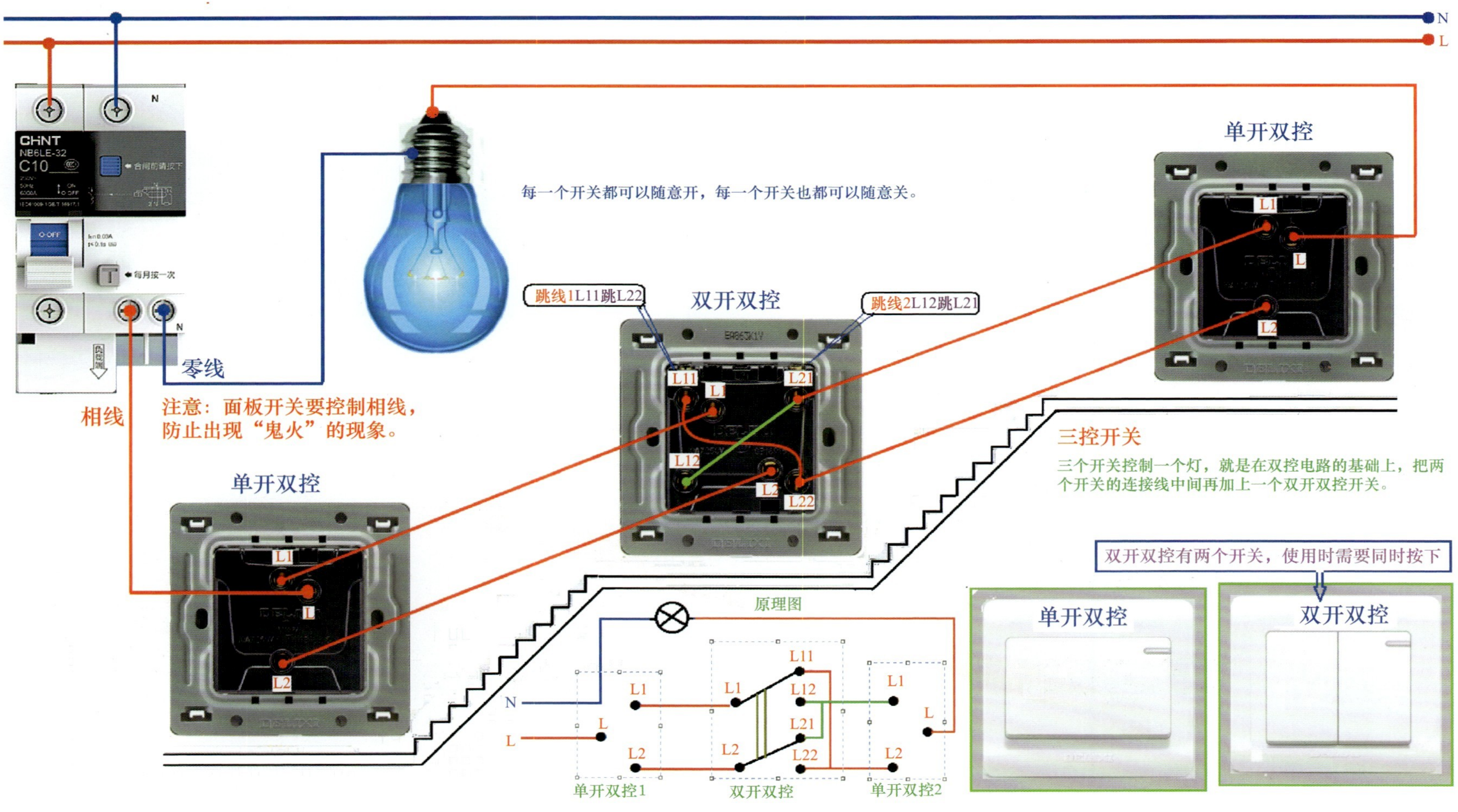
N
L
CHNT
NB6LE-32
C10
N
零线
相线
每一个开关都可以随意开，每一个开关也都可以随意关。
注意：面板开关要控制相线，
防止出现“鬼火”的现象。
单开双控
L1
L
L2
跳线1L11跳L22
双开双控
跳线2L12跳L21
L11
L1
L21
L12
L2
L22
单开双控
L1
L
L2
三控开关
三个开关控制一个灯，就是在双控电路的基础上，把两个开关的连接线中间再加上一个双开双控开关。
原理图
N
L
L1
L
L2
L11
L1
L12
L21
L2
L22
L1
L
L2
单开双控1
双开双控
单开双控2
双开双控有两个开关，使用时需要同时按下
单开双控
双开双控

→ 6 三个开关控制两盏灯的实物接线图

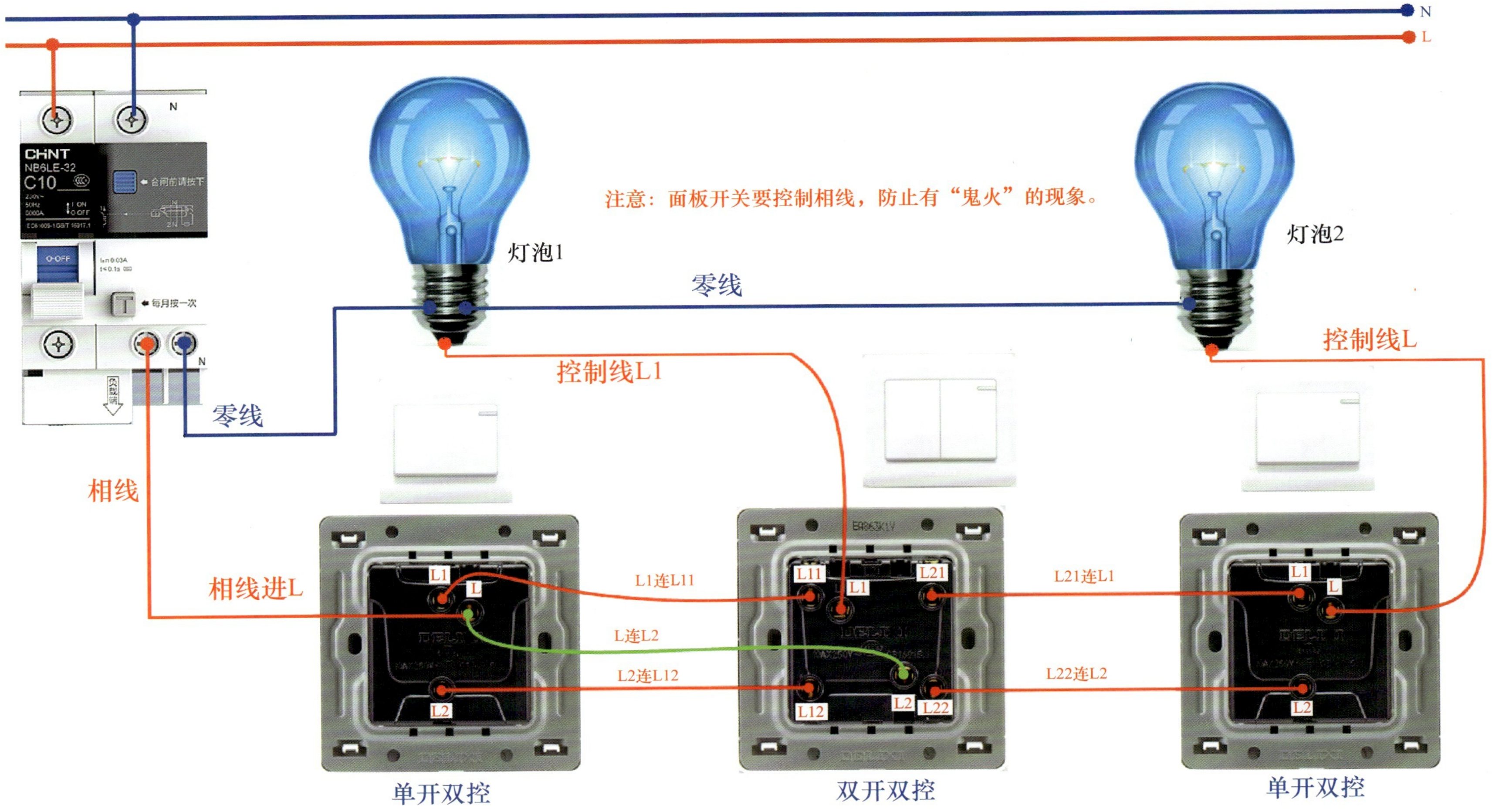

→7 四个开关控制四盏灯的实物接线图

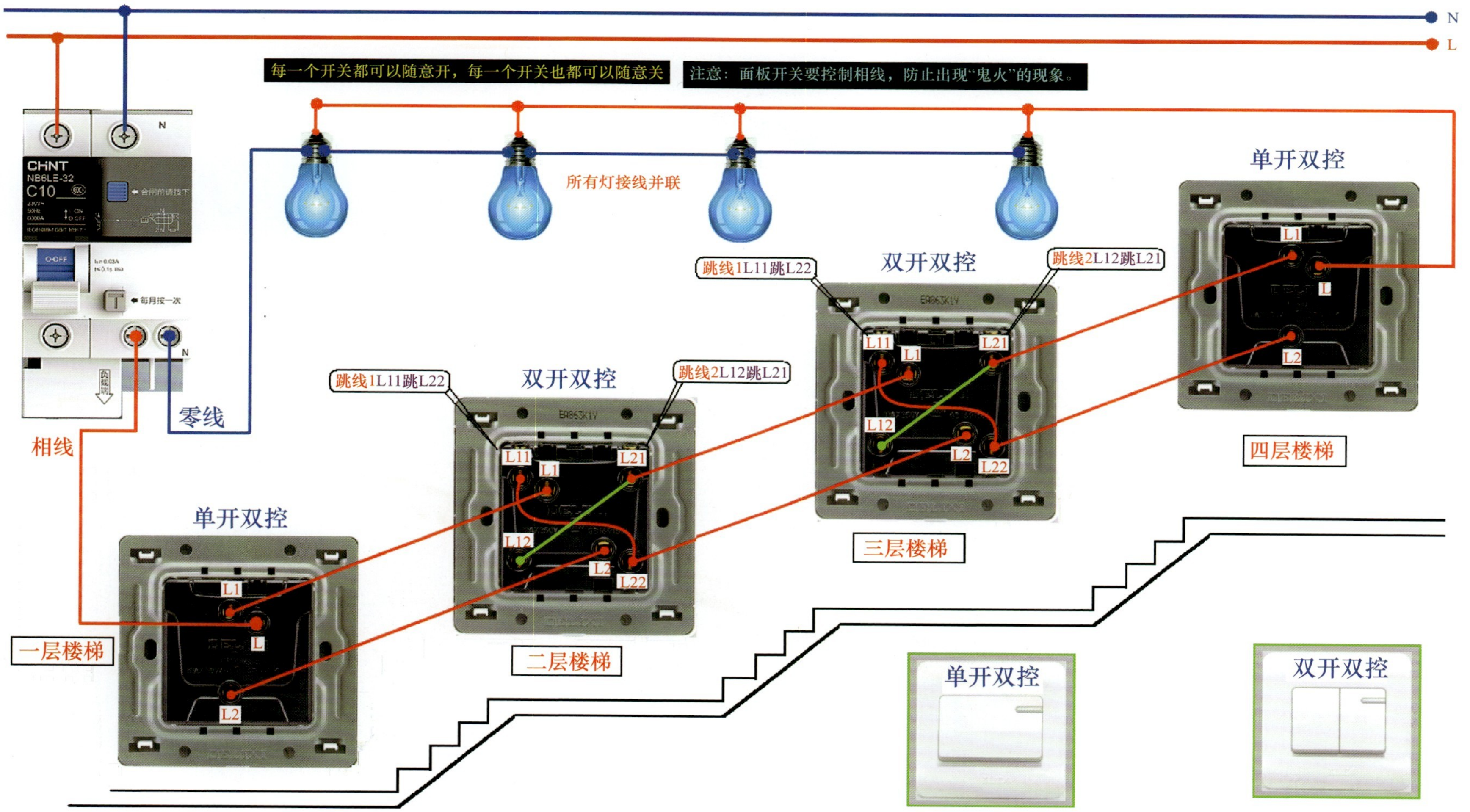
N
L
每一个开关都可以随意开，每一个开关也都可以随意关
注意：面板开关要控制相线，防止出现"鬼火"的现象。
所有灯接线并联
零线
相线
单开双控
一层楼梯
L1
L
L2
双开双控
二层楼梯
跳线1L11跳L22
跳线2L12跳L21
L11
L1
L21
L12
L2
L22
双开双控
三层楼梯
跳线1L11跳L22
跳线2L12跳L21
单开双控
四层楼梯
单开双控
双开双控

→ 8 经典双控灯的实物接线图

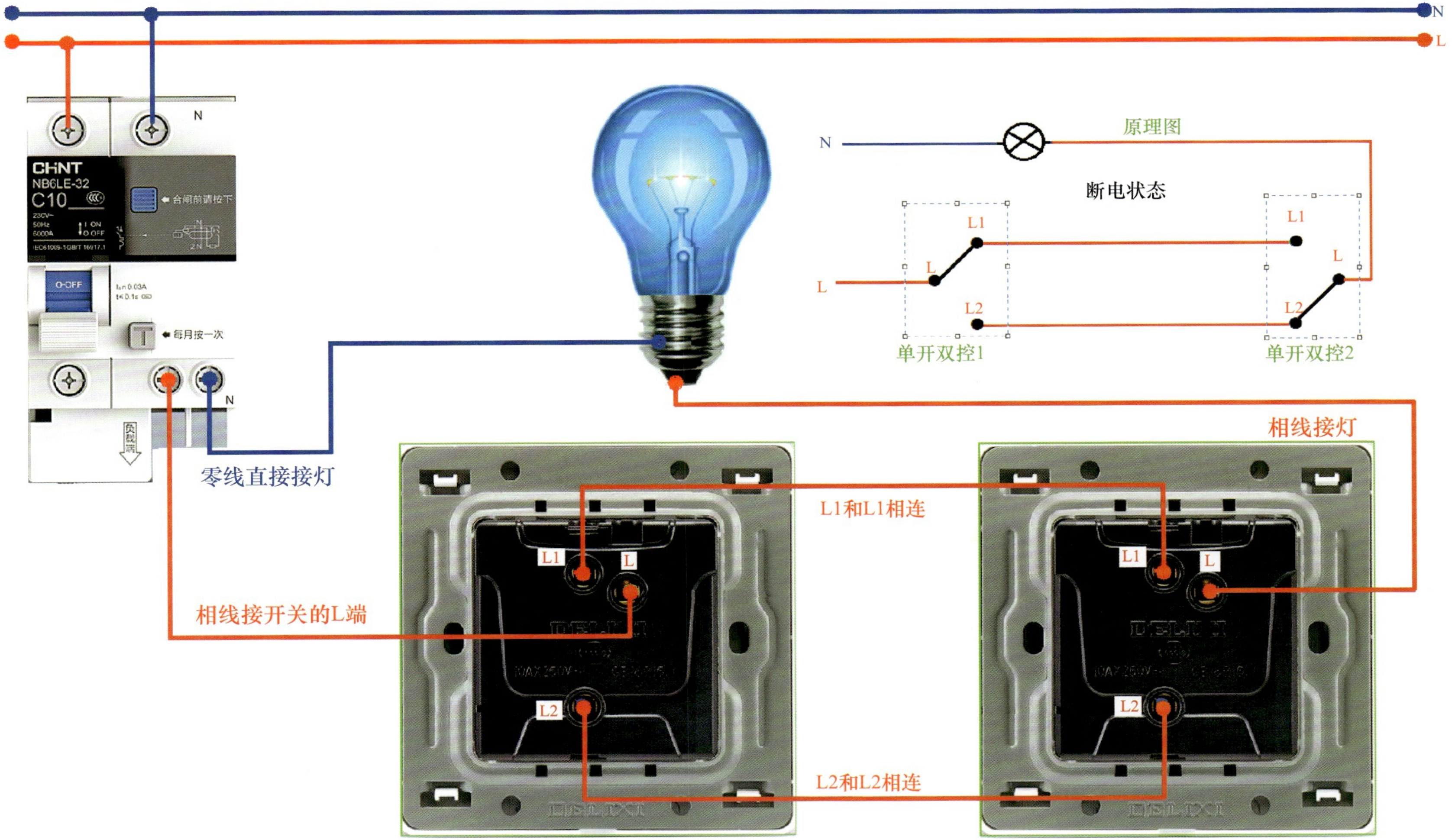

9 两个双开双控开关控制两盏灯的实物接线图

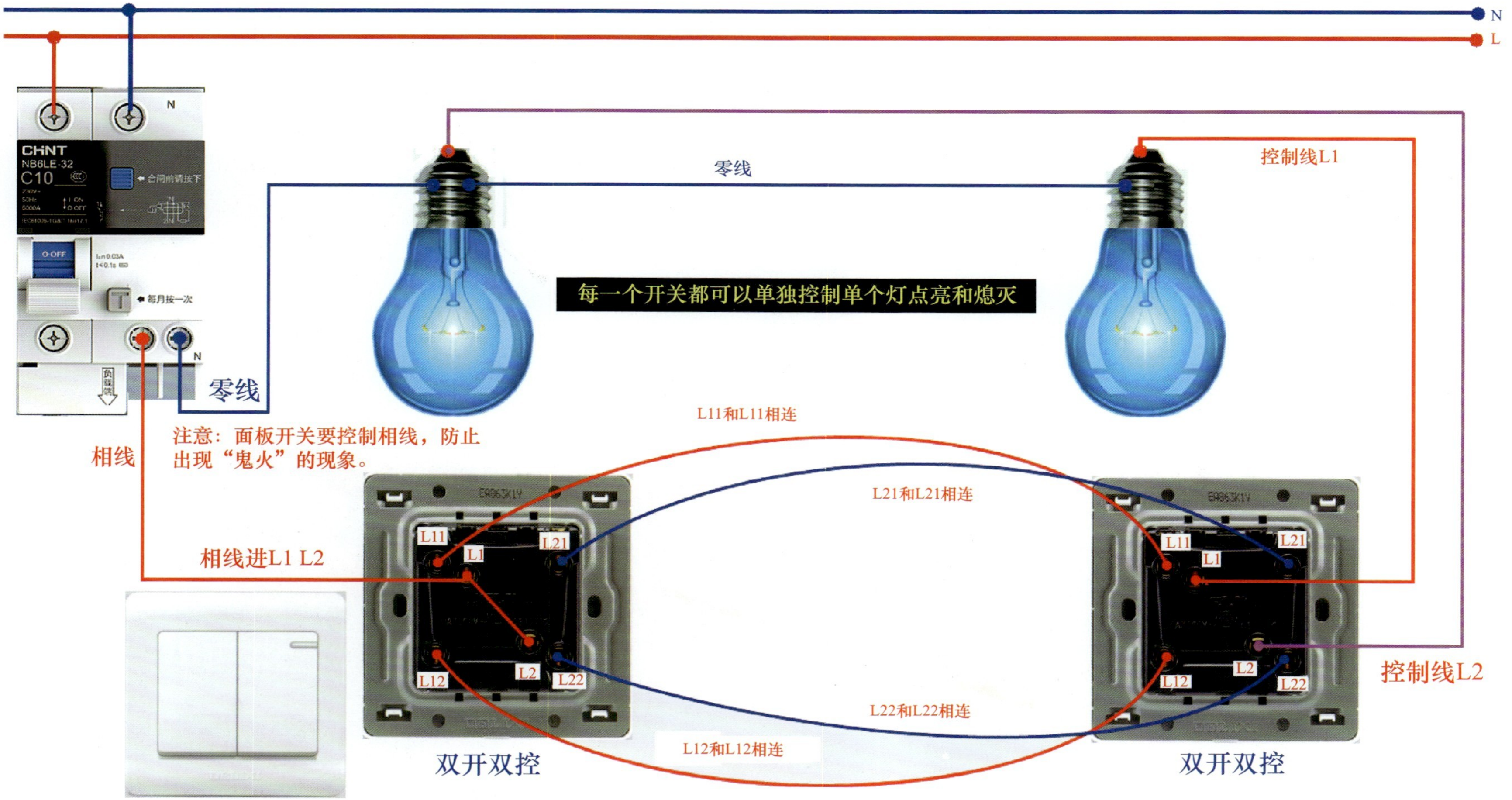
N
L
零线
控制线L1
每一个开关都可以单独控制单个灯点亮和熄灭
零线
相线
注意：面板开关要控制相线，防止出现“鬼火”的现象。
L11和L11相连
L21和L21相连
相线进L1 L2
L11
L1
L21
L12
L2
L22
L22和L22相连
L12和L12相连
控制线L2
双开双控
双开双控

→10　声光控延时断电开关的实物接线图

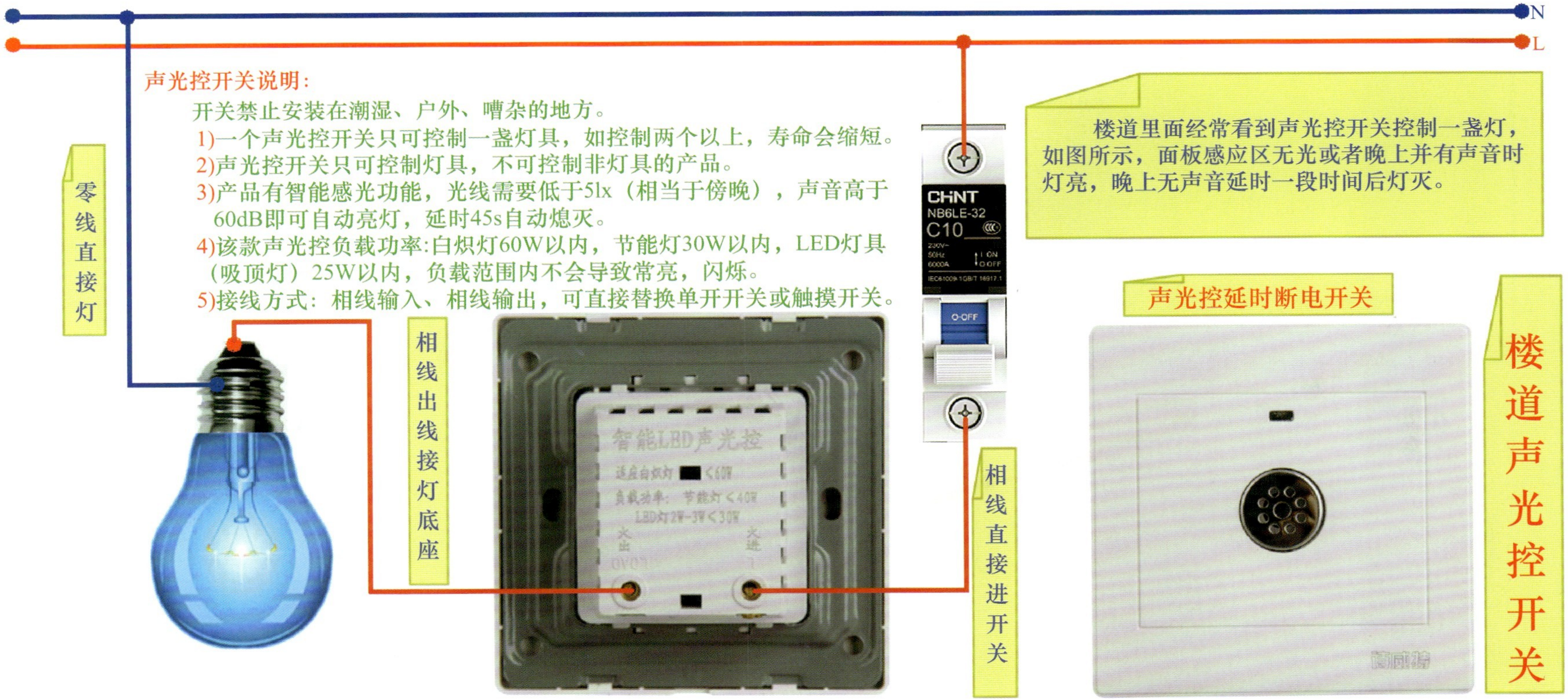

声光控开关说明：

开关禁止安装在潮湿、户外、嘈杂的地方。

1)一个声光控开关只可控制一盏灯具，如控制两个以上，寿命会缩短。

2)声光控开关只可控制灯具，不可控制非灯具的产品。

3)产品有智能感光功能，光线需要低于5lx（相当于傍晚），声音高于60dB即可自动亮灯，延时45s自动熄灭。

4)该款声光控负载功率:白炽灯60W以内，节能灯30W以内，LED灯具（吸顶灯）25W以内，负载范围内不会导致常亮，闪烁。

5)接线方式：相线输入、相线输出，可直接替换单开开关或触摸开关。

楼道里面经常看到声光控开关控制一盏灯，如图所示，面板感应区无光或者晚上并有声音时灯亮，晚上无声音延时一段时间后灯灭。

→11 触控节能延时断电开关的实物接线图

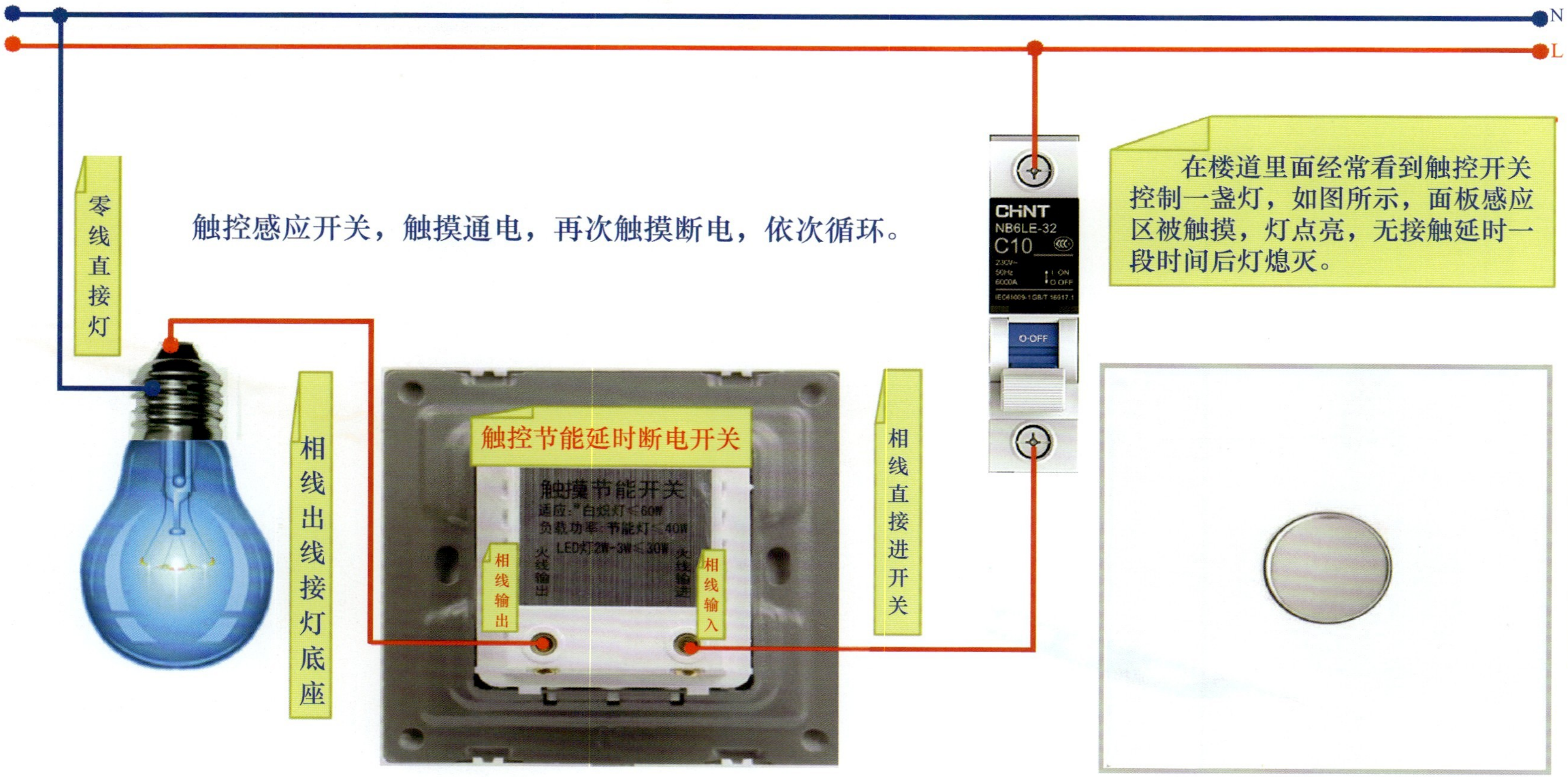

→12 无线遥控双控灯的实物接线图

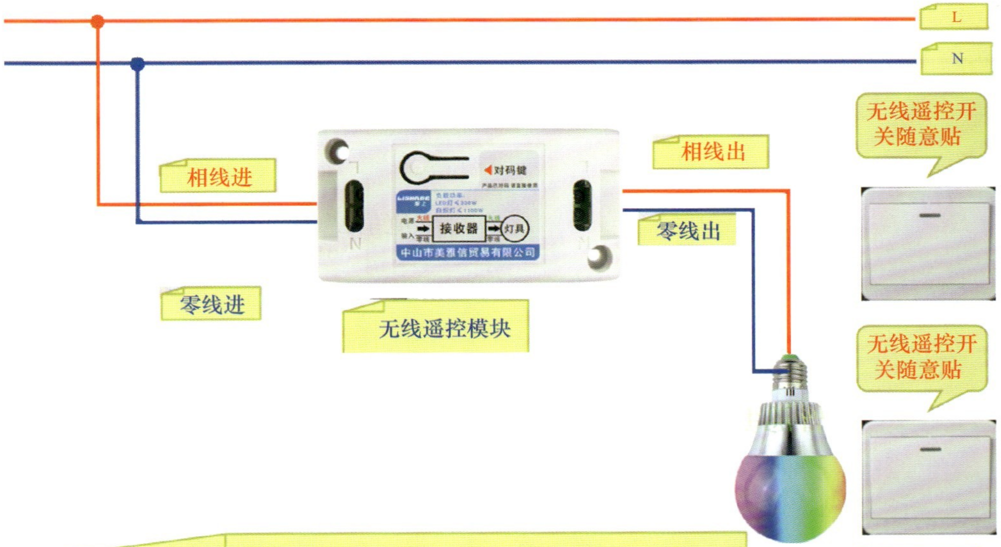

每个随意贴等同于遥控器，可以贴到不同位置来控制一盏灯开关，从而实现多地控制。

注1：接入电源需要分清零线、相线。
注2：如果灯带驱动器，需要接在驱动器前面。
负载功率一般为200W，如大于200W需要加交流接触器转换负载。

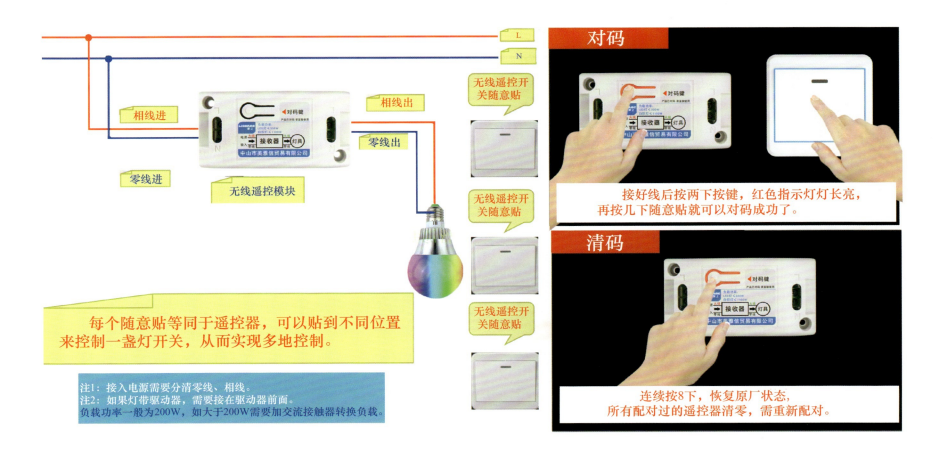

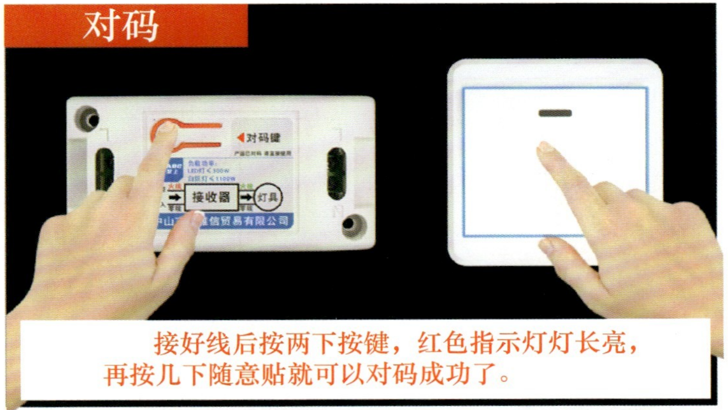

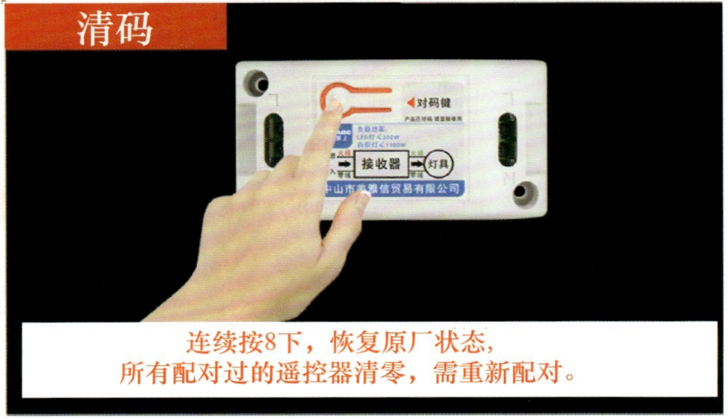

→13 五孔插座的实物接线图

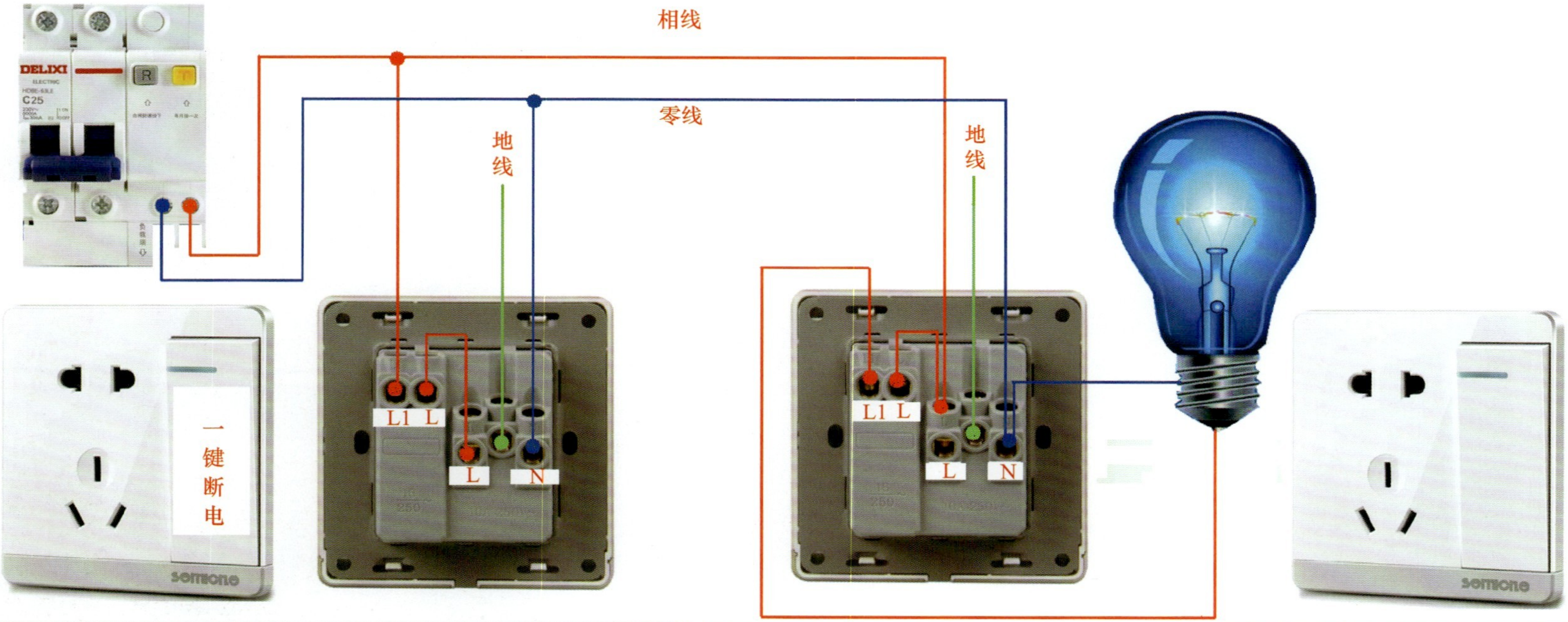

1.开关连接插座

开关用作控制插座电源的通断，按照以下方法来连接：将相线接入开关的L1接线端子（相线进线口），将开关的L接线端子（相线出线口）与两孔插座的L接线端子（相线接线口）相连，将零线接入插座的N接线端子（零线接线口）。

2.开关连接灯

开关仅用来控制灯具，不控制插座。建议按照以下方法来接线：将相线接入插座的L接线端子和开关的L相连，接线端子L1与灯头的一个接线端子相连，将零线接入插座N，从N连接灯头的另一个接线端子，开关与灯之间形成相应的回路。事实上，带开关的五孔插座的用途可分为这两种情况：①开关控制插座；②开关控制灯。

→14 单开双控五孔插座的实物接线图

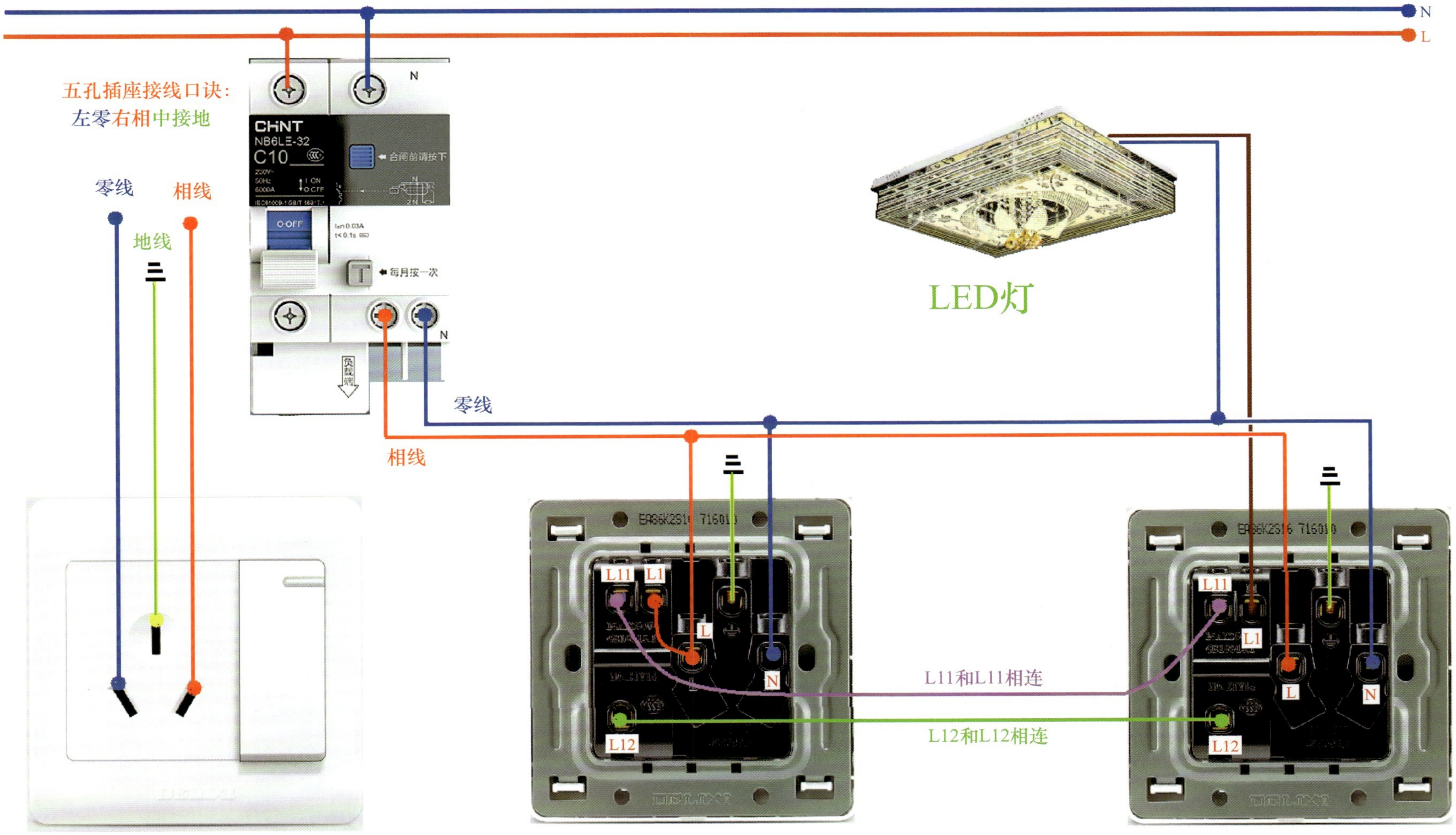

→15 双开双控五孔插座的实物接线图

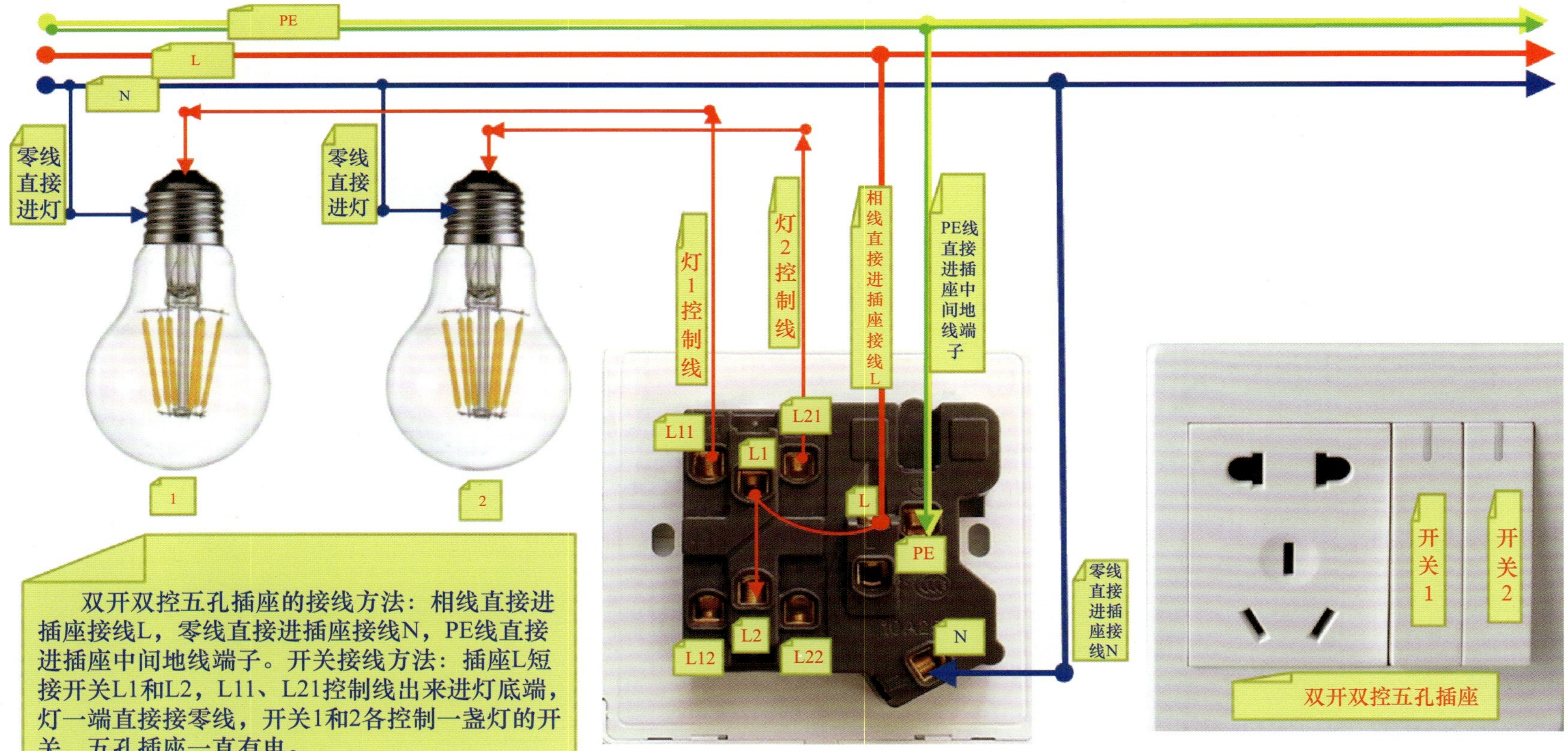

双开双控五孔插座的接线方法：相线直接进插座接线L，零线直接进插座接线N，PE线直接进插座中间地线端子。开关接线方法：插座L短接开关L1和L2，L11、L21控制线出来进灯底端，灯一端直接接零线，开关1和2各控制一盏灯的开关，五孔插座一直有电。

→16 带 USB 接口的插座实物接线图

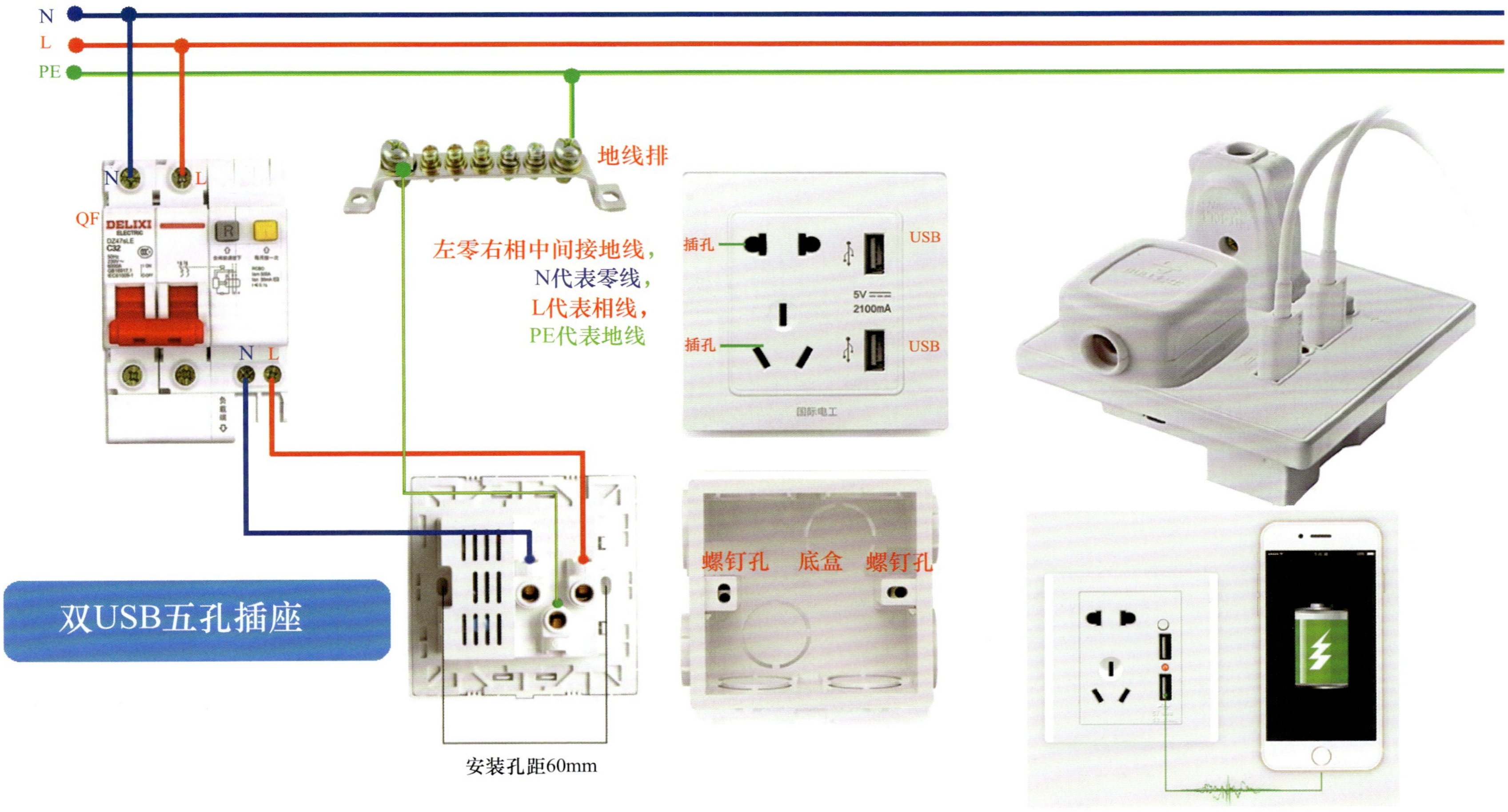

→17 照明应急两用电路的实物接线图

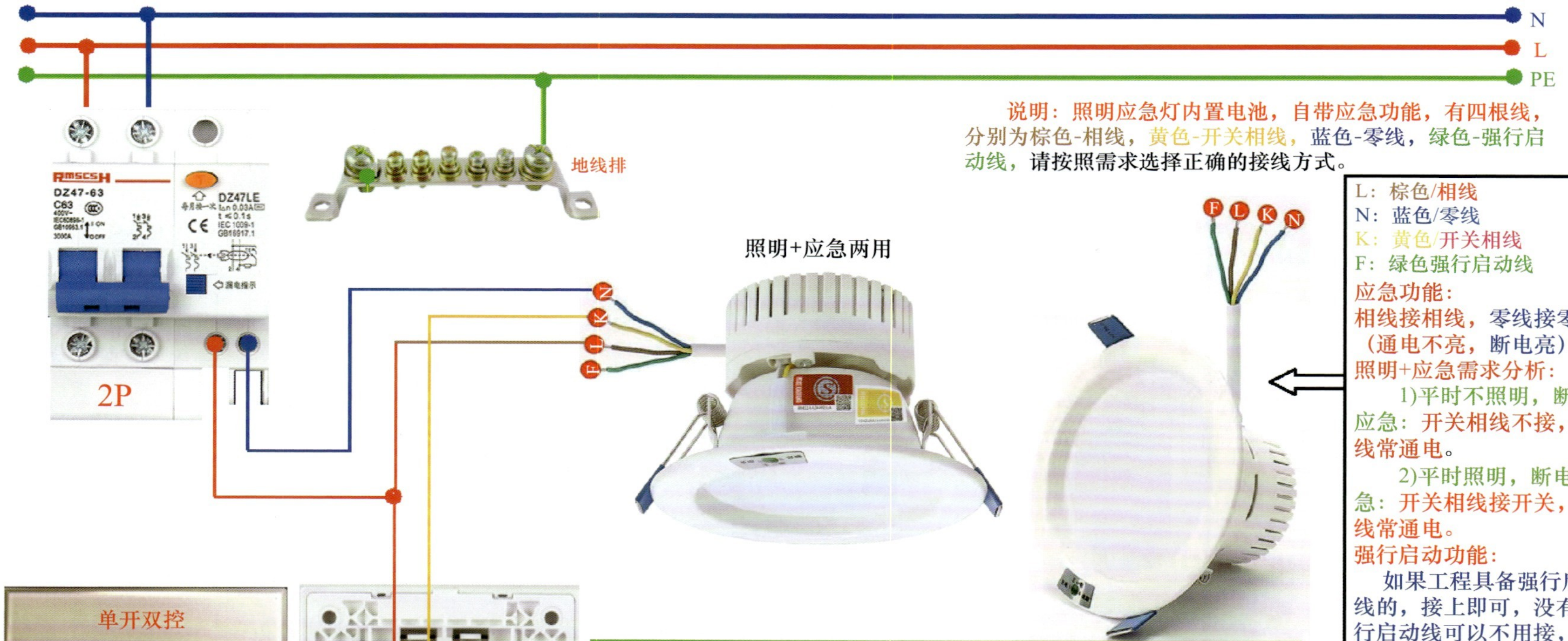

说明：照明应急灯内置电池，自带应急功能，有四根线，分别为棕色-相线，黄色-开关相线，蓝色-零线，绿色-强行启动线，请按照需求选择正确的接线方式。

L：棕色/相线
N：蓝色/零线
K：黄色/开关相线
F：绿色强行启动线

应急功能：
相线接相线，零线接零线（通电不亮，断电亮）

照明+应急需求分析：

1)平时不照明，断电应急：开关相线不接，相线常通电。

2)平时照明，断电应急：开关相线接开关，相线常通电。

强行启动功能：

如果工程具备强行启动线的，接上即可，没有强行启动线可以不用接，用胶布包裹起开即可。

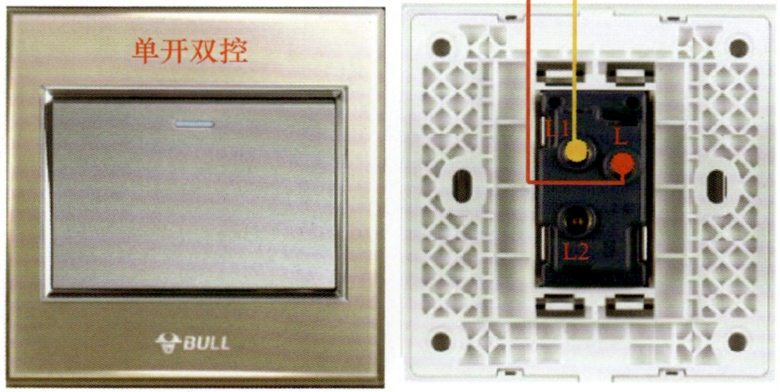

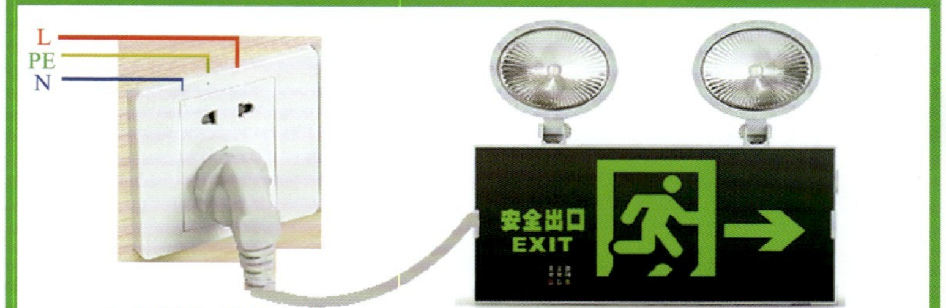

此图接线简单方便

一灯两用，应急灯+安全出口指示灯

新国标 右向指示

安装方法：

消防应急灯自带插头直接插入电源插座即可，安装好后按试验按钮或关闭主电源看看是否能起到应急作用。

→18 插卡取电电路的实物接线图

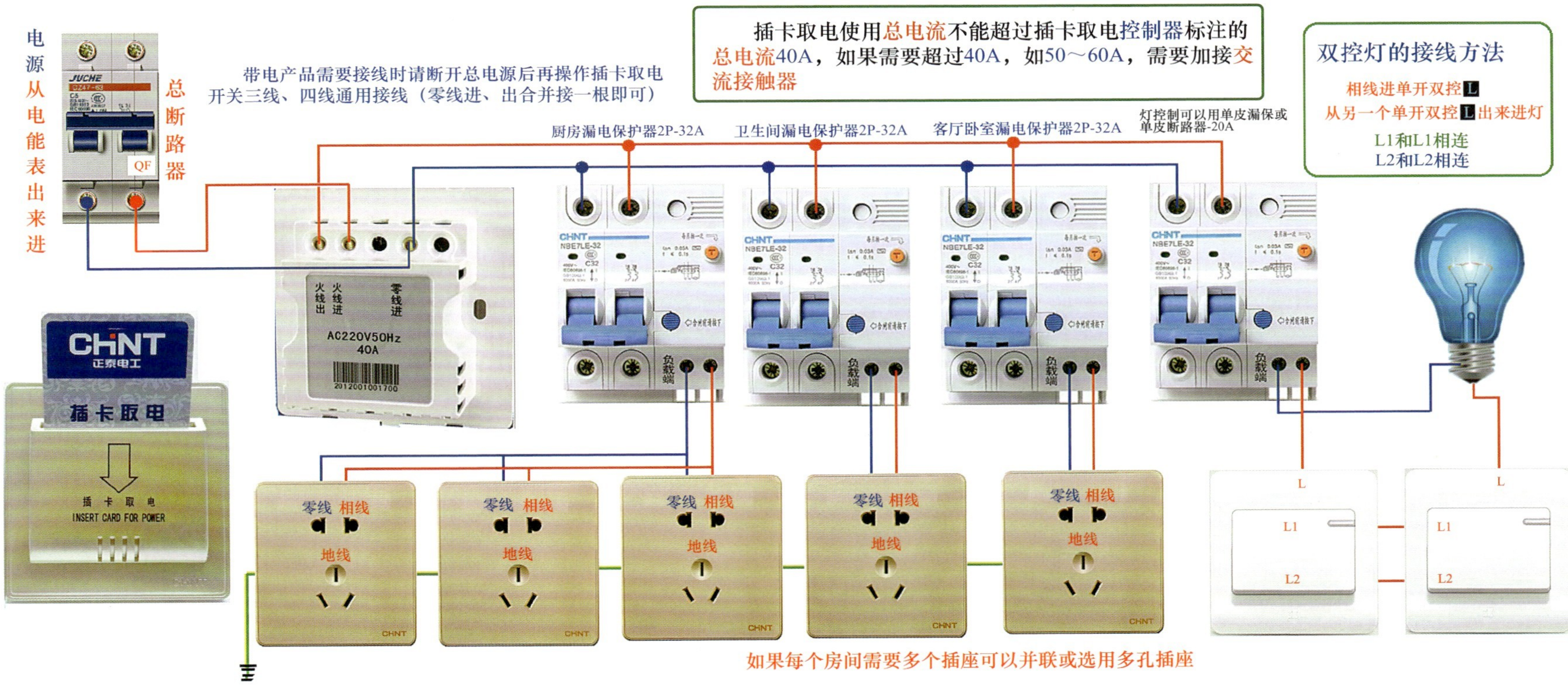

电源从电能表出来进
总断路器
QF
带电产品需要接线时请断开总电源后再操作插卡取电开关三线、四线通用接线（零线进、出合并接一根即可）
插卡取电使用总电流不能超过插卡取电控制器标注的总电流40A，如果需要超过40A，如50～60A，需要加接交流接触器
双控灯的接线方法
相线进单开双控L
从另一个单开双控L出来进灯
L1和L1相连
L2和L2相连
厨房漏电保护器2P-32A
卫生间漏电保护器2P-32A
客厅卧室漏电保护器2P-32A
灯控制可以用单皮漏保或单皮断路器-20A
火线出
火线进
零线进
AC220V50Hz
40A
CHNT
正泰电工
插卡取电
INSERT CARD FOR POWER
零线
相线
地线
L
L1
L2
如果每个房间需要多个插座可以并联或选用多孔插座

→19 浴霸开关实物接线图

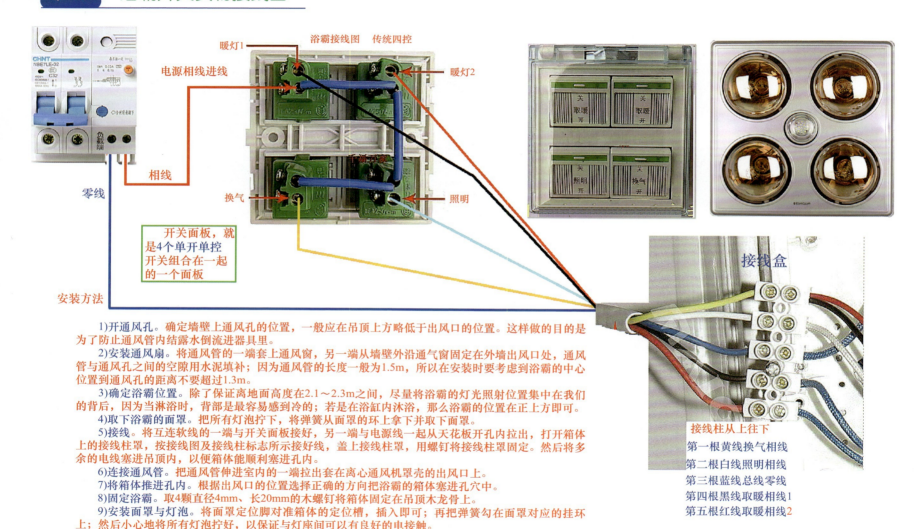

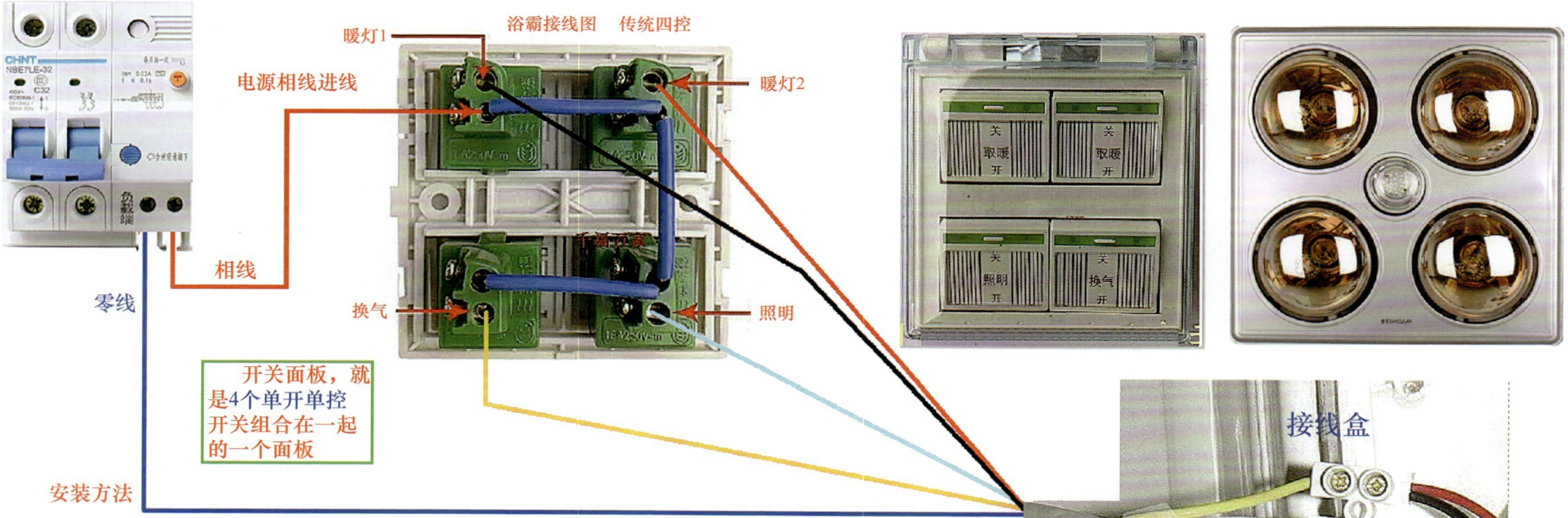

浴霸接线图　传统四控
暖灯1
电源相线进线
暖灯2
相线
零线
换气
照明
开关面板，就是4个单开单控开关组合在一起的一个面板
安装方法
关
取暖
开
照明
换气

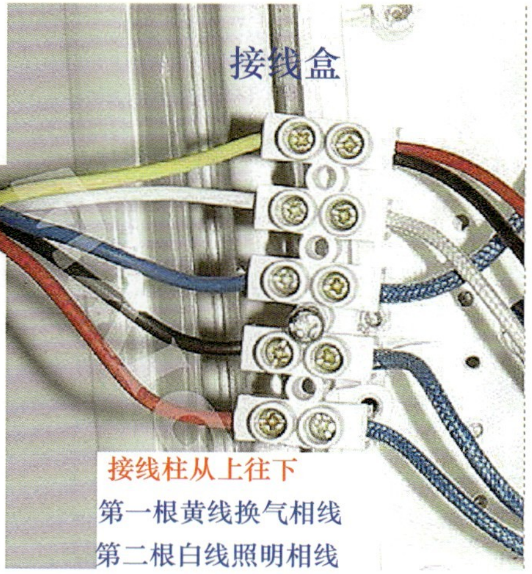

接线盒

接线柱从上往下
第一根黄线换气相线
第二根白线照明相线
第三根蓝线总线零线
第四根黑线取暖相线1
第五根红线取暖相线2

1)开通风孔。确定墙壁上通风孔的位置，一般应在吊顶上方略低于出风口的位置。这样做的目的是为了防止通风管内结露水倒流进器具里。

2)安装通风扇。将通风管的一端套上通风窗，另一端从墙壁外沿通气窗固定在外墙出风口处，通风管与通风孔之间的空隙用水泥填补；因为通风管的长度一般为1.5m，所以在安装时要考虑到浴霸的中心位置到通风孔的距离不要超过1.3m。

3)确定浴霸位置。除了保证离地面高度在2.1～2.3m之间，尽量将浴霸的灯光照射位置集中在我们的背后，因为当淋浴时，背部是最容易感到冷的；若是在浴缸内沐浴，那么浴霸的位置在正上方即可。

4)取下浴霸的面罩。把所有灯泡拧下，将弹簧从面罩的环上拿下并取下面罩。

5)接线。将互连软线的一端与开关面板接好，另一端与电源线一起从天花板开孔内拉出，打开箱体上的接线柱罩，按接线图及接线柱标志所示接好线，盖上接线柱罩，用螺钉将接线柱罩固定。然后将多余的电线塞进吊顶内，以便箱体能顺利塞进孔内。

6)连接通风管。把通风管伸进室内的一端拉出套在离心通风机罩壳的出风口上。

7)将箱体推进孔内。根据出风口的位置选择正确的方向把浴霸的箱体塞进孔穴中。

8)固定浴霸。取4颗直径4mm、长20mm的木螺钉将箱体固定在吊顶木龙骨上。

9)安装面罩与灯泡。将面罩定位脚对准箱体的定位槽，插入即可；再把弹簧勾在面罩对应的挂环上；然后小心地将所有灯泡拧好，以保证与灯座间可以有良好的电接触。

→20 家庭用电电路出现漏电故障的排除方法

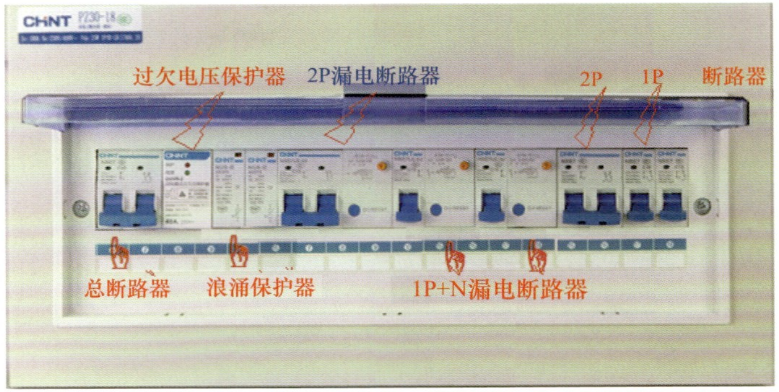

家中出现漏电的情况，总结起来其实就是如下两种：

第一种就是家用电器的漏电。
第二种就是家庭电路中的漏电。

下面我们分别对这两种情况来分析。

我们知道家用电器在使用一段时间以后，就可能出现内部绝缘老化或者破损；新购买的家用电器，也可能存在漏电的故障。这就会导致家用电器的漏电，从而导致断路器动作跳闸。

家庭电路漏电的情况基本上都是在施工过程中造成的。一是由于施工时购买的电线质量不合格，绝缘层过薄；二是在施工过程中，可能对电线的绝缘层造成了损坏，这些都可能导致绝缘性能不合格，最终出现了漏电。

如何用排除法来检查家中的漏电？

利用排除法来检查家中的漏电情况时，可以先对家用电器进行排除，然后再对每一段电路进行排除。

家用电器漏电时，我们首先是把所有的家用电器都拔下来，然后合上闸，此时观察是否还跳闸。如果此时不再跳闸，那么说明就是将电器存在漏电；如果此时仍然跳闸，那么说明就是家用电路存在漏电。

家用电器存在漏电时，我们可以采用一个电器一个电器来试的方法检查。先把一台电器插到插座上，启动工作，看有没有问题，接着试另一台电器，这样是可以找到那台漏电电器的，最终实现排除所有电器的漏电情况。

家用电路存在漏电时，我们要使用绝缘电阻表（摇表）来摇测它的绝缘电阻值。具体的操作是，先找到那个漏电的回路，然后把回路中所有的插座拆下来，把电线从插座上拆下来。然后一段一段地摇测电线的绝缘电阻值，如果摇测的绝缘电阻值大于或等于0.5MΩ，那么不存在漏电；如果摇测出来的绝缘电阻值小于0.5MΩ，那么说明存在漏电，我们就要对这一段电线进行更换。

→21 照明电路出现“鬼火”的解决方法

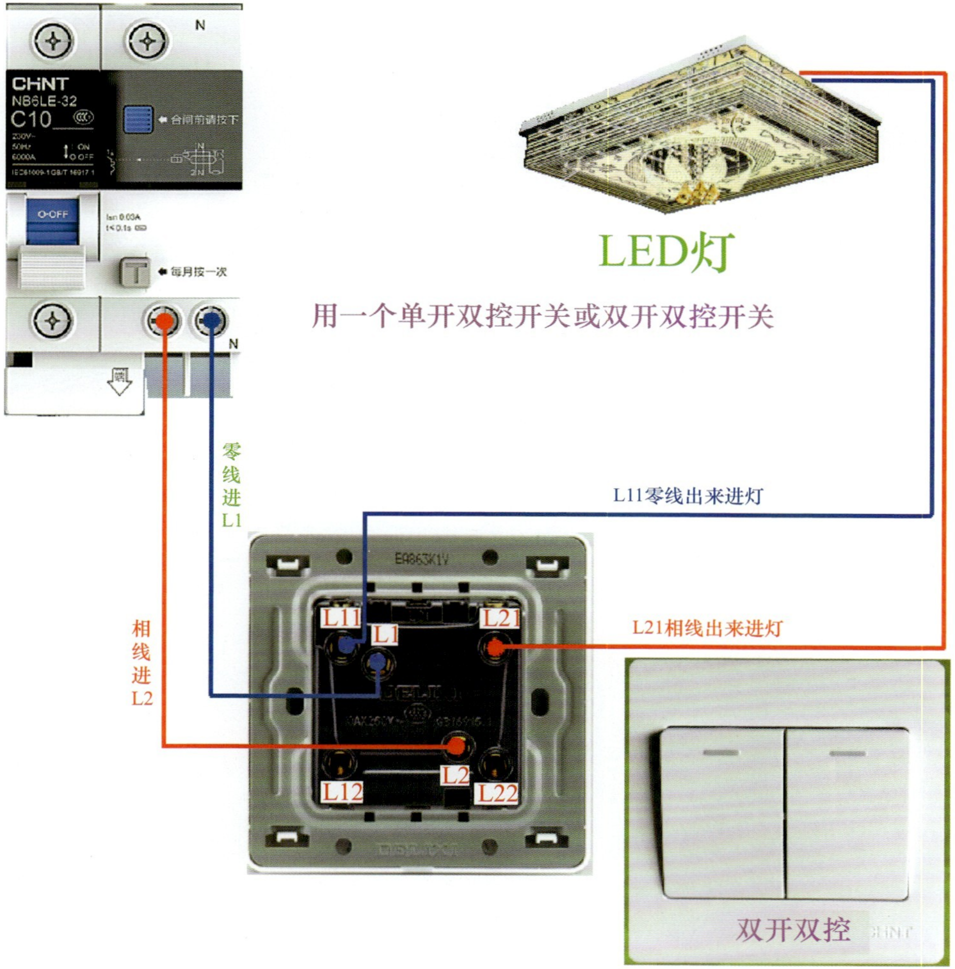

LED灯具晚上关灯后微亮的主要原因和解决方法

现阶段，LED因其节能省电、亮度高、寿命长等优点，已经全面取代了卤素和荧光光源。LED光源激发电流小，对电压和电流相当敏感，使用中会因为各种复杂原因造成感应发光，即使关灯后也会发出微光，这会影响正常睡眠，加速灯具光衰。一般都是以下几种原因造成的：

1.开关控制了零线

这是比较常见的一种原因，电工接线时开关控制了零线，或者电箱进线时零相接反。开关控制的是零线，相线依然和灯具连接，灯具就会发出微光。

解决方法：调整接线，使开关控制相线。

2.双控开关出现错误接法

双控开关有好几种接线方式，如果用了错误的接法，也会关灯后微亮。

解决方法：按照正确的控制相线的接法重新接线。

3.开关带指示灯，用了电子类开关

开关里面带指示灯，关灯后会有轻微电流流过。

如果灯具使用的是电子开关，例如红外、声控、遥控开关，也会出现关灯后发微光的现象。

解决方法1：更换开关。

解决方法2：在灯具进线部位并联500kΩ电阻，但是此方法对技术要求高，非专业人员不容易操作，并且对零线带电，或者光源贴片漏电引起的发微光无效。

4.非隔离驱动，光源贴片和基板漏电

很多灯具出于成本考虑都是用劣质阻容降压驱动，或者光源贴片质量差，存在贴片和基板漏电。

基板覆铜和基板电容效应，也会引起漏光，这就是为什么一个房间里，灯具有的亮、有的不亮的原因。

解决方法：更换灯具。

5.零线带电了，其实零线带电才是关灯后发光的最根本原因

如果开关控制的是相线，使用的是普通墙壁开关，还是发光，那么原因就是零线带电了。零线带电是很普遍的现象。如零线接地不好，变压器三相负载不平衡，线路太长、线径细或者零线电流过大，都会造成零线带电。

解决方法：重新进行零线接地或进行低压线路改造。

第 3 章

图解电动机控制电路的接线

→1 电动机点动控制电路及实物接线图

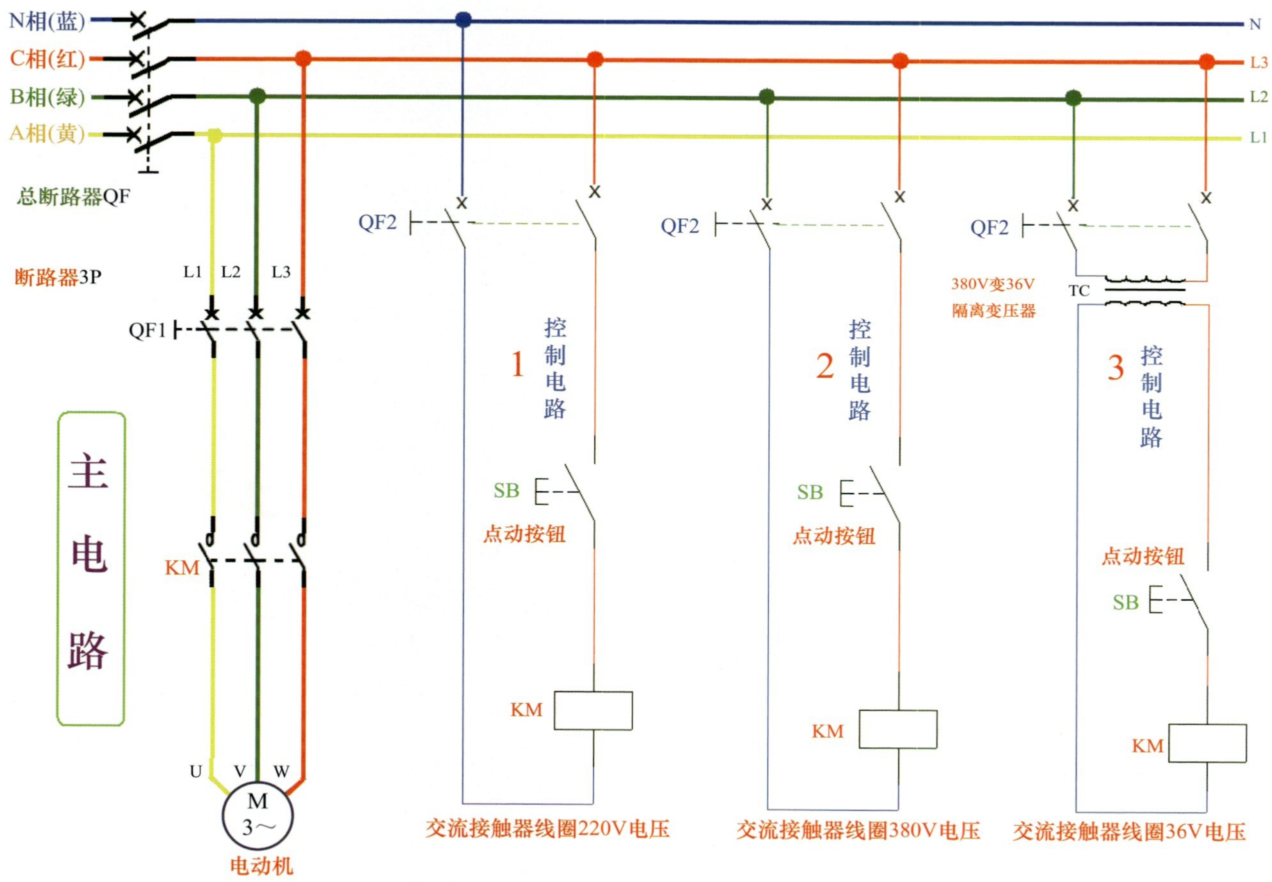

电动机点动控制电路

此电路广泛应用于车床工业设备。

所用器件：

QF1：主断路器3P1只；
QF2：控制断路器2P1A；
KM：交流接触器1只；
SB：起动按钮1只。

点动控制电路是用按钮和接触器控制电动机短暂运行的方式。

其原理图如图所示分为主电路和控制电路，控制电路也是二次电路。

图中有三种二次电路。

不同的就是交接触器控制线圈电压。220V、380V、36V使用时根据线圈电压接上合适的电源。

工作原理：

先闭合断路器QF1、QF2接通电源。按下点动按钮，交流接触器KM线圈得电，KM主触点闭合，电动机运转，停止松开点动按钮，KM线圈失电，其主触点分断，电动机停转。

这种当按钮按下时电动机就运转，按钮松开后电动机就停止的控制方式称为点动控制。

N 零线　QF 断路器
L 相线　SB 按钮
13-14 常开触点
KM 交流接触器

注解：若用220V交流接触器线圈，零线必须使用，相线可以使用L1、L2、L3三相中的任意一相；若用380V线圈交流接触器，可以取L1、L2、L3的任意两相；若用其他低电压线圈按48V、36V、24V电源需要使用隔离变压器变压。

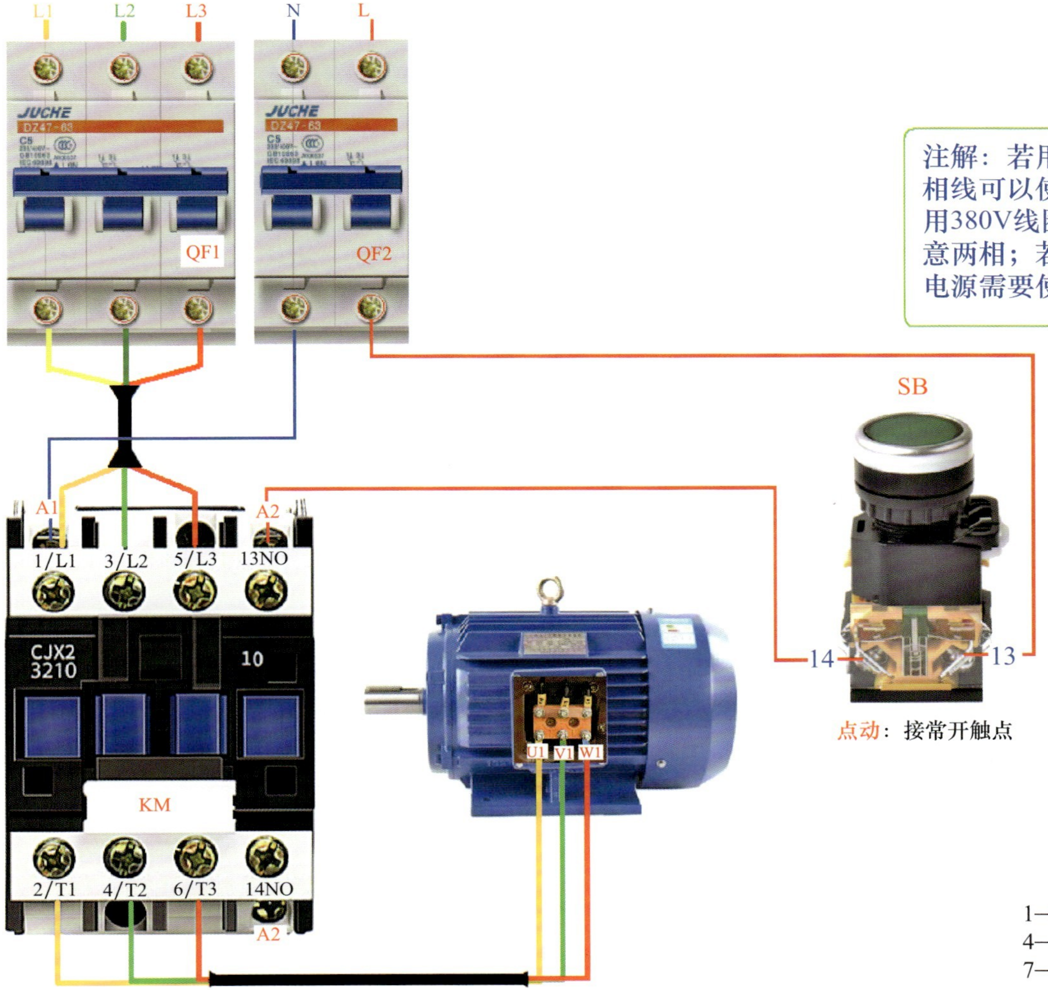

分解交流接触器

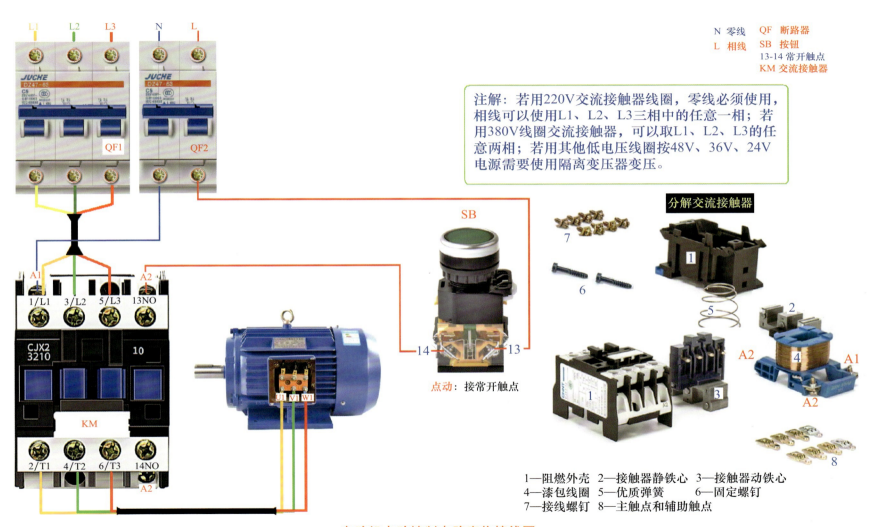

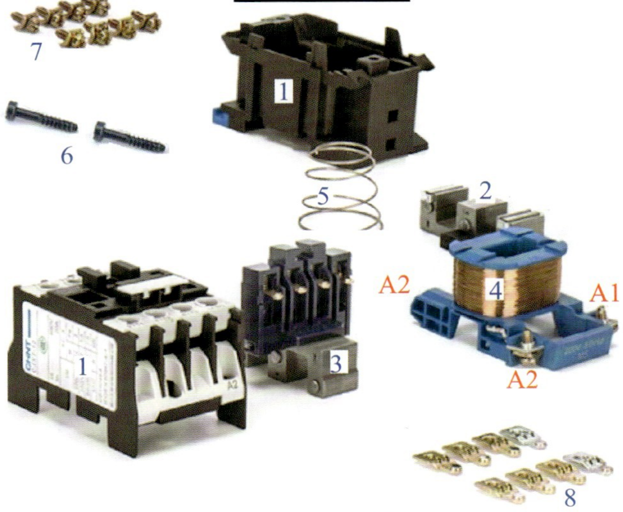

1—阻燃外壳　2—接触器静铁心　3—接触器动铁心
4—漆包线圈　5—优质弹簧　6—固定螺钉
7—接线螺钉　8—主触点和辅助触点

电动机点动控制电路实物接线图

2 简单的自锁控制电路及实物接线图

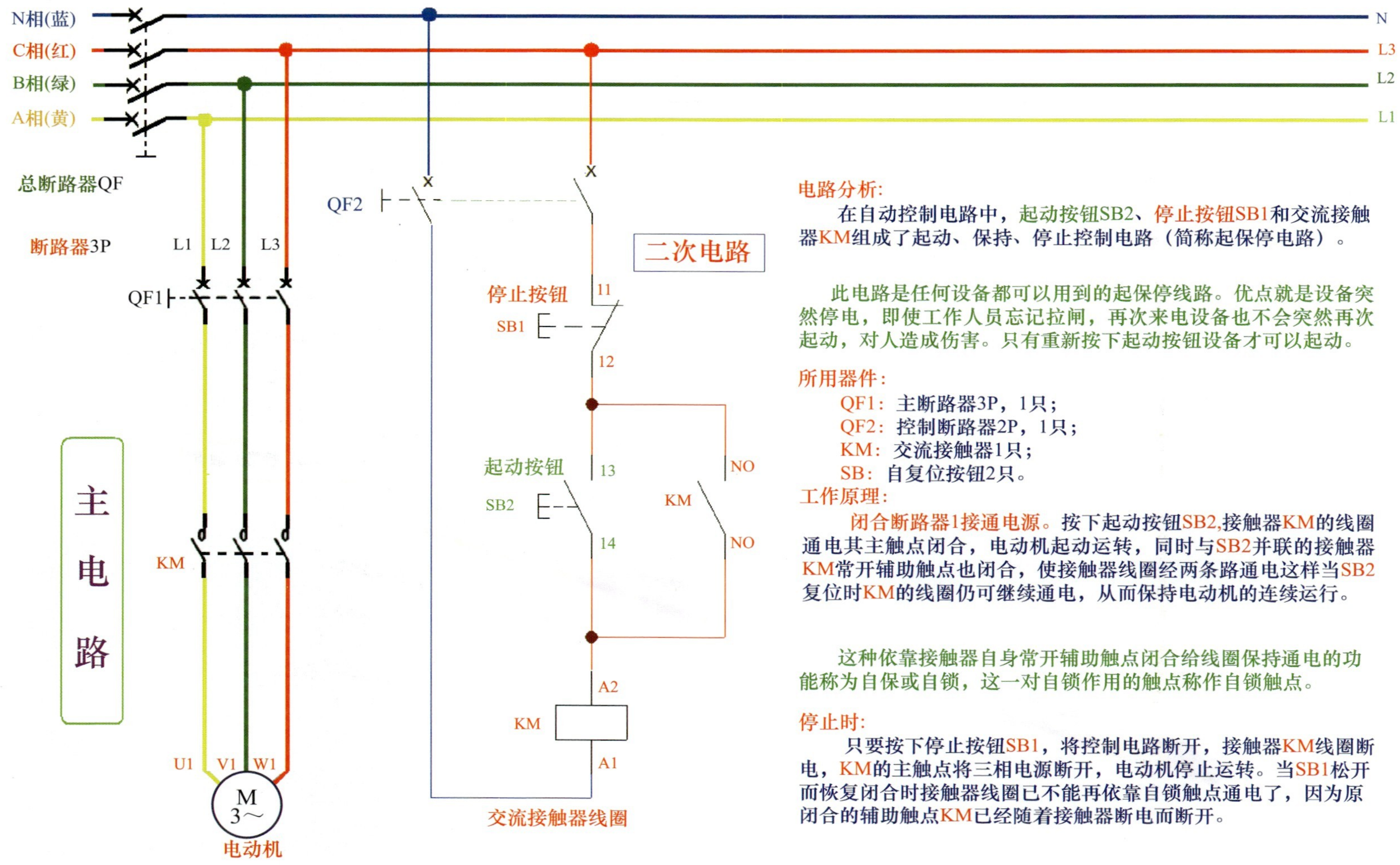

电路分析:

在自动控制电路中，起动按钮SB2、停止按钮SB1和交流接触器KM组成了起动、保持、停止控制电路（简称起保停电路）。

此电路是任何设备都可以用到的起保停线路。优点就是设备突然停电，即使工作人员忘记拉闸，再次来电设备也不会突然再次起动，对人造成伤害。只有重新按下起动按钮设备才可以起动。

所用器件:

QF1：主断路器3P，1只；
QF2：控制断路器2P，1只；
KM：交流接触器1只；
SB：自复位按钮2只。

工作原理:

闭合断路器1接通电源。按下起动按钮SB2,接触器KM的线圈通电其主触点闭合，电动机起动运转，同时与SB2并联的接触器KM常开辅助触点也闭合，使接触器线圈经两条路通电这样当SB2复位时KM的线圈仍可继续通电，从而保持电动机的连续运行。

这种依靠接触器自身常开辅助触点闭合给线圈保持通电的功能称为自保或自锁，这一对自锁作用的触点称作自锁触点。

停止时:

只要按下停止按钮SB1，将控制电路断开，接触器KM线圈断电，KM的主触点将三相电源断开，电动机停止运转。当SB1松开而恢复闭合时接触器线圈已不能再依靠自锁触点通电了，因为原闭合的辅助触点KM已经随着接触器断电而断开。

简单的自锁控制电路

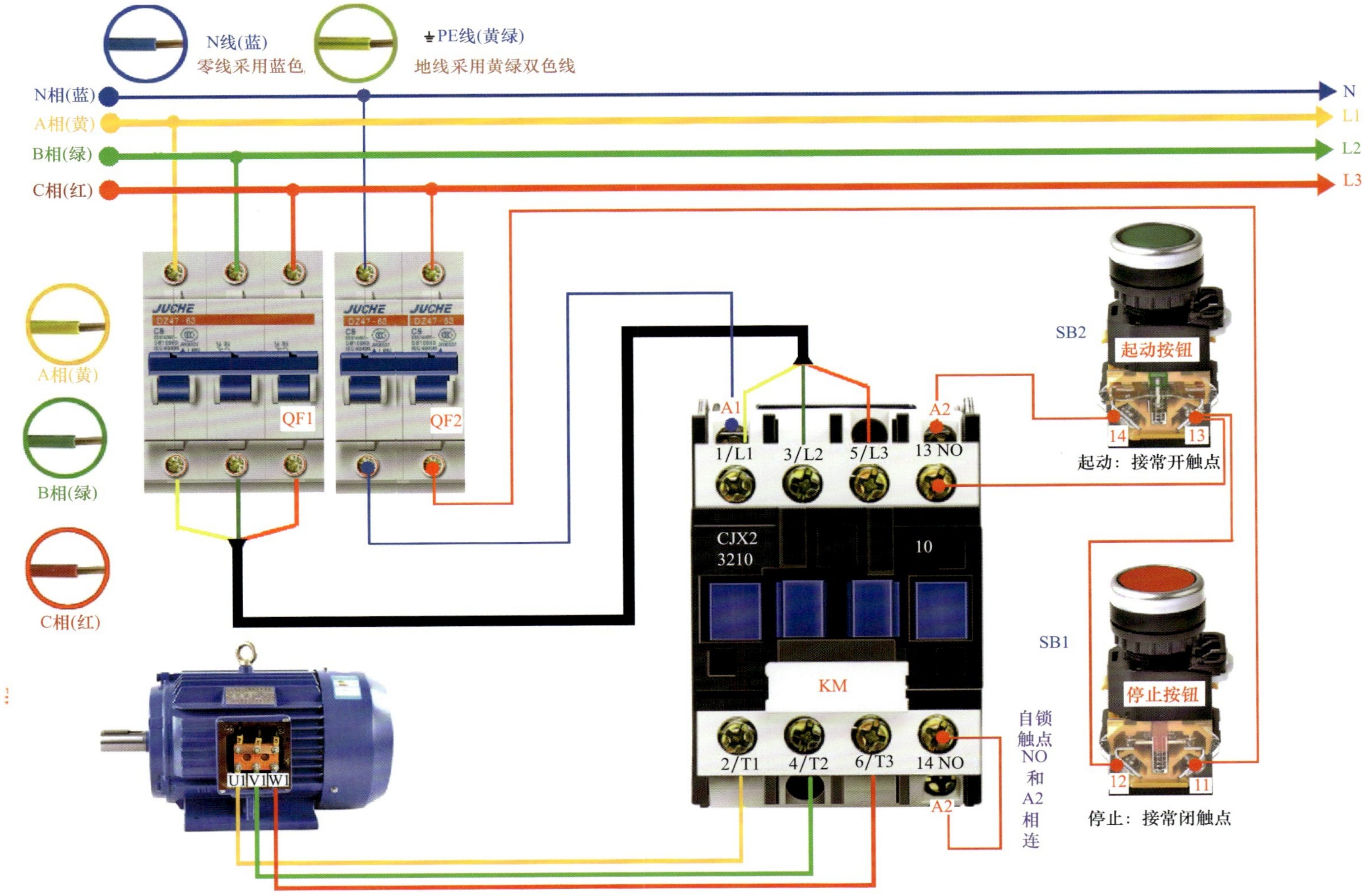
N线(蓝)
零线采用蓝色
⏚PE线(黄绿)
地线采用黄绿双色线
N相(蓝)
A相(黄)
B相(绿)
C相(红)
N
L1
L2
L3
QF1
QF2
A相(黄)
B相(绿)
C相(红)
A1
A2
1/L1
3/L2
5/L3
13 NO
CJX2
3210
10
KM
2/T1
4/T2
6/T3
14 NO
A2
U1 V1 W1
SB2
起动按钮
14
13
起动：接常开触点
SB1
停止按钮
12
11
停止：接常闭触点
自锁触点NO和A2相连

简单的自锁控制电路实物接线图

→ 3 点动与连续运转控制电路及实物接线图（一）

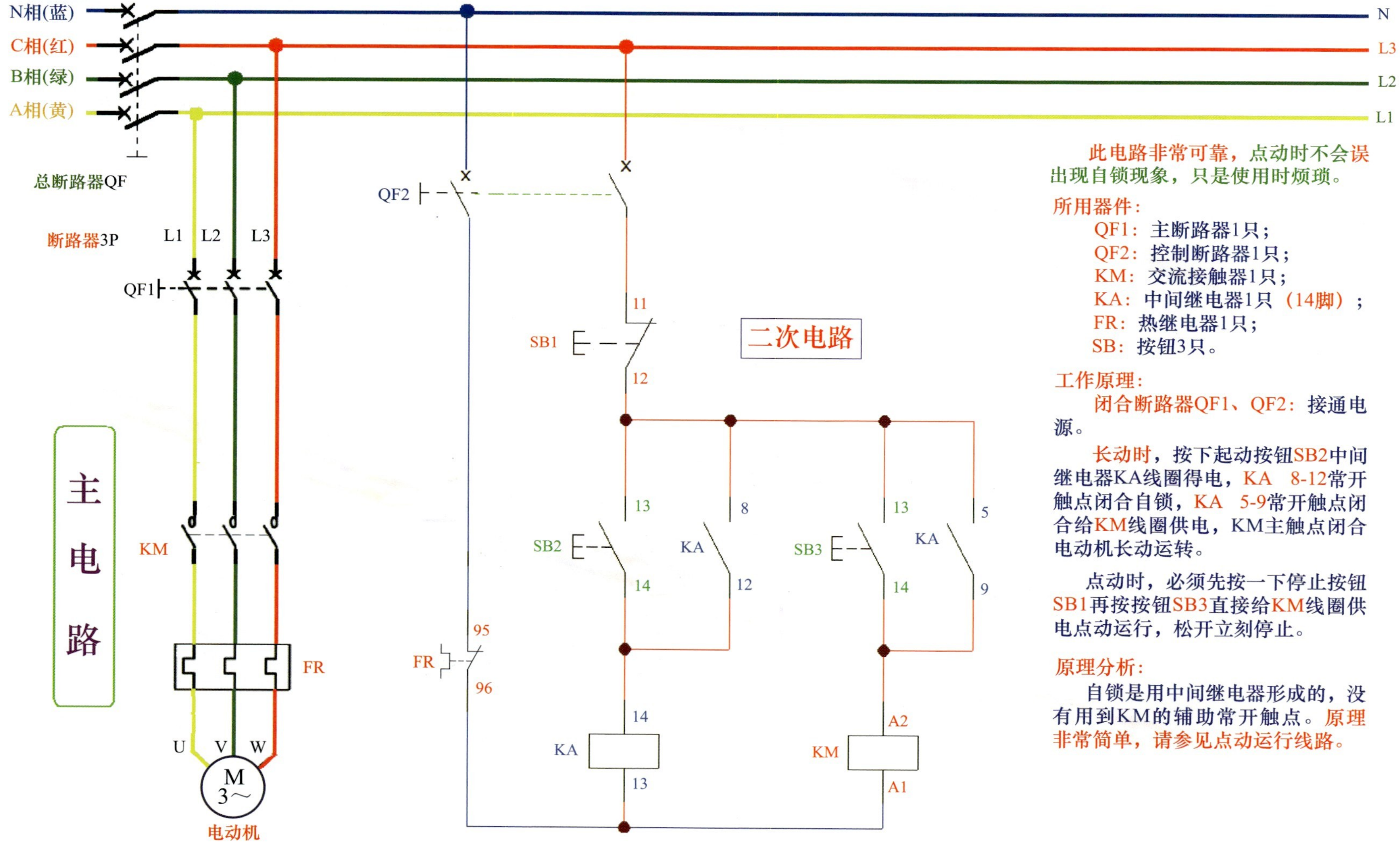

点动与连续运转控制电路（一）

此电路非常可靠，点动时不会误出现自锁现象，只是使用时烦琐。

所用器件：

QF1：主断路器1只；
QF2：控制断路器1只；
KM：交流接触器1只；
KA：中间继电器1只（14脚）；
FR：热继电器1只；
SB：按钮3只。

工作原理：

闭合断路器QF1、QF2：接通电源。

长动时，按下起动按钮SB2中间继电器KA线圈得电，KA 8-12常开触点闭合自锁，KA 5-9常开触点闭合给KM线圈供电，KM主触点闭合电动机长动运转。

点动时，必须先按一下停止按钮SB1再按按钮SB3直接给KM线圈供电点动运行，松开立刻停止。

原理分析：

自锁是用中间继电器形成的，没有用到KM的辅助常开触点。原理非常简单，请参见点动运行线路。

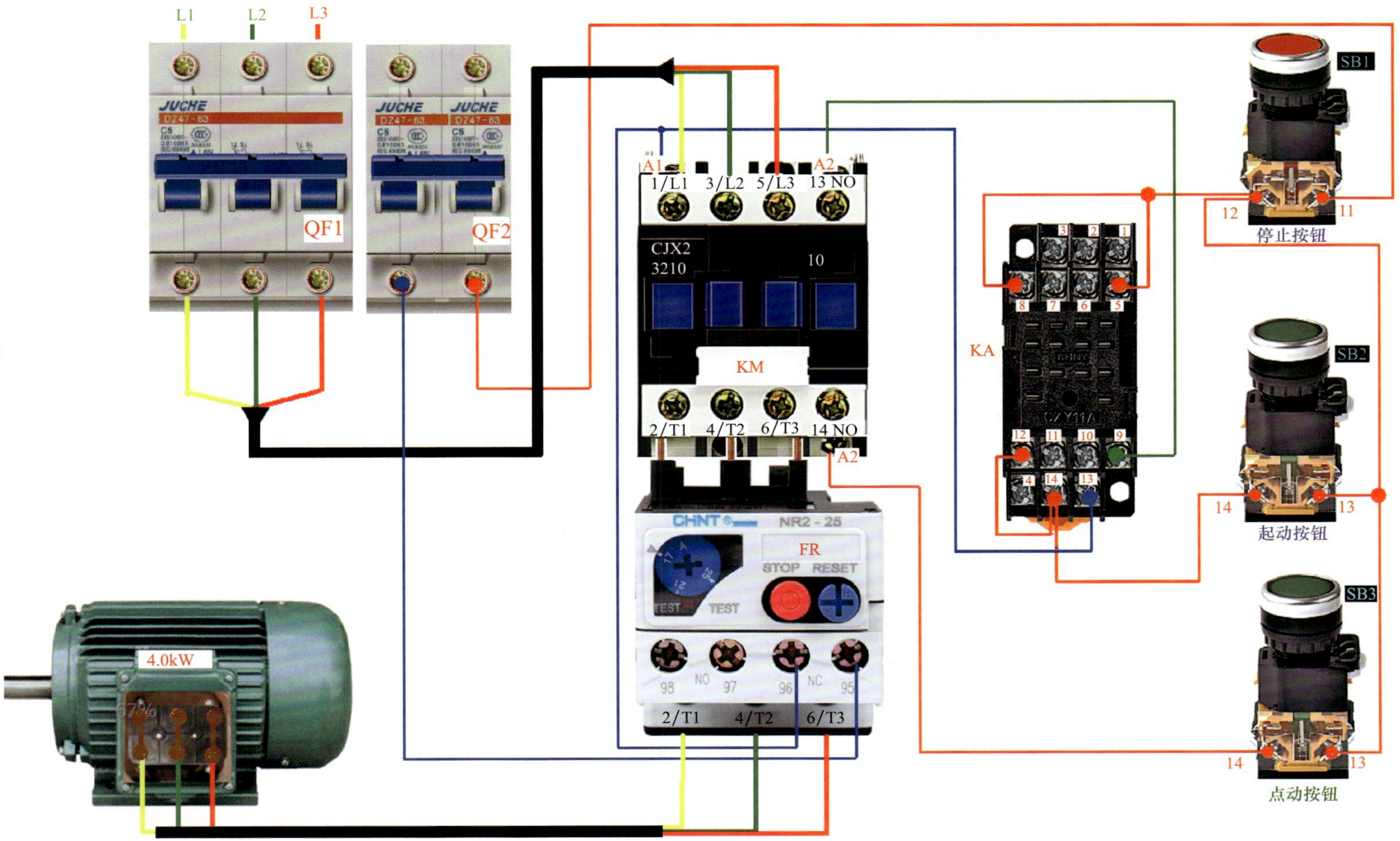

点动与连续运转控制电路实物接线图（一）

→4 点动与连续运转控制电路及实物接线图（二）

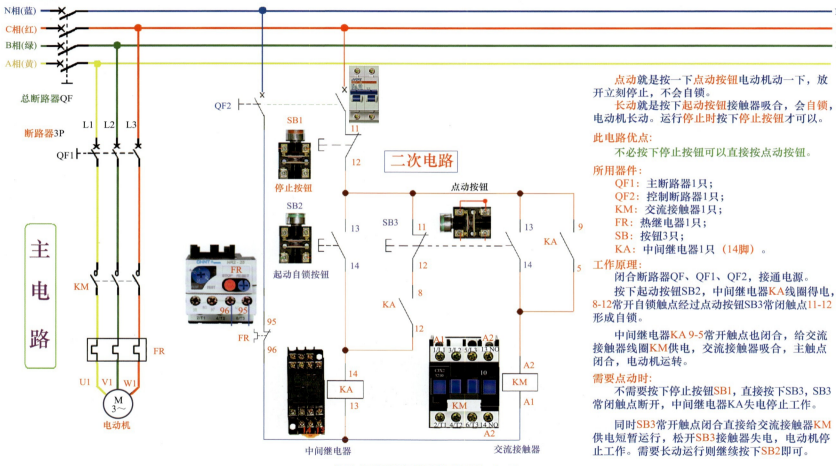

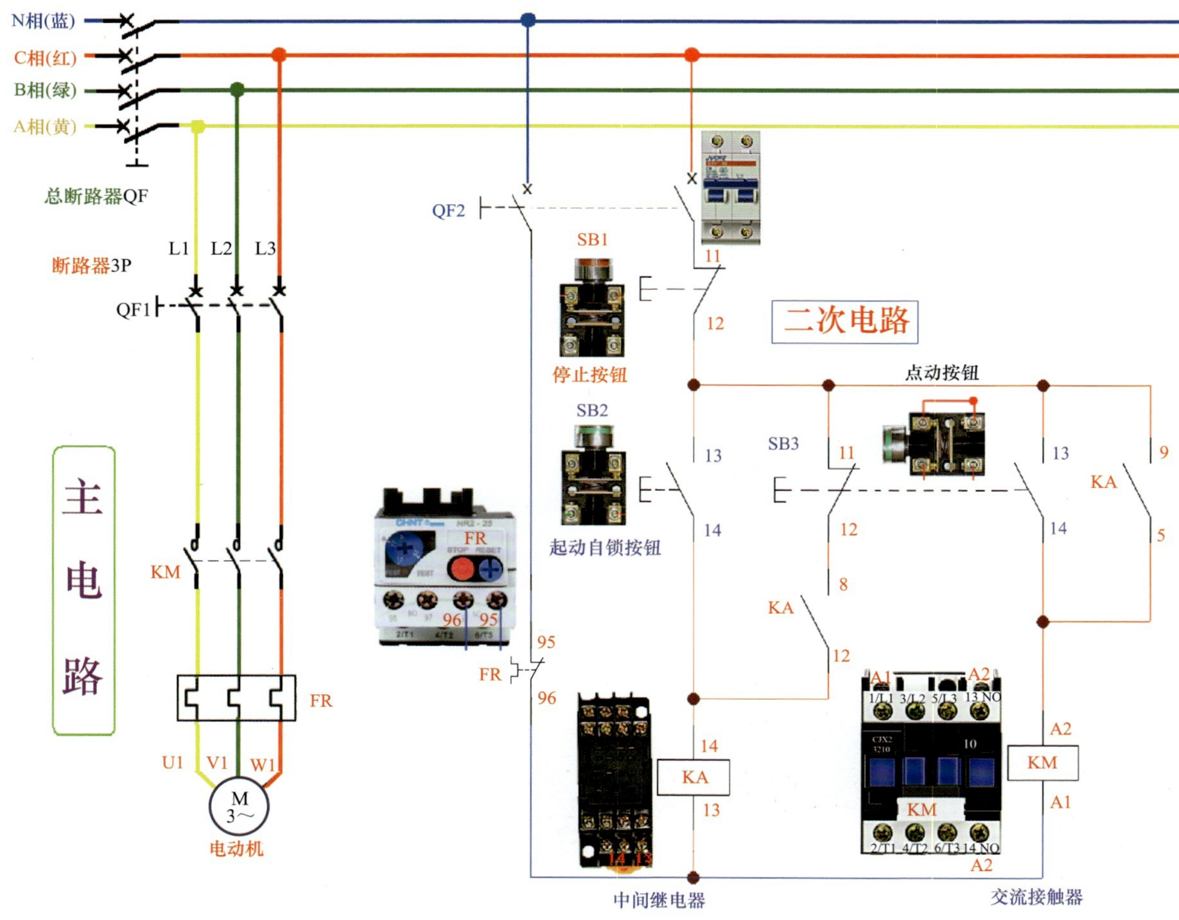

点动与连续运转控制电路（二）

点动就是按一下**点动按钮**电动机动一下，放开立刻停止，不会自锁。

长动就是按下**起动按钮**接触器吸合，会**自锁**，电动机长动。运行**停止时**按下**停止按钮**才可以。

此电路优点：

不必按下停止按钮可以直接按点动按钮。

所用器件：

QF1：主断路器1只；
QF2：控制断路器1只；
KM：交流接触器1只；
FR：热继电器1只；
SB：按钮3只；
KA：中间继电器1只（14脚）。

工作原理：

闭合断路器QF、QF1、QF2，接通电源。

按下起动按钮SB2，中间继电器KA线圈得电，8-12常开自锁触点经过点动按钮SB3常闭触点11-12形成自锁。

中间继电器KA 9-5常开触点也闭合，给交流接触器线圈KM供电，交流接触器吸合，主触点闭合，电动机运转。

需要点动时：

不需要按下停止按钮SB1，直接按下SB3，SB3常闭触点断开，中间继电器KA失电停止工作。

同时SB3常开触点闭合直接给交流接触器KM供电短暂运行，松开SB3接触器失电，电动机停止工作。需要长动运行则继续按下SB2即可。

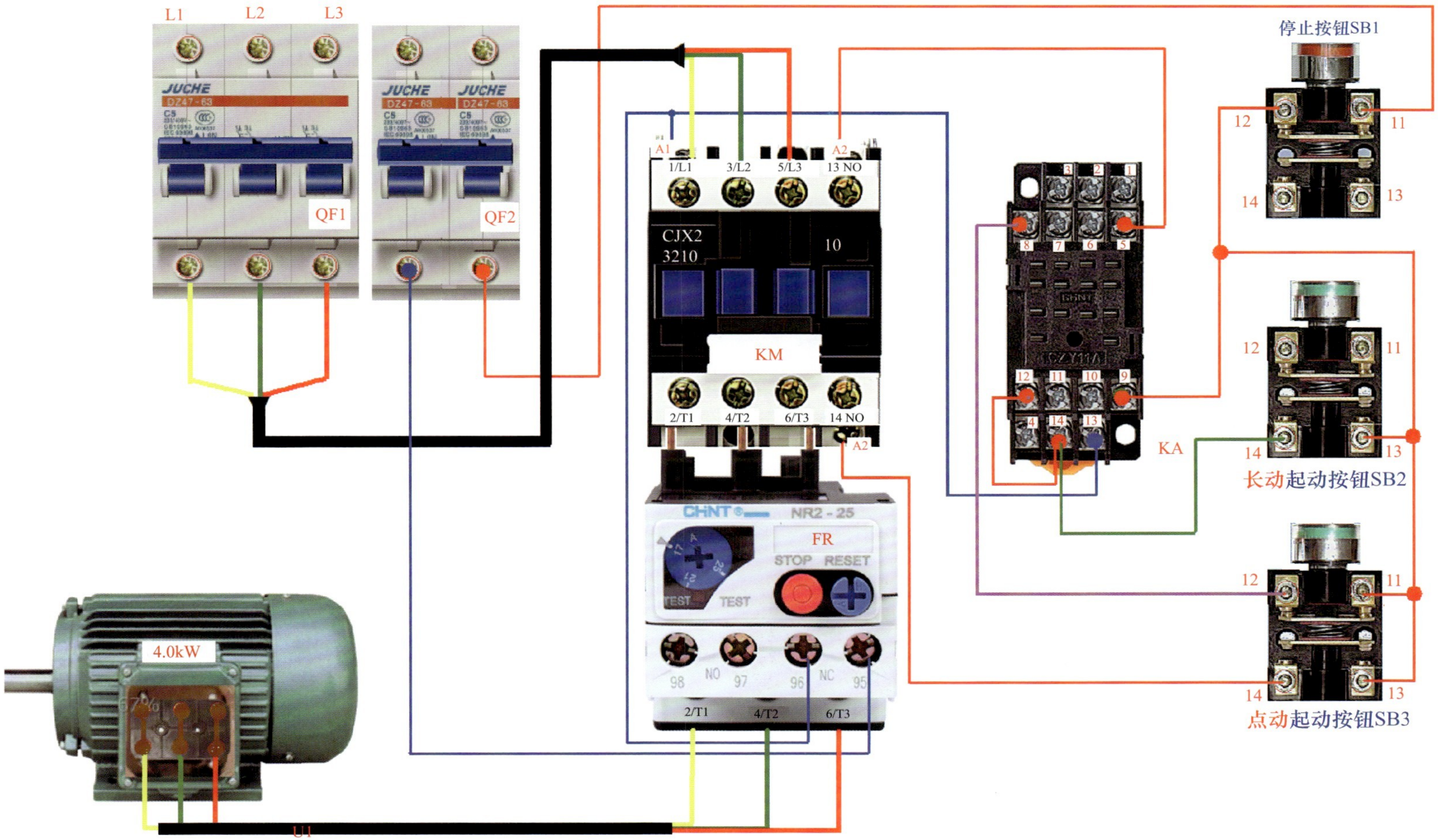
L1
L2
L3
JUCHE
DZ47-63
QF1
QF2
停止按钮SB1
12
11
14
13
A1
A2
1/L1
3/L2
5/L3
13 NO
CJX2
3210
10
KM
2/T1
4/T2
6/T3
14 NO
KA
12
11
14
13
长动起动按钮SB2
CHINT
NR2-25
FR
STOP
RESET
TEST
98
NO
97
96
NC
95
4.0kW
12
11
14
13
点动起动按钮SB3
U1

点动与连续运转控制电路实物接线图（二）

→5 多地控制电路及实物接线图

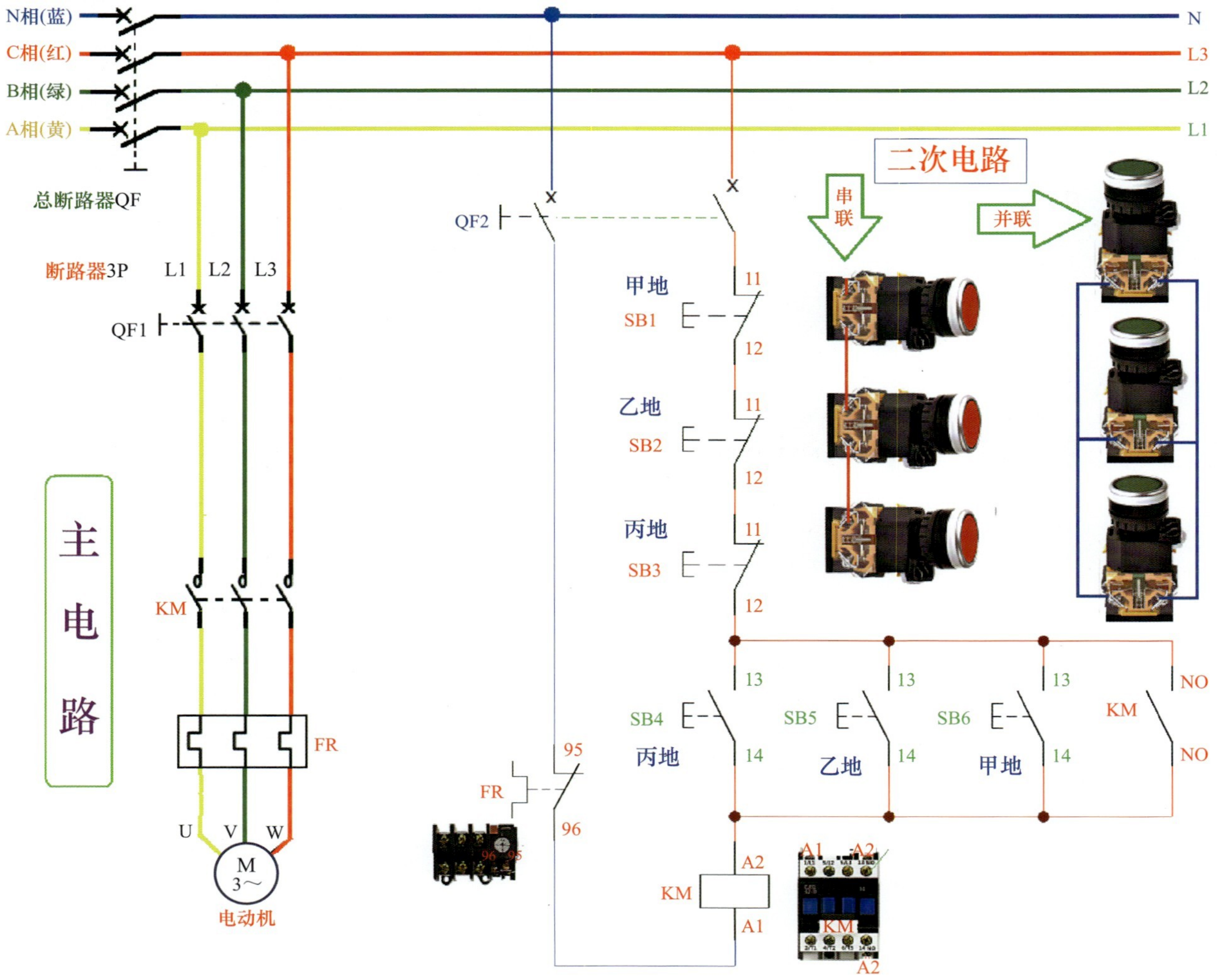

多地控制电路

此电路适用于多地点同时控制电动机运行的场合，方便操作设备。

所用器件：

QF1：主断路器1只；
QF2：控制断路器1只；
KM：交流接触器1只；
FR：热继电器1只；
SB：按钮6只。

工作原理：

按下甲地起动按钮SB6时KM线圈得电，KM主触点闭合。此时并联在起动按钮两端的KM辅助常开触点也同时闭合，控制电路自锁，电动机连续运行，也可以按下乙地和丙地起动按钮，与甲地SB6有同样的动作，都可以控制交流接触器KM吸合，电动机运转。

停止时只需按下串联在电路中的SB1、SB2、SB3都可以切断控制电路中的自锁，KM线圈失电，电动机停止运转。

多地控制电路只需要记住控制要领：停止按钮是串联，起动按钮是并联。

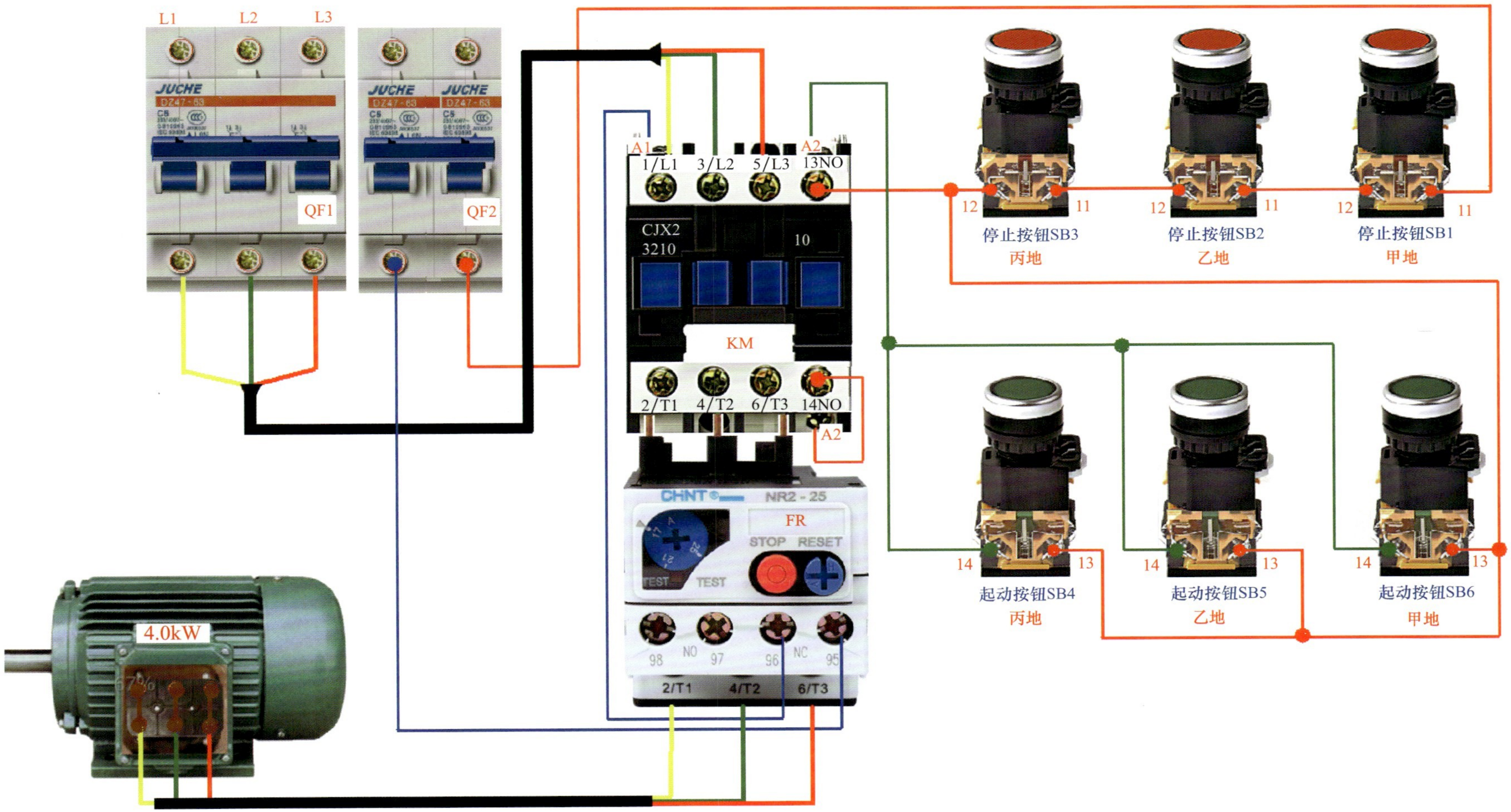
L1
L2
L3
JUCHE
DZ47-63
QF1
QF2
A1
A2
1/L1
3/L2
5/L3
13NO
CJX2
3210
10
KM
2/T1
4/T2
6/T3
14NO
A2
CHNT
NR2-25
FR
STOP
RESET
TEST
98
NO
97
96
NC
95
2/T1
4/T2
6/T3
4.0kW
12
11
停止按钮SB3
丙地
停止按钮SB2
乙地
停止按钮SB1
甲地
14
13
起动按钮SB4
丙地
起动按钮SB5
乙地
起动按钮SB6
甲地

多地控制电路实物接线图

6 交流接触器互锁控制电动机正反转电路及实物接线图

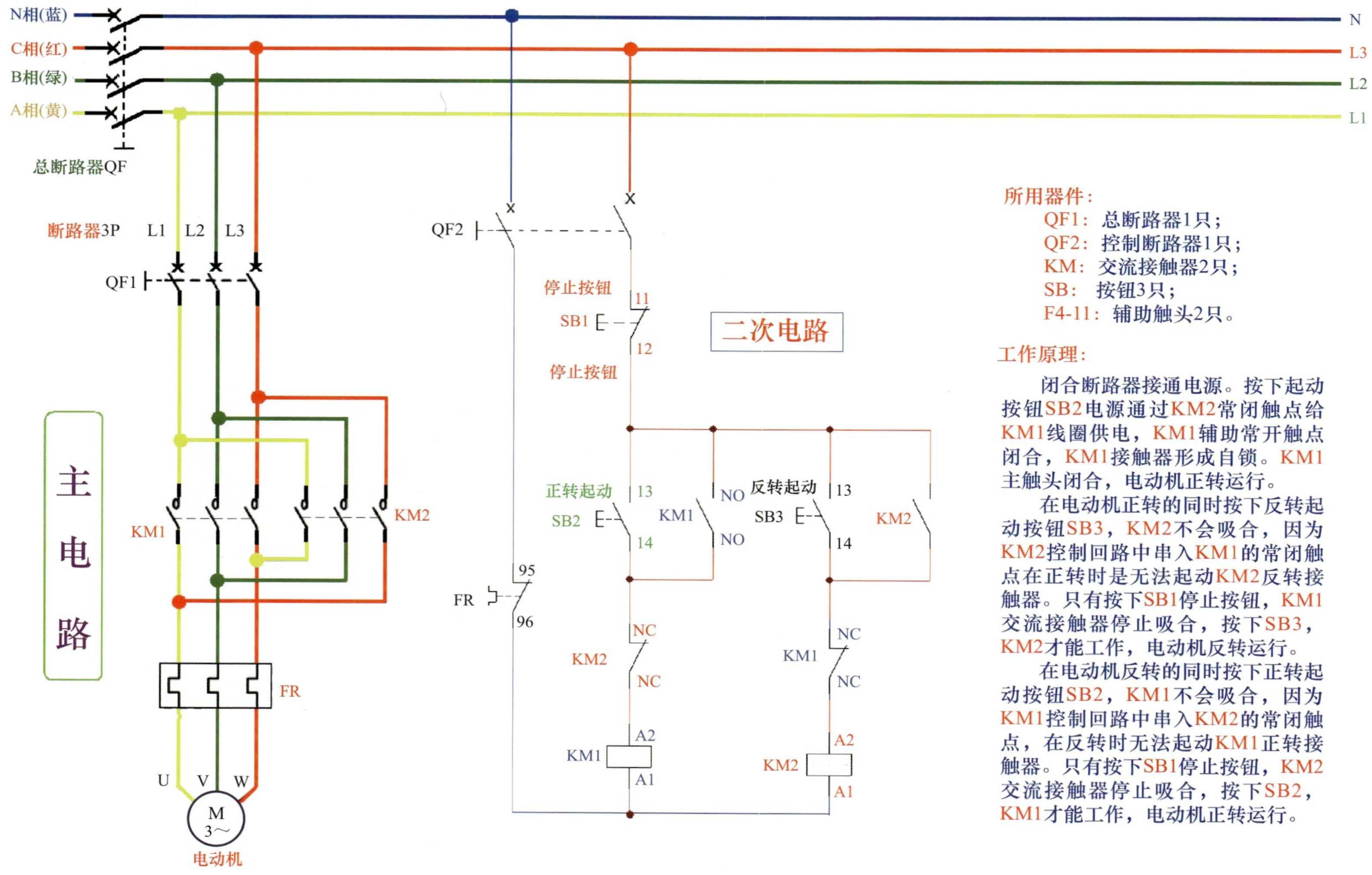

所用器件：

QF1：总断路器1只；

QF2：控制断路器1只；

KM：交流接触器2只；

SB：按钮3只；

F4-11：辅助触头2只。

工作原理：

闭合断路器接通电源。按下起动按钮SB2电源通过KM2常闭触点给KM1线圈供电，KM1辅助常开触点闭合，KM1接触器形成自锁。KM1主触头闭合，电动机正转运行。

在电动机正转的同时按下反转起动按钮SB3，KM2不会吸合，因为KM2控制回路中串入KM1的常闭触点在正转时是无法起动KM2反转接触器。只有按下SB1停止按钮，KM1交流接触器停止吸合，按下SB3，KM2才能工作，电动机反转运行。

在电动机反转的同时按下正转起动按钮SB2，KM1不会吸合，因为KM1控制回路中串入KM2的常闭触点，在反转时无法起动KM1正转接触器。只有按下SB1停止按钮，KM2交流接触器停止吸合，按下SB2，KM1才能工作，电动机正转运行。

交流接触器互锁控制电动机正反转电路

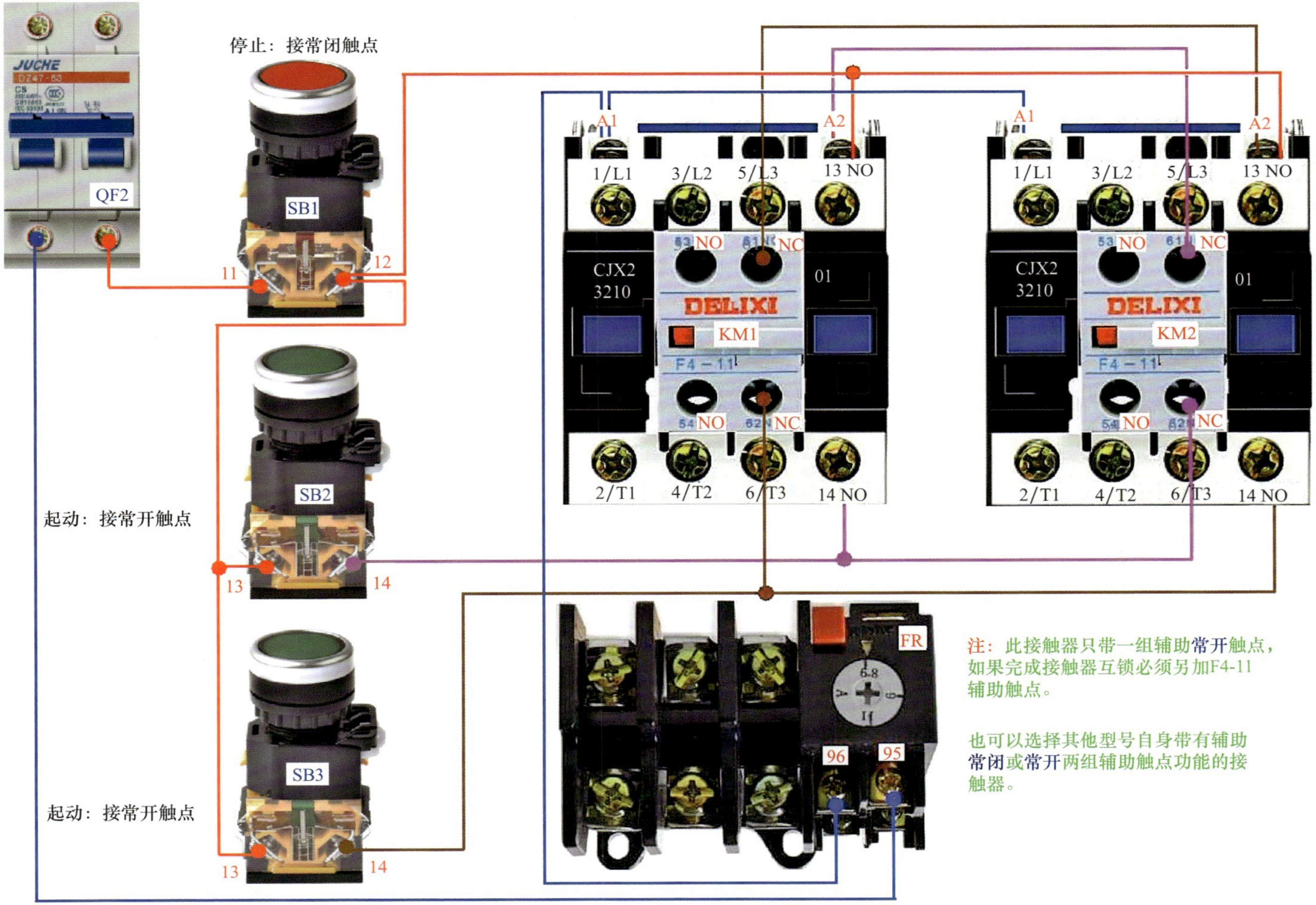

注：此接触器只带一组辅助常开触点，如果完成接触器互锁必须另加F4-11辅助触点。

也可以选择其他型号自身带有辅助常闭或常开两组辅助触点功能的接触器。

交流接触器互锁控制电动机正反转电路实物接线图

7 双重互锁实现电动机正反转电路及实物接线图

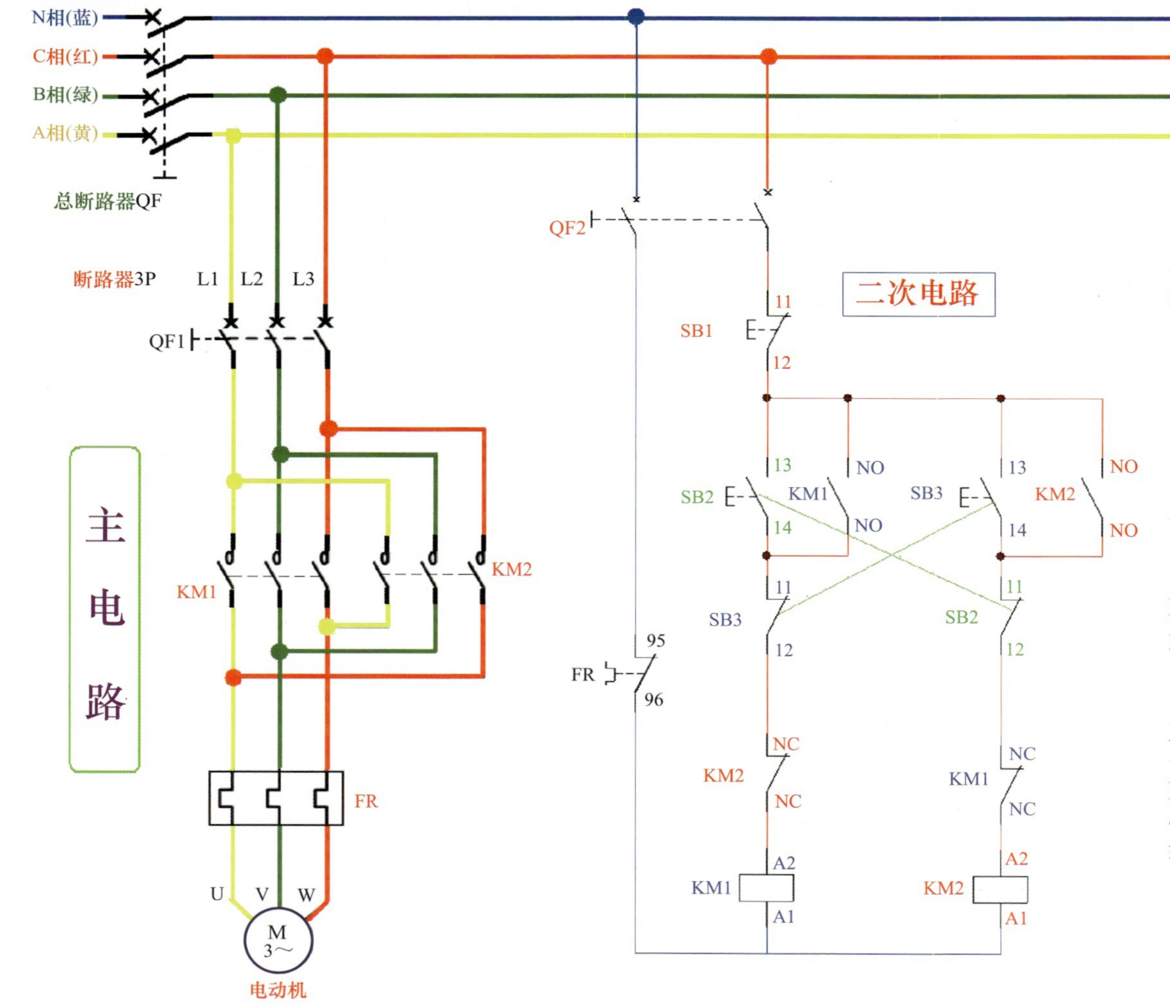

双重互锁实现电动机正反转电路

利用了复合式按钮SB2、SB3可以实现正反转直接转换。当然KM1和KM2的电器互锁必不可少，电路工作更安全。

所用器件：

QF1：主断路器1只；

QF2：控制断路器1只；

KM：交流接触器2只；

FR：热继电器1只，2只；

SB：按钮1只；

F4-11：辅助触头2只。

工作原理：

闭合断路器接通电源。

按下起动按钮SB2电源经过了SB3和KM2的常闭闭点使KM1线圈得电吸合，其主触点闭合，KM1辅助常开触点闭合并自锁电动机正转运行。

反转运行时不必按下停止按钮SB1，直接按下起动按钮SB3，SB3的常闭触点先切断KM1的控制回路使KM1停止吸合，KM2的电源经过了SB2和KM1的常闭触点使KM2线圈得电吸合，其主触点闭合，KM2辅助常开触点闭合并自锁电动机反转运行。

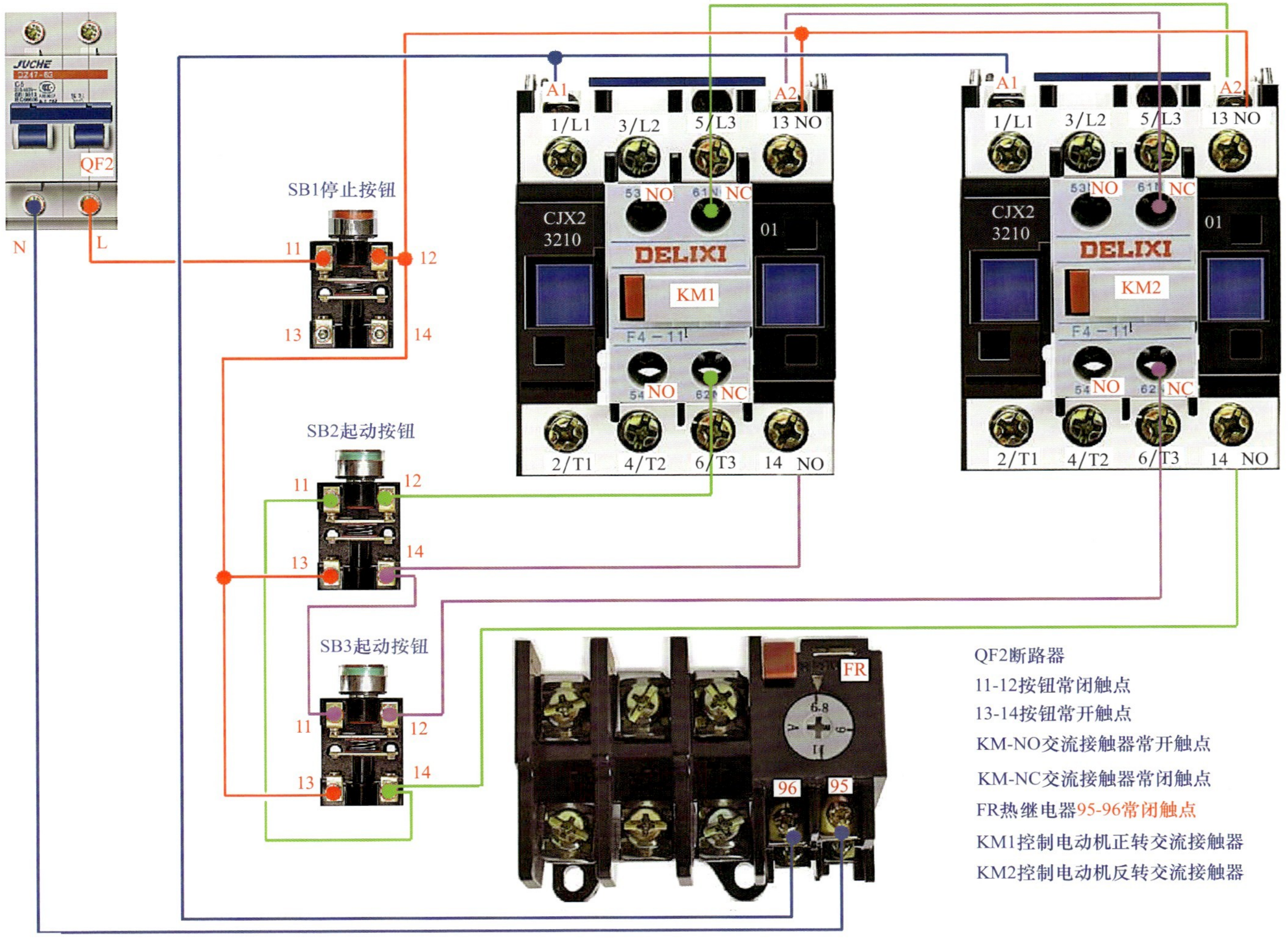
QF2
N
L
SB1停止按钮
11
12
13
14
SB2起动按钮
SB3起动按钮
A1
A2
1/L1
3/L2
5/L3
13 NO
CJX2
3210
DELIXI
KM1
KM2
NO
NC
F4－11
2/T1
4/T2
6/T3
14 NO
FR
96
95
QF2断路器
11-12按钮常闭触点
13-14按钮常开触点
KM-NO交流接触器常开触点
KM-NC交流接触器常闭触点
FR热继电器95-96常闭触点
KM1控制电动机正转交流接触器
KM2控制电动机反转交流接触器

双重互锁实现电动机正反转电路实物接线图

→8 倒顺开关控制单相双电容电动机正反转电路及实物接线图

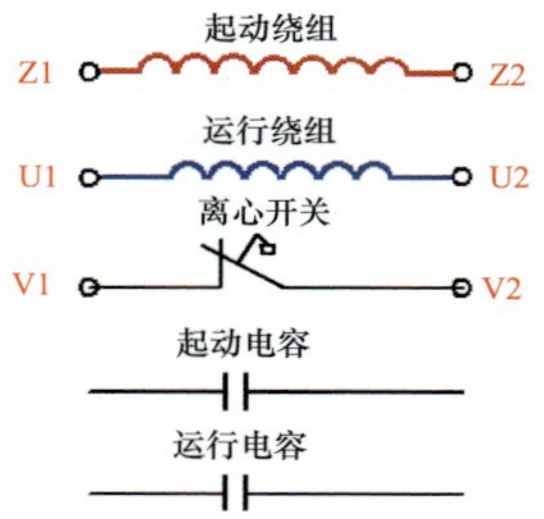

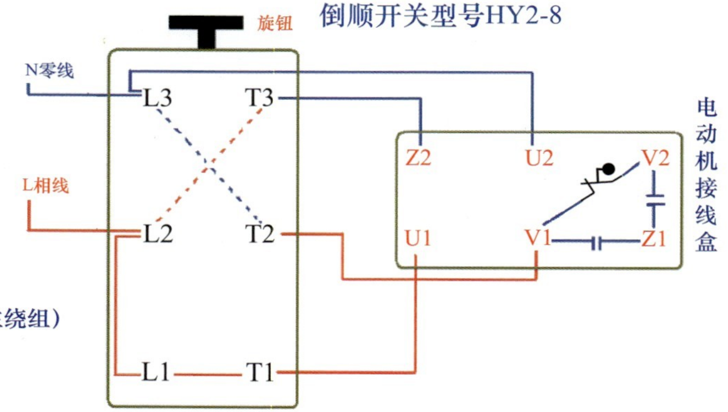

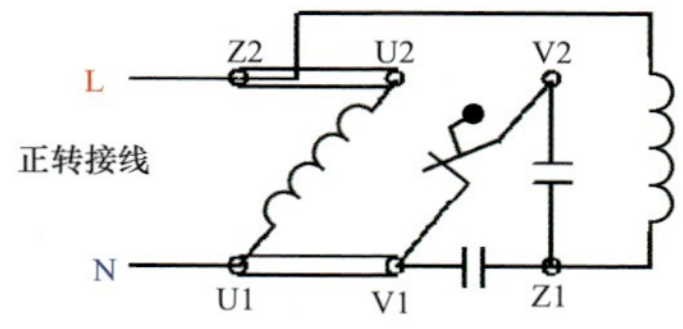

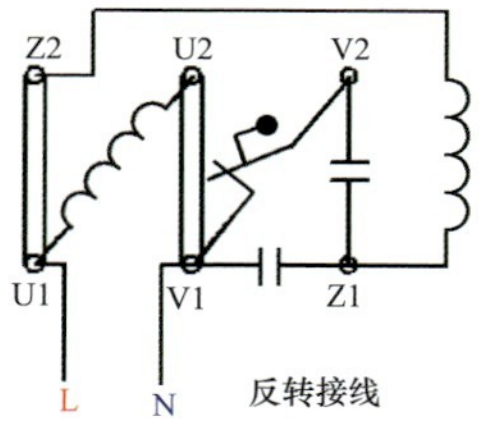

如上图：单相双电容电动机内部由起动绕组（副绕组）、运行绕组（主绕组）和离心开关组成引出6根线，分别为Z1、Z2、U1、U2、V1、V2。
两个电容分别为：起动电容和运行电容，起动电容容量大于运行电容。

万用表置于电阻档或蜂鸣器档，测量三组线的阻值：

- ◆起动绕组阻值大于运行绕组
- ◆运行绕组阻值小于起动绕组
- ◆离心开关只是通和断，所以阻止最小，接近于0

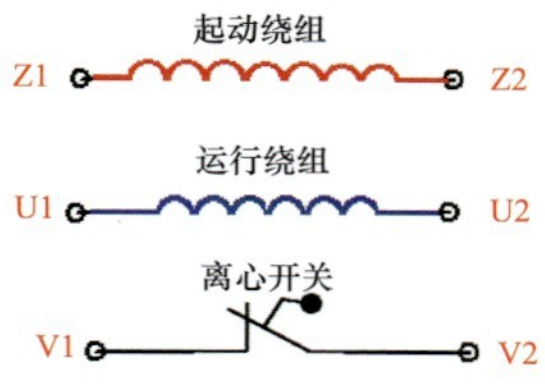

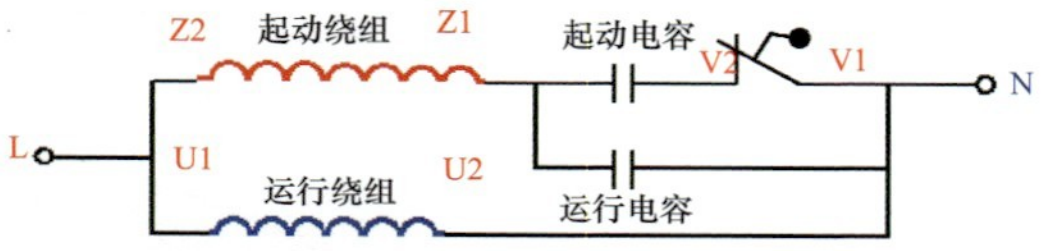

反转展开原理图

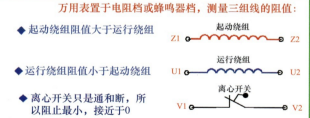

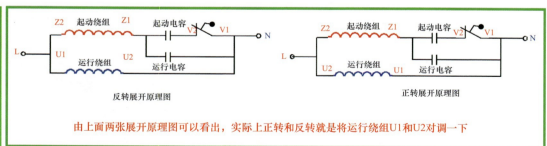

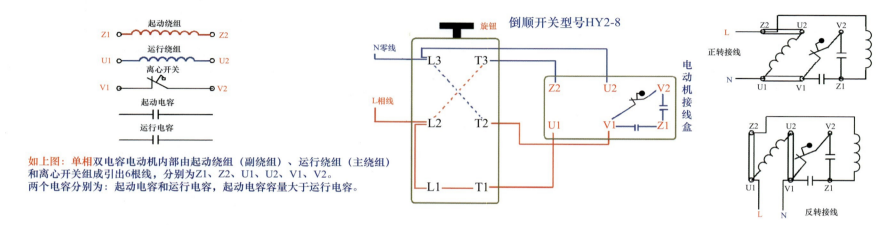

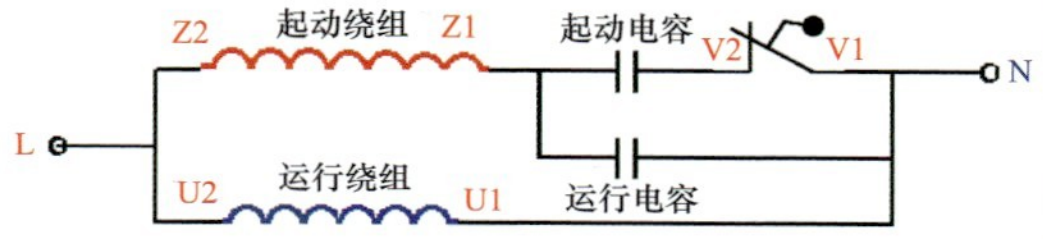

正转展开原理图

由上面两张展开原理图可以看出，实际上正转和反转就是将运行绕组U1和U2对调一下

倒顺开关控制单相双电容电动机正反转电路

简单分析一下。U1、U2为运行绕组的首尾端，Z1、Z2为起动绕组的首尾端，V1、V2之间是离心开关，CBB是运行电容，容量稍小；CDJ为起动电容，容量较大。电动机起动以后，离心开关断开，只有运行电容接入电路。

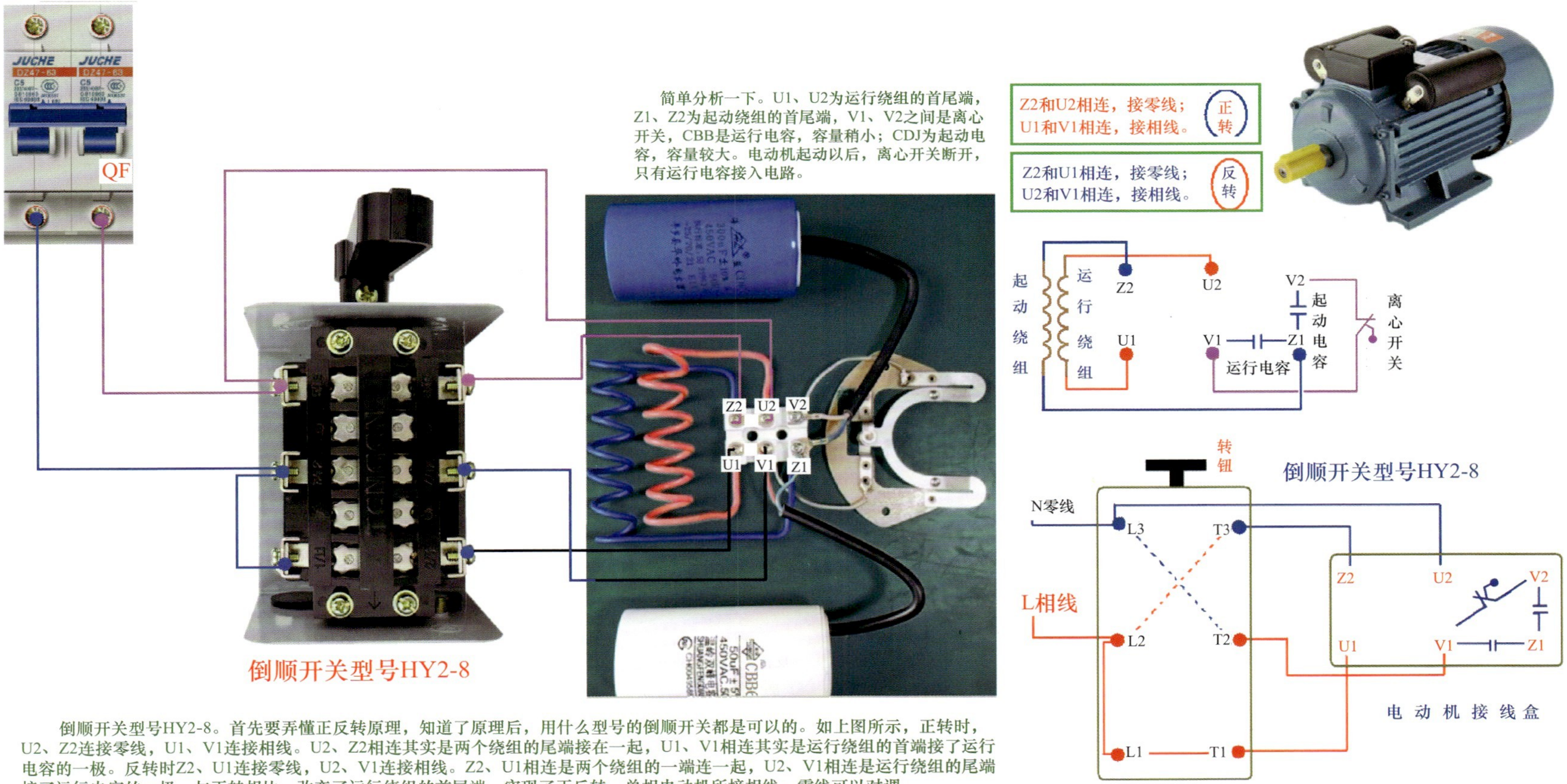

倒顺开关型号HY2-8。首先要弄懂正反转原理，知道了原理后，用什么型号的倒顺开关都是可以的。如上图所示，正转时，U2、Z2连接零线，U1、V1连接相线。U2、Z2相连其实是两个绕组的尾端接在一起，U1、V1相连其实是运行绕组的首端接了运行电容的一极。反转时Z2、U1连接零线，U2、V1连接相线。Z2、U1相连是两个绕组的一端连一起，U2、V1相连是运行绕组的尾端接了运行电容的一极。与正转相比，改变了运行绕组的首尾端，实现了正反转，单相电动机所接相线、零线可以对调。

倒顺开关控制单相双电容电动机正反转电路实物接线图

→9 正反转点动控制低电压控制高电压电路及实物接线图

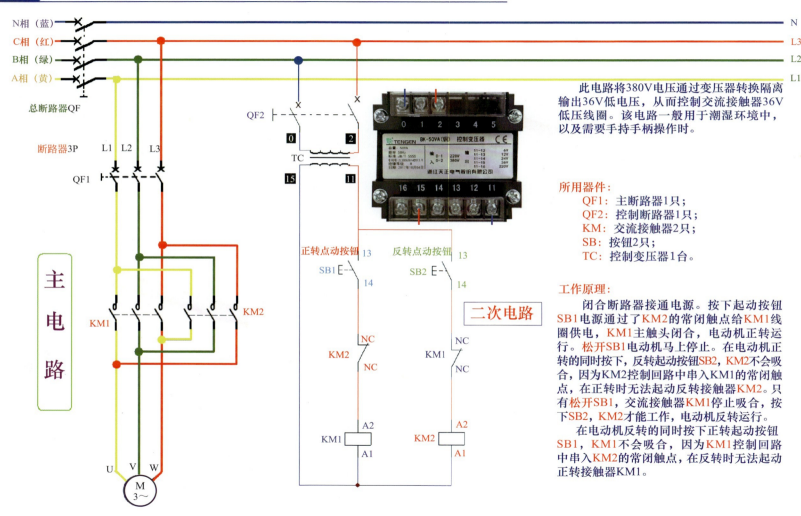

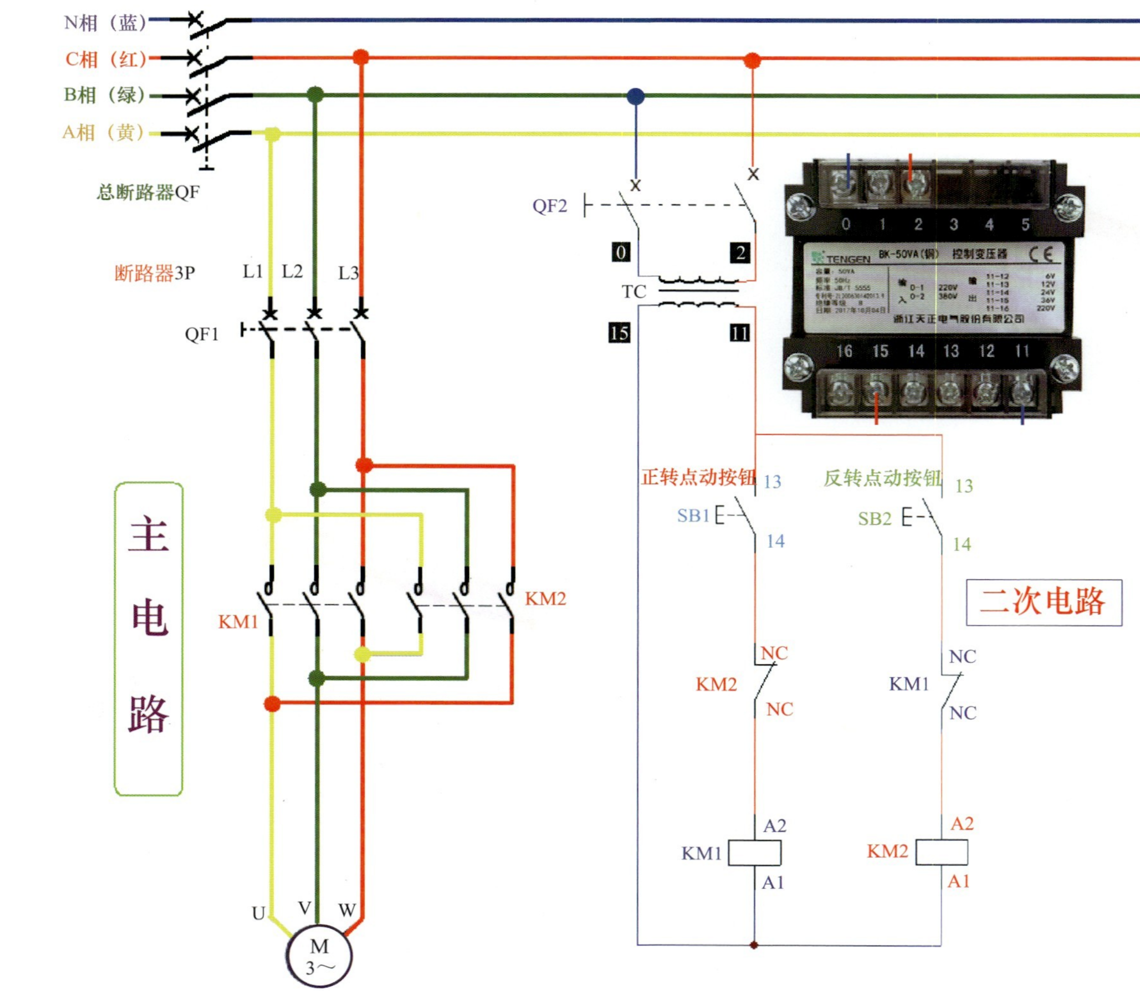

正反转点动控制低电压控制高电压电路

此电路将380V电压通过变压器转换隔离输出36V低电压，从而控制交流接触器36V低压线圈。该电路一般用于潮湿环境中，以及需要手持手柄操作时。

所用器件：

QF1：主断路器1只；

QF2：控制断路器1只；

KM：交流接触器2只；

SB：按钮2只；

TC：控制变压器1台。

工作原理：

闭合断路器接通电源。按下起动按钮SB1电源通过了KM2的常闭触点给KM1线圈供电，KM1主触头闭合，电动机正转运行。松开SB1电动机马上停止。在电动机正转的同时按下，反转起动按钮SB2，KM2不会吸合，因为KM2控制回路中串入KM1的常闭触点，在正转时无法起动反转接触器KM2。只有松开SB1，交流接触器KM1停止吸合，按下SB2，KM2才能工作，电动机反转运行。

在电动机反转的同时按下正转起动按钮SB1，KM1不会吸合，因为KM1控制回路中串入KM2的常闭触点，在反转时无法起动正转接触器KM1。

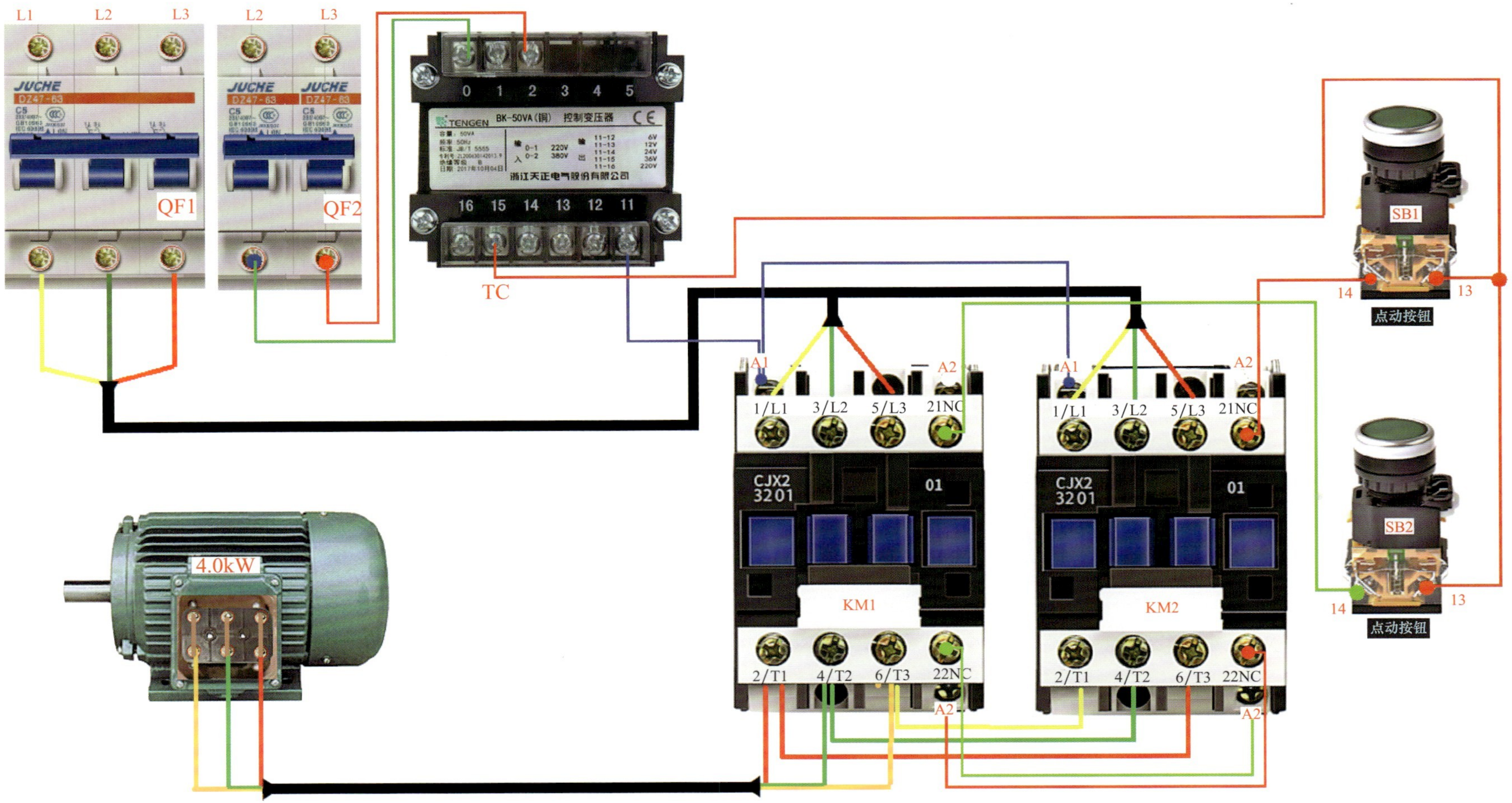

正反转点动控制低电压控制高电压电路实物接线图

→10 电动机起动运行可定位指定位置并自动停止的控制电路及实物接线图

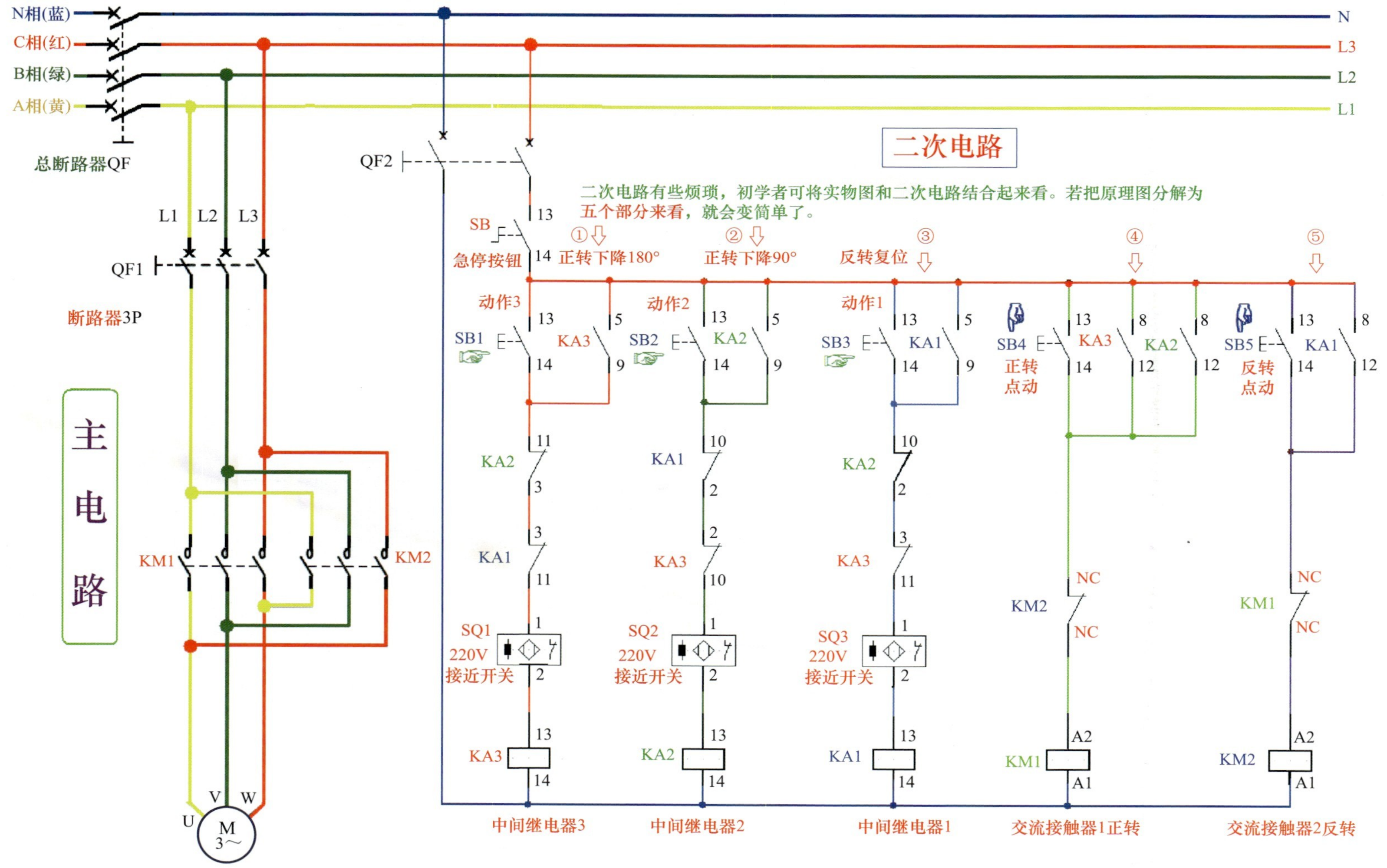

电动机起动运行可定位指定位置并自动停止的控制电路

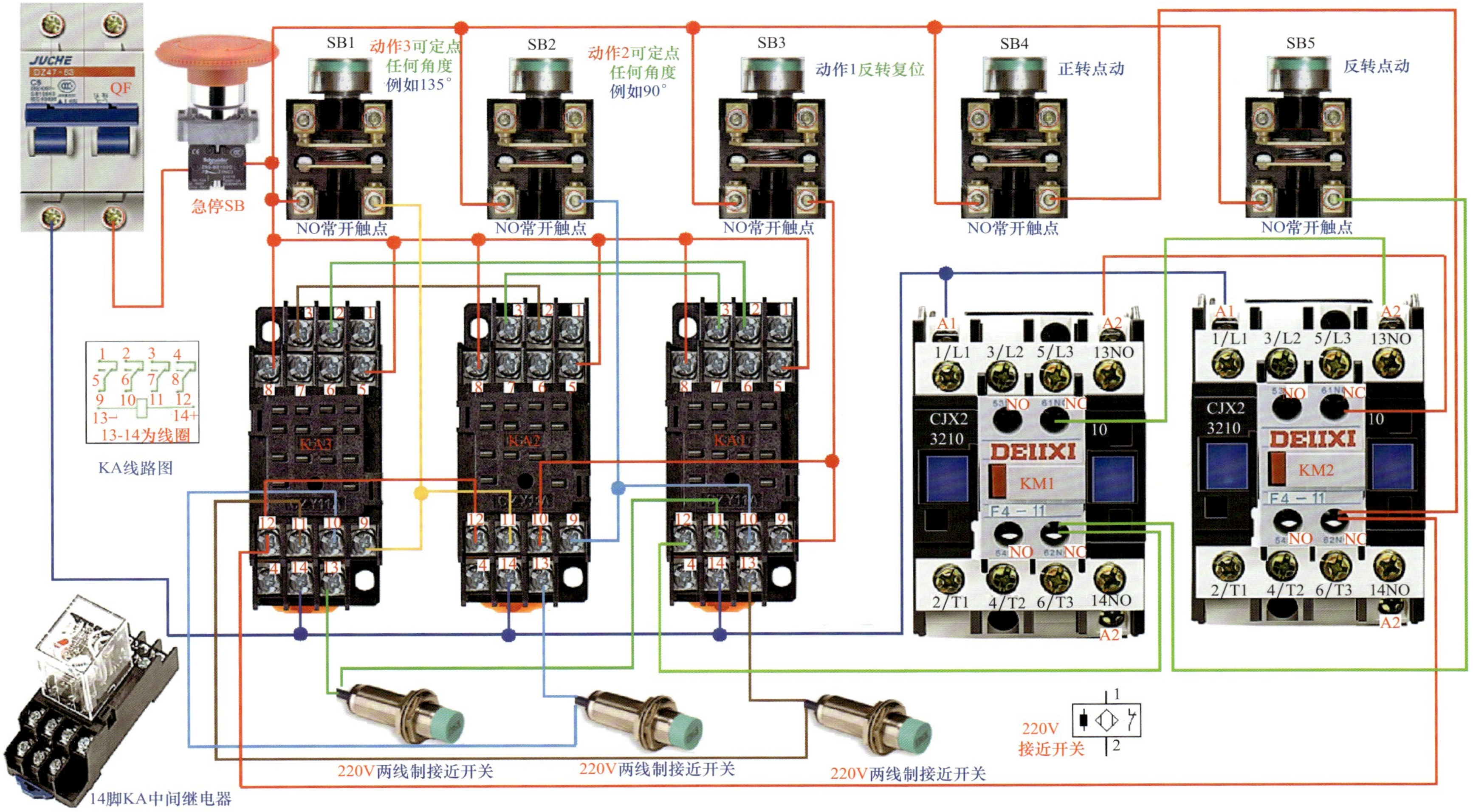

电动机起动运行可定位指定位置并自动停止的控制电路实物接线图

→11 PNP 型接近开关控制电动机正反转电路及实物接线图

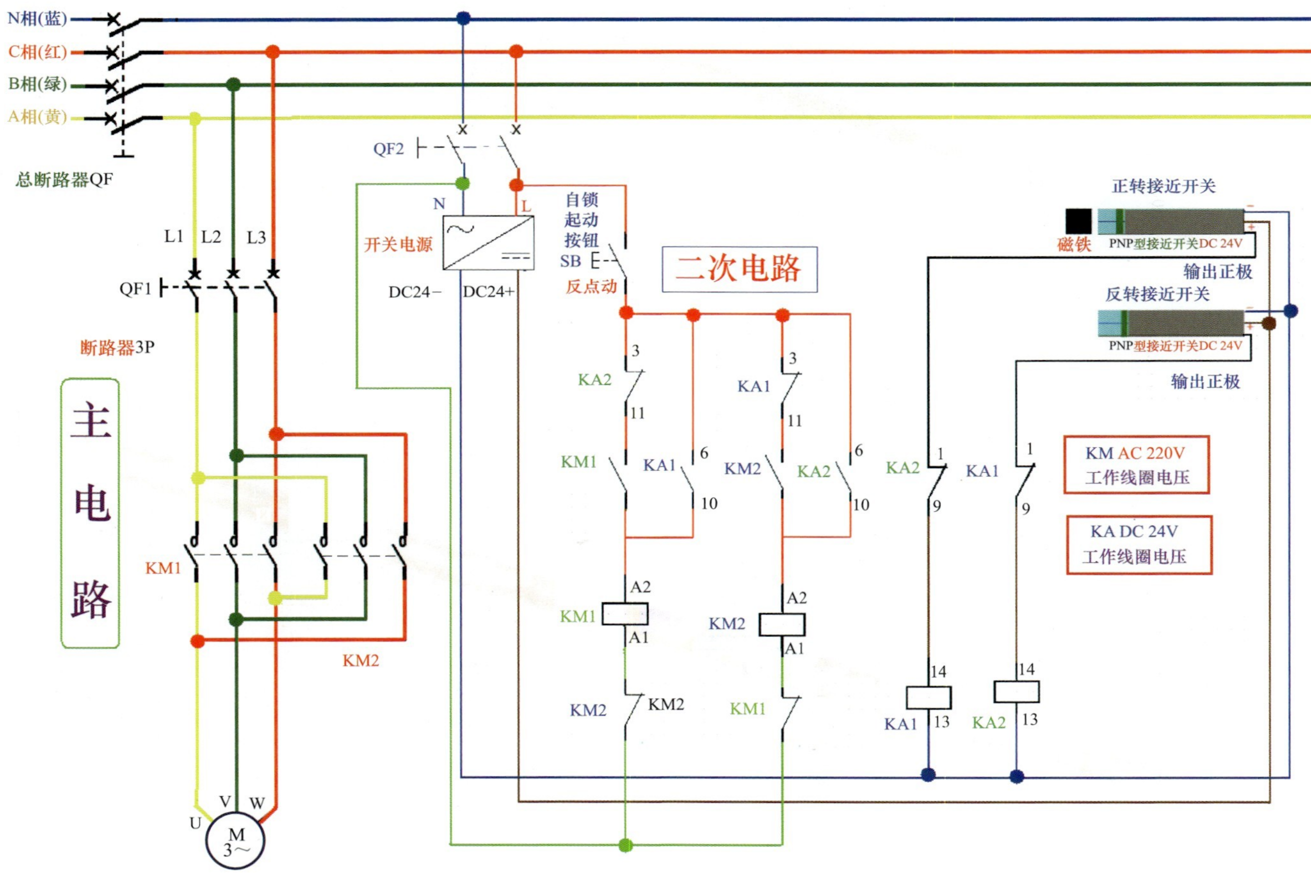

所用器件：

QF1：主断路器3P 1只；
KM：交流接触器2只；
QF2：控制断路器2P 1A；
KA：中继电器(14脚)2只；
SB：起动自锁按钮1只；
PNP型接近开关：2只；
F4-11：辅助触头2只；
开关电源：1只。

工作原理：

闭合断路器，接通电源。开关电源得电输出DC24电源给接近开关供电。当小车靠近正转接近开关位置时，KA1线圈得电，在KM1的控制回路中KA常开触点闭合。

按下自锁按钮，KM1线圈的得电，KM1接触器触点闭合自锁，电动机正转运行。

到达反转位置时，反转接近开关得电，KA2接近开关得电，在KM1的控制回路中，KA2常闭触点断开，KM1停止工作。

同时在KM2控制回路的KA2常开触点闭合，起动KM2线圈得电，KM2接触器触点闭合自锁，电动机反转运行。

到达正转位置时，正转接近开关得电，KA1接近开关得电，在KM2的控制回路中KA1常闭触点断开，KM2停止工作。

只要不按下自锁起动按钮两个交流接触器就会重复以上动作。

停止时按下自锁起动按钮即可。

PNP 型接近开关控制电动机正反转电路

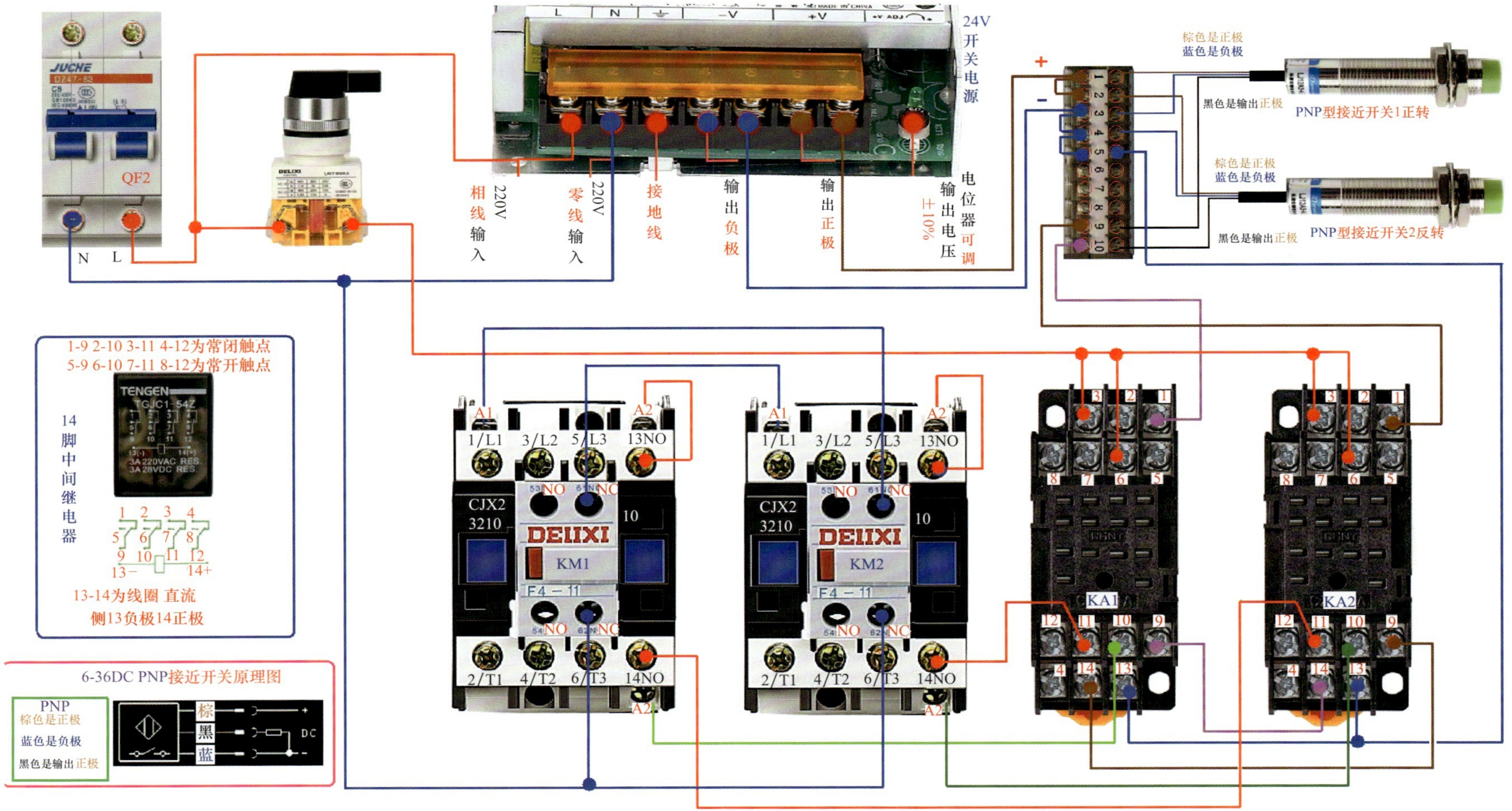

PNP 型接近开关控制电动机正反转电路实物接线图

→12 手动顺起逆停电路及实物接线图

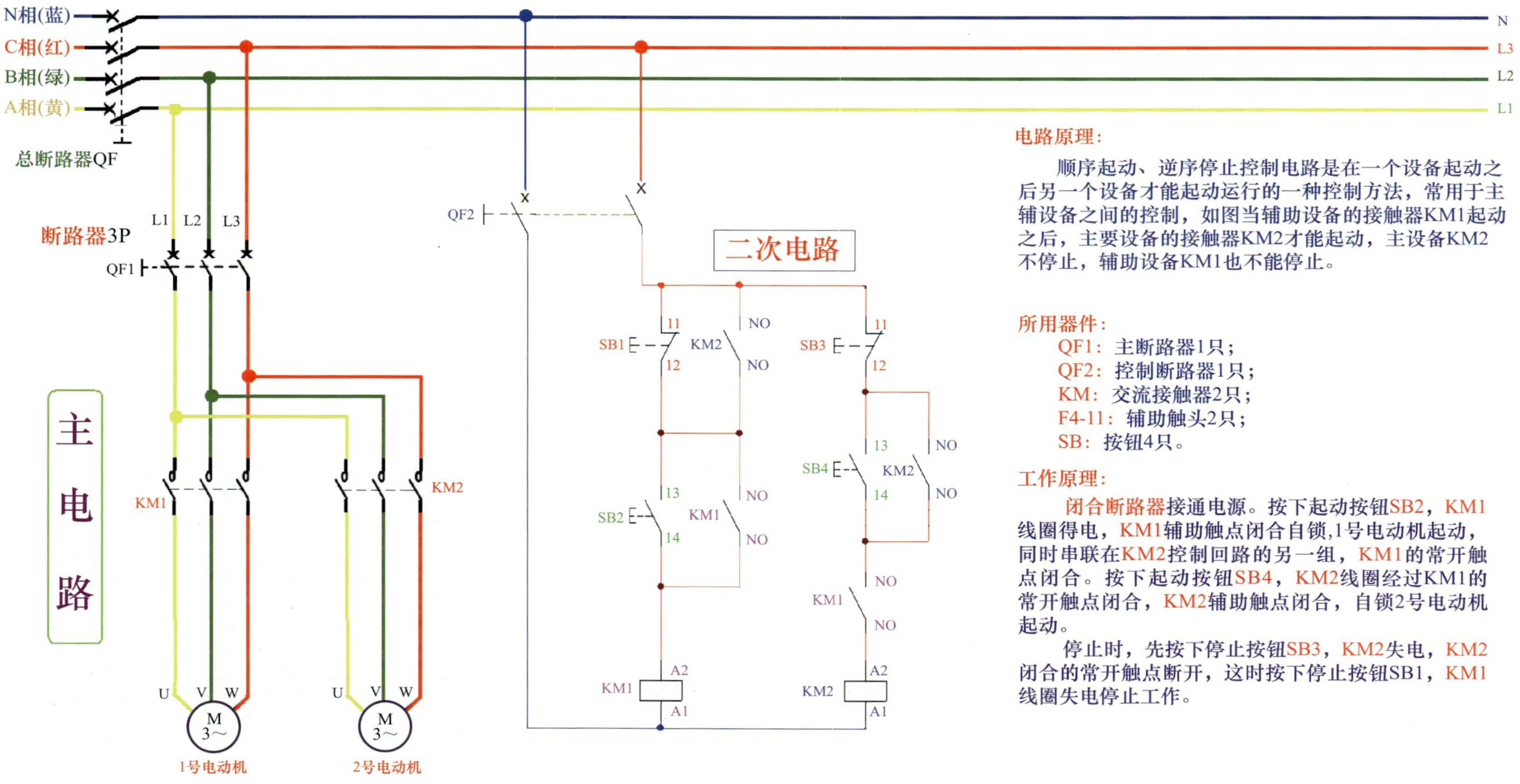

手动顺起逆停电路

电路原理：

顺序起动、逆序停止控制电路是在一个设备起动之后另一个设备才能起动运行的一种控制方法，常用于主辅设备之间的控制，如图当辅助设备的接触器KM1起动之后，主要设备的接触器KM2才能起动，主设备KM2不停止，辅助设备KM1也不能停止。

所用器件：

QF1：主断路器1只；
QF2：控制断路器1只；
KM：交流接触器2只；
F4-11：辅助触头2只；
SB：按钮4只。

工作原理：

闭合断路器接通电源。按下起动按钮SB2，KM1线圈得电，KM1辅助触点闭合自锁,1号电动机起动，同时串联在KM2控制回路的另一组，KM1的常开触点闭合。按下起动按钮SB4，KM2线圈经过KM1的常开触点闭合，KM2辅助触点闭合，自锁2号电动机起动。

停止时，先按下停止按钮SB3，KM2失电，KM2闭合的常开触点断开，这时按下停止按钮SB1，KM1线圈失电停止工作。

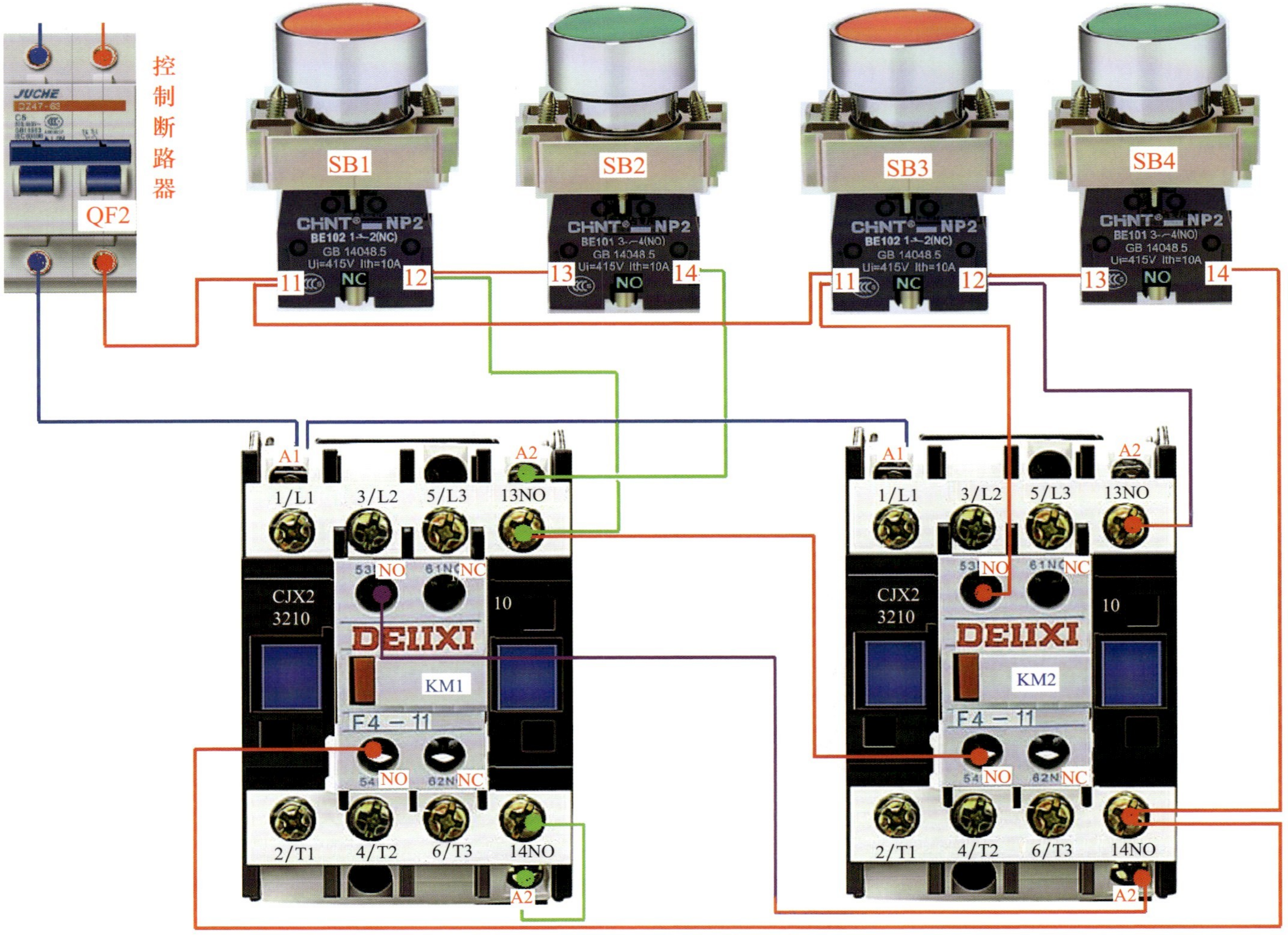

手动顺起逆停电路实物接线图

→13 手动顺起顺停电路及实物接线图

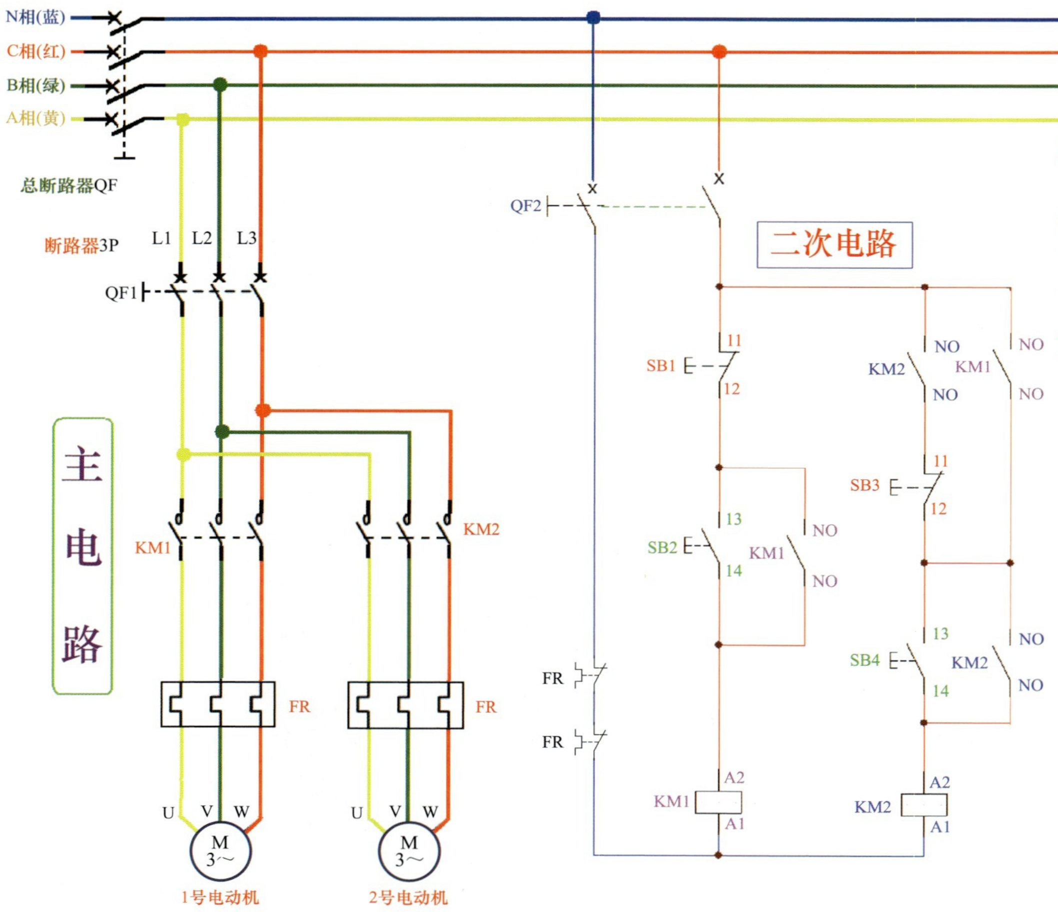

手动顺起顺停电路

电路原理：

电路中KM1常开触点控制着KM2线圈，使KM2无法先起动，只有KM1起动后，KM1常开触点闭合才能起动KM2。

电路中KM1常开触点与KM2的停止按钮并联，在所有电动机运行后，KM1常开触点闭合将KM2的停止按钮短路，只有当KM1停止后，其常开触点复位，KM2的停止功能才恢复。

所用器件：

QF1：主断路器1只；
QF2：控制断路器1只；
KM：交流接触器2只；
F4-11：辅助触头2只；
FR：热继电器2只。

工作原理：

闭合断路器接通电源，按下起动按钮SB2，KM1线圈得电主触点闭合，KM1的辅助触点闭合自锁，1号电动机起动工作。

另一个辅助触点闭合给KM2起动自锁线供电，这时按下SB4起动按钮,KM2线圈得电后主触点闭合，两组KM2辅助触点闭合自锁，2号电动机起动工作。

停止时，按顺序按下SB1停止按钮、使KM1失电，再按SB3使KM2失电。

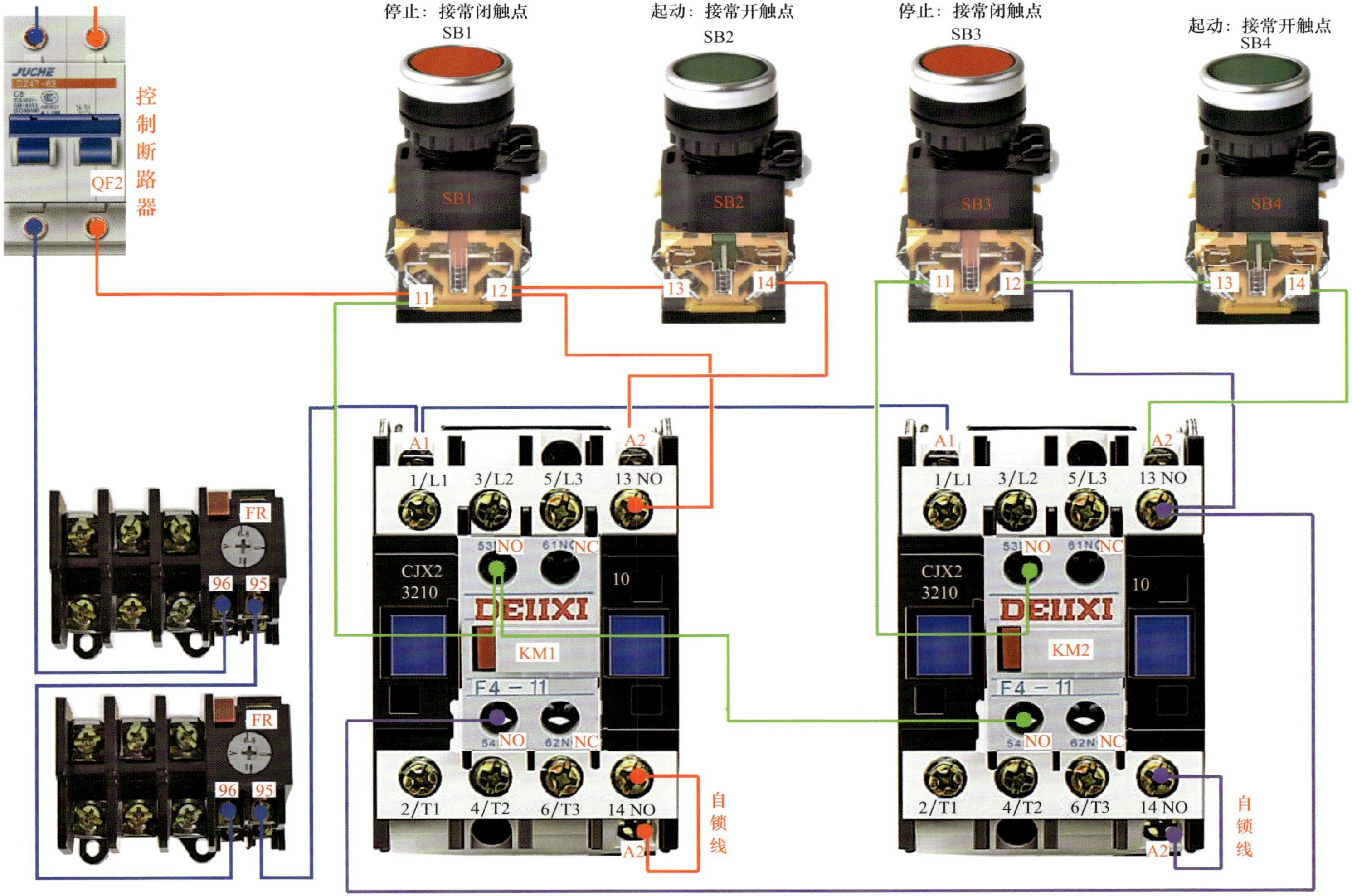
控制断路器
QF2
停止：接常闭触点
SB1
起动：接常开触点
SB2
停止：接常闭触点
SB3
起动：接常开触点
SB4
11
12
13
14
FR
96
95
A1
A2
1/L1
3/L2
5/L3
13 NO
CJX2
3210
NO
NC
10
KM1
KM2
F4 — 11
2/T1
4/T2
6/T3
14 NO
自锁线

手动顺起顺停电路实物接线图

→14 自动顺起逆停电路及实物接线图

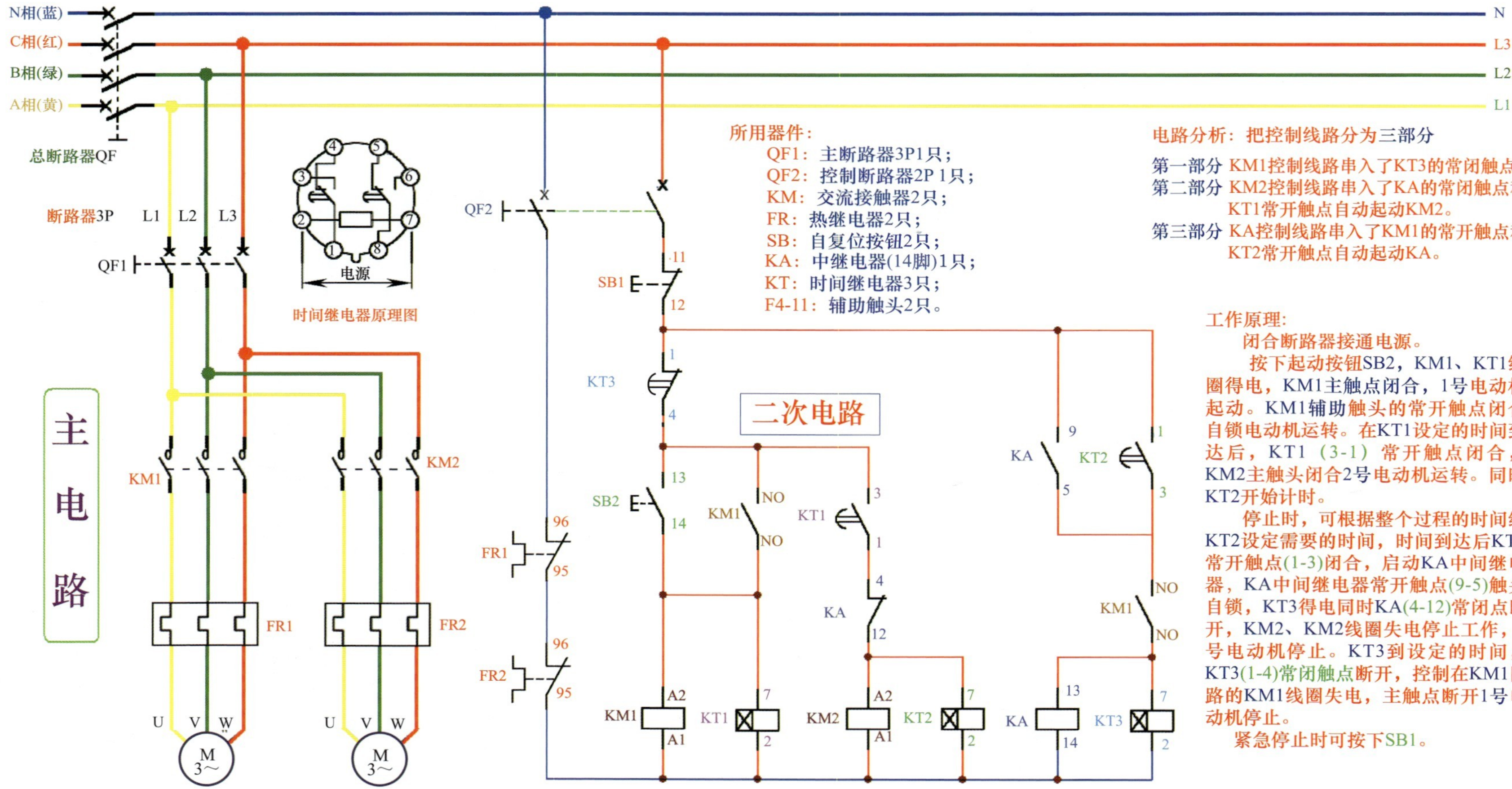

所用器件：

QF1：主断路器3P1只；
QF2：控制断路器2P 1只；
KM：交流接触器2只；
FR：热继电器2只；
SB：自复位按钮2只；
KA：中继电器(14脚)1只；
KT：时间继电器3只；
F4-11：辅助触头2只。

电路分析：把控制线路分为三部分

第一部分 KM1控制线路串入了KT3的常闭触点。
第二部分 KM2控制线路串入了KA的常闭触点和KT1常开触点自动起动KM2。
第三部分 KA控制线路串入了KM1的常开触点和KT2常开触点自动起动KA。

工作原理：

闭合断路器接通电源。

按下起动按钮SB2，KM1、KT1线圈得电，KM1主触点闭合，1号电动机起动。KM1辅助触头的常开触点闭合自锁电动机运转。在KT1设定的时间到达后，KT1（3-1）常开触点闭合，KM2主触头闭合2号电动机运转。同时KT2开始计时。

停止时，可根据整个过程的时间给KT2设定需要的时间，时间到达后KT2常开触点(1-3)闭合，启动KA中间继电器，KA中间继电器常开触点(9-5)触头自锁，KT3得电同时KA(4-12)常闭点断开，KM2、KM2线圈失电停止工作，2号电动机停止。KT3到设定的时间，KT3(1-4)常闭触点断开，控制在KM1回路的KM1线圈失电，主触点断开1号电动机停止。

紧急停止时可按下SB1。

自动顺起逆停电路

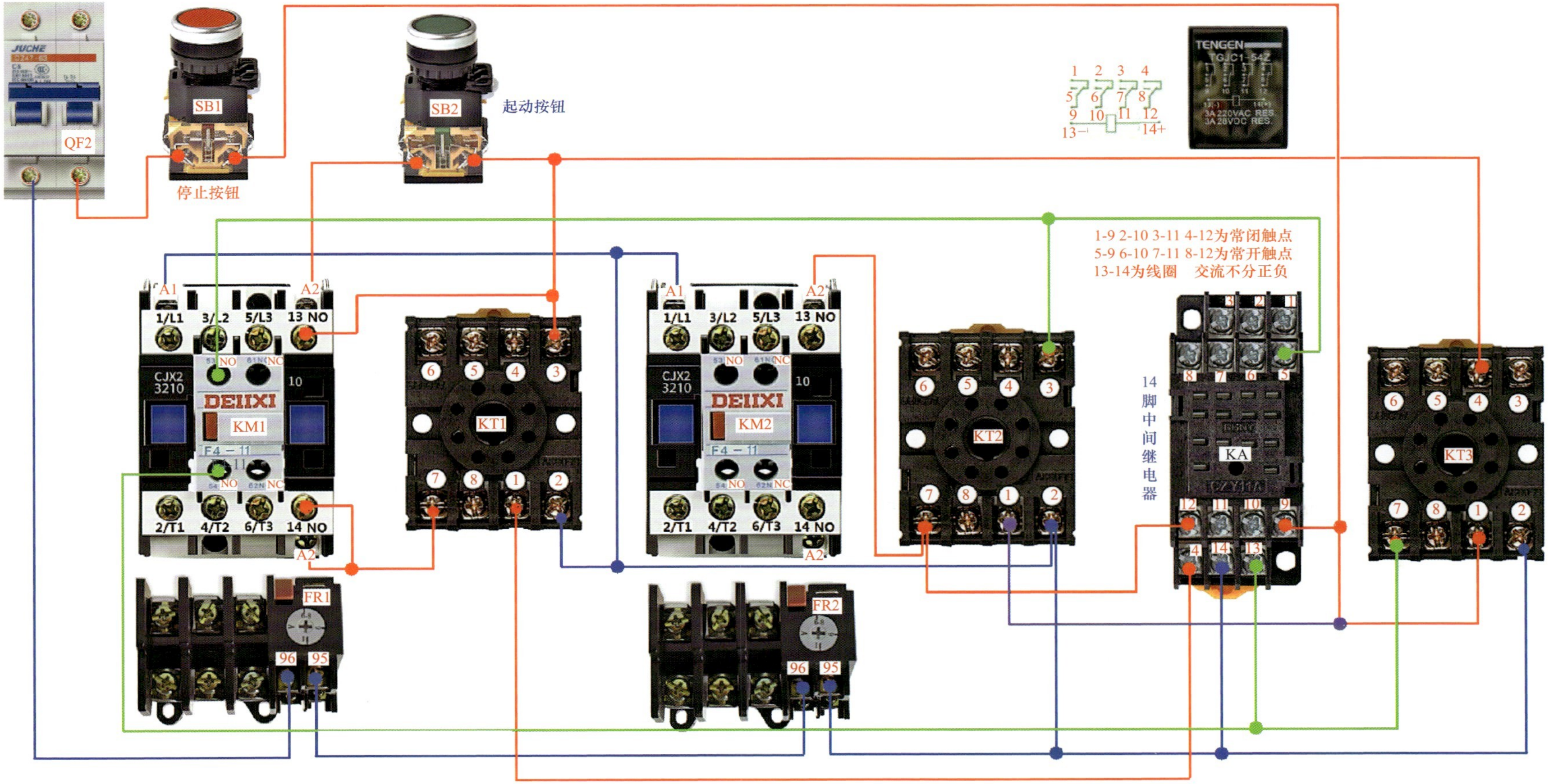
QF2
SB1
停止按钮
SB2
起动按钮
1-9 2-10 3-11 4-12为常闭触点
5-9 6-10 7-11 8-12为常开触点
13-14为线圈 交流不分正负
14脚中间继电器
KM1
KM2
KT1
KT2
KT3
KA
FR1
FR2
A1
A2
1/L1
3/L2
5/L3
13 NO
2/T1
4/T2
6/T3
14 NO
96
95

自动顺起逆停电路实物接线图

→15 自动顺起顺停电路及实物接线图

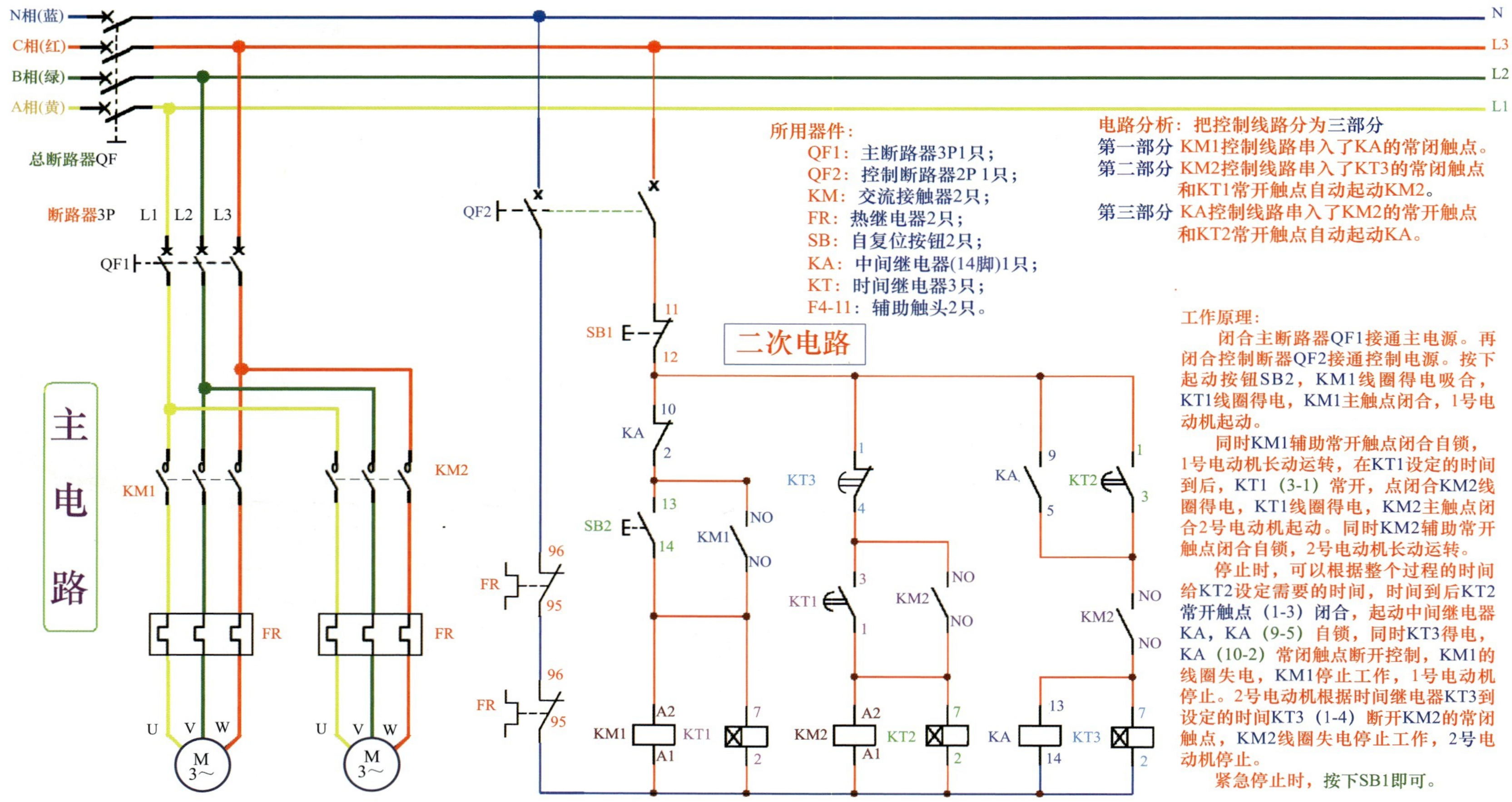

自动顺起顺停电路

所用器件：

- QF1：主断路器3P1只；
- QF2：控制断路器2P 1只；
- KM：交流接触器2只；
- FR：热继电器2只；
- SB：自复位按钮2只；
- KA：中间继电器(14脚)1只；
- KT：时间继电器3只；
- F4-11：辅助触头2只。

电路分析：把控制线路分为三部分

第一部分 KM1控制线路串入了KA的常闭触点。

第二部分 KM2控制线路串入了KT3的常闭触点和KT1常开触点自动起动KM2。

第三部分 KA控制线路串入了KM2的常开触点和KT2常开触点自动起动KA。

工作原理：

闭合主断路器QF1接通主电源。再闭合控制断路器QF2接通控制电源。按下起动按钮SB2，KM1线圈得电吸合，KT1线圈得电，KM1主触点闭合，1号电动机起动。

同时KM1辅助常开触点闭合自锁，1号电动机长动运转，在KT1设定的时间到后，KT1（3-1）常开，点闭合KM2线圈得电，KT1线圈得电，KM2主触点闭合2号电动机起动。同时KM2辅助常开触点闭合自锁，2号电动机长动运转。

停止时，可以根据整个过程的时间给KT2设定需要的时间，时间到后KT2常开触点（1-3）闭合，起动中间继电器KA，KA（9-5）自锁，同时KT3得电，KA（10-2）常闭触点断开控制，KM1的线圈失电，KM1停止工作，1号电动机停止。2号电动机根据时间继电器KT3到设定的时间KT3（1-4）断开KM2的常闭触点，KM2线圈失电停止工作，2号电动机停止。

紧急停止时，按下SB1即可。

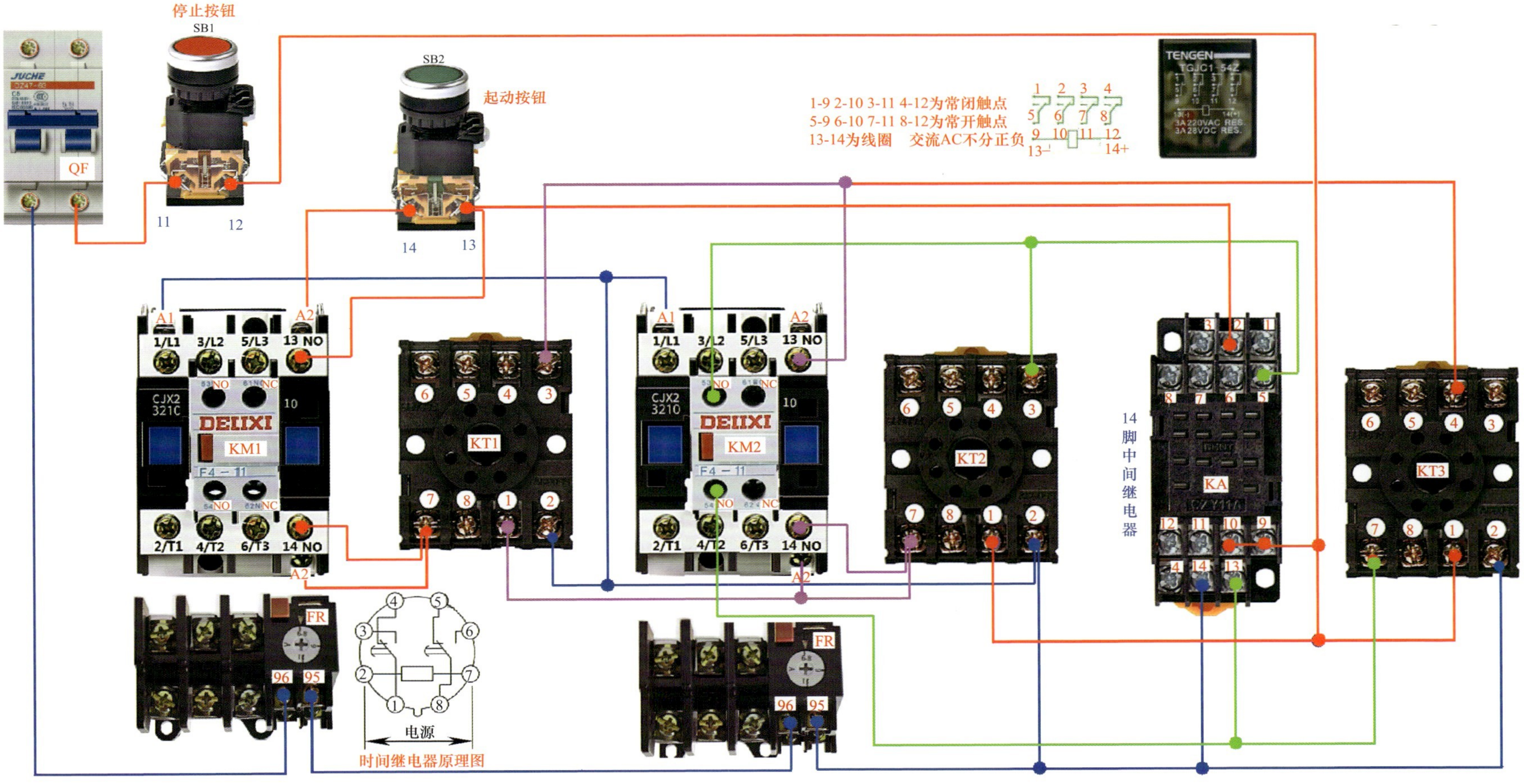
停止按钮
SB1
SB2
起动按钮
QF
11
12
14
13
1-9 2-10 3-11 4-12为常闭触点
5-9 6-10 7-11 8-12为常开触点
13-14为线圈　交流AC不分正负
TENGEN
KM1
KM2
KT1
KT2
KT3
KA
14脚中间继电器
FR
96
95
时间继电器原理图
电源

自动顺起顺停电路实物接线图

→16 手动控制星三角起动电路及实物接线图

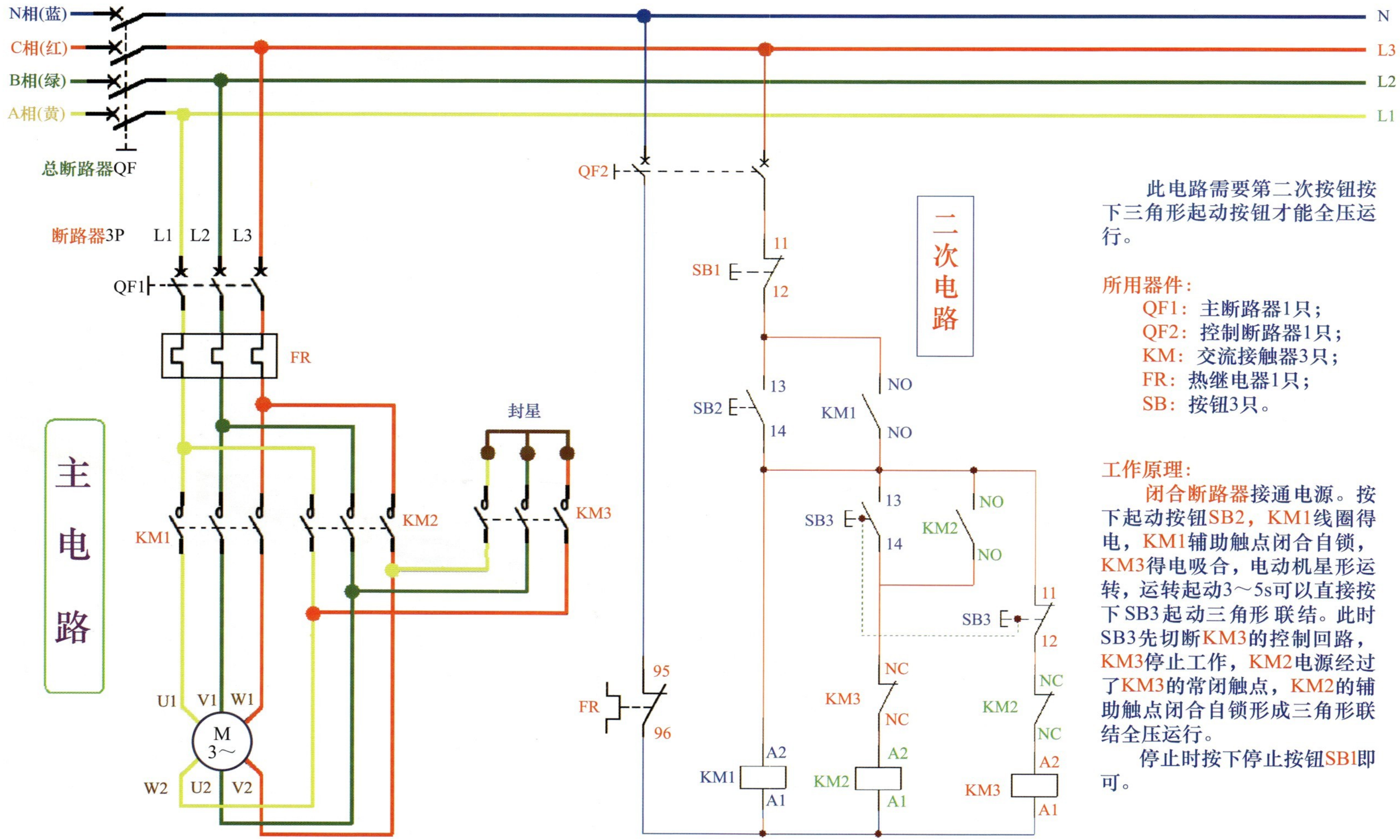

此电路需要第二次按钮按下三角形起动按钮才能全压运行。

所用器件：

QF1：主断路器1只；
QF2：控制断路器1只；
KM：交流接触器3只；
FR：热继电器1只；
SB：按钮3只。

工作原理：

闭合断路器接通电源。按下起动按钮SB2，KM1线圈得电，KM1辅助触点闭合自锁，KM3得电吸合，电动机星形运转，运转起动3～5s可以直接按下SB3起动三角形联结。此时SB3先切断KM3的控制回路，KM3停止工作，KM2电源经过了KM3的常闭触点，KM2的辅助触点闭合自锁形成三角形联结全压运行。

停止时按下停止按钮SB1即可。

手动控制星三角起动电路

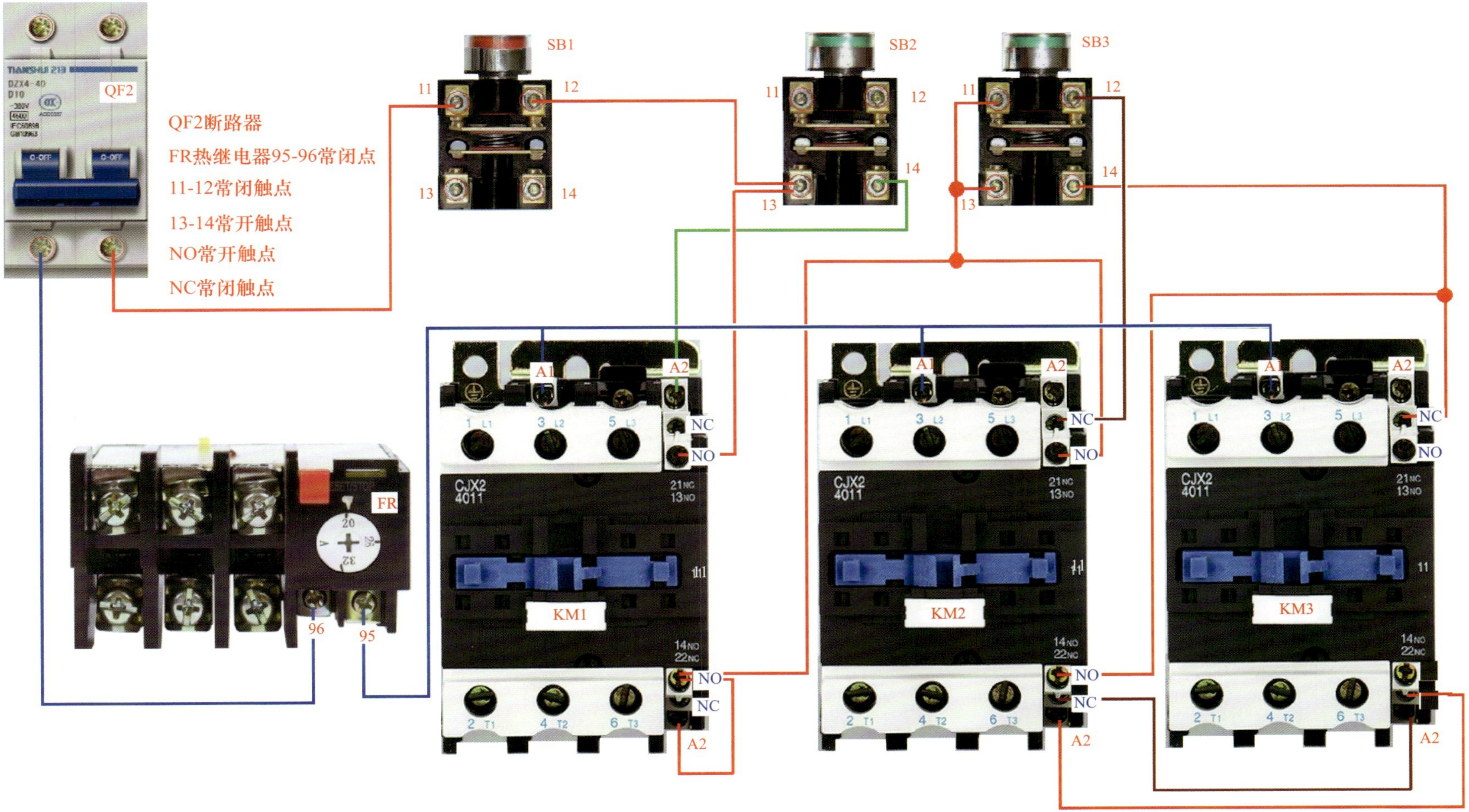

手动控制星三角起动电路实物接线图

→17 空气延时触头控制电动机星三角起动电路及实物接线图

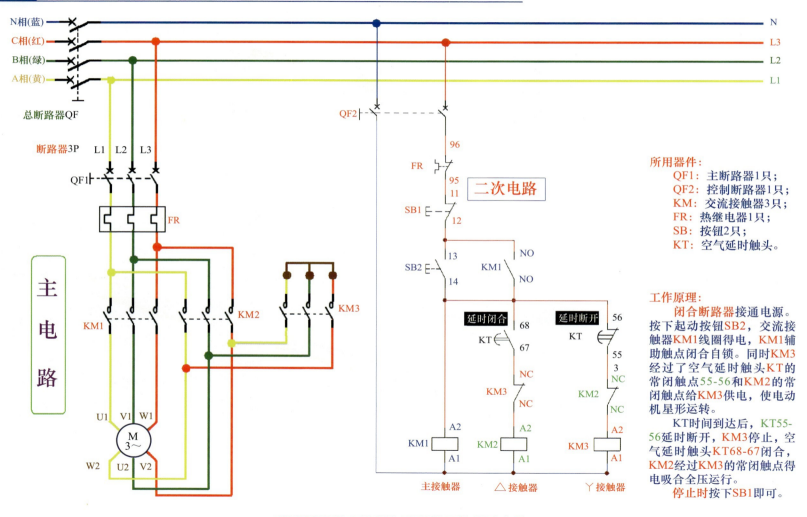

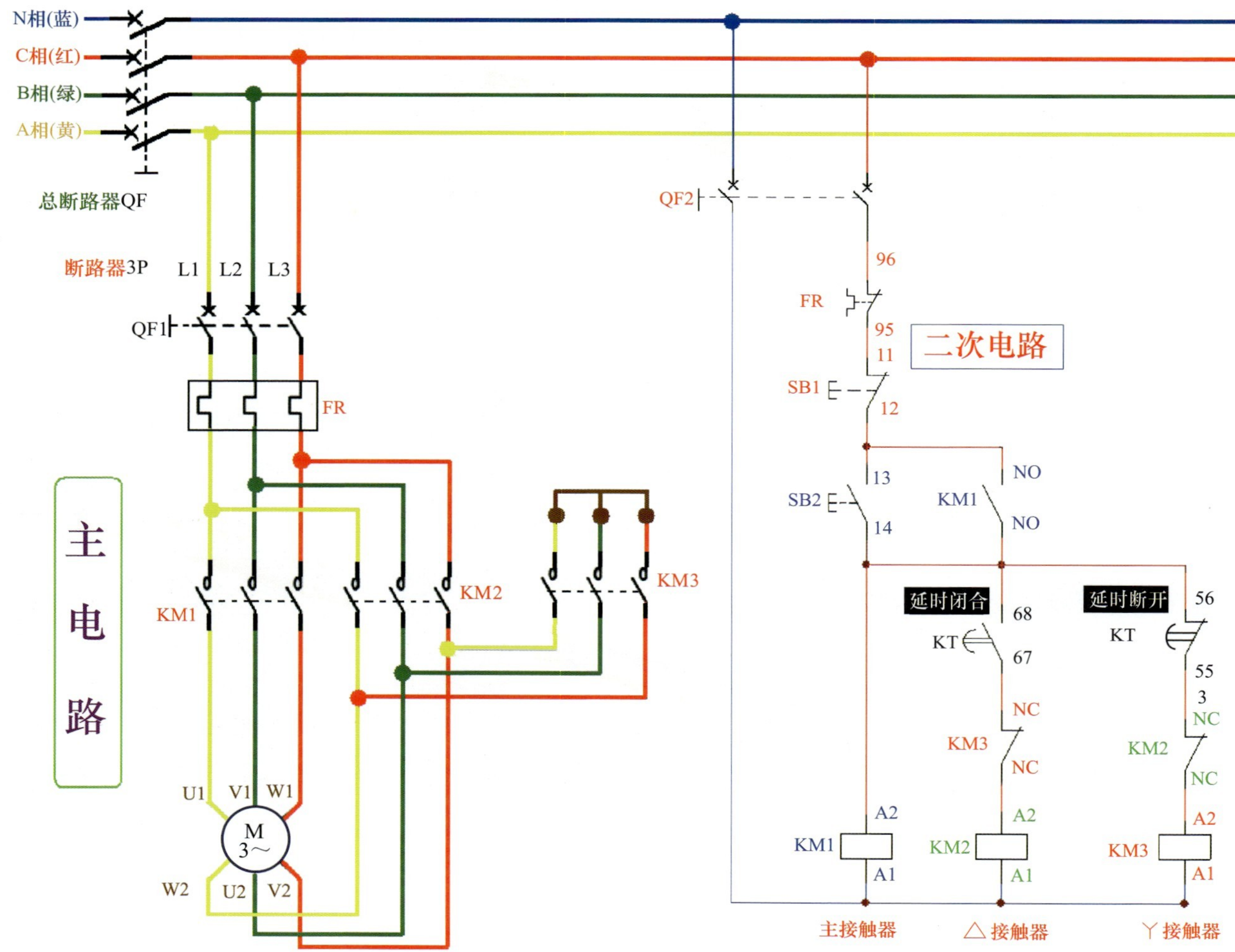

所用器件：

QF1：主断路器1只；
QF2：控制断路器1只；
KM：交流接触器3只；
FR：热继电器1只；
SB：按钮2只；
KT：空气延时触头。

工作原理：

闭合断路器接通电源。按下起动按钮SB2，交流接触器KM1线圈得电，KM1辅助触点闭合自锁。同时KM3经过了空气延时触头KT的常闭触点55-56和KM2的常闭触点给KM3供电，使电动机星形运转。

KT时间到达后，KT55-56延时断开，KM3停止，空气延时触头KT68-67闭合，KM2经过KM3的常闭触点得电吸合全压运行。

停止时按下SB1即可。

空气延时触头控制电动机星三角起动电路

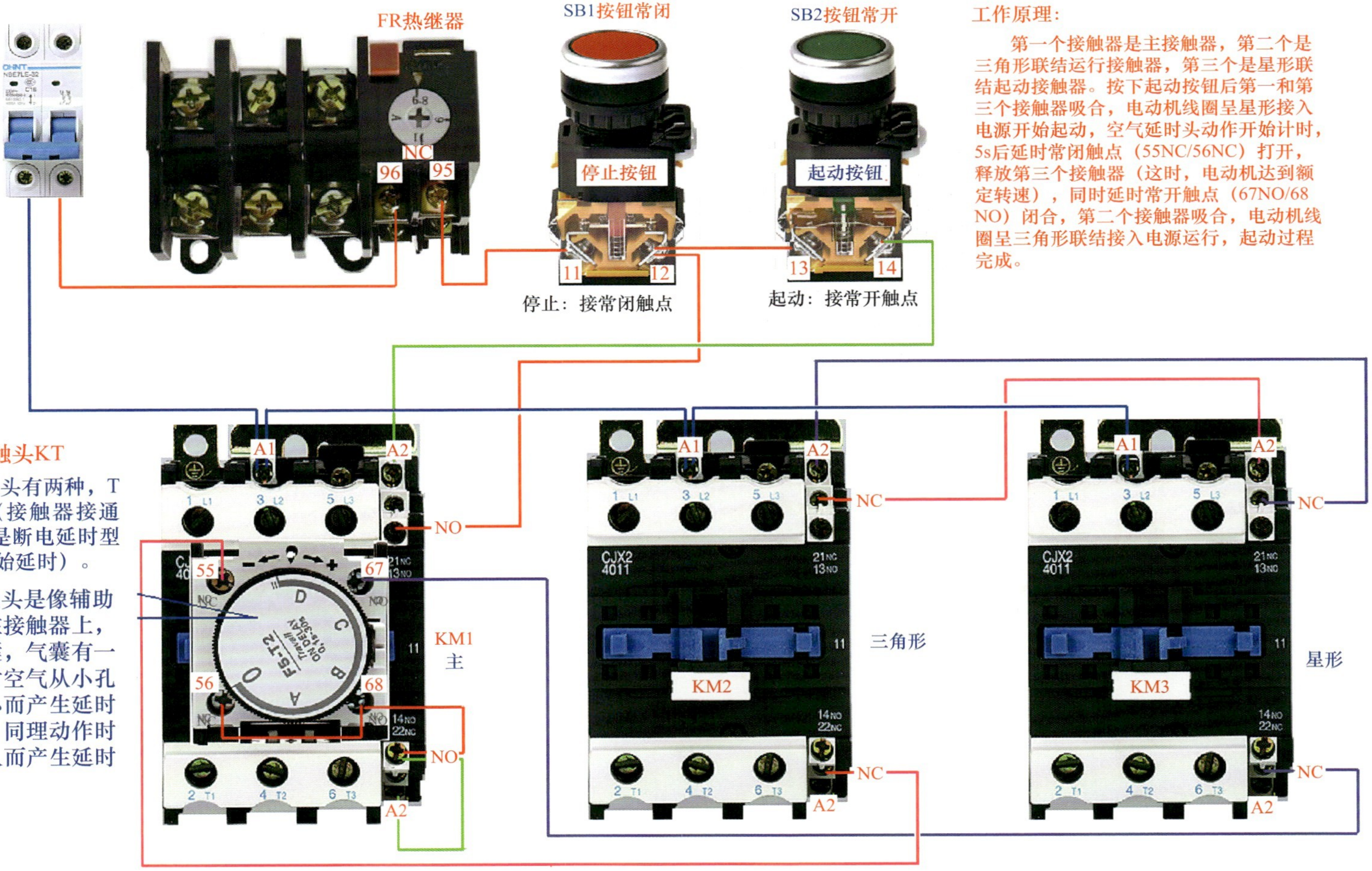

工作原理：

第一个接触器是主接触器，第二个是三角形联结运行接触器，第三个是星形联结起动接触器。按下起动按钮后第一和第三个接触器吸合，电动机线圈呈星形接入电源开始起动，空气延时头动作开始计时，5s后延时常闭触点（55NC/56NC）打开，释放第三个接触器（这时，电动机达到额定转速），同时延时常开触点（67NO/68NO）闭合，第二个接触器吸合，电动机线圈呈三角形联结接入电源运行，起动过程完成。

空气延时触头KT

空气延时触头有两种，T是通电延时型（接触器接通开始延时），D是断电延时型（接触器分断开始延时）。

空气延时触头是像辅助触头组一样卡在接触器上，因其有一个气囊，气囊有一个小孔；动作时空气从小孔中排出，因孔小而产生延时（延时闭合）；同理动作时空气从小孔进入而产生延时（延时断开）。

空气延时触头控制电动机星三角起动电路实物接线图

→18 星三角自动减压起动电路及实物接线图

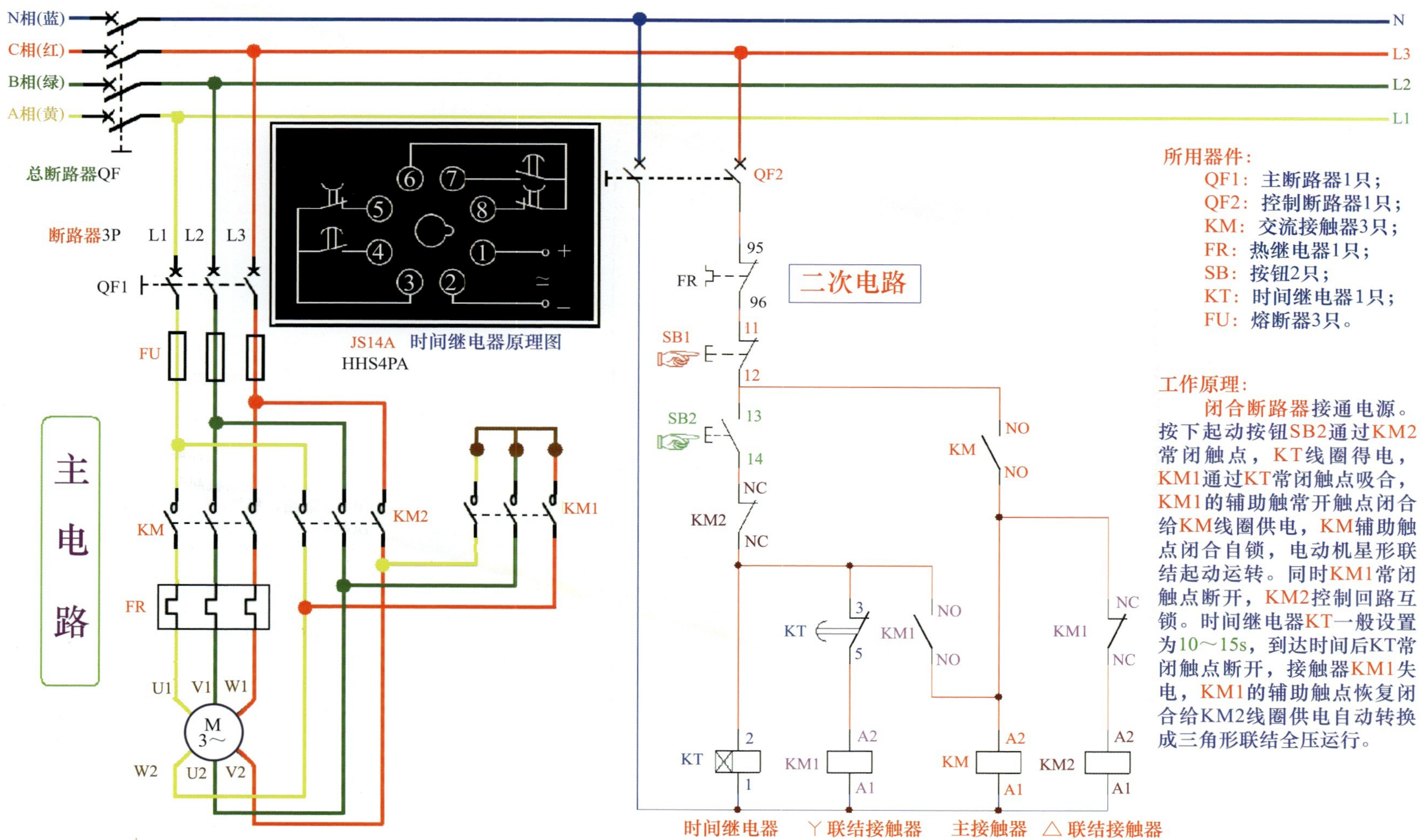

星三角自动减压起动电路

所用器件：

QF1：主断路器1只；
QF2：控制断路器1只；
KM：交流接触器3只；
FR：热继电器1只；
SB：按钮2只；
KT：时间继电器1只；
FU：熔断器3只。

工作原理：

闭合断路器接通电源。按下起动按钮SB2通过KM2常闭触点，KT线圈得电，KM1通过KT常闭触点吸合，KM1的辅助触常开触点闭合给KM线圈供电，KM辅助触点闭合自锁，电动机星形联结起动运转。同时KM1常闭触点断开，KM2控制回路互锁。时间继电器KT一般设置为10～15s，到达时间后KT常闭触点断开，接触器KM1失电，KM1的辅助触点恢复闭合给KM2线圈供电自动转换成三角形联结全压运行。

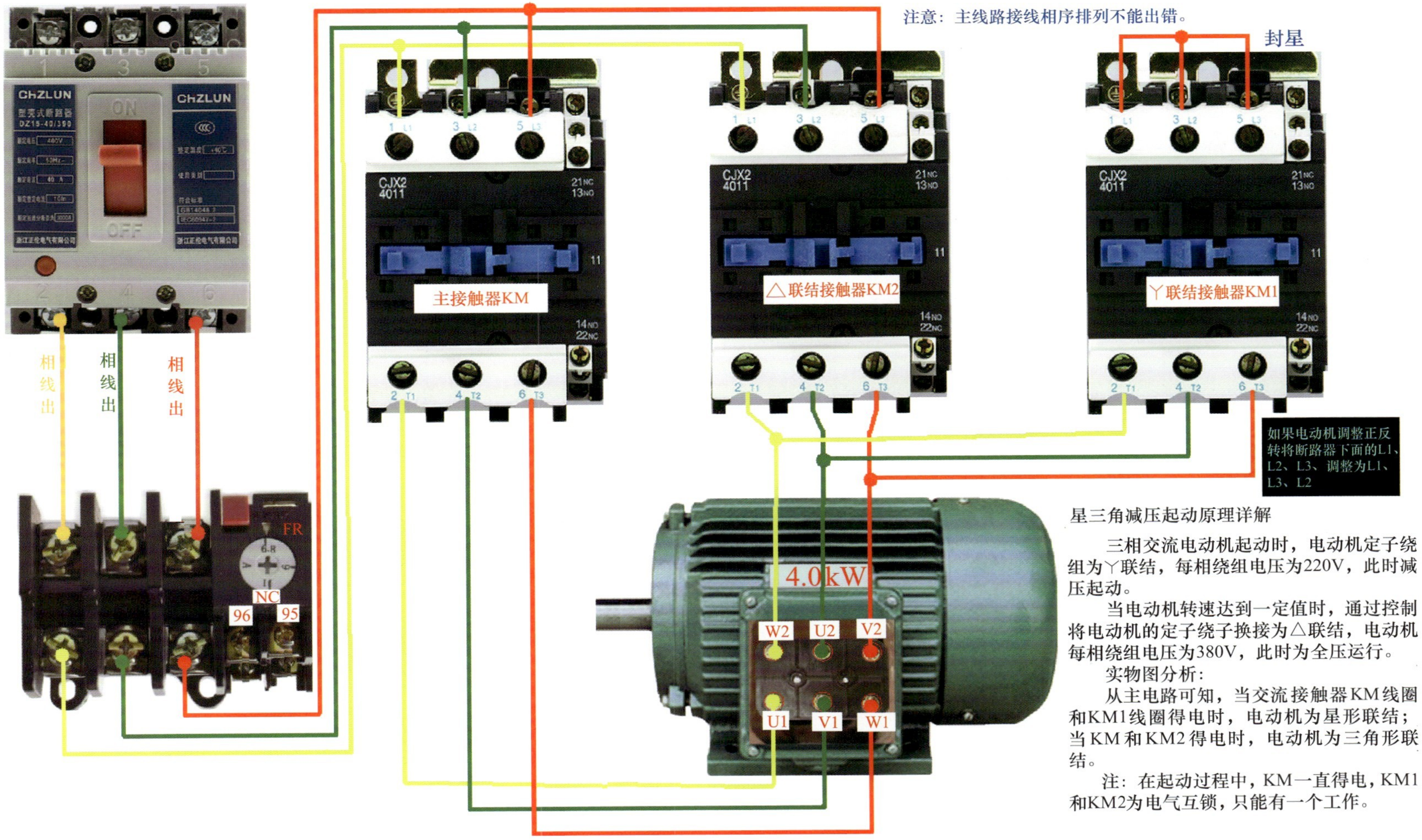
注意：主线路接线相序排列不能出错。
封星
CHZLUN
ON
OFF
相线出
相线出
相线出
CJX2 4011
主接触器KM
△联结接触器KM2
丫联结接触器KM1
如果电动机调整正反转将断路器下面的L1、L2、L3，调整为L1、L3、L2
FR
NC
96
95
4.0kW
W2
U2
V2
U1
V1
W1

星三角减压起动原理详解

三相交流电动机起动时，电动机定子绕组为丫联结，每相绕组电压为220V，此时减压起动。

当电动机转速达到一定值时，通过控制将电动机的定子绕组换接为△联结，电动机每相绕组电压为380V，此时为全压运行。

实物图分析：

从主电路可知，当交流接触器KM线圈和KM1线圈得电时，电动机为星形联结；当KM和KM2得电时，电动机为三角形联结。

注：在起动过程中，KM一直得电，KM1和KM2为电气互锁，只能有一个工作。

星三角自动减压起动主电路实物接线图（一）

注意相序不能错误。

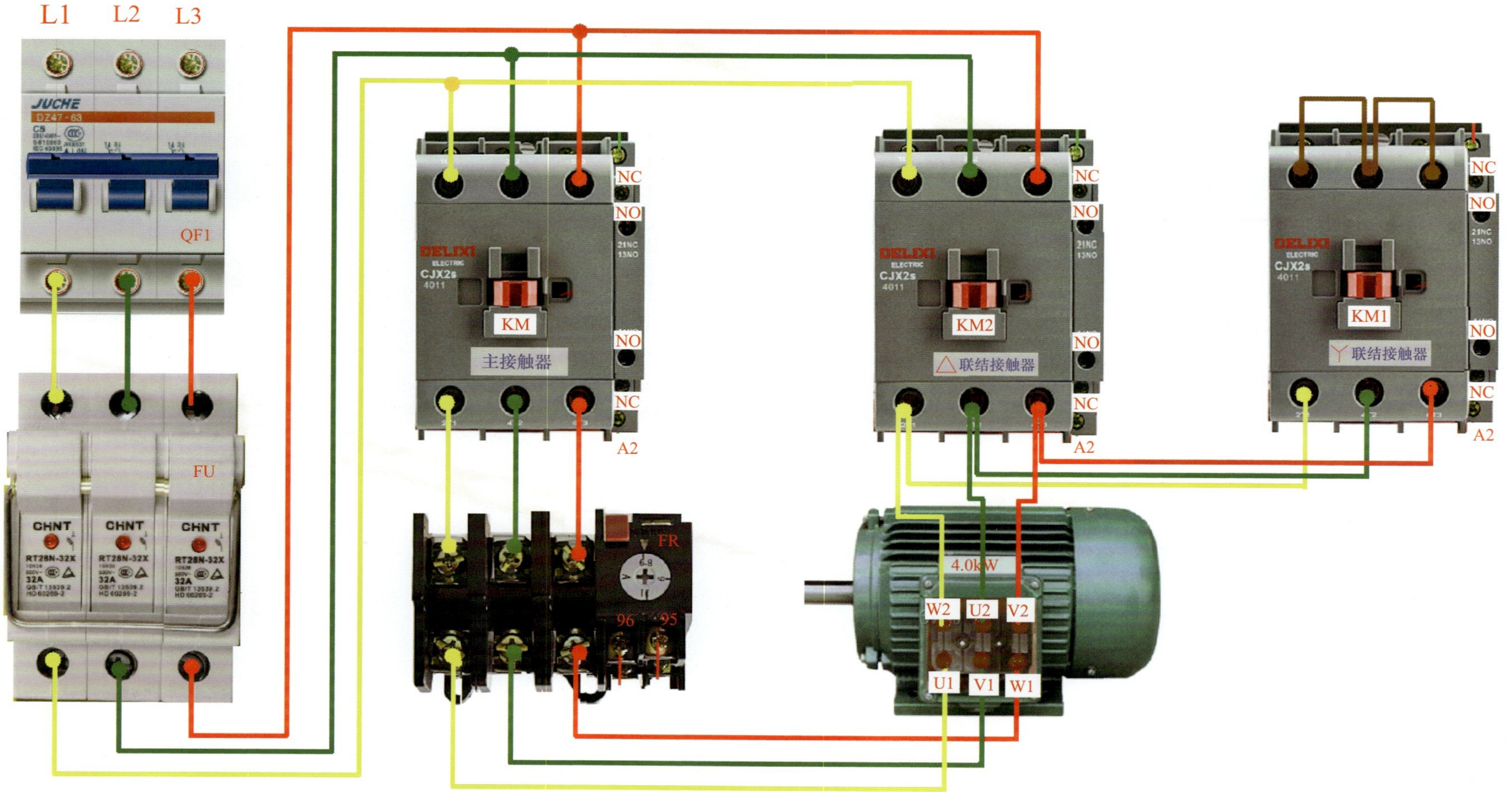

星三角自动减压起动主线路实物接线图（二）

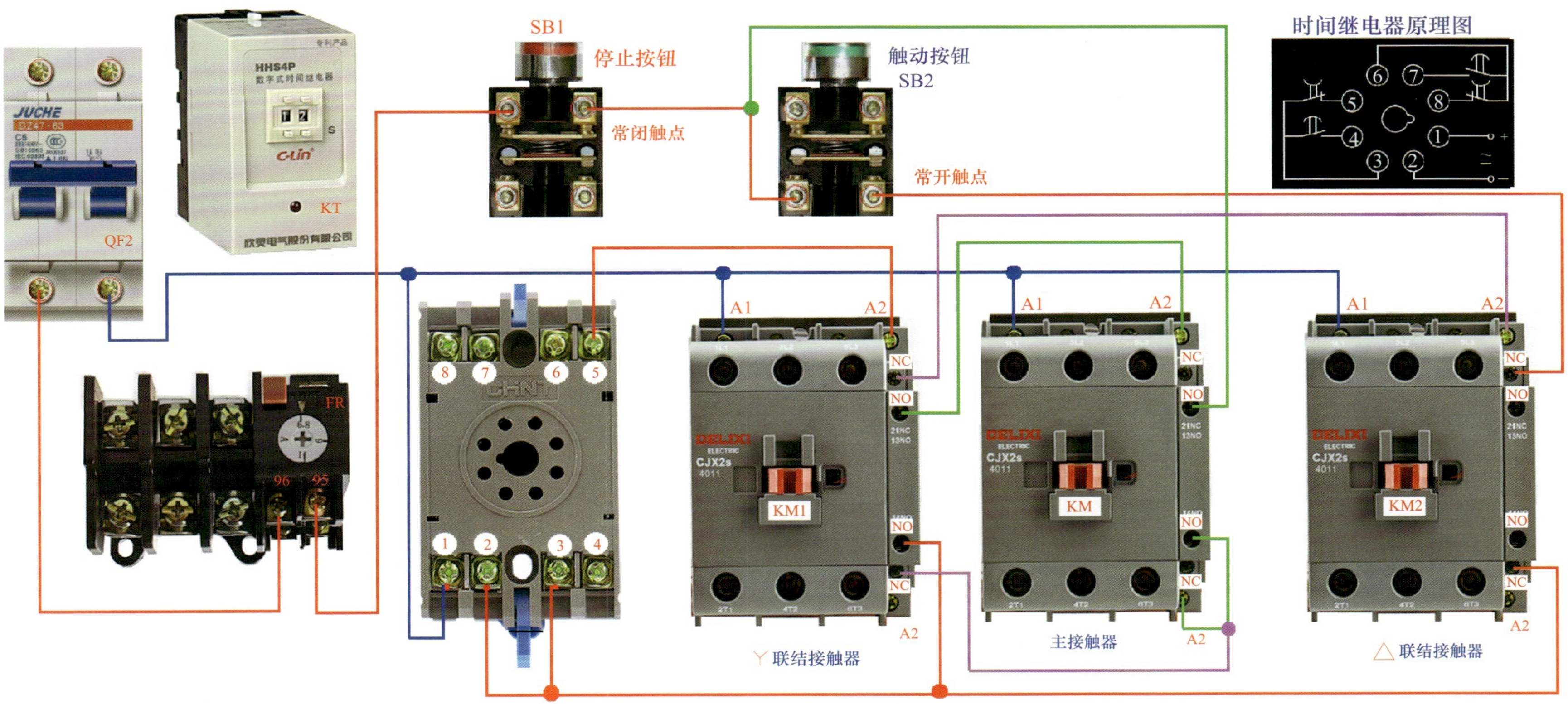

星三角自动减压起动二次电路实物接线图

→19 顺序延时起动电路及实物接线图

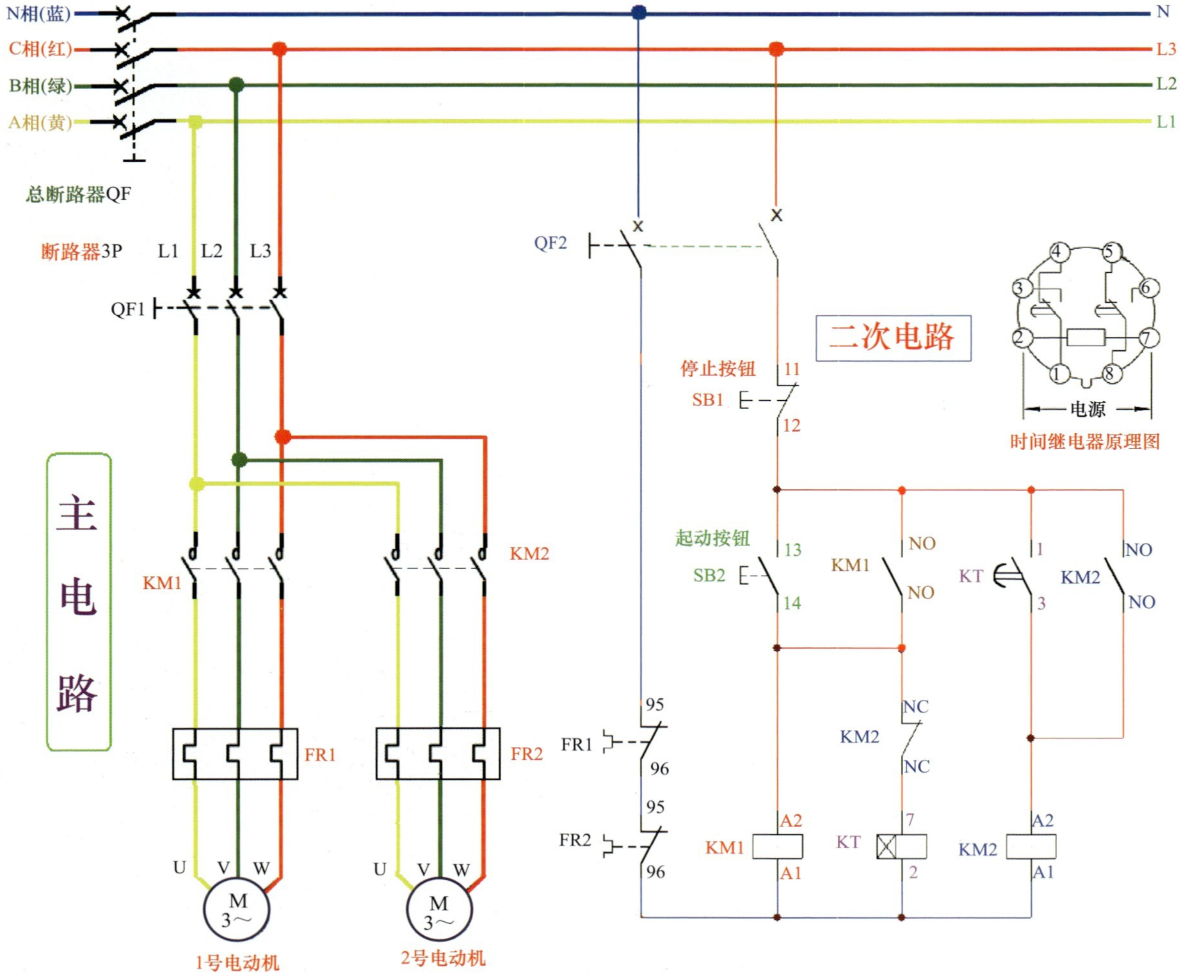

顺序延时起动电路

此电路是工业电路最常见的一种主设备和辅助设备只有先起动主设备后辅助设备再起动。

所用器件：

QF1：主断路器1只；
QF2：控制断路器1只；
KM：交流接触器2只；
FR：热继电器2只；
SB：按钮2只；
KT：时间继电器1只；
F4-11：辅助触点1只。

工作原理：

闭合断路器，接通电源。按下起动按钮SB2，KM1线圈得电，KM1的常开辅助触点闭合，主触头自锁1号电动机开始工作。同时时间继电器KT经过KM2的常闭触点得电开始计时。

设置时间到达后，KT(1-3)延时闭合给KM2瞬时供电KM2自身的辅助常开触点闭合自锁，KM2主触点闭合，2号电动机工作。同时KM2常闭点断开，在KT中的控制回路时间继电器失电，顺序起动完成。

停止时,按下SB1全部失电停止工作。

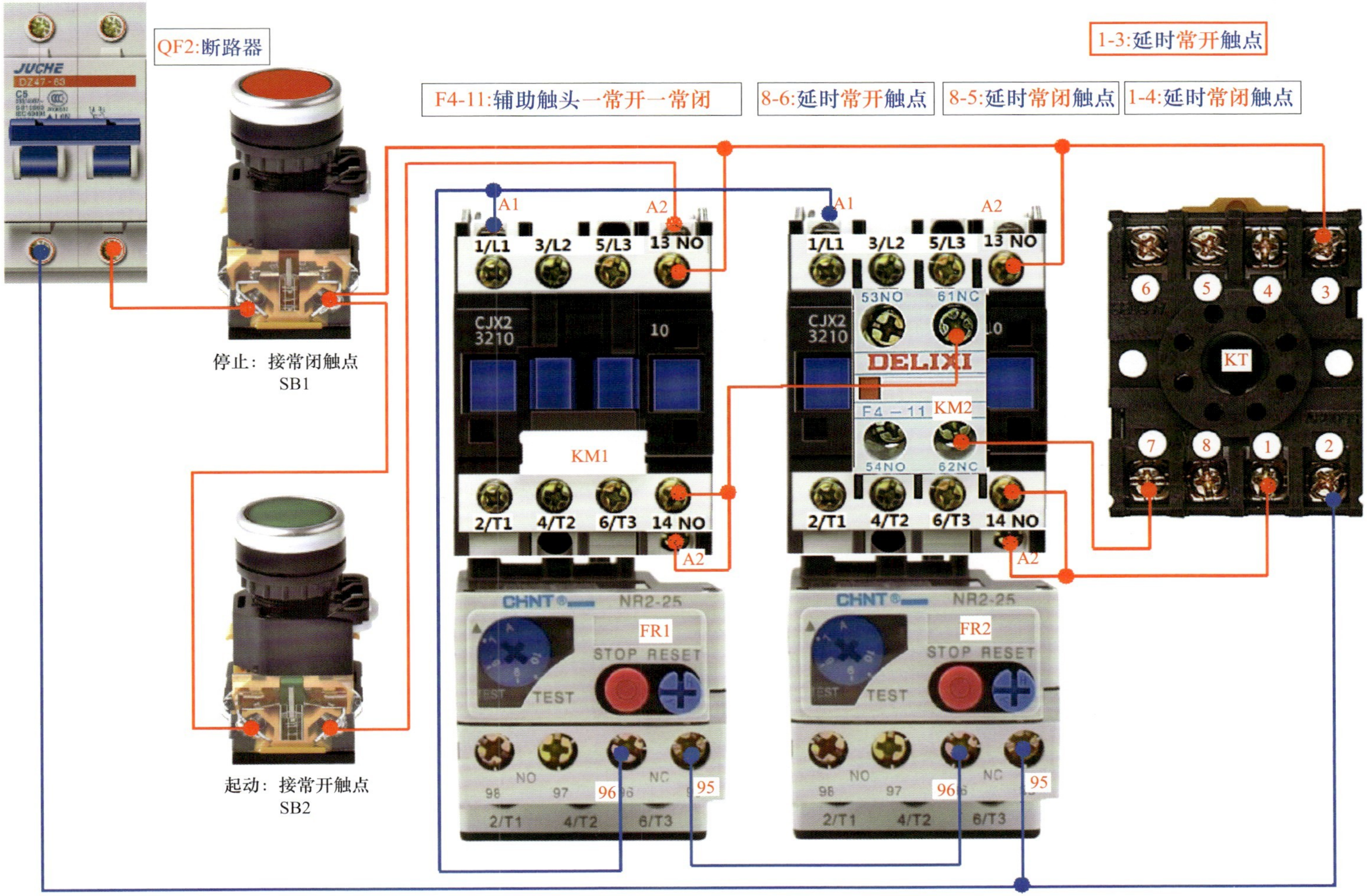

QF2:断路器
1-3:延时常开触点
F4-11:辅助触头一常开一常闭
8-6:延时常开触点
8-5:延时常闭触点
1-4:延时常闭触点
停止：接常闭触点
SB1
起动：接常开触点
SB2
A1
A2
13 NO
14 NO
KM1
KM2
KT
FR1
FR2
96
95

顺序延时起动电路实物接线图

→20 起动延时断电电路及实物接线图

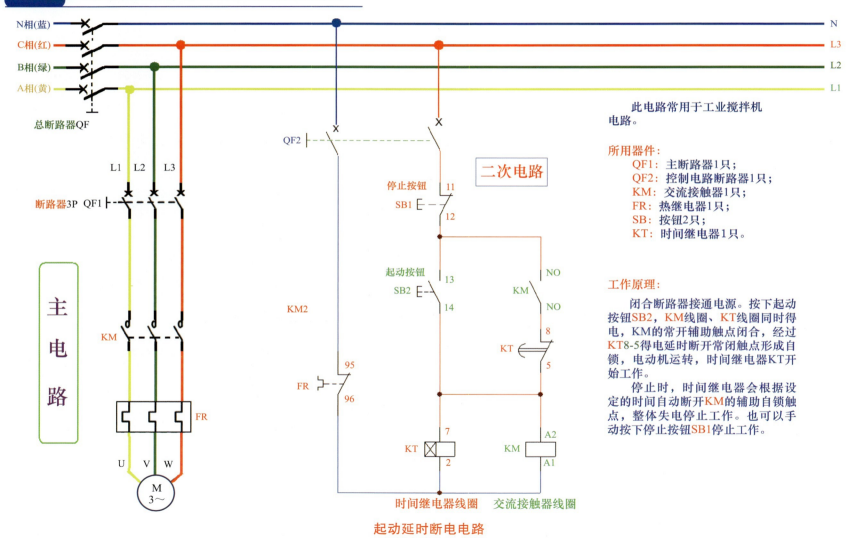

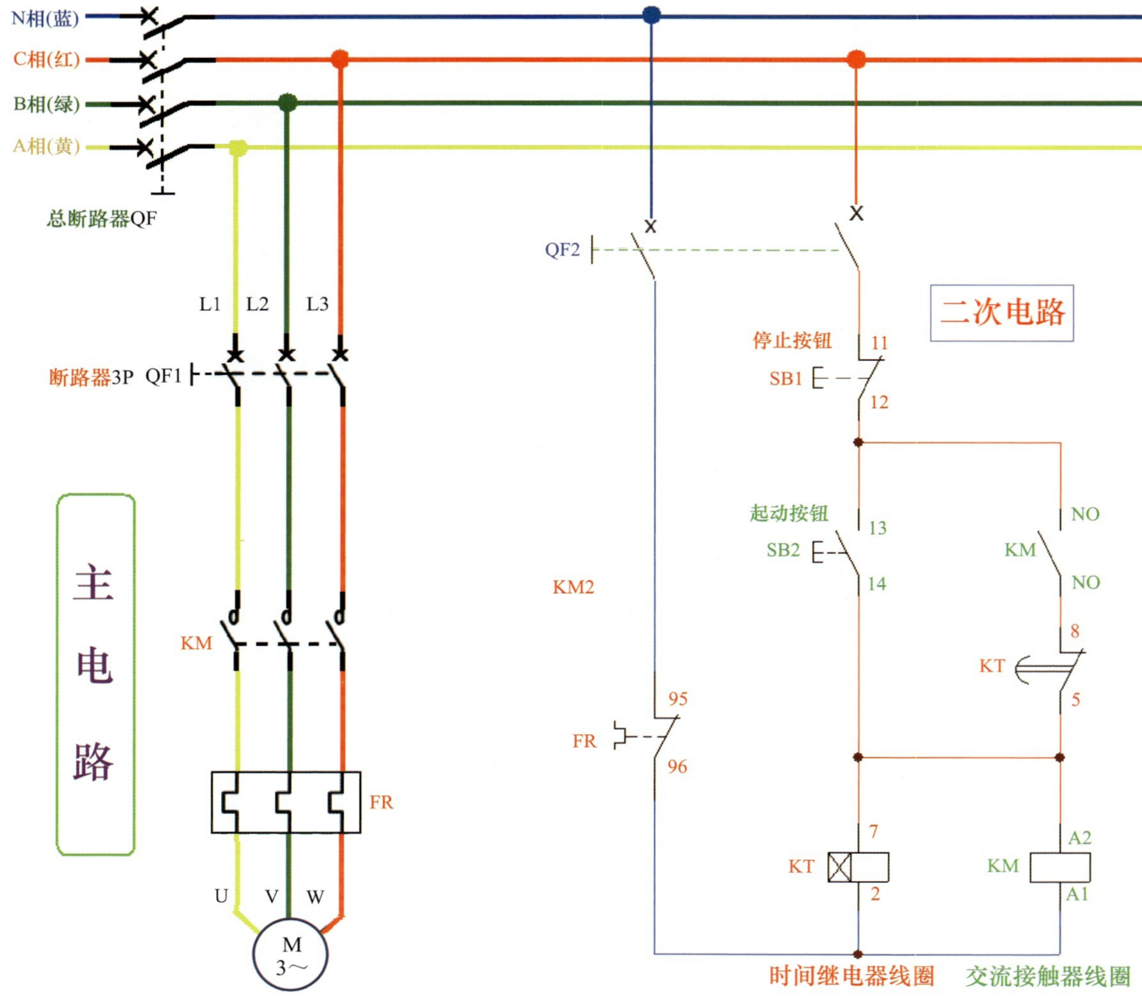

起动延时断电电路

此电路常用于工业搅拌机电路。

所用器件：

QF1：主断路器1只；
QF2：控制电路断路器1只；
KM：交流接触器1只；
FR：热继电器1只；
SB：按钮2只；
KT：时间继电器1只。

工作原理：

闭合断路器接通电源。按下起动按钮SB2，KM线圈、KT线圈同时得电，KM的常开辅助触点闭合，经过KT8-5得电延时断开常闭触点形成自锁，电动机运转，时间继电器KT开始工作。

停止时，时间继电器会根据设定的时间自动断开KM的辅助自锁触点，整体失电停止工作。也可以手动按下停止按钮SB1停止工作。

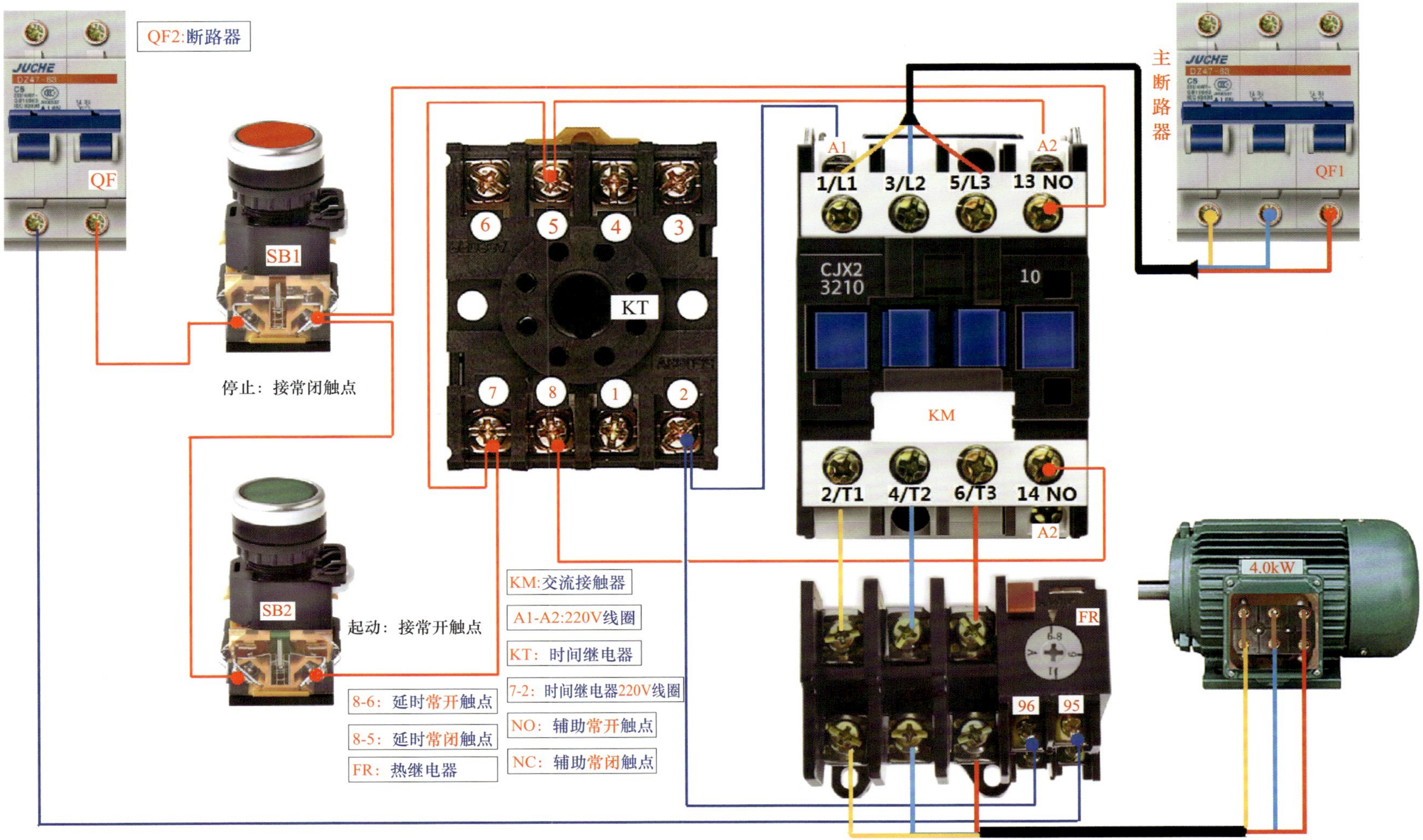
QF2:断路器
QF
SB1
停止：接常闭触点
SB2
起动：接常开触点
KT
6 5 4 3
7 8 1 2
A1
A2
1/L1 3/L2 5/L3 13 NO
CJX2 3210
10
KM
2/T1 4/T2 6/T3 14 NO
主断路器
QF1
FR
96 95
4.0kW
KM:交流接触器
A1-A2:220V线圈
KT：时间继电器
7-2：时间继电器220V线圈
NO：辅助常开触点
NC：辅助常闭触点
8-6：延时常开触点
8-5：延时常闭触点
FR：热继电器

起动延时断电电路实物接线图

21 单向运转反接制动控制电路及实物接线图

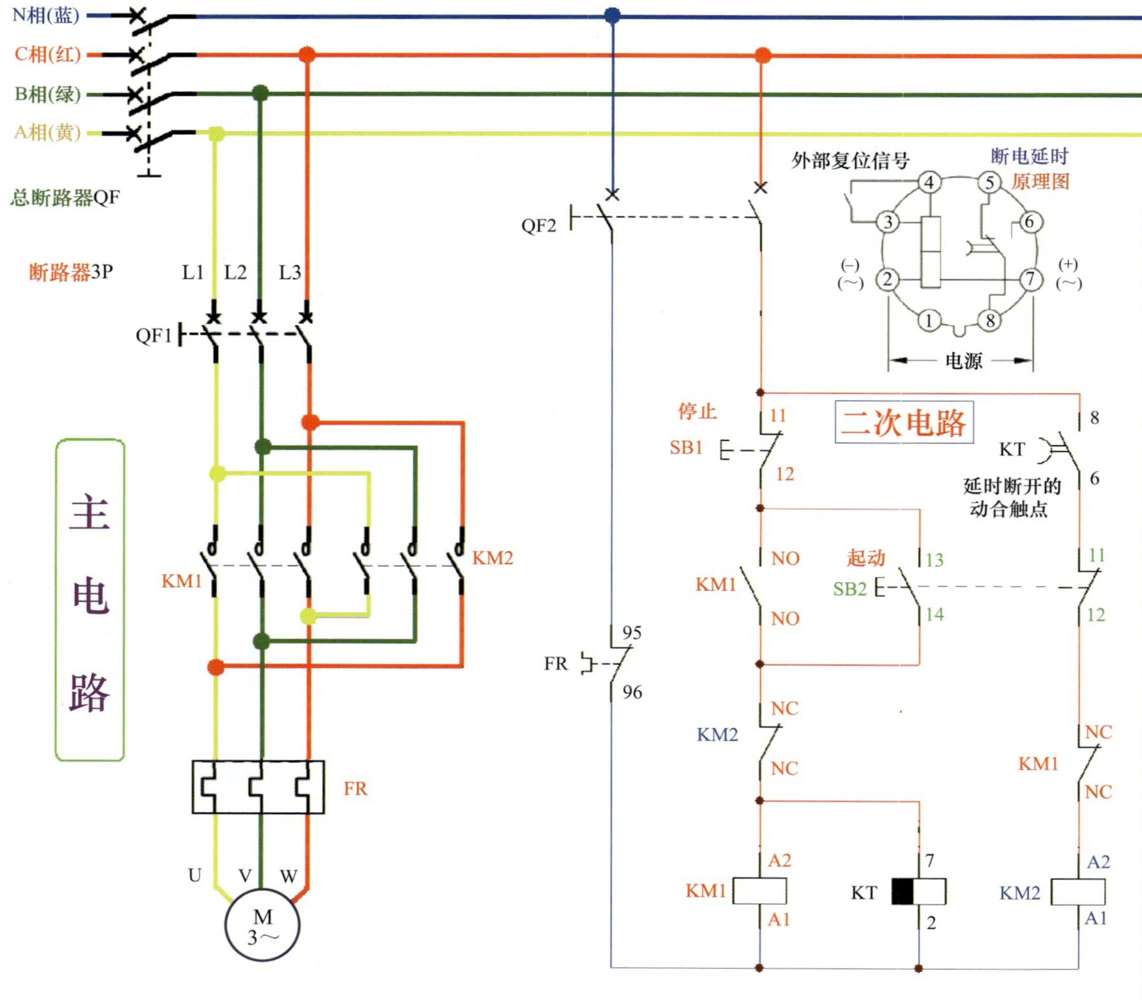

单向运转反接制动控制电路

工作原理：

起动时，按下起动按钮SB2，SB2的一组常开触点(13-14)闭合，接通交流接触器KM1和断电延时继电器KT，KM1和KT线圈得电吸合，KM1常开触点(13-14)闭合自锁，KM1三相主触点闭合，电动机得电起动运转。在KT线圈得电吸合后，KT失电延时断开的常开触点(8-6)立即闭合，为制动时延时切除KM2线圈回路电源做准备。

注意，在按下起动按钮的同时SB2的另外一组常闭触点(11-12)断开。

制动时，按下停止按钮SB1断开交流接触器KM1和失电延时继电器KT线圈断电释放，KT开始延时，KM1三相主触点断开。电动机失电但仍靠惯性继续转动。此时KM1的常闭触点（NC-NC）恢复闭合状态，使交流接触器KM2线圈得电吸合，KM2三相主触点闭合，电动机通 入反向电源后转速骤降，从而实现对电动机反向制动控制。经过KT的一段时间延时后，KT失电延时断开的常开触点（8-6）断开，切断KM2线圈回路电源，KM2线圈断电释放，KM2三相主触点断开，解除了通入电动机绕组的反接制动电源，反接制动控制过程结束。

电路分析：

按下起动按钮SB2，接触器KM1和时间继电器KT同时得电工作且KM1的常开触点（NO-NO）闭合后提供自锁，同时KT断电延时常开触点瞬时闭合(8-6)，KM1的常闭触点（NC-NC）瞬时断开。按下停止按钮SB1后，KM1和KT同时失电停止工作，同时KT的失电延时继电器的延时常开触点开始延时（断开），KM2线圈得电吸合，反转开始，延时时间到，反转停止，起到反向制动的效果。

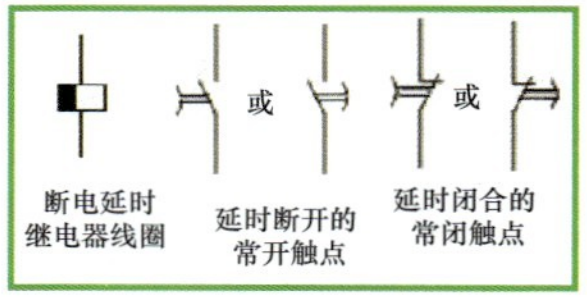

断电延时图文符号

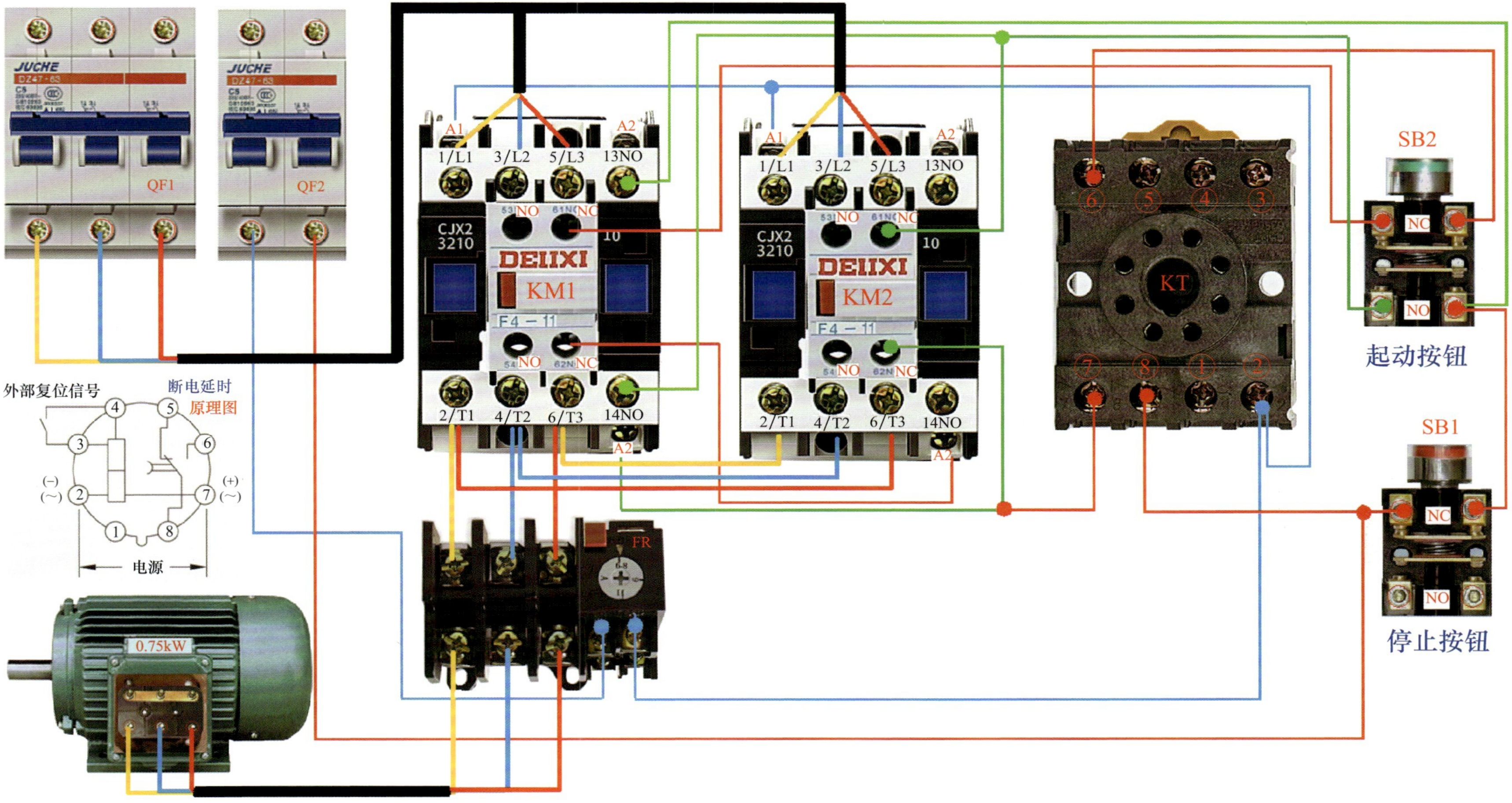

单向运转反接制动控制电路实物接线图

→22 短暂停电后自动起动电路及实物接线图

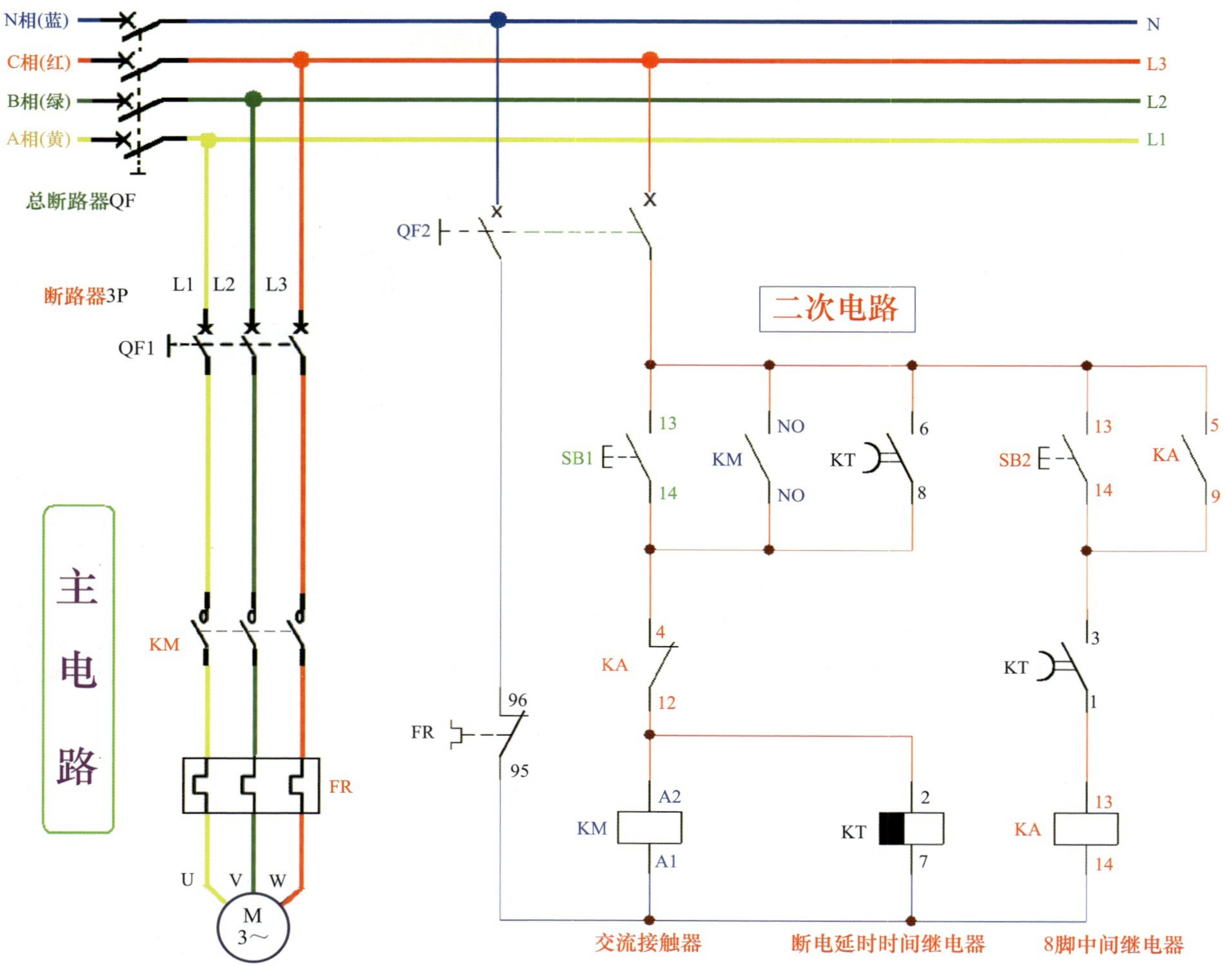

短暂停电自动起动电路

所用器件：

QF1：主断路器1只；
QF2：控制断路器1只；
KM：交流接触器1只；
KA：中间继电器（8脚）1只；
FR：热继电器1只；
SB：按钮2只；
KT：时间继电器1只。

工作原理：

闭合断路器接通电源。按下起动按钮SB1电源经过了KA的常闭触点，KM、KT线圈得电，KM辅助触点NO-NO闭合，同时KT1 6-8触点闭合，KT的3-1触点闭合，准备给停止KA线圈做准备。

在正常工作时突然瞬时停电，在设定的时间内再次来电设备继续运行，如果超过设定的时间需要再次按起动按钮SB1。

正常工作停止时，按下停止按钮SB2，中间继电器KA线圈经过KT触点得电，KA5-9常开触点闭合自锁，KA4-12常闭触点断开KM、KT失电，KM停止工作,断电延时继电器KT3-1断开，KA的控制线圈停止完成。

注意：断电延时时间继电器KT的时间可根据实际情况来设定。

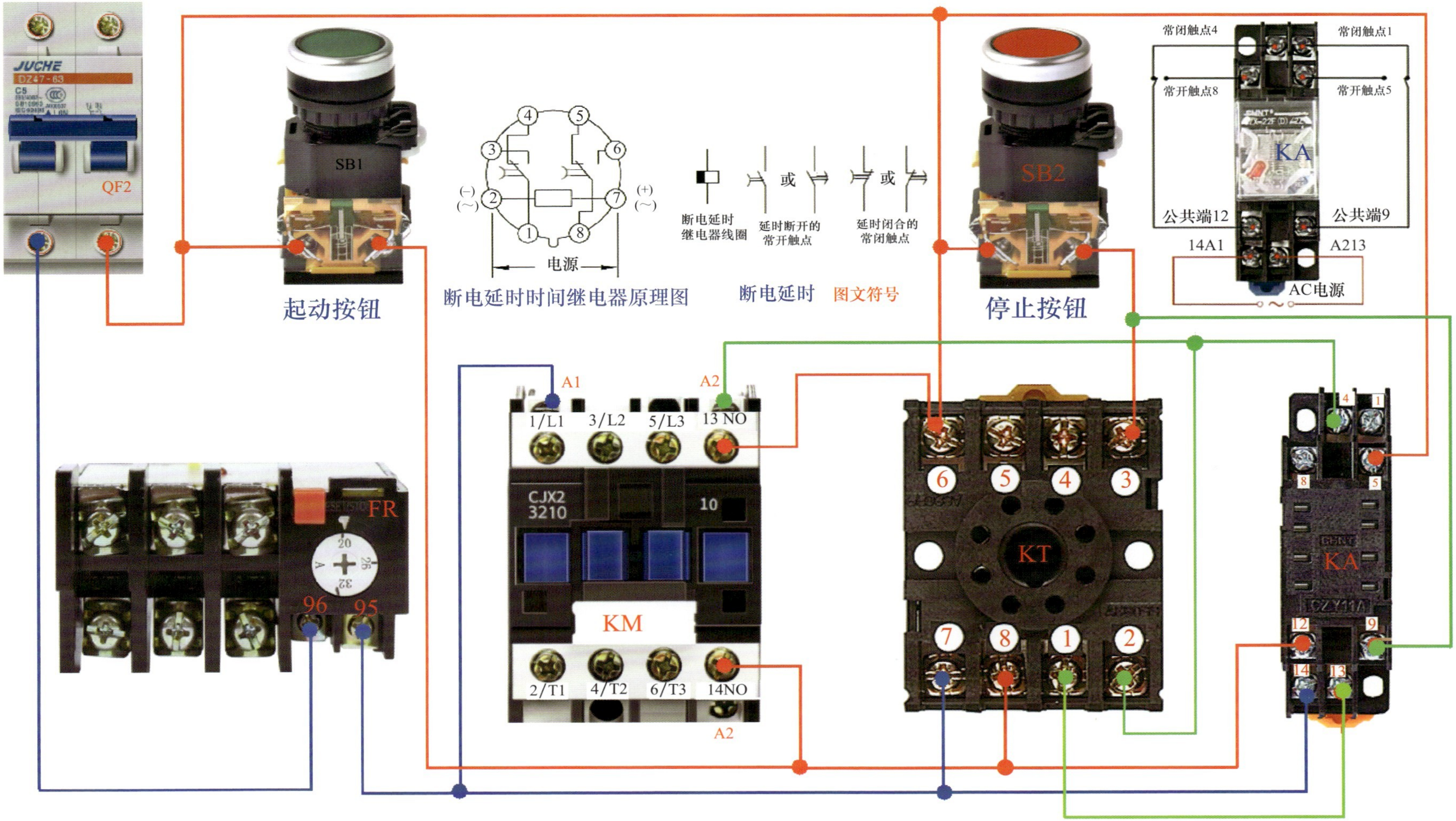
JUCHE
DZ47-63
QF2
SB1
起动按钮
断电延时时间继电器原理图
电源
断电延时
继电器线圈
延时断开的
常开触点
延时闭合的
常闭触点
或
断电延时
图文符号
SB2
停止按钮
常闭触点4
常闭触点1
常开触点8
常开触点5
KA
公共端12
公共端9
14A1
A213
AC电源
FR
96
95
A1
A2
1/L1
3/L2
5/L3
13 NO
CJX2
3210
10
KM
2/T1
4/T2
6/T3
14NO
KT
CZY11A

短暂停电自动起动电路实物接线图

→23 双延时时间继电器控制电动机正反转电路及实物接线图

电路图

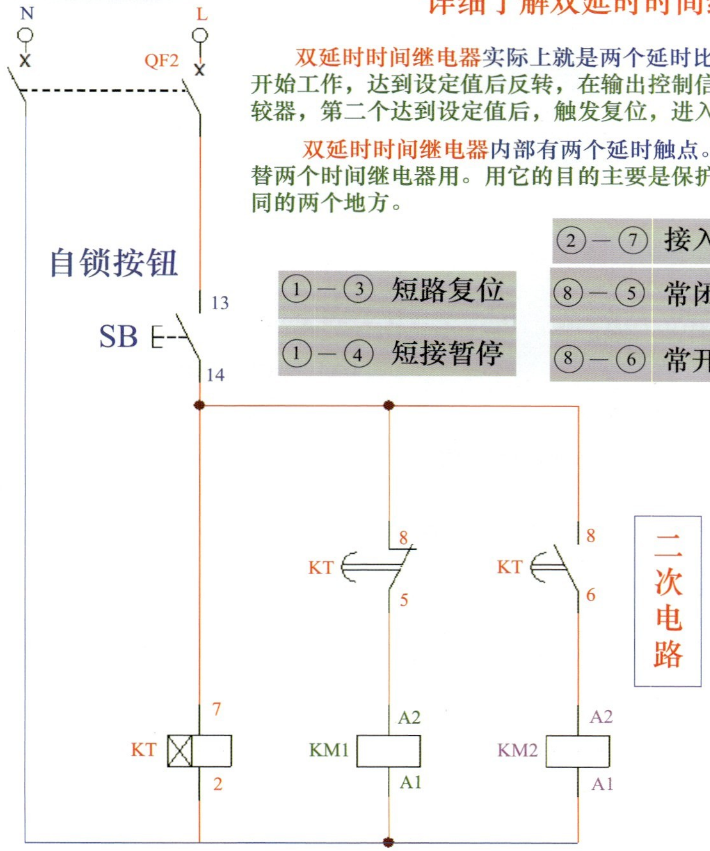

详细了解双延时时间继电器

双延时时间继电器实际上就是两个延时比较器。分别设定后，第一个开始工作，达到设定值后反转，在输出控制信号的同时触发第二个延时比较器，第二个达到设定值后，触发复位，进入下一个循环。

双延时时间继电器内部有两个延时触点。一个双延时时间继电器可代替两个时间继电器用。用它的目的主要是保护动作后有一个时间差断开不同的两个地方。

①－③	短路复位
①－④	短接暂停
②－⑦	接入电源
⑧－⑤	常闭触点
⑧－⑥	常开触点

此电路是控制两个交流接触器循环吸合。

工作原理：

闭合断路器接通电源。按下自锁按钮SB，KT得电，KM1经过KT8-5常闭触点延时断开，KM2经过KT8-6常开触点延时吸合。在一直通电状态下，常开延时触点和常闭延时触点就会一直循环工作。停止时，按下自锁按钮解除自锁控制线路失电就会停止工作。

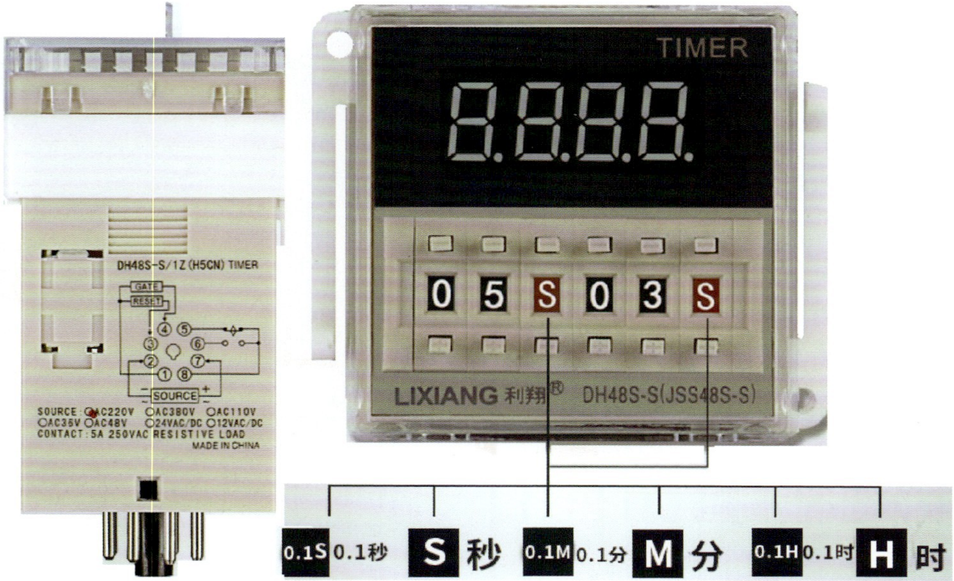

双延时时间继电器控制电动机正反转电路

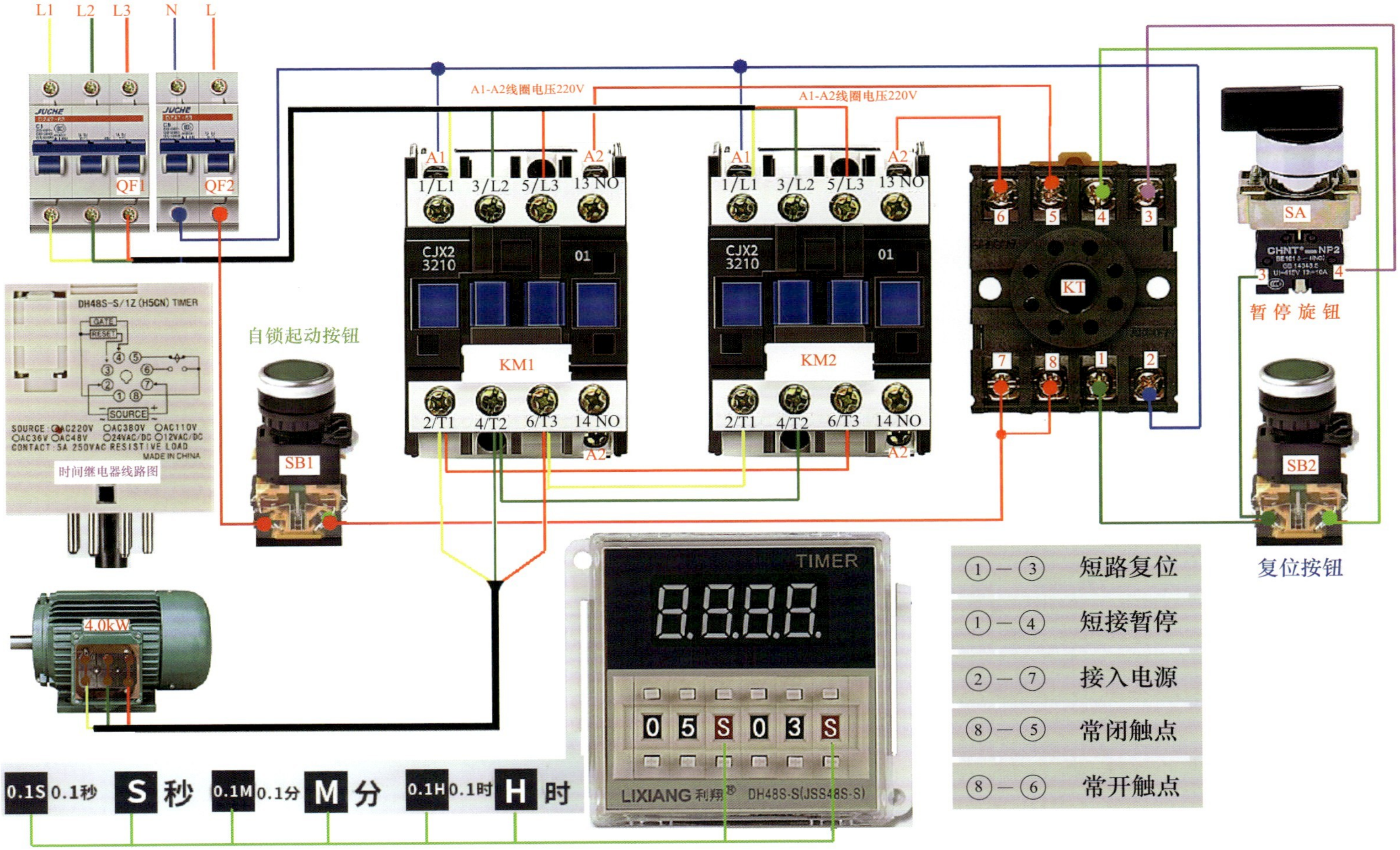

L1
L2
L3
N
L
QF1
QF2
A1-A2线圈电压220V
A1-A2线圈电压220V
A1
A2
1/L1
3/L2
5/L3
13 NO
CJX2 3210
01
KM1
KM2
2/T1
4/T2
6/T3
14 NO
KT
6
5
4
3
7
8
1
2
SA
暂停旋钮
自锁起动按钮
SB1
SB2
复位按钮
时间继电器线路图
4.0kW
TIMER
LIXIANG
DH48S-S(JSS48S-S)
0.1S 0.1秒
S 秒
0.1M 0.1分
M 分
0.1H 0.1时
H 时
①—③ 短路复位
①—④ 短接暂停
②—⑦ 接入电源
⑧—⑤ 常闭触点
⑧—⑥ 常开触点

双延时时间继电器控制电动机正反转电路实物接线图

→24 双延时时间继电器控制电动机间歇运行电路及实物接线图

此电路是控制一个交流接触器间歇运行，按下自锁按钮后，KT得电，KM1经过KT8-5常闭触点延时断开。

只要一直通电状态下常开延时触点合和常闭延时触点就会一直循环工作。

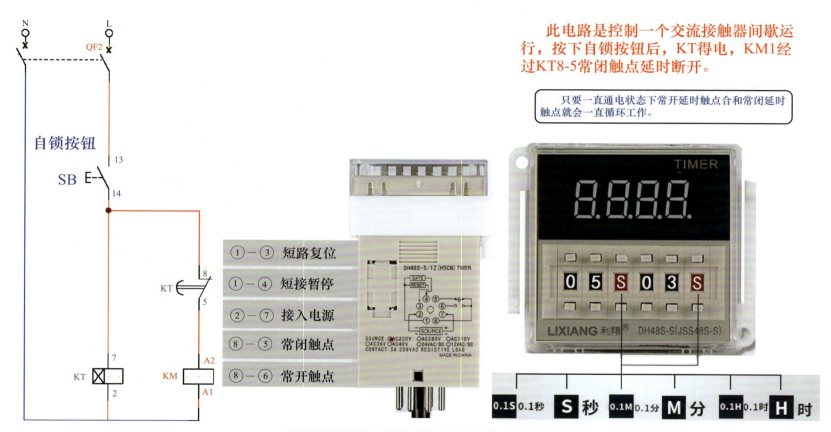

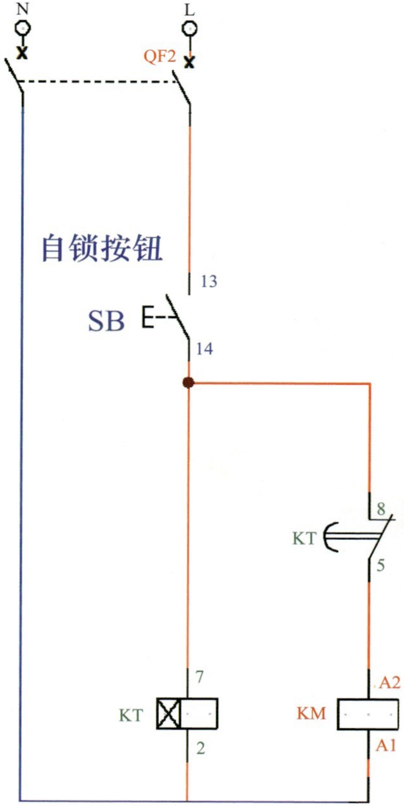

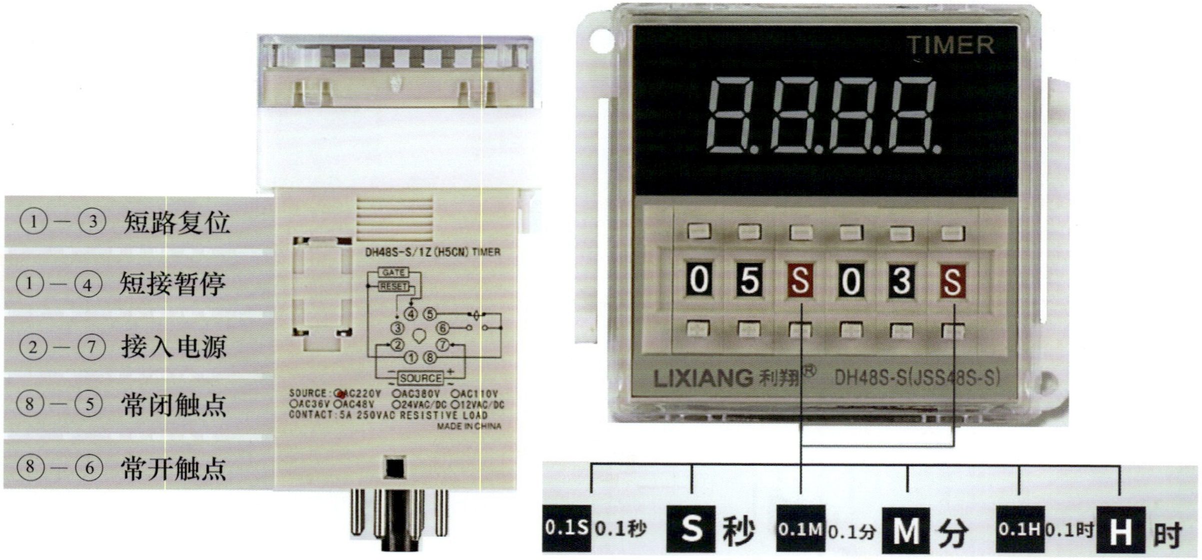

双延时时间继电器控制电动机间歇运行电路

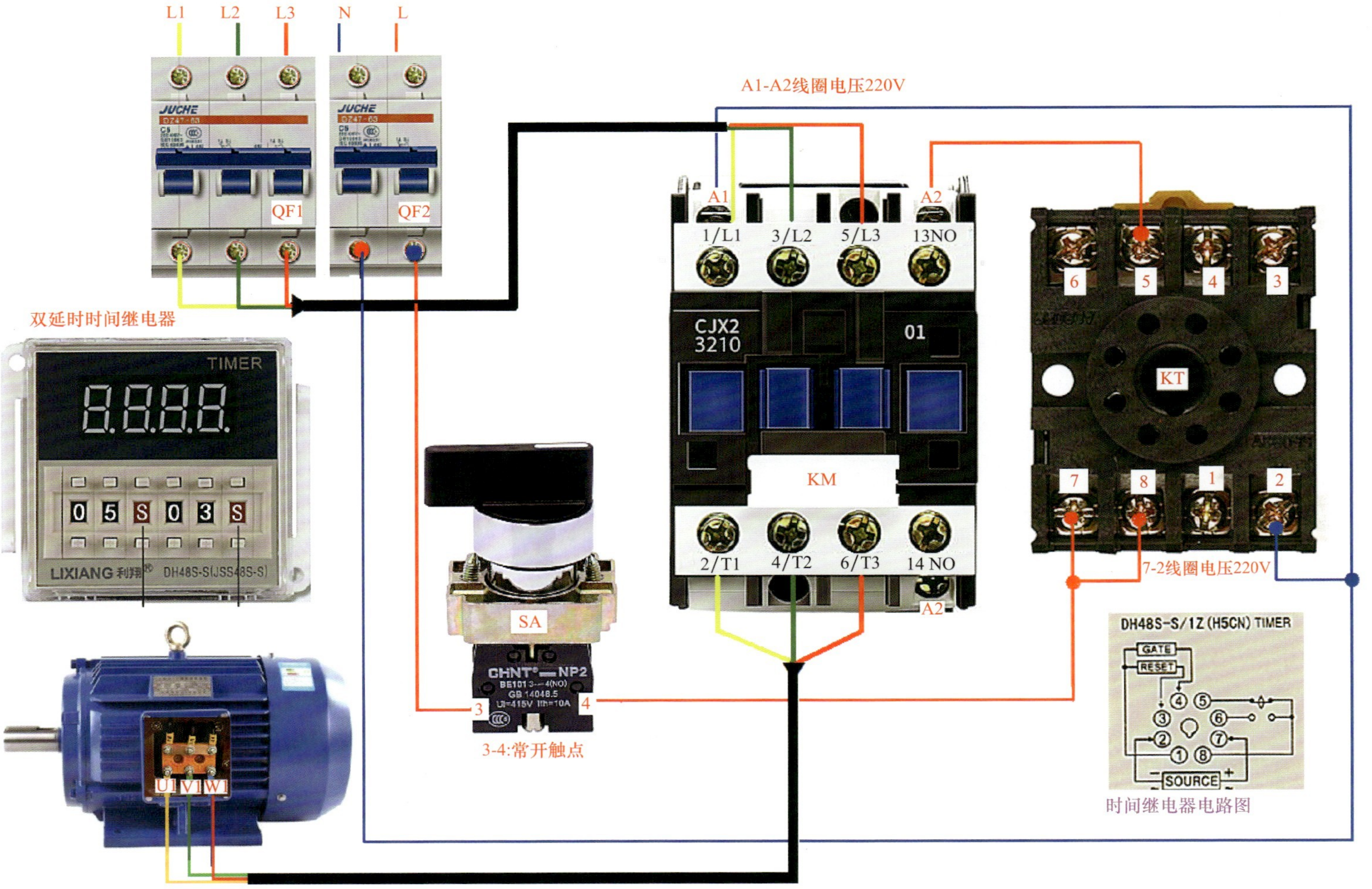

双延时时间继电器控制电动机间歇运行电路实物接线图

→25 按下停止按钮电动机延时停止电路及实物接线图

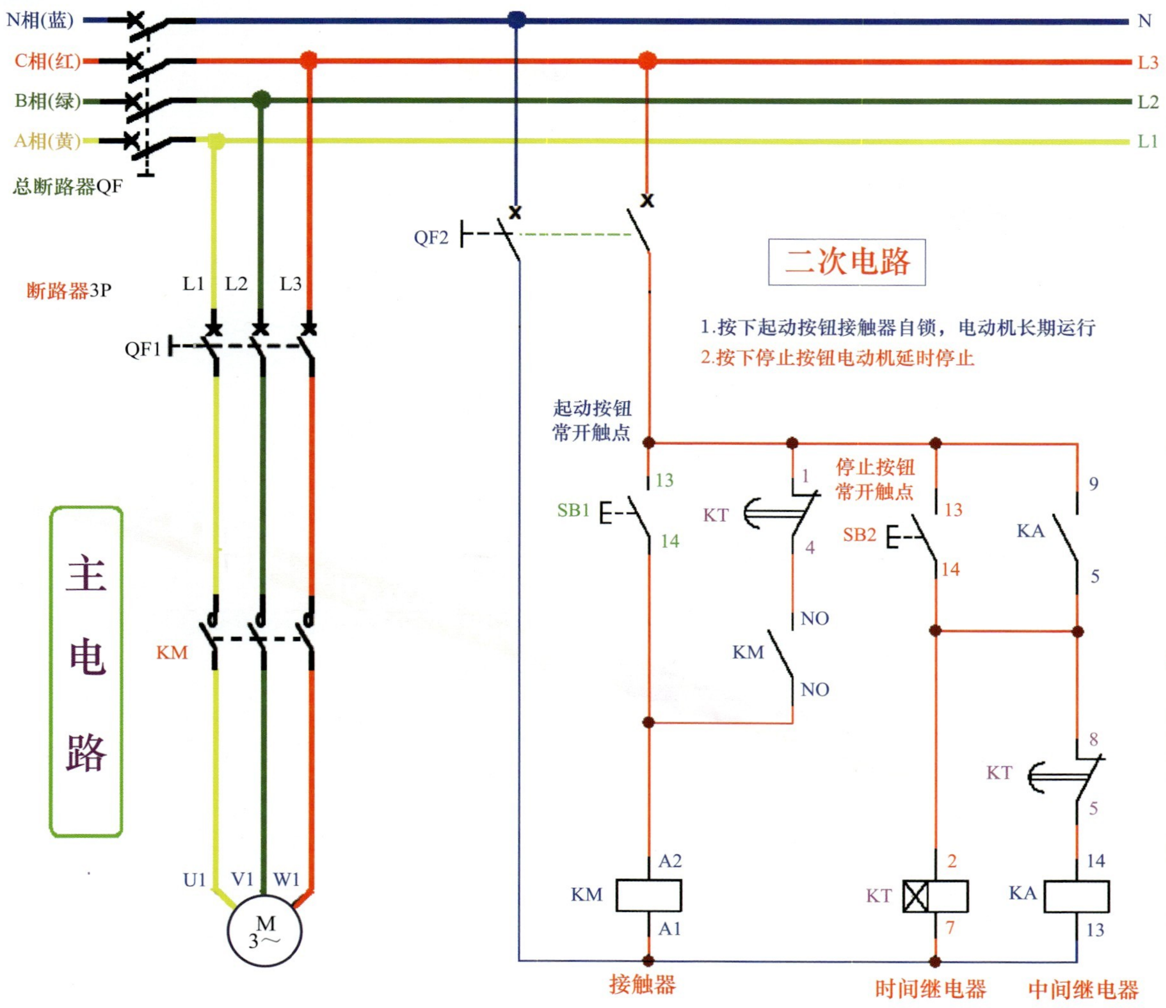
N相(蓝)
C相(红)
B相(绿)
A相(黄)
总断路器QF
N
L3
L2
L1
QF2
二次电路
1.按下起动按钮接触器自锁，电动机长期运行
2.按下停止按钮电动机延时停止
断路器3P
L1 L2 L3
QF1
起动按钮
常开触点
停止按钮
常开触点
SB1
SB2
KT
KA
KM
NO
主电路
U1 V1 W1
M
3～
A2
A1
接触器
时间继电器
中间继电器

按下停止按钮电动机延时停止电路

此电路常用于工业加热炉加热停止后，风机继续冷却一段时间后自动停止，从而有效地保护加热炉丝。

所用器件：

QF1：主断路器1只；
QF2：控制断路器1只；
KM：交流接触器1只；
SB：按钮2只；
KT：时间继电器1只；
KA：中间继电器(14脚)1只。

工作原理：

闭合断路器接通电源。

按下起动按钮SB1，KM线圈得电，主触点闭合，电动机运转，KM自身的辅助常开触点通过KT通电延时断开常闭触点1-4闭合形成自锁使电动机长动运行。

停止时，按下停止按钮SB2，KT线圈得电，KA线圈经过了KT另一组通电延时断开常闭触点8-5吸合，KA9-5常开触点闭合自锁，时间继电器KT开始工作。根据设定的时间同时断开两组得电延时常开触点，KM线圈失电，电动机停止工作，KA中间继电器线圈失电，停止吸合同时断电。

注意：起动按钮和停止按钮都是常开触点。

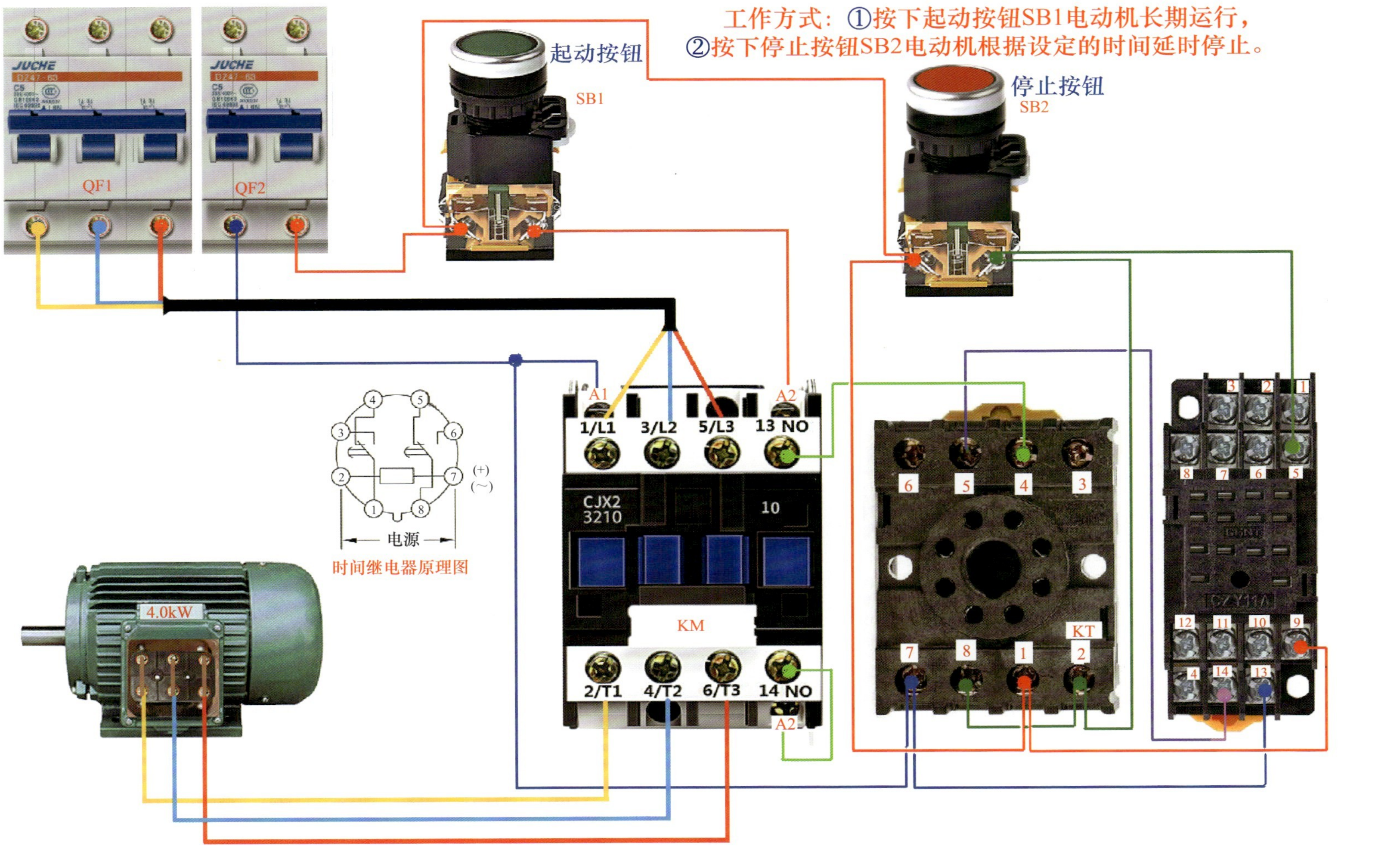

按下停止按钮电动机延时停止电路实物接线图

→26 按下起动按钮延时起动并自动延时停止电路及实物接线图

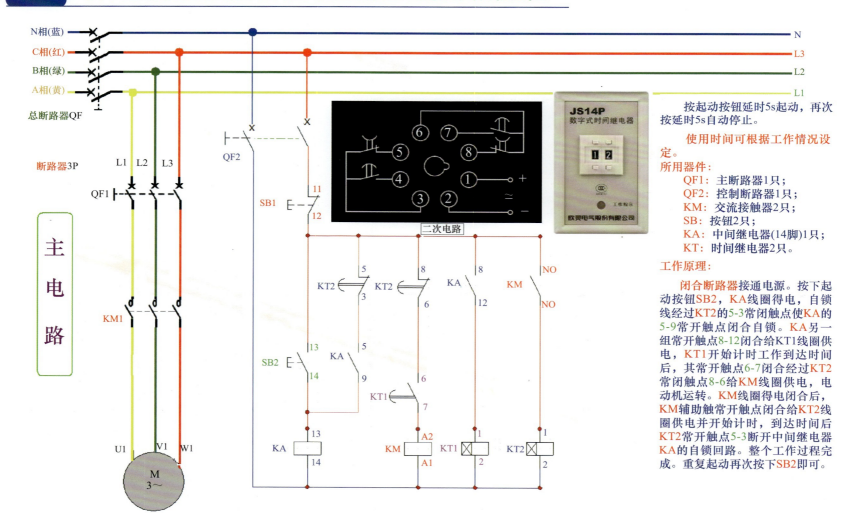

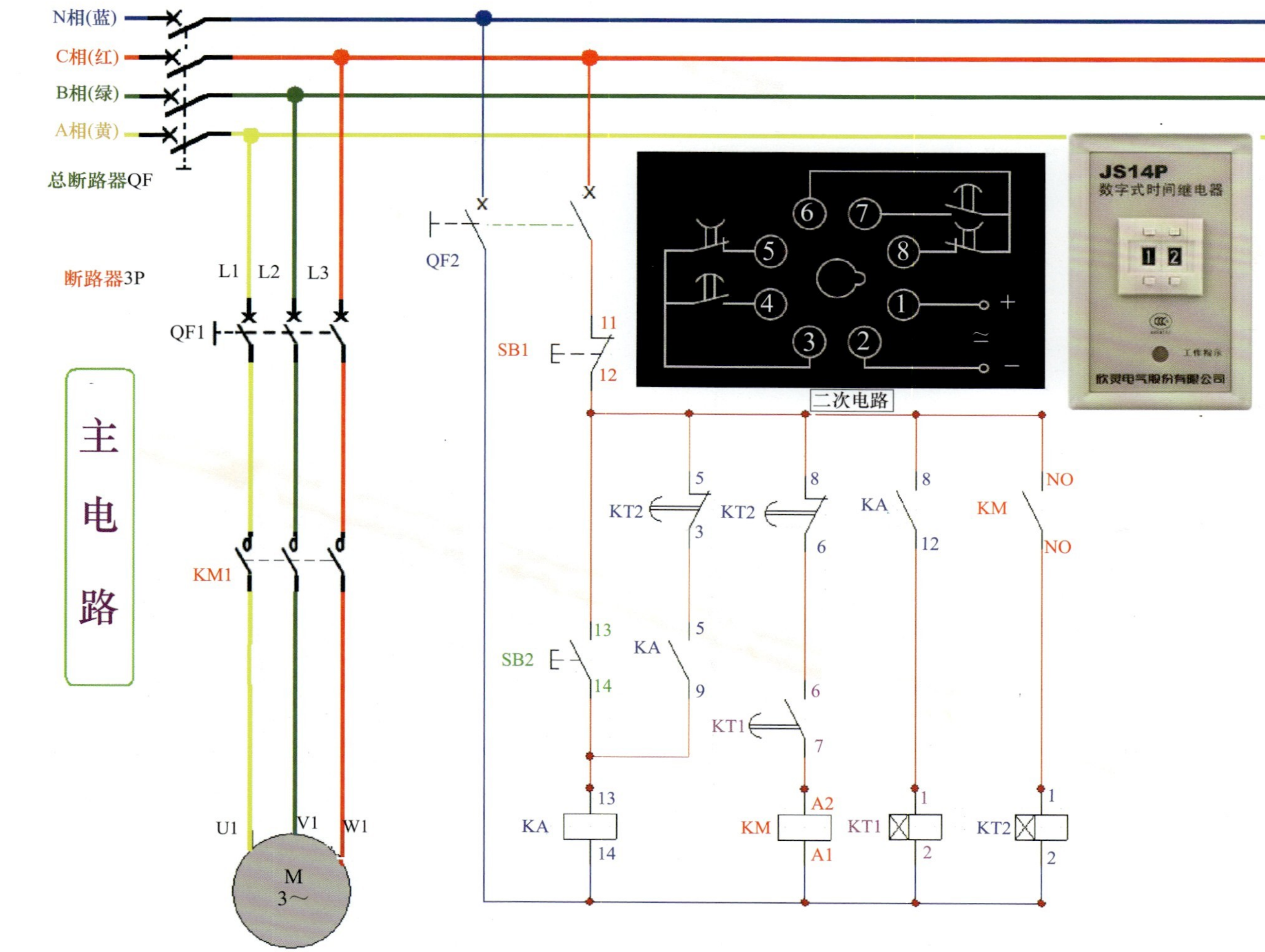

按起动按钮延时5s起动，再次按延时5s自动停止。

使用时间可根据工作情况设定。

所用器件：

QF1：主断路器1只；

QF2：控制断路器1只；

KM：交流接触器2只；

SB：按钮2只；

KA：中间继电器(14脚)1只；

KT：时间继电器2只。

工作原理：

闭合断路器接通电源。按下起动按钮SB2，KA线圈得电，自锁线经过KT2的5-3常闭触点使KA的5-9常开触点闭合自锁。KA另一组常开触点8-12闭合给KT1线圈供电，KT1开始计时工作到达时间后，其常开触点6-7闭合经过KT2常闭触点8-6给KM线圈供电，电动机运转。KM线圈得电闭合后，KM辅助触常开触点闭合给KT2线圈供电并开始计时，到达时间后KT2常开触点5-3断开中间继电器KA的自锁回路。整个工作过程完成。重复起动再次按下SB2即可。

按下起动按钮延时起动并自动延时停止电路

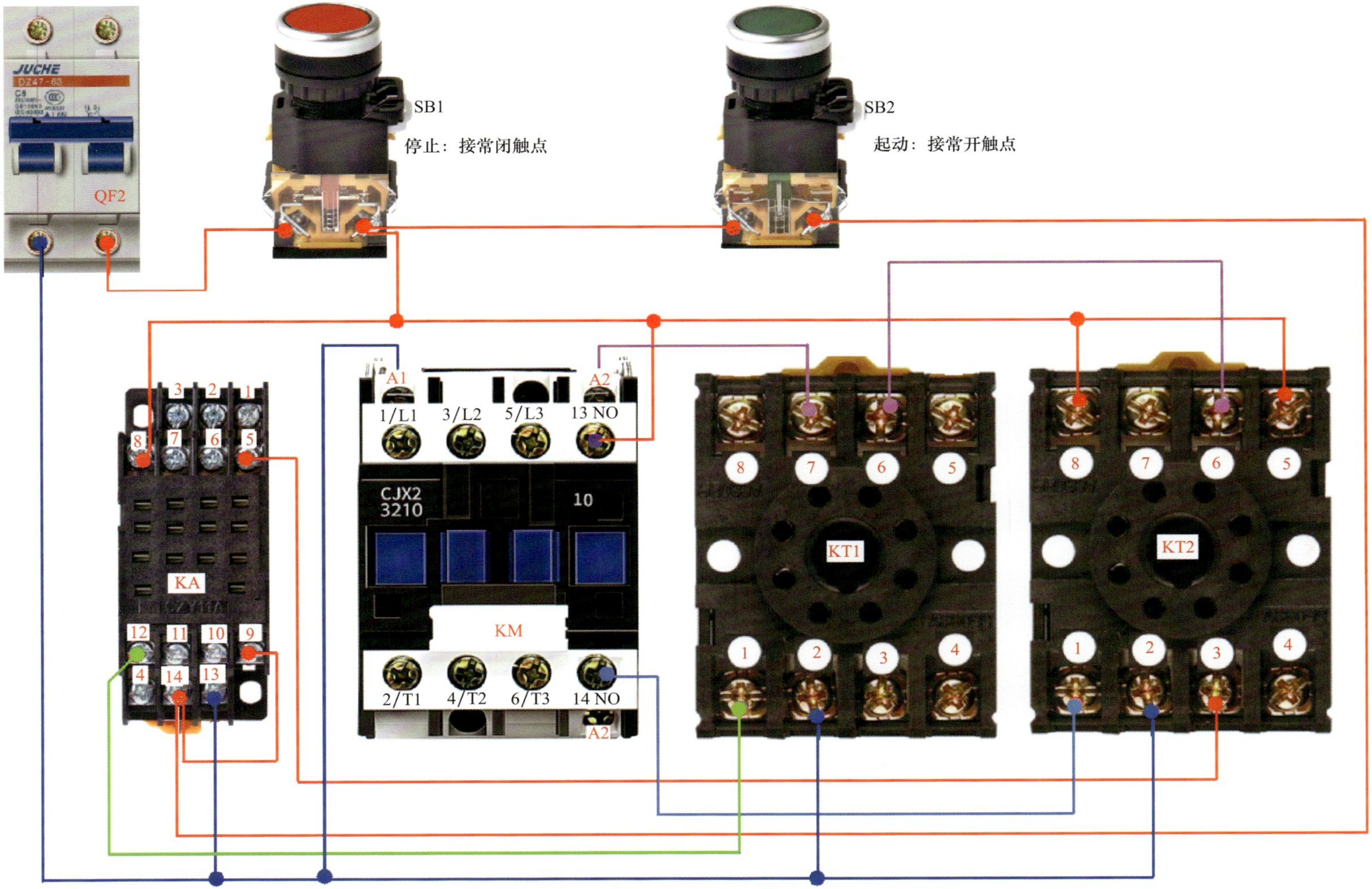

按下起动按钮延时起动并自动延时停止电路实物接线图

→27 手动旋钮控制电动机延时起动电路及实物接线图

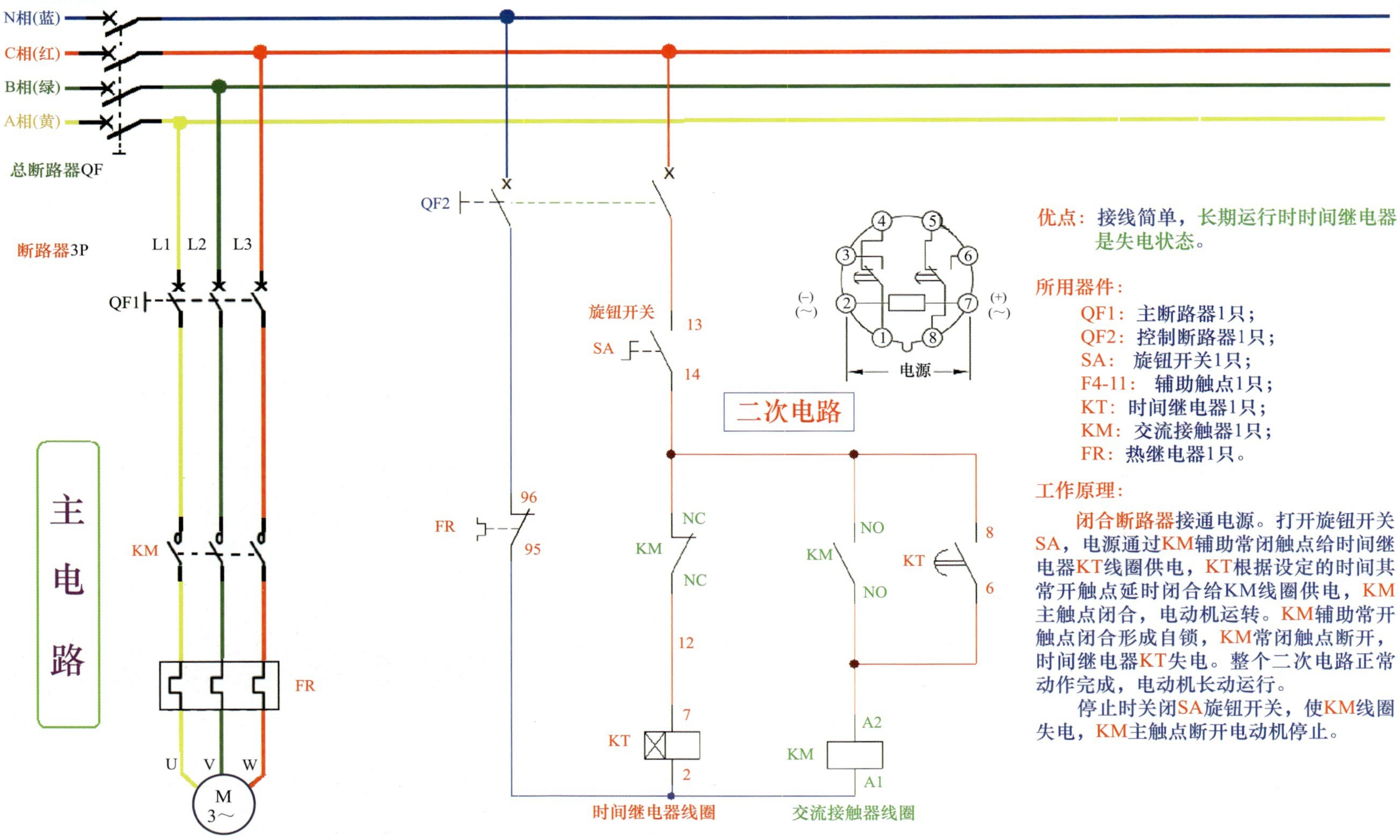

手动旋钮控制电动机延时起动电路

优点： 接线简单，长期运行时时间继电器是失电状态。

所用器件：

QF1：主断路器1只；
QF2：控制断路器1只；
SA：旋钮开关1只；
F4-11：辅助触点1只；
KT：时间继电器1只；
KM：交流接触器1只；
FR：热继电器1只。

工作原理：

闭合断路器接通电源。打开旋钮开关SA，电源通过KM辅助常闭触点给时间继电器KT线圈供电，KT根据设定的时间其常开触点延时闭合给KM线圈供电，KM主触点闭合，电动机运转。KM辅助常开触点闭合形成自锁，KM常闭触点断开，时间继电器KT失电。整个二次电路正常动作完成，电动机长动运行。

停止时关闭SA旋钮开关，使KM线圈失电，KM主触点断开电动机停止。

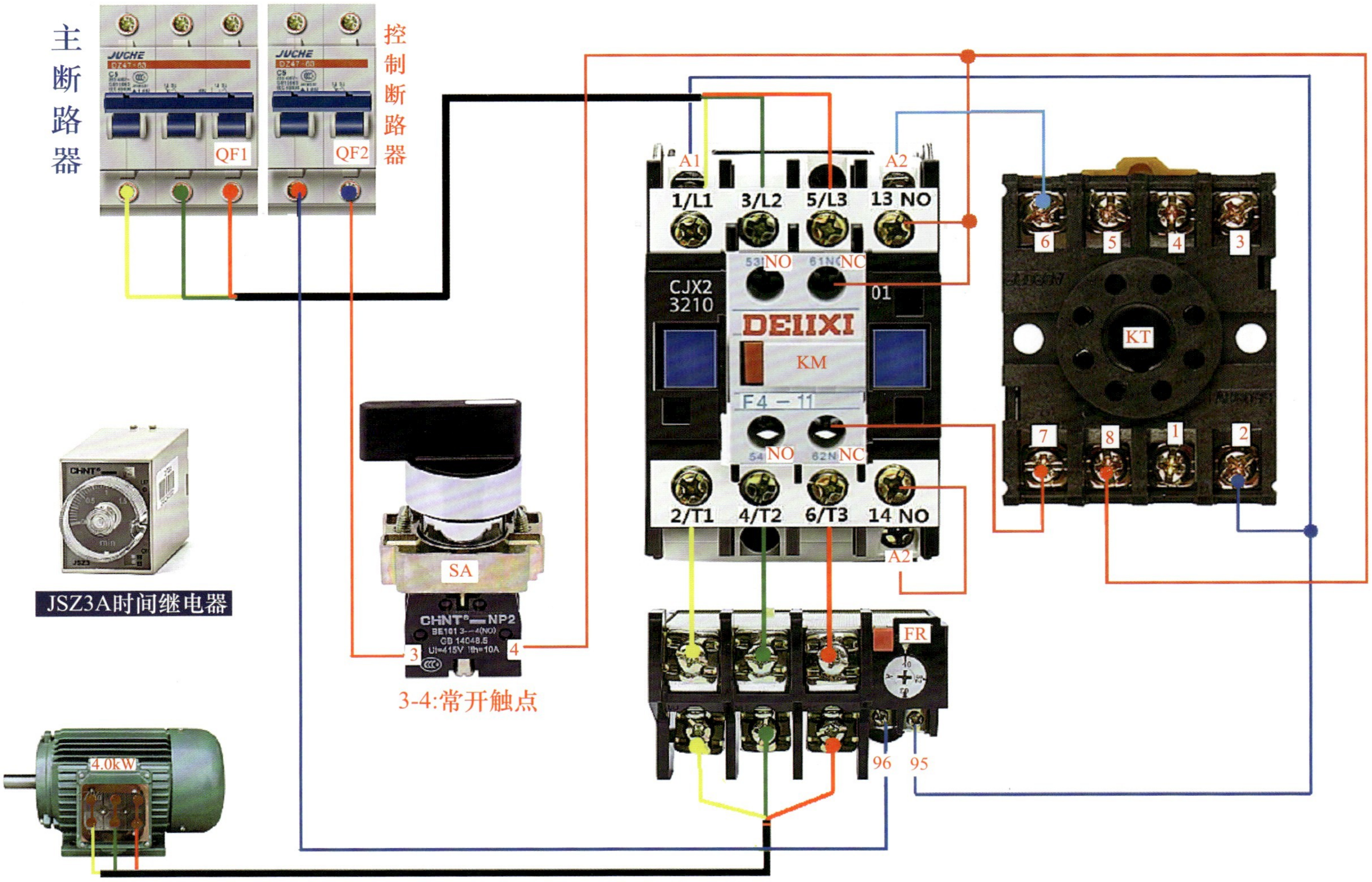

手动旋钮控制电动机延时起动电路实物接线图

→28 利用时间继电器自锁延时起动电路及实物接线图

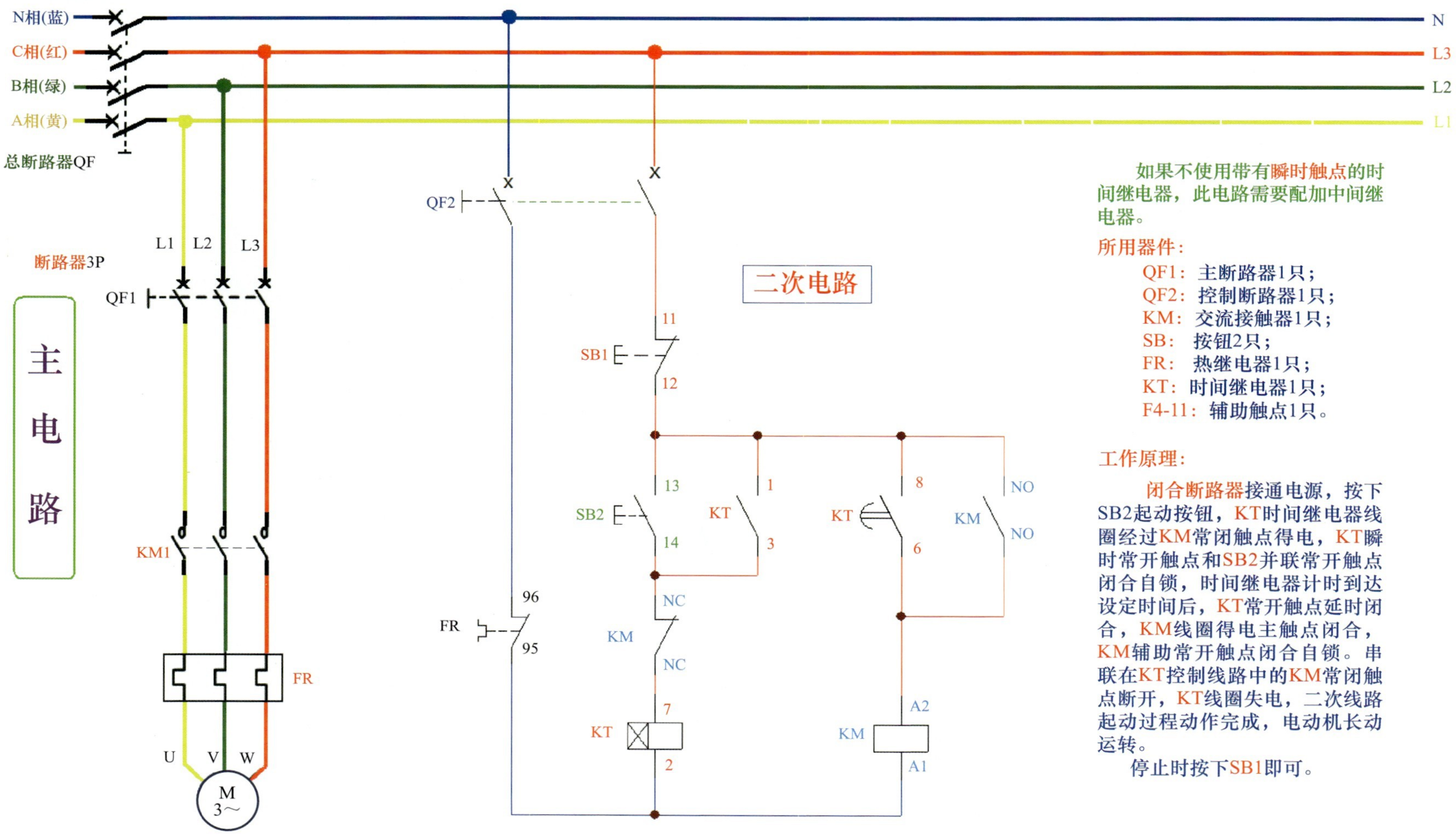

利用时间继电器自锁延时起动电路

如果不使用带有瞬时触点的时间继电器，此电路需要配加中间继电器。

所用器件：

QF1：主断路器1只；
QF2：控制断路器1只；
KM：交流接触器1只；
SB：按钮2只；
FR：热继电器1只；
KT：时间继电器1只；
F4-11：辅助触点1只。

工作原理：

闭合断路器接通电源，按下SB2起动按钮，KT时间继电器线圈经过KM常闭触点得电，KT瞬时常开触点和SB2并联常开触点闭合自锁，时间继电器计时到达设定时间后，KT常开触点延时闭合，KM线圈得电主触点闭合，KM辅助常开触点闭合自锁。串联在KT控制线路中的KM常闭触点断开，KT线圈失电，二次线路起动过程动作完成，电动机长动运转。

停止时按下SB1即可。

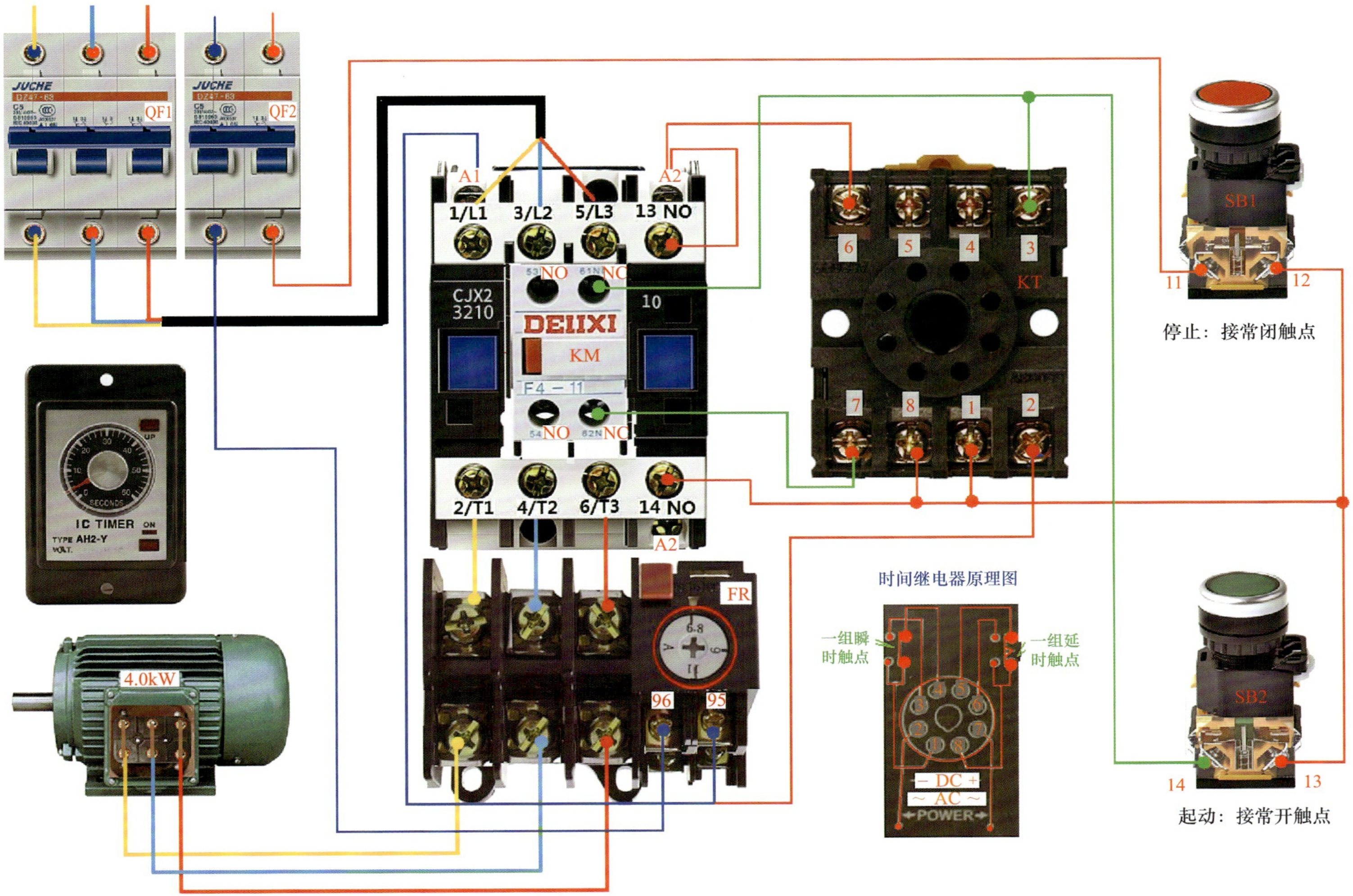

利用时间继电器自锁延时起动电路实物接线图

→29 电动机正常起动正转 5min 自动停止延时 5s 后，自动反转起动运行 5min 并自动停止电路及实物接线图

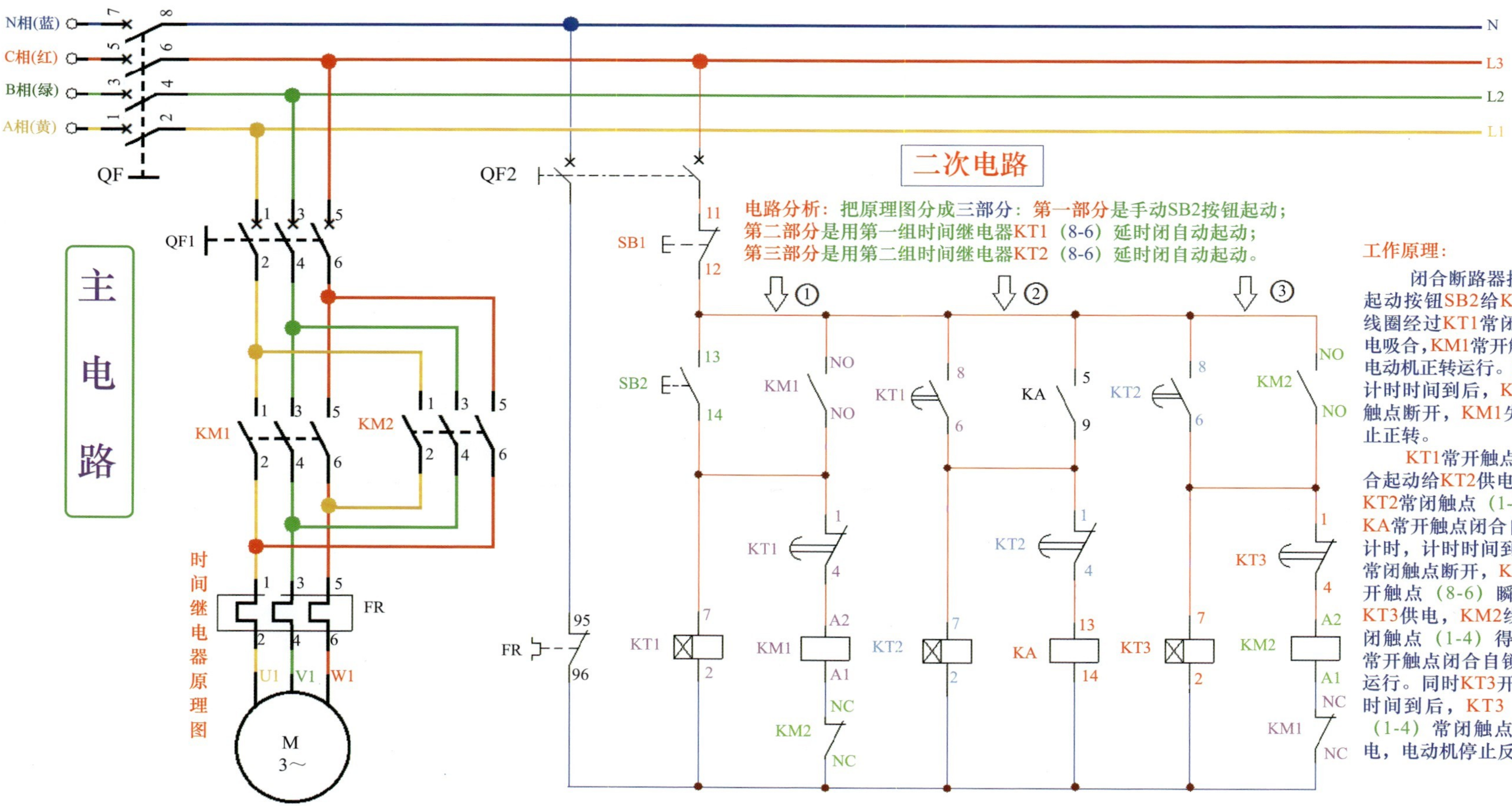

电动机正常起动正转 5min 自动停止延时 5s 后，自动反转起动运行 5min 并自动停止电路

工作原理：

闭合断路器接通电源。按下起动按钮SB2给KT1供电，KM1线圈经过KT1常闭触点（1-4）得电吸合，KM1常开触点闭合自锁，电动机正转运行。KT1开始计时，计时时间到后，KT1（1-4）常闭触点断开，KM1失电，电动机停止正转。

KT1常开触点（8-6）瞬时闭合起动给KT2供电，KA线圈经过KT2常闭触点（1-4）得电吸合，KA常开触点闭合自锁，KT2开始计时，计时时间到后KT2（1-4）常闭触点断开，KA失电。KT2常开触点（8-6）瞬时闭合起动给KT3供电，KM2线圈经过KT3常闭触点（1-4）得电吸合，KM2常开触点闭合自锁，电动机反转运行。同时KT3开始计时，计时时间到后，KT3（1-4）常闭触点断开，KM2失电，电动机停止反转。

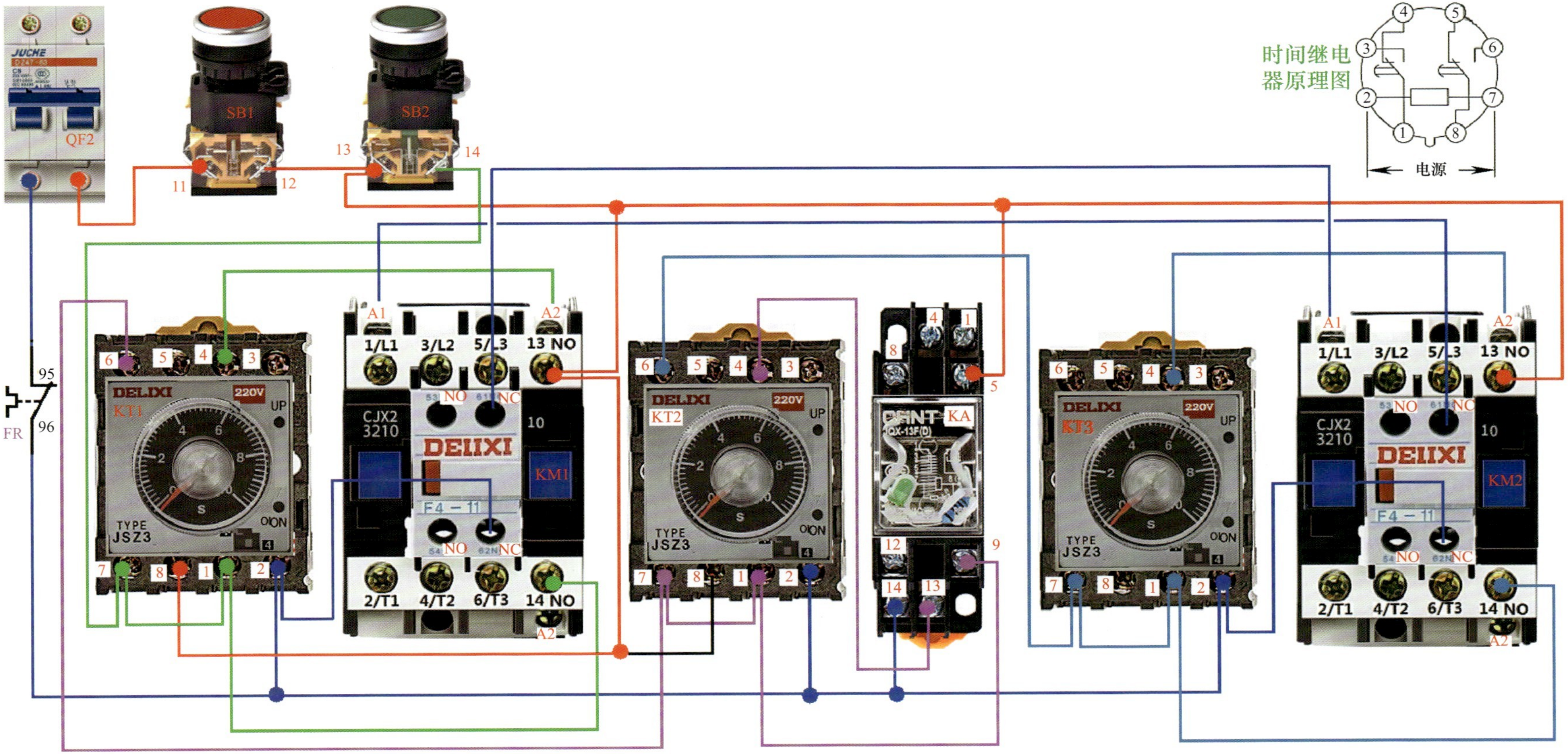

电动机正常起动正转 5min 自动停止延时 5s 后，自动反转起动运行 5min 并自动停止电路实物接线图

→30 两台电动机自动循环运行电路及实物接线图

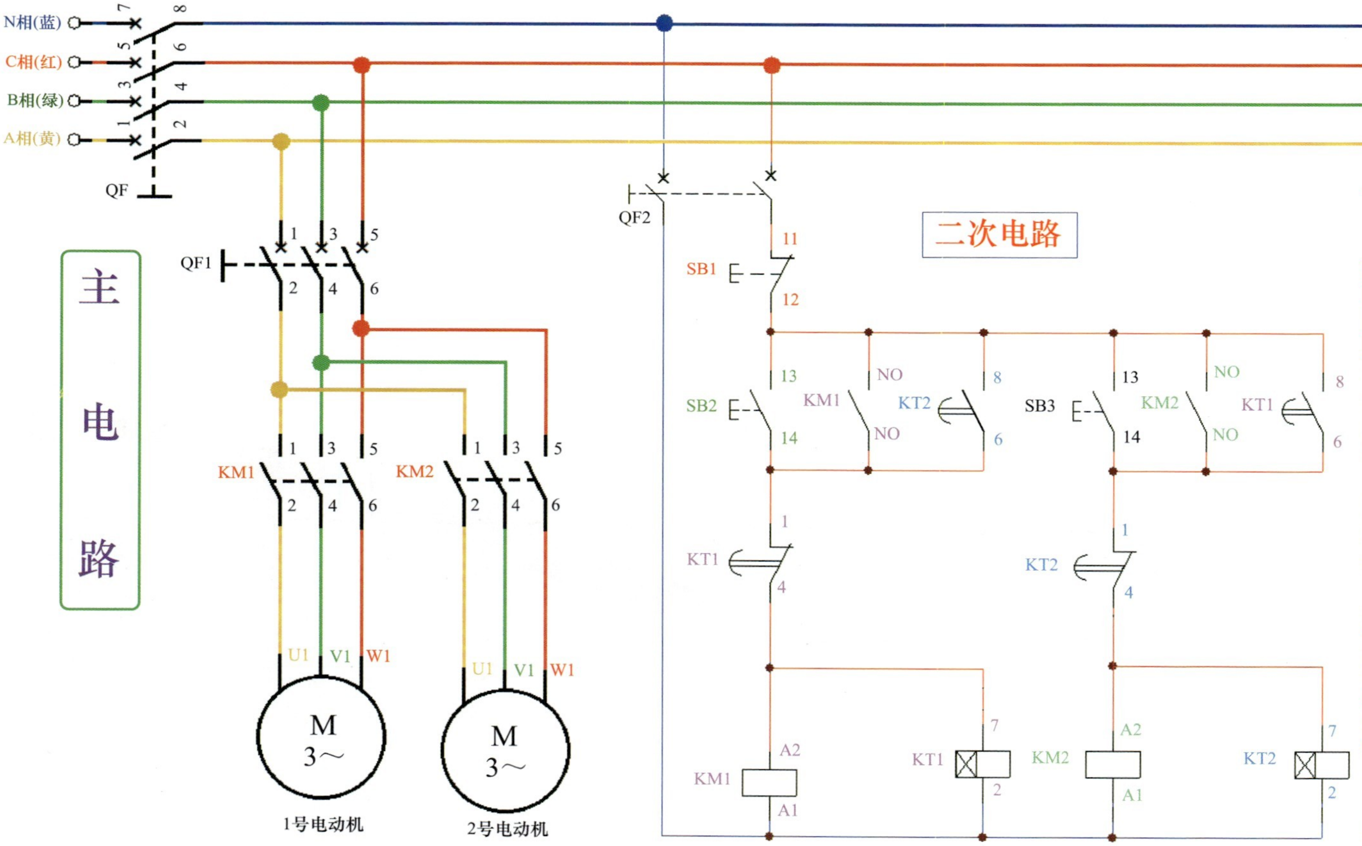

两台电动机自动循环运行电路

工作原理：

闭合断路器接通电源。

按下起动按钮SB2电源通过KT1的常闭触点（1-4）接通KM1和KT1线圈，KM1主触点闭合，1号电动机起动。同时KM1辅助触点闭合自锁，电动机根据KT1设定的时间运转。设定时间到达后KT1（1-4）常闭触点断开，KM1线圈失电，1号电动机停止。同时KT1常开触点（8-6）闭合电源通过KT2的常闭触点（1-4）接通KM2和KT2线圈，KM2主触点闭合，2号电动机起动。同时KM2辅助触点闭合自锁，电动机根据KT2设定的时间运转，在KT2时间到达后，KT2（1-4）常闭触点断开，KM2线圈失电，2号电动机停止。同时KT2常开触点（8-6）闭合，电源通过KT1的常闭触点（1-4）接通KM1和KT1线圈，KM1主触点闭合，1号电动机起动。

只要不按下SB1就会一直循环运转。

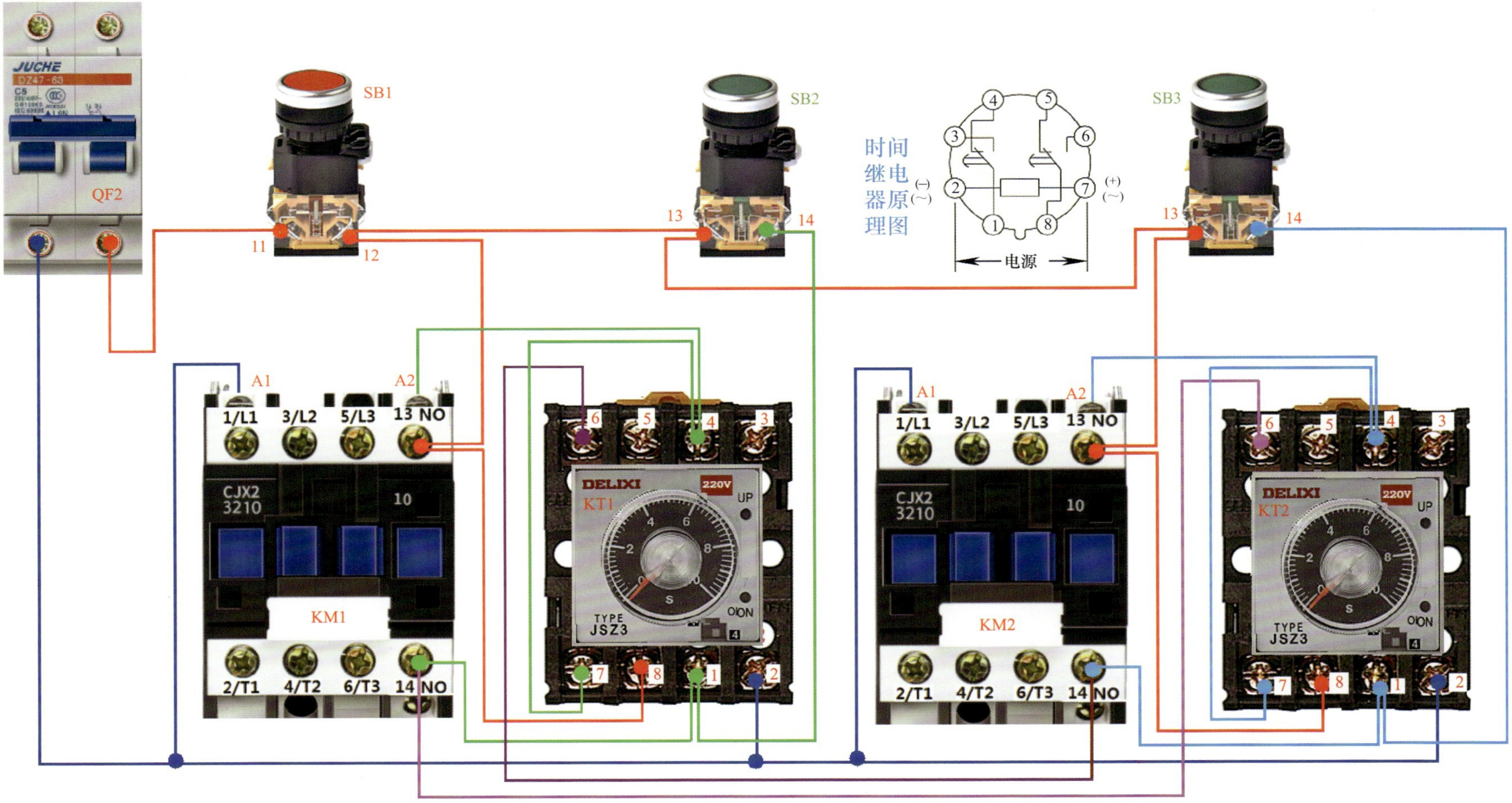

两台电动机自动循环运行电路实物接线图

→31 电动机顺序延时起动＋逆序延时停止电路及实物接线图

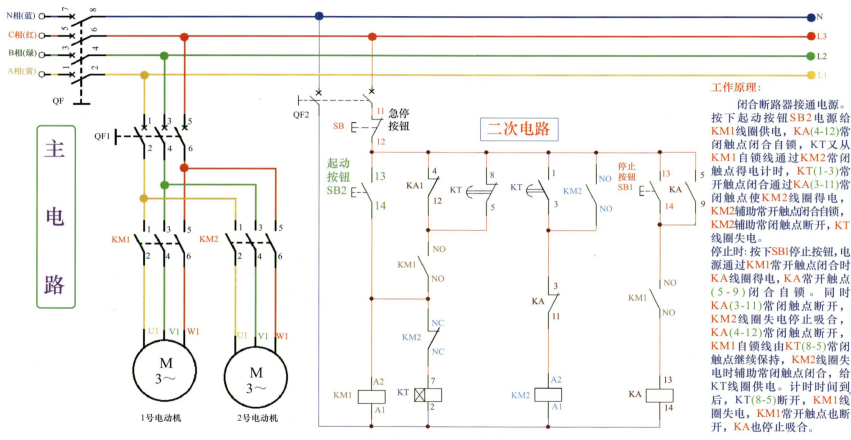

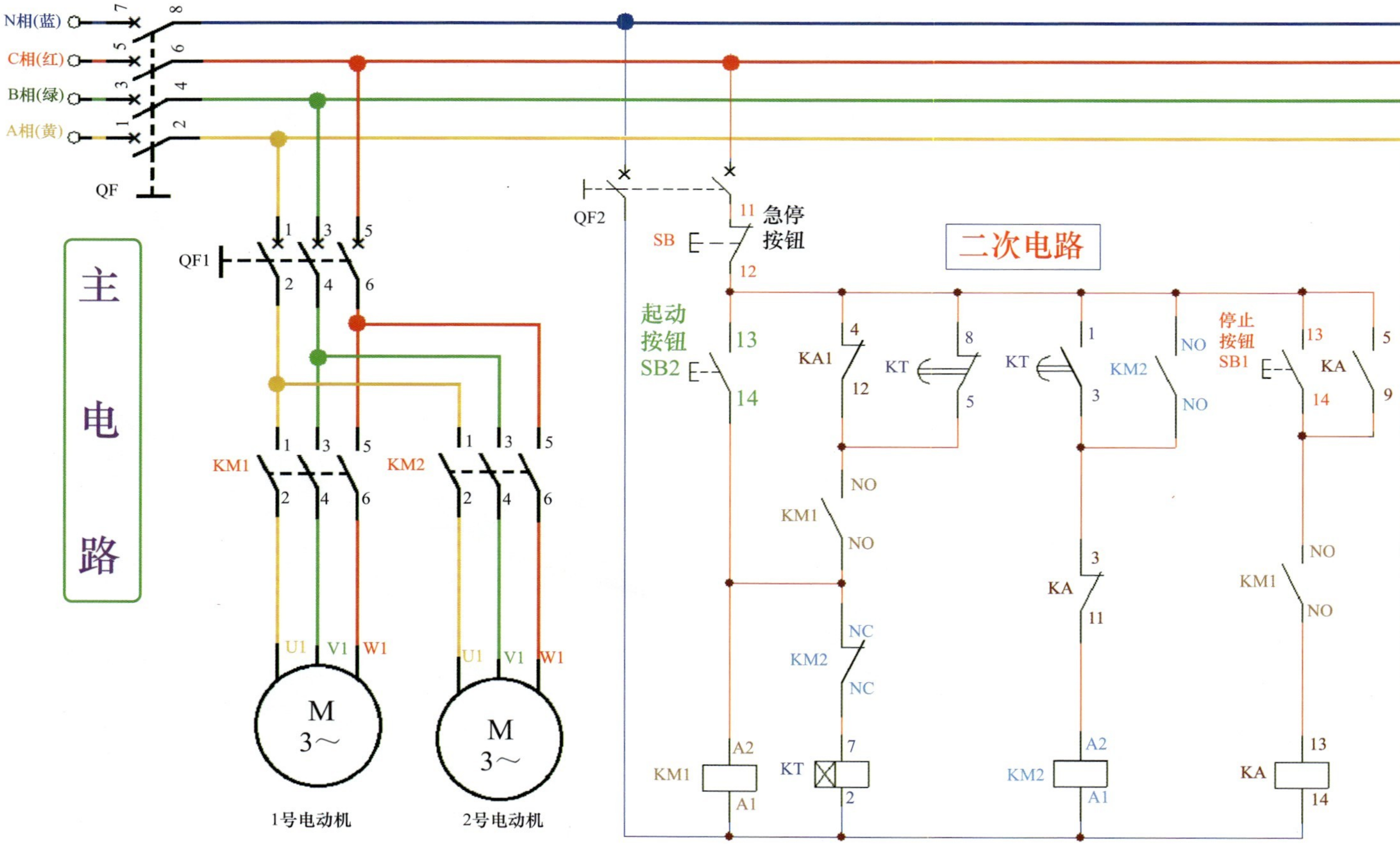

电动机顺序延时起动＋逆序延时停止电路

工作原理:

闭合断路器接通电源。按下起动按钮SB2电源给KM1线圈供电，KA(4-12)常闭触点闭合自锁，KT又从KM1自锁线通过KM2常闭触点得电计时，KT(1-3)常开触点闭合通过KA(3-11)常闭触点使KM2线圈得电，KM2辅助常开触点闭合自锁，KM2辅助常闭触点断开，KT线圈失电。

停止时：按下SB1停止按钮，电源通过KM1常开触点闭合时KA线圈得电，KA常开触点(5-9)闭合自锁。同时KA(3-11)常闭触点断开，KM2线圈失电停止吸合，KA(4-12)常闭触点断开，KM1自锁线由KT(8-5)常闭触点继续保持，KM2线圈失电时辅助常闭触点闭合，给KT线圈供电。计时时间到后，KT(8-5)断开，KM1线圈失电，KM1常开触点也断开，KA也停止吸合。

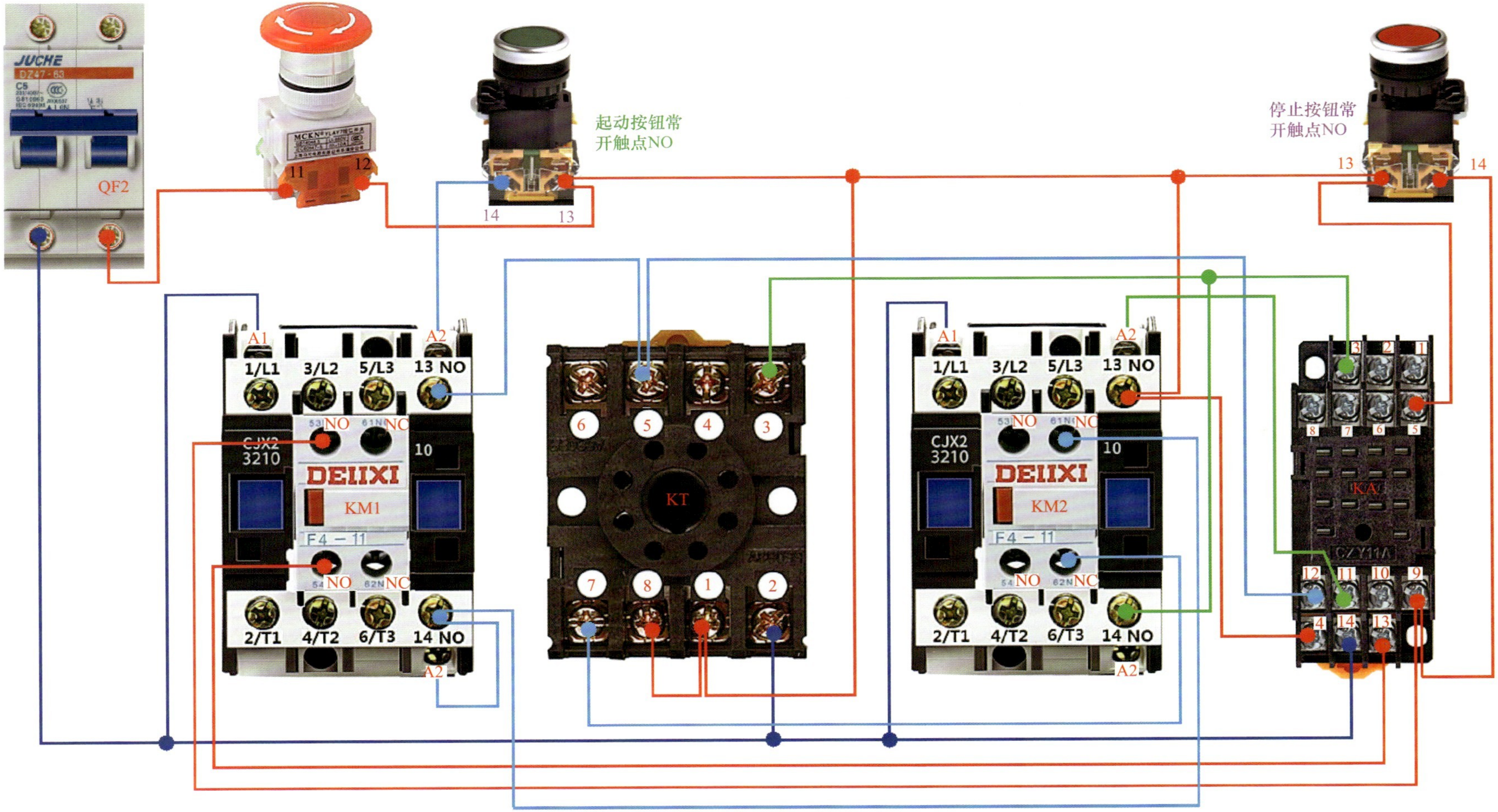

电动机顺序延时起动＋逆序延时停止电路实物接线图

→32 一台电动机先停止另一台电动机延时停止电路及实物接线图

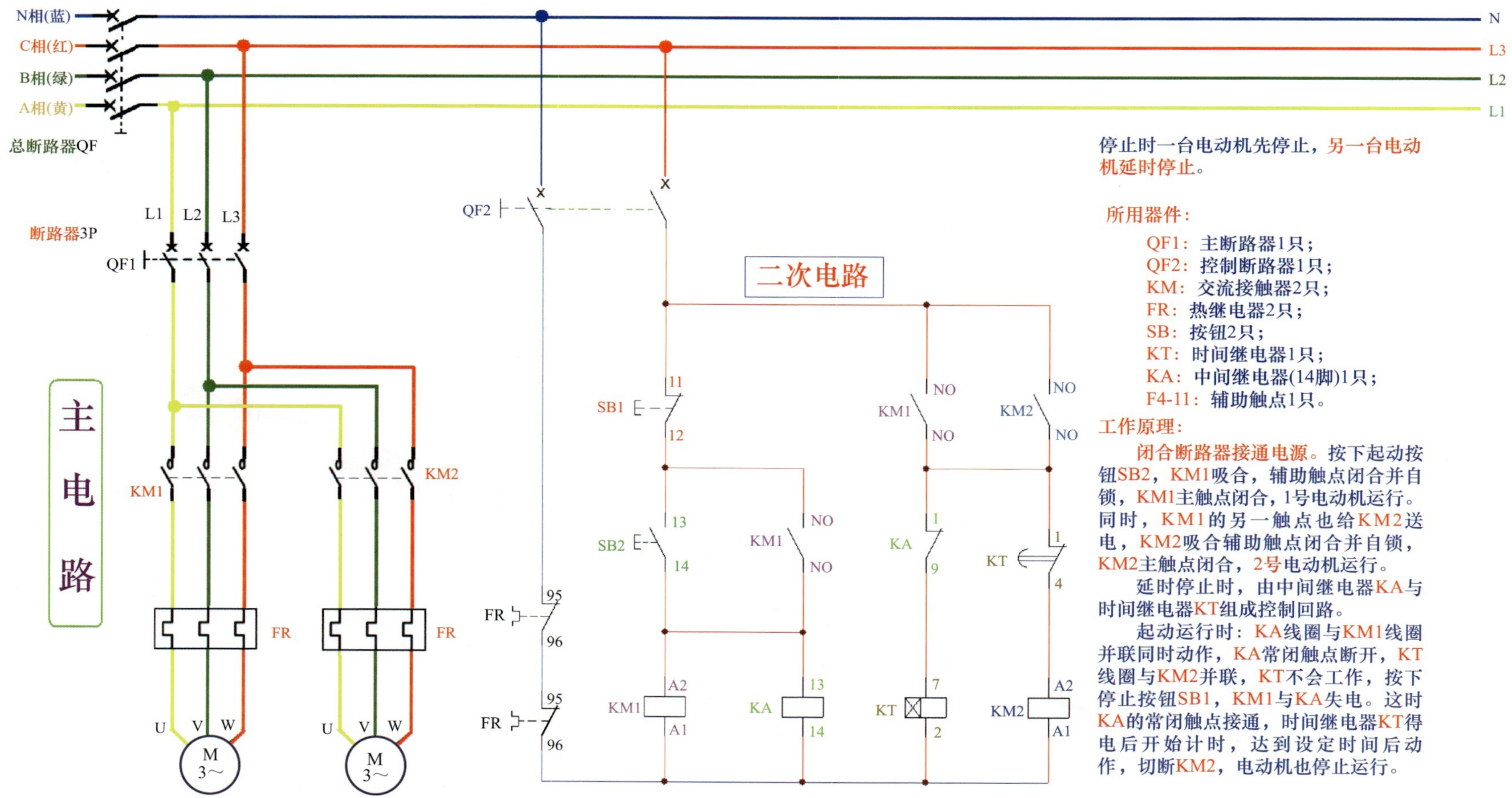

停止时一台电动机先停止，另一台电动机延时停止。

所用器件：

QF1：主断路器1只；
QF2：控制断路器1只；
KM：交流接触器2只；
FR：热继电器2只；
SB：按钮2只；
KT：时间继电器1只；
KA：中间继电器(14脚)1只；
F4-11：辅助触点1只。

工作原理：

闭合断路器接通电源。按下起动按钮SB2，KM1吸合，辅助触点闭合并自锁，KM1主触点闭合，1号电动机运行。同时，KM1的另一触点也给KM2送电，KM2吸合辅助触点闭合并自锁，KM2主触点闭合，2号电动机运行。

延时停止时，由中间继电器KA与时间继电器KT组成控制回路。

起动运行时：KA线圈与KM1线圈并联同时动作，KA常闭触点断开，KT线圈与KM2并联，KT不会工作，按下停止按钮SB1，KM1与KA失电。这时KA的常闭触点接通，时间继电器KT得电后开始计时，达到设定时间后动作，切断KM2，电动机也停止运行。

一台电动机先停止另一台电动机延时停止电路

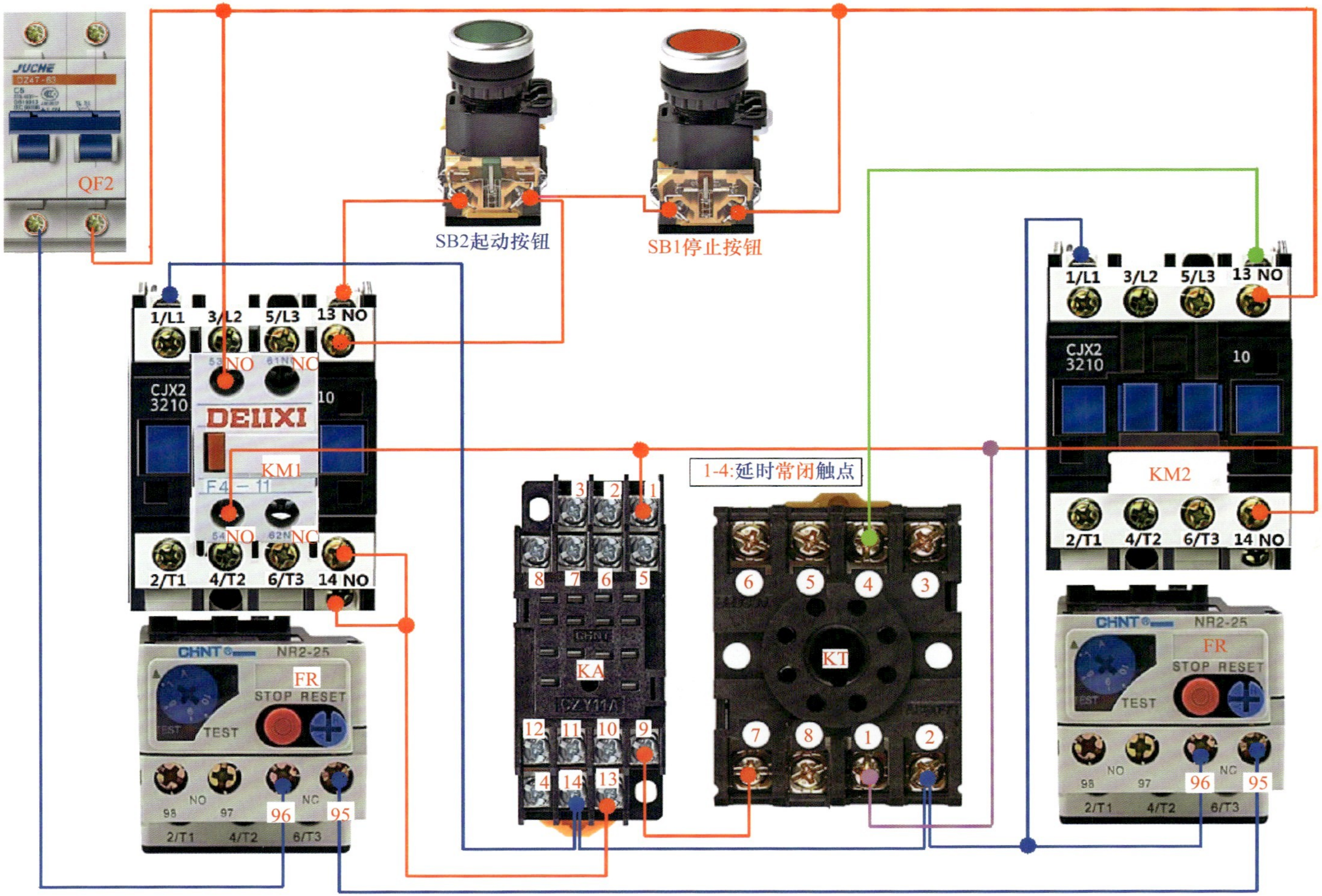

一台电动机先停止另一台电动机延时停止电路实物接线图

→33 具有过载保护的电动机控制电路及实物接线图

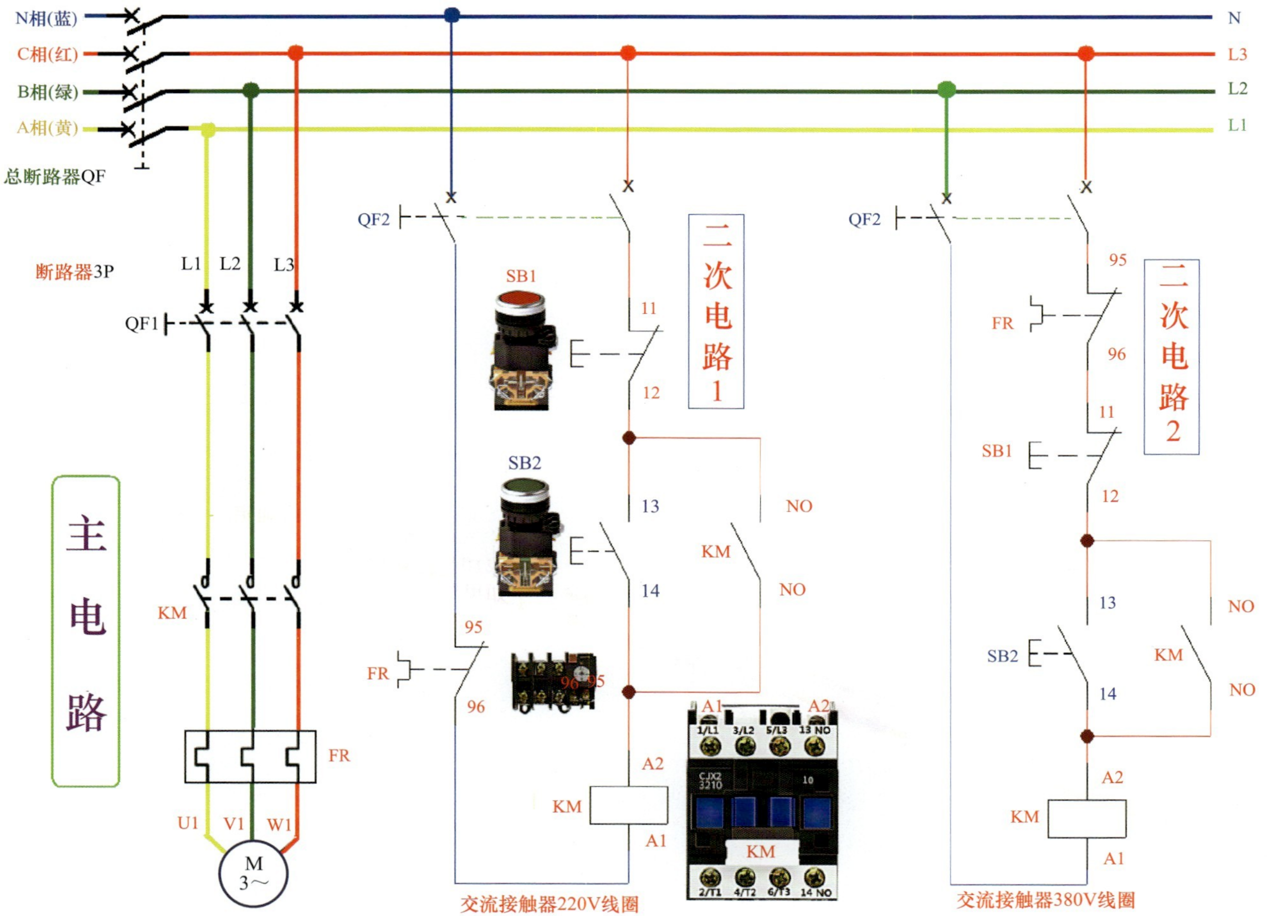

具有过载保护的电动机控制电路

该电路主要用来对电动机进行过载保护，自动断开控制电路，使电动机自动停止。

FR：热继电器串入控制电路即可。

所用器件：

QF1：主断路器1只；
QF2：控制断路器1只；
KM：交流接触器1只；
FR：热继电器1只；
SB：按钮2只。

工作原理：

闭合断路器，接通电源。按下SB2，KM线圈得电，KM主触点闭合，电动机运转，KM辅助触点闭合自锁。按下SB1，KM线圈失电，KM主触点恢复，电动机停止，KM辅助触点恢复失去自锁。

注意：两个二次电路的区别是线圈电压不同。初学者会接220V线圈，380V就很容易了。

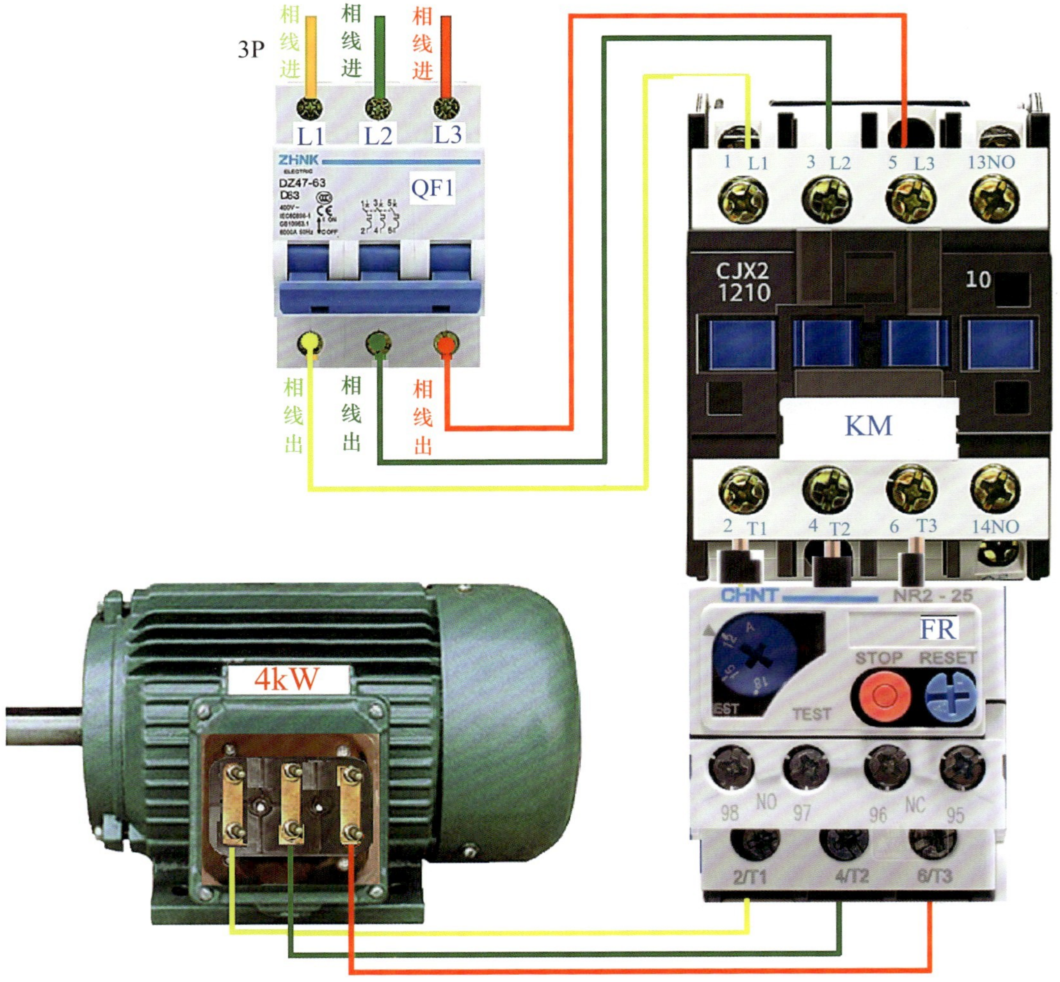

具有过载保护的电动机控制主电路实物接线图

如何选择：断路器QF、交流接触器KM、热继电器？

可根据电动机的电流选择。

例如4kW的电动机其额定电流为8A。

选择：断路器QF1的额定电流应按电动机的额定电流1.5倍确定。

断路器选择8A×1.5=12A可以选择DZ47-633P—D12A型的断路器。

选择：接触器KM的额定电流应按电动机的额定电流1.5～2.5倍确定。

接触器选择8A×1.5=12A可以选择CJX2-1210型接触器。

如果频繁起动应按2.5倍计算。

选择：热继电器FR的额定电流应按电动机的额定电流0.95～1.05倍确定。

热继电器选择8A×1.05=8.4A。

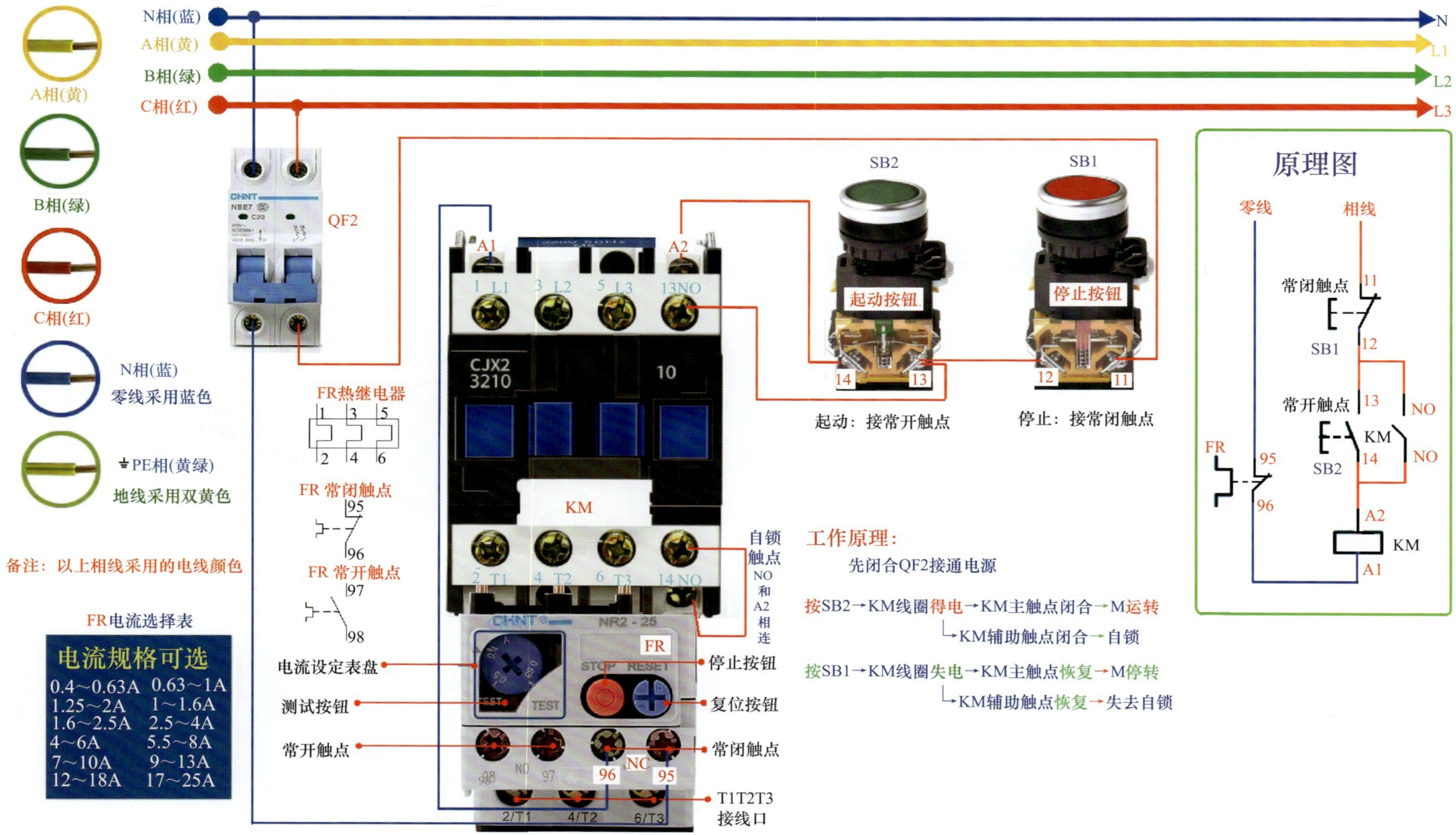
N相(蓝)
A相(黄)
B相(绿)
C相(红)
N
L1
L2
L3
A相(黄)
B相(绿)
C相(红)
N相(蓝)
零线采用蓝色
PE相(黄绿)
地线采用双黄色
备注：以上相线采用的电线颜色
QF2
FR热继电器
FR 常闭触点
95
96
FR 常开触点
97
98
FR电流选择表
电流规格可选
0.4～0.63A 0.63～1A
1.25～2A 1～1.6A
1.6～2.5A 2.5～4A
4～6A 5.5～8A
7～10A 9～13A
12～18A 17～25A
电流设定表盘
测试按钮
常开触点
A1
A2
1 L1 3 L2 5 L3 13NO
CJX2
3210
10
KM
2 T1 4 T2 6 T3 14 NO
自锁触点
NO和A2相连
NR2 - 25
FR
STOP RESET
TEST
停止按钮
复位按钮
常闭触点
NC
96
95
2/T1 4/T2 6/T3
T1T2T3接线口
SB2
SB1
起动按钮
停止按钮
14 13 12 11
起动：接常开触点
停止：接常闭触点
工作原理：
先闭合QF2接通电源
按SB2→KM线圈得电→KM主触点闭合→M运转
→KM辅助触点闭合→自锁
按SB1→KM线圈失电→KM主触点恢复→M停转
→KM辅助触点恢复→失去自锁
原理图
零线
相线
常闭触点
11
SB1
12
常开触点
13
NO
KM
SB2
14
NO
FR
95
96
A2
KM
A1

具有过载保护的电动机控制二次电路实物接线图

→34 旋钮开关控制电动机正反转电路及实物接线图

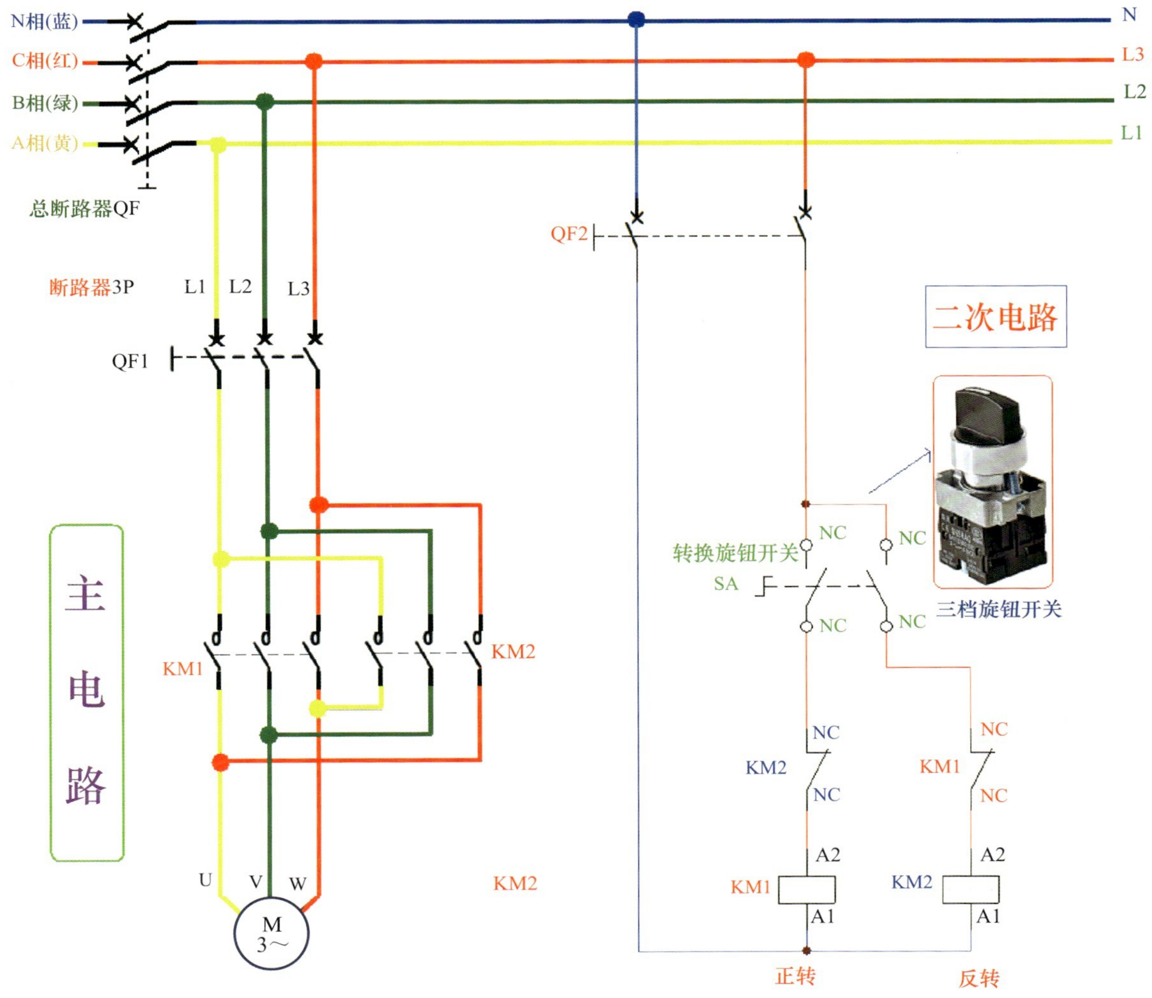

旋钮开关控制电动机正反转电路

正、反转控制也称可逆控制，在生产中可实现生产部件向正反两个方向运动。对于三相异步电动机来说，实现正反转控制只要改变其电源相序，即将主电路中的三相电源线任意两相对调。常用的有两种控制方式：一种是利用组合开关改变相序；另一种是利用接触器的主触点改变相序。

所用器件：

QF1：主断路器1只；
QF2：控制断路器1只；
KM：交流接触器2只；
SA：旋钮开关1只（三档位自锁型）。

工作原理：

闭合断路器接通电源。

旋钮开关三个档位左右都是常开触点中间是空档。

SA向右旋转，电源经过KM2常闭触点给KM1线圈供电，主触点闭合，电动机正转。

SA向左旋转电源经过KM1常闭触点给KM2线圈供电，主触点闭合，电动机反转。

停止时将SA旋转到中间位置。

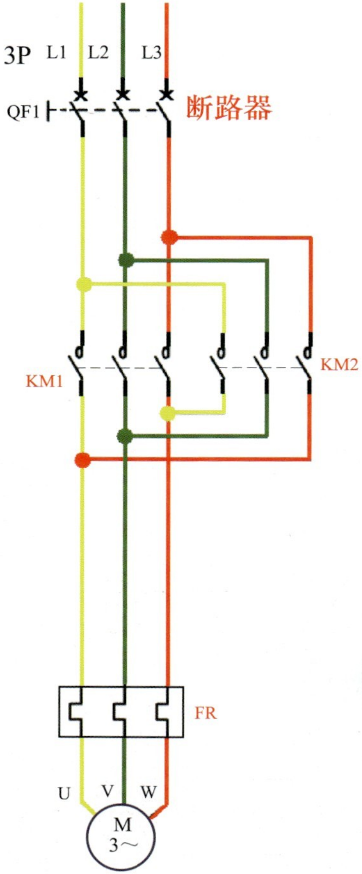

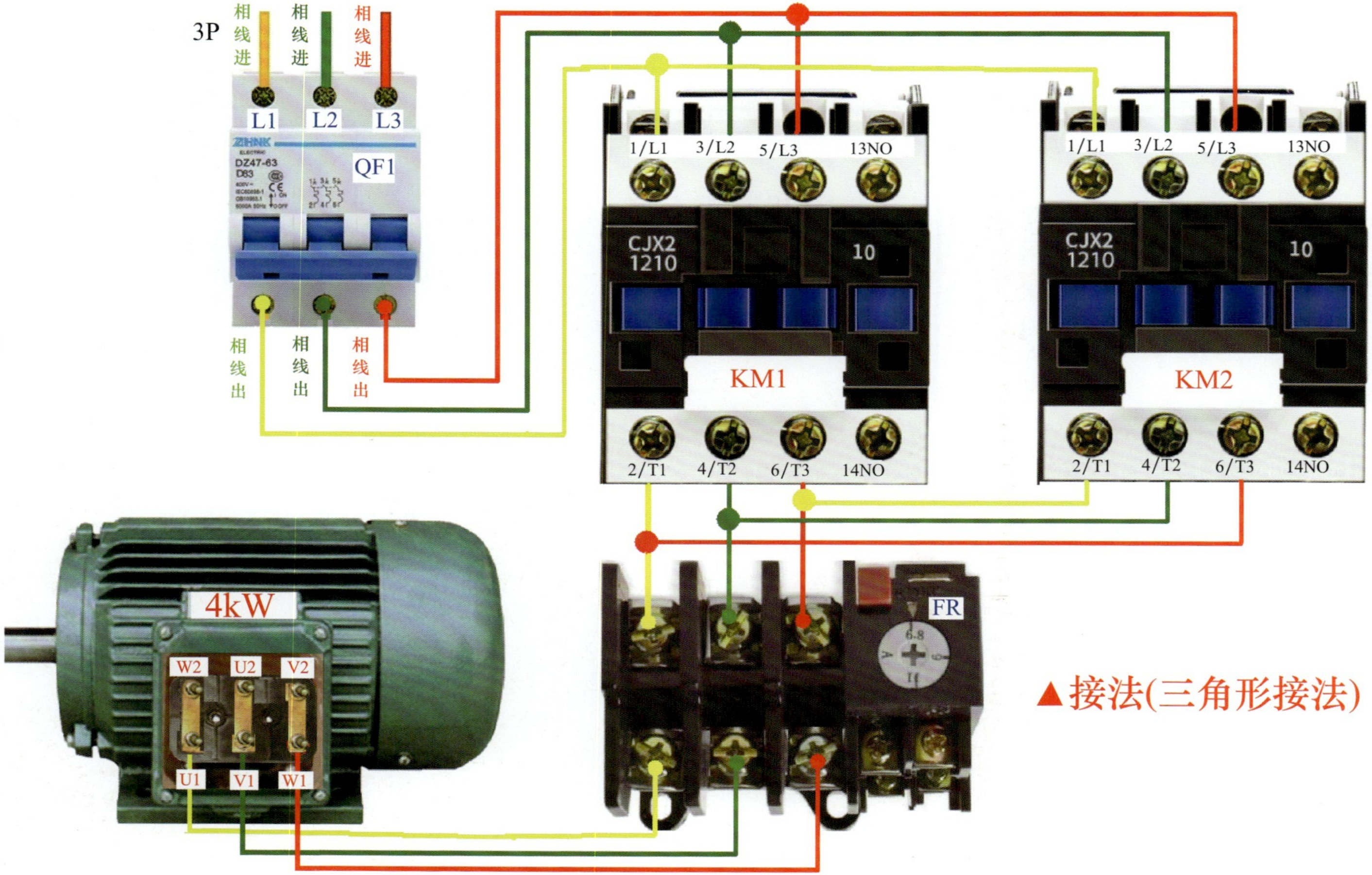

▲接法(三角形接法)

旋钮开关控制电动机正反转主电路实物接线图

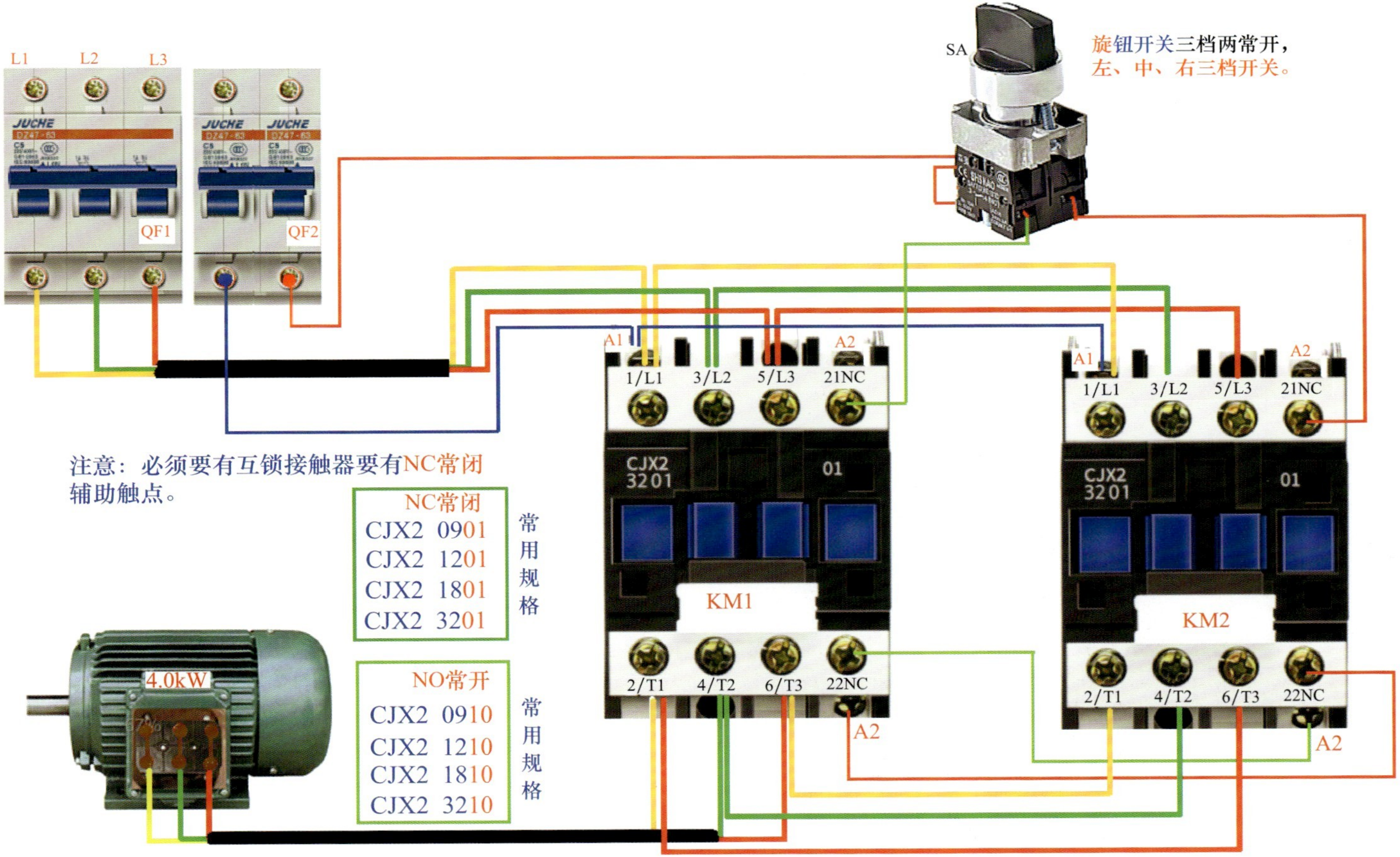

旋钮开关控制电动机正反转二次电路实物接线图

35 自耦减压起动电路及实物接线图

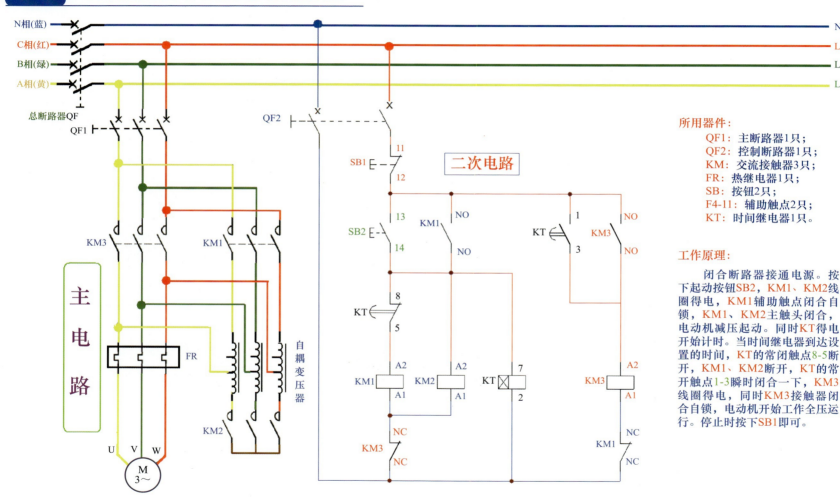

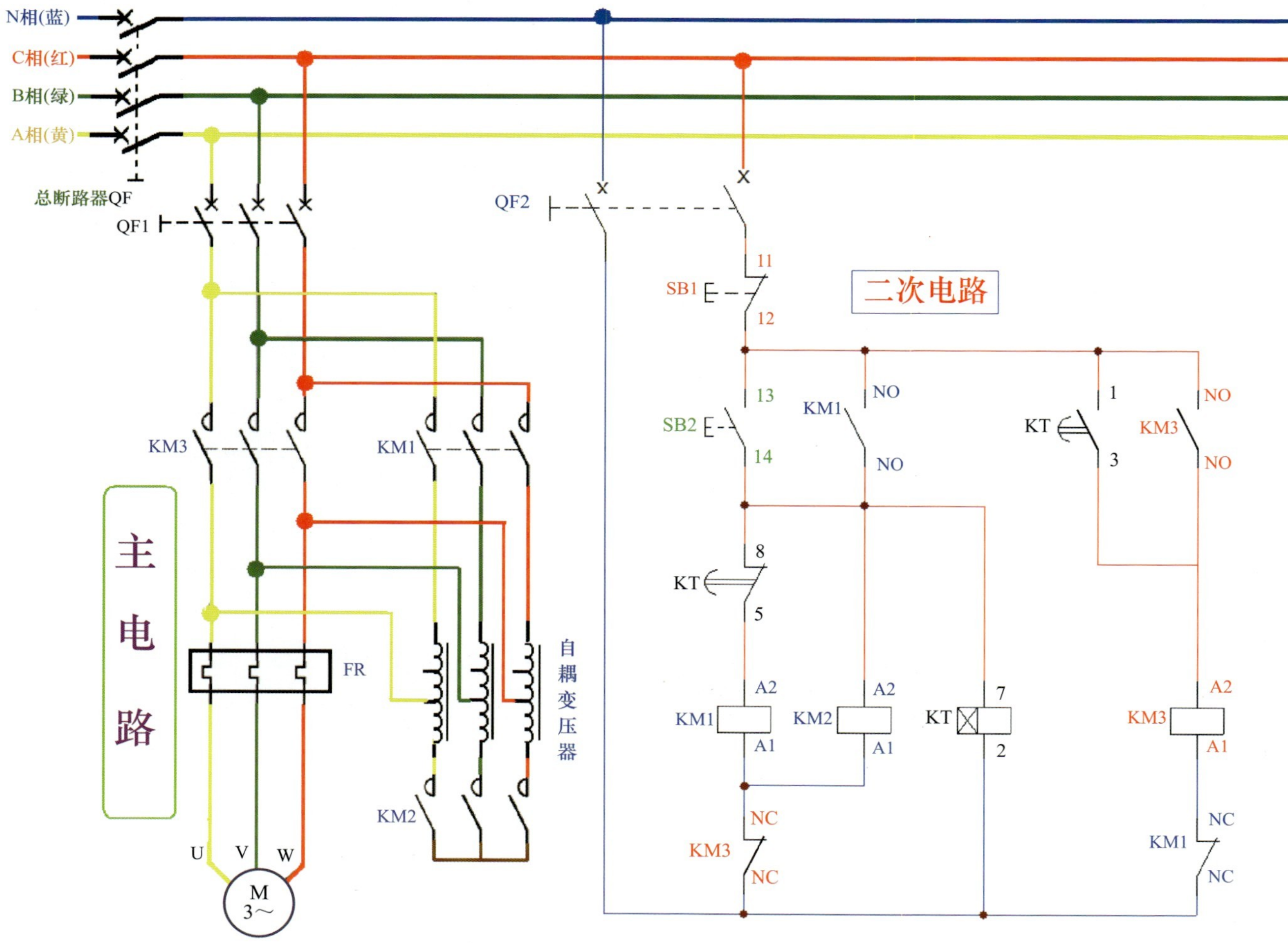

自耦减压起动电路

所用器件：

QF1：主断路器1只；
QF2：控制断路器1只；
KM：交流接触器3只；
FR：热继电器1只；
SB：按钮2只；
F4-11：辅助触点2只；
KT：时间继电器1只。

工作原理：

闭合断路器接通电源。按下起动按钮SB2，KM1、KM2线圈得电，KM1辅助触点闭合自锁，KM1、KM2主触头闭合，电动机减压起动。同时KT得电开始计时。当时间继电器到达设置的时间，KT的常闭触点8-5断开，KM1、KM2断开，KT的常开触点1-3瞬时闭合一下，KM3线圈得电，同时KM3接触器闭合自锁，电动机开始工作全压运行。停止时按下SB1即可。

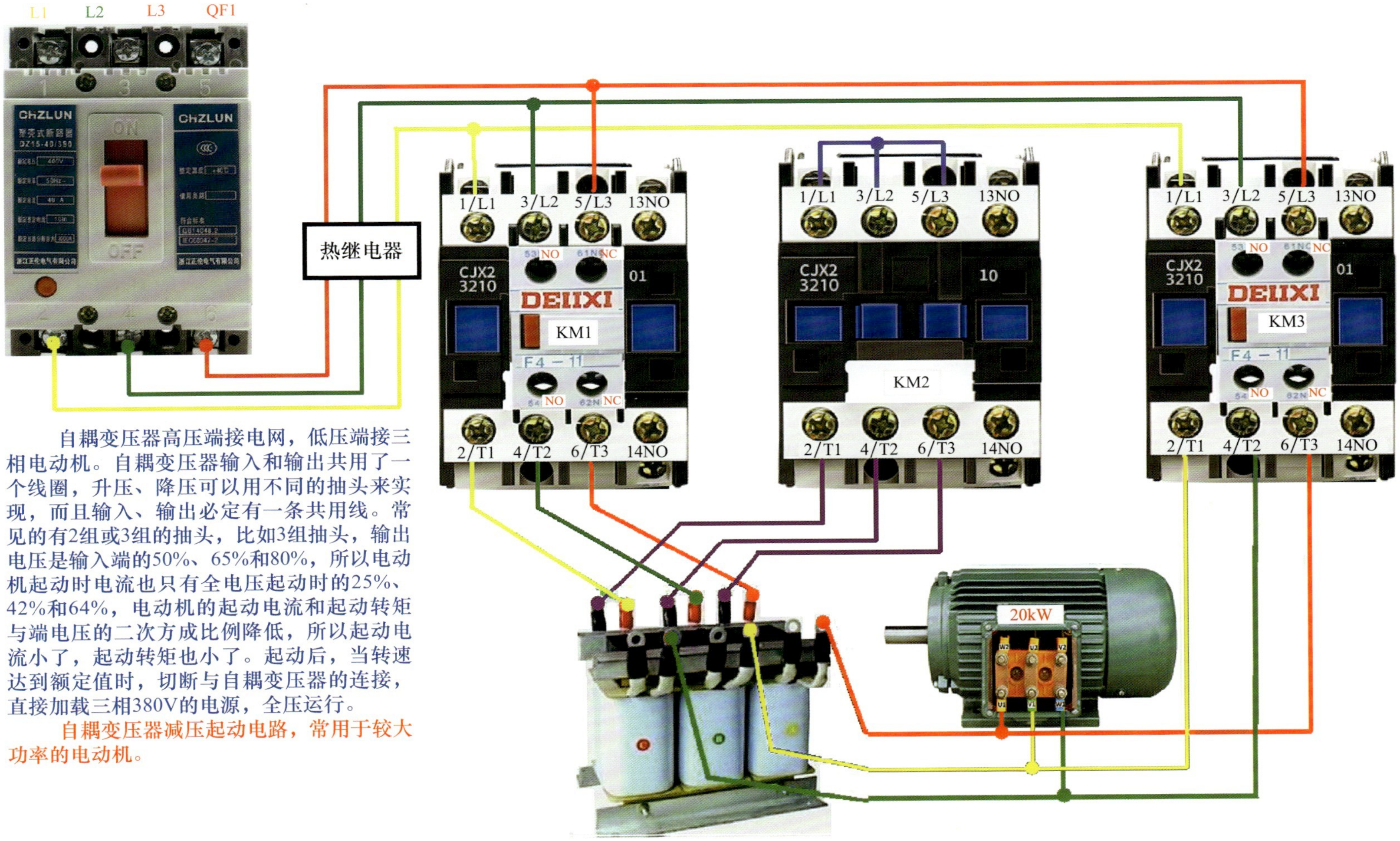

自耦变压器高压端接电网，低压端接三相电动机。自耦变压器输入和输出共用了一个线圈，升压、降压可以用不同的抽头来实现，而且输入、输出必定有一条共用线。常见的有2组或3组的抽头，比如3组抽头，输出电压是输入端的50%、65%和80%，所以电动机起动时电流也只有全电压起动时的25%、42%和64%，电动机的起动电流和起动转矩与端电压的二次方成比例降低，所以起动电流小了，起动转矩也小了。起动后，当转速达到额定值时，切断与自耦变压器的连接，直接加载三相380V的电源，全压运行。

自耦变压器减压起动电路，常用于较大功率的电动机。

自耦变压器减压起动主电路实物接线图

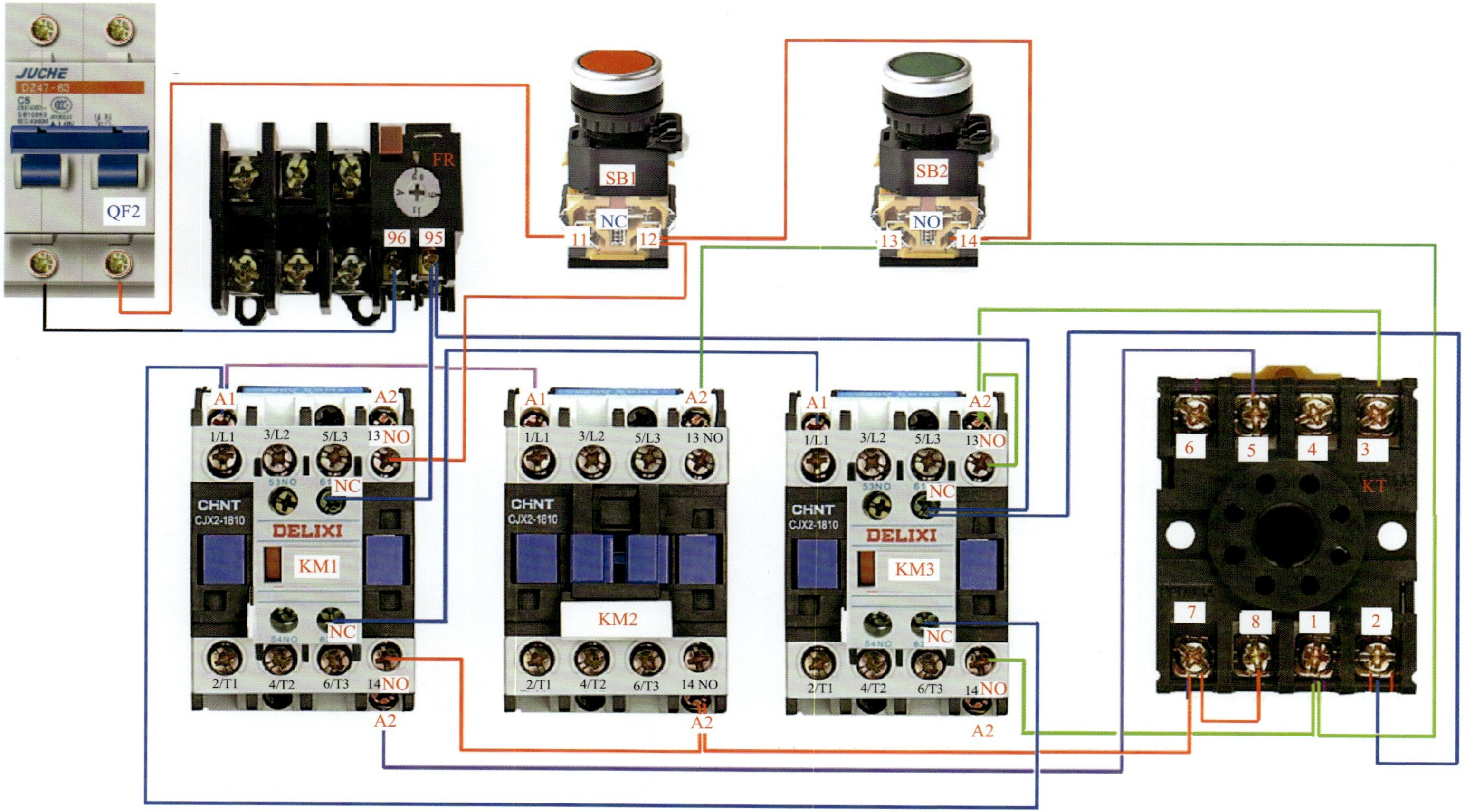

自耦变压器减压起动二次电路实物接线图

→36　双速电动机高低速控制电路及实物接线图

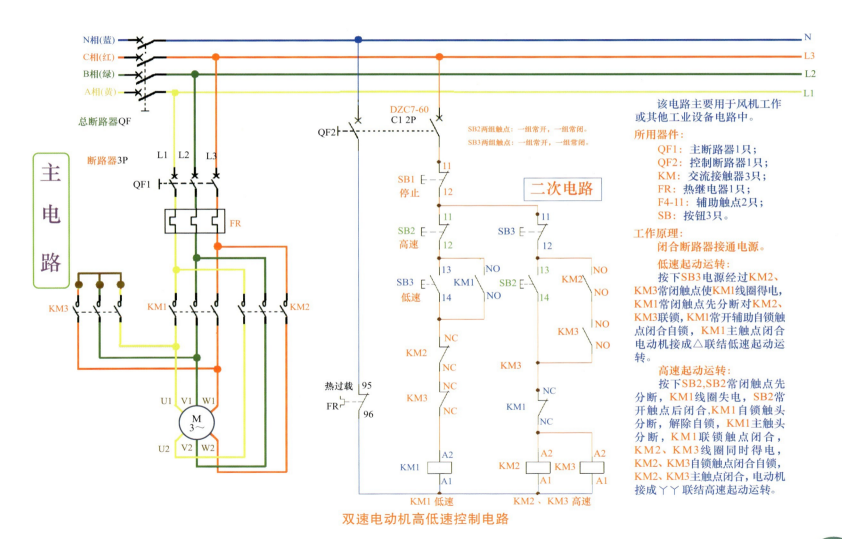

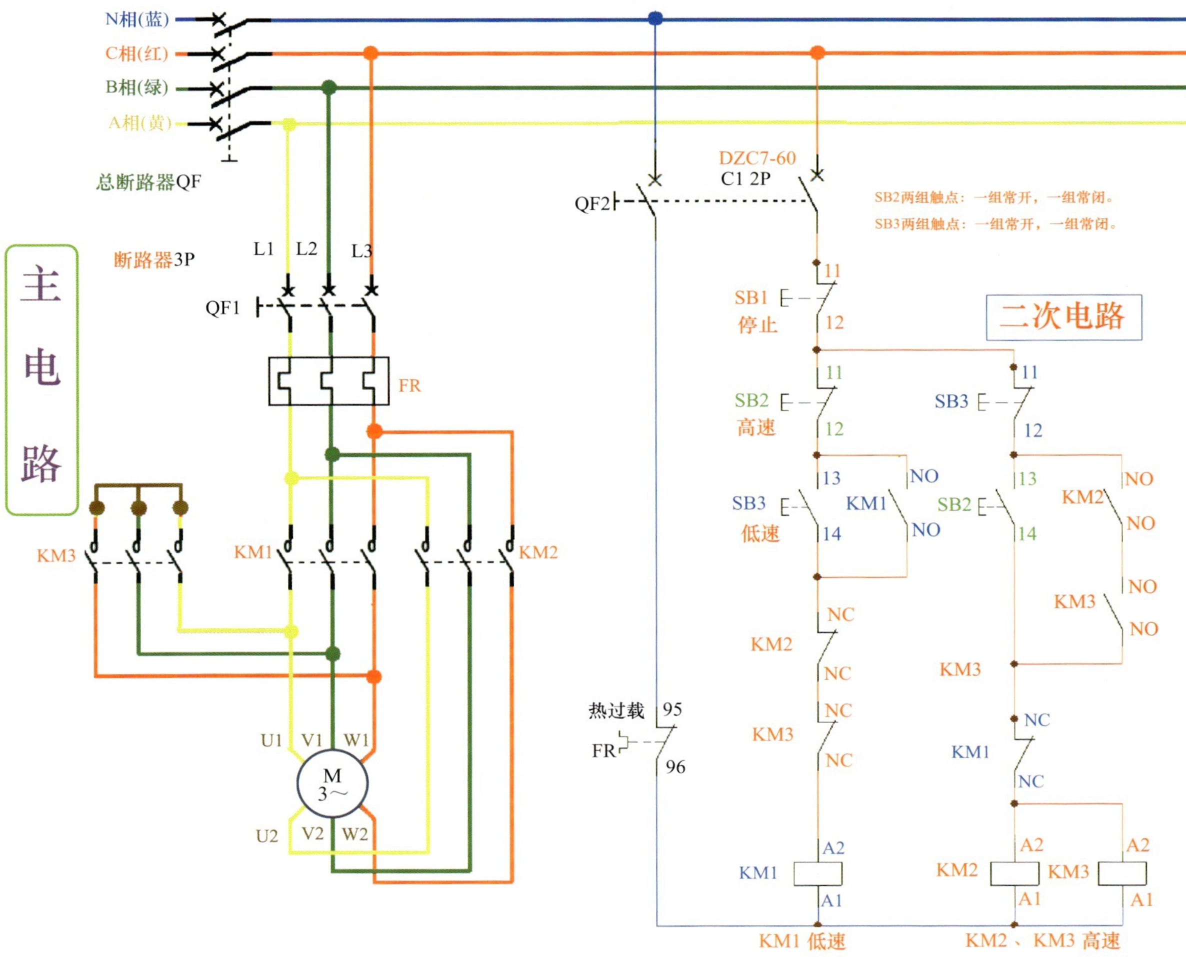

双速电动机高低速控制电路

该电路主要用于风机工作或其他工业设备电路中。

所用器件：

QF1：主断路器1只；
QF2：控制断路器1只；
KM：交流接触器3只；
FR：热继电器1只；
F4-11：辅助触点2只；
SB：按钮3只。

工作原理：

闭合断路器接通电源。

低速起动运转：

按下SB3电源经过KM2、KM3常闭触点使KM1线圈得电，KM1常闭触点先分断对KM2、KM3联锁，KM1常开辅助自锁触点闭合自锁，KM1主触点闭合电动机接成△联结低速起动运转。

高速起动运转：

按下SB2,SB2常闭触点先分断，KM1线圈失电，SB2常开触点后闭合,KM1自锁触头分断，解除自锁，KM1主触头分断，KM1联锁触点闭合，KM2、KM3线圈同时得电，KM2、KM3自锁触点闭合自锁，KM2、KM3主触点闭合，电动机接成丫丫联结高速起动运转。

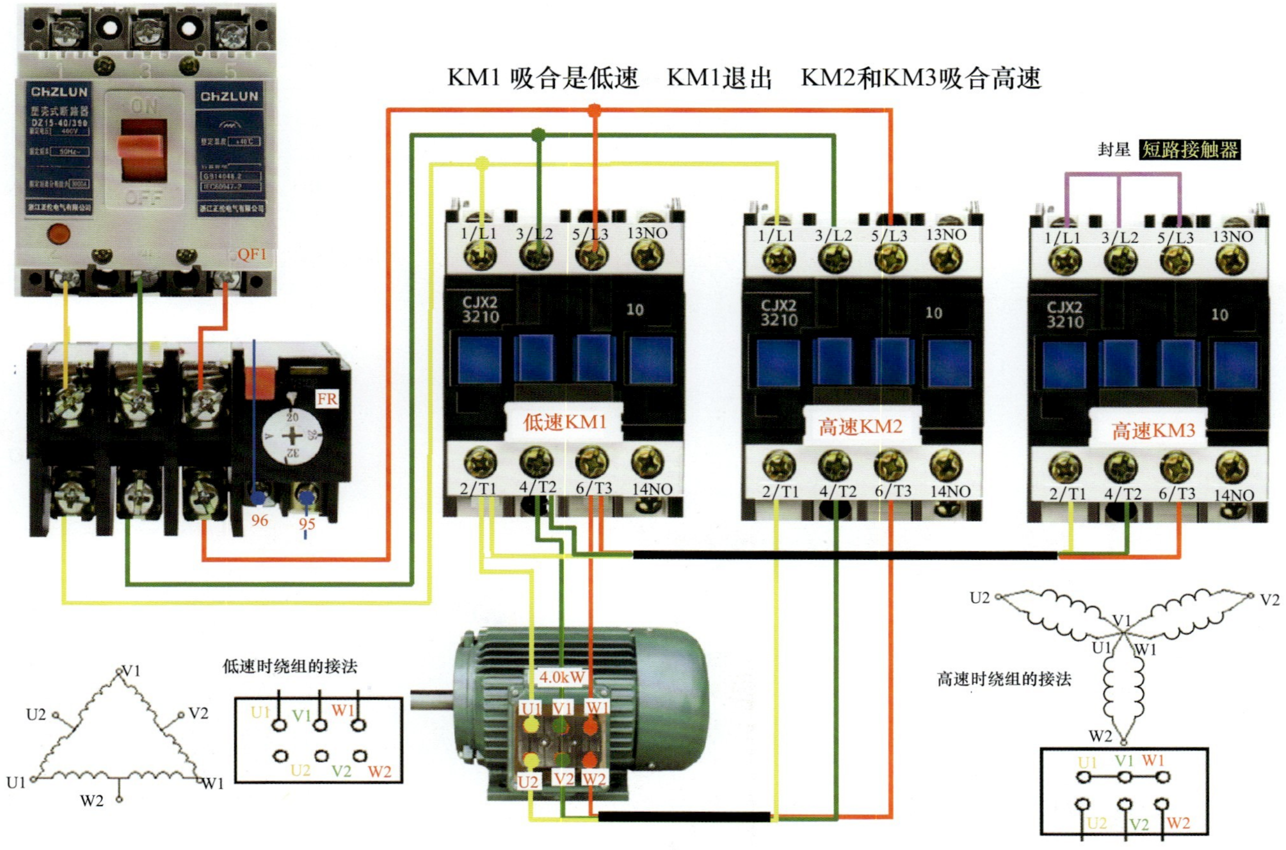

双速电动机高低速控制主电路实物接线图

工作原理：

双速电动机可以通过改变定子绕组的磁极对数来改变其转速，当绕组为三角形联结时，每相绕组中包含两个串联线圈，成四个极，此时电动机为低速运行。当绕组为双星形联结时，每相绕组中包含两个并联线圈，成两个极，此时电动机为高速运行。

实物图分析：

电动机出线端U1、V1、W1接电源，U2、V2、W2端悬空，此时绕组为三角形联结，电动机为低速运行。电动机出线端U2、V2、W2接电源，U1、V1、W1端短接，此时绕组为双星形联结，电动机为高速运行。

当交流接触器KM1线圈得电时，电动机低速运转。当交流触器KM2线圈和KM3线圈同时得电时，电动机高速运转，低速控制和高速控制之间为电气互锁，只有一种工作状态。

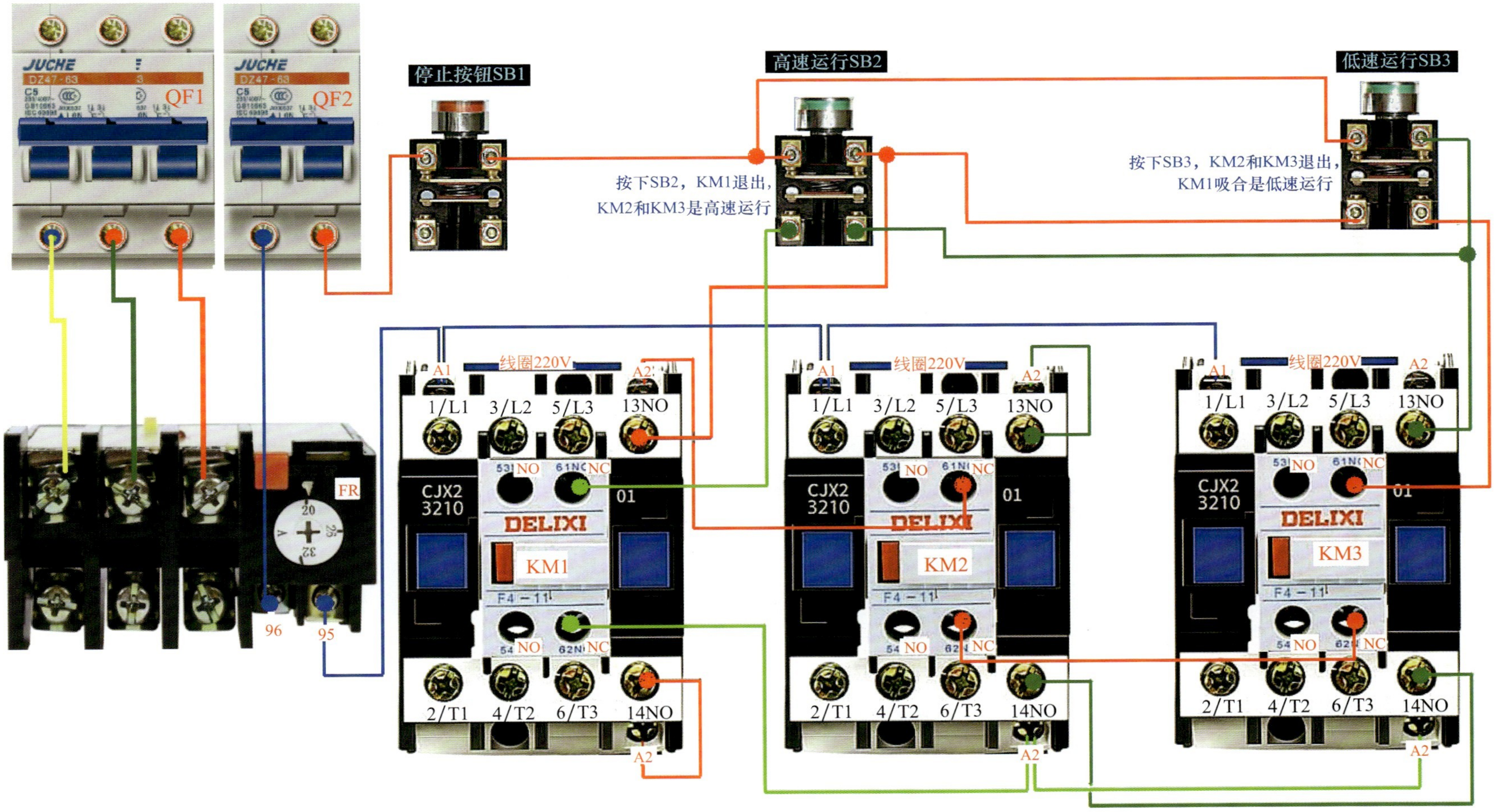

双速电动机高低速控制二次电路实物接线图

→37 有刷直流电动机正反转电路实物接线图

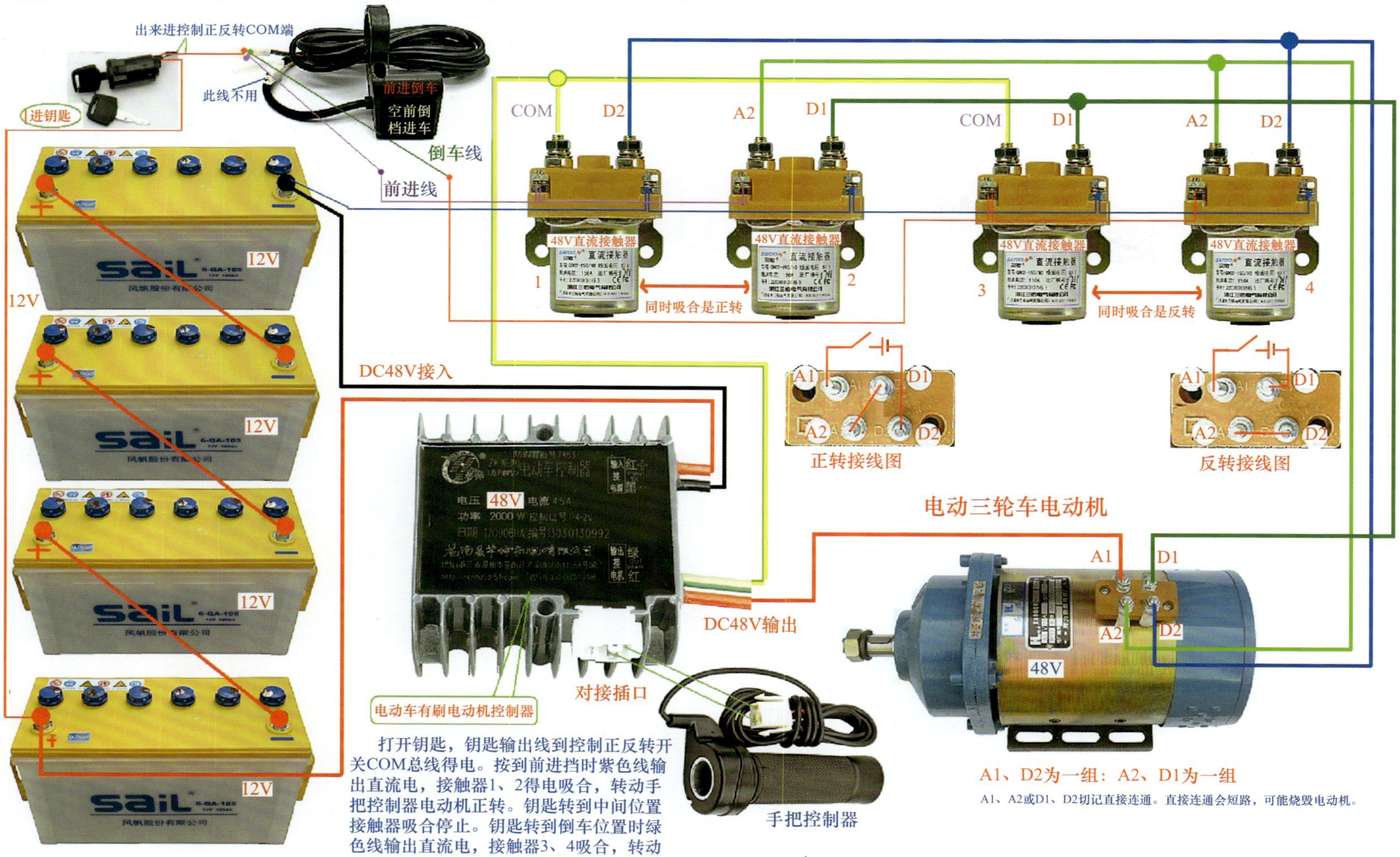
出来进控制正反转COM端
此线不用
进钥匙
前进倒车
空前倒
档进车
倒车线
前进线
12V
12V
12V
12V
12V
DC48V接入
COM
D2
A2
D1
COM
D1
A2
D2
48V直流接触器
48V直流接触器
48V直流接触器
48V直流接触器
1
2
3
4
同时吸合是正转
同时吸合是反转
A1
D1
A2
D2
正转接线图
A1
D1
A2
D2
反转接线图
电动三轮车电动机
48V
DC48V输出
A1
D1
A2
D2
48V
对接插口
电动车有刷电动机控制器
手把控制器
A1、D2为一组；A2、D1为一组
A1、A2或D1、D2切记直接连通。直接连通会短路，可能烧毁电动机。

打开钥匙，钥匙输出线到控制正反转开关COM总线得电。按到前进挡时紫色线输出直流电，接触器1、2得电吸合，转动手把控制器电动机正转。钥匙转到中间位置接触器吸合停止。钥匙转到倒车位置时绿色线输出直流电，接触器3、4吸合，转动手把控制器电动机反转。

有刷直流电动机正反转电路实物接线图

第 4 章

图解常用器件应用电路的接线

→1 简单的自锁带运行指示灯和停止指示灯电路及实物接线图

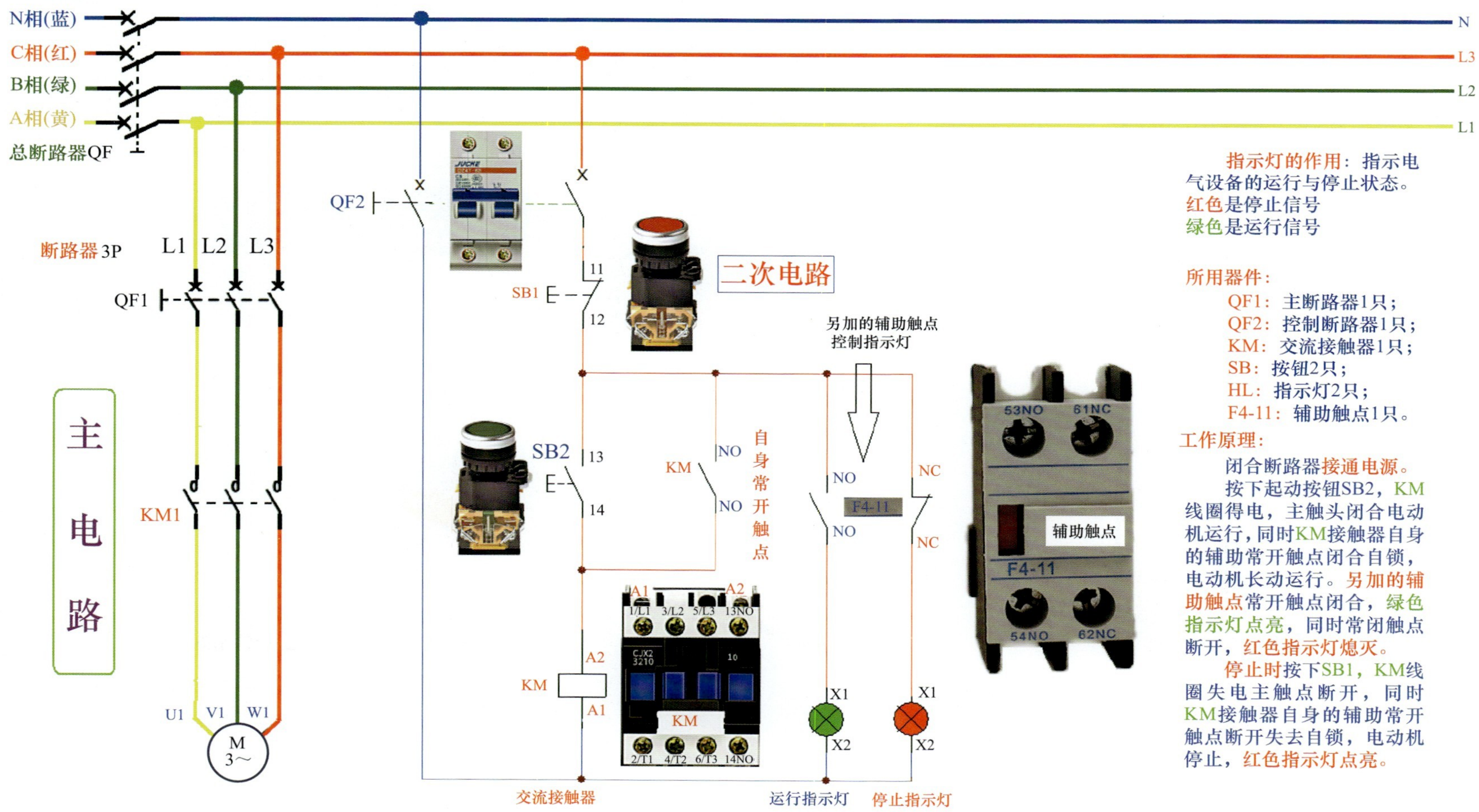

简单的自锁带运行指示灯和停止指示灯电路

指示灯的作用：指示电气设备的运行与停止状态。
红色是停止信号
绿色是运行信号

所用器件：
QF1：主断路器1只；
QF2：控制断路器1只；
KM：交流接触器1只；
SB：按钮2只；
HL：指示灯2只；
F4-11：辅助触点1只。

工作原理：

闭合断路器接通电源。

按下起动按钮SB2，KM线圈得电，主触头闭合电动机运行，同时KM接触器自身的辅助常开触点闭合自锁，电动机长动运行。另加的辅助触点常开触点闭合，绿色指示灯点亮，同时常闭触点断开，红色指示灯熄灭。

停止时按下SB1，KM线圈失电主触点断开，同时KM接触器自身的辅助常开触点断开失去自锁，电动机停止，红色指示灯点亮。

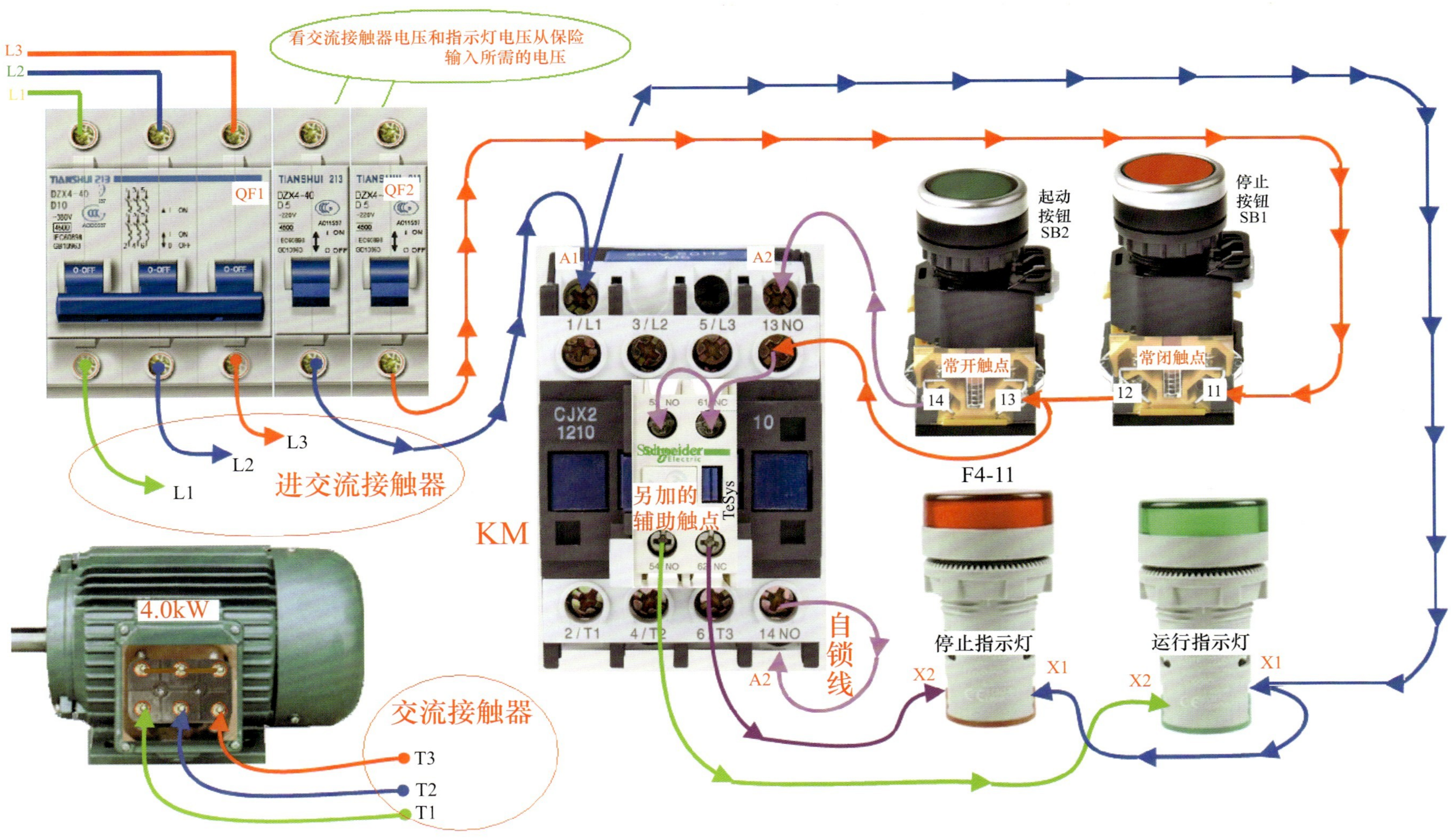

简单的自锁带运行指示灯和停止指示灯电路实物接线图

→2 具有过载保护、运行指示灯和故障指示灯电路及实物接线图

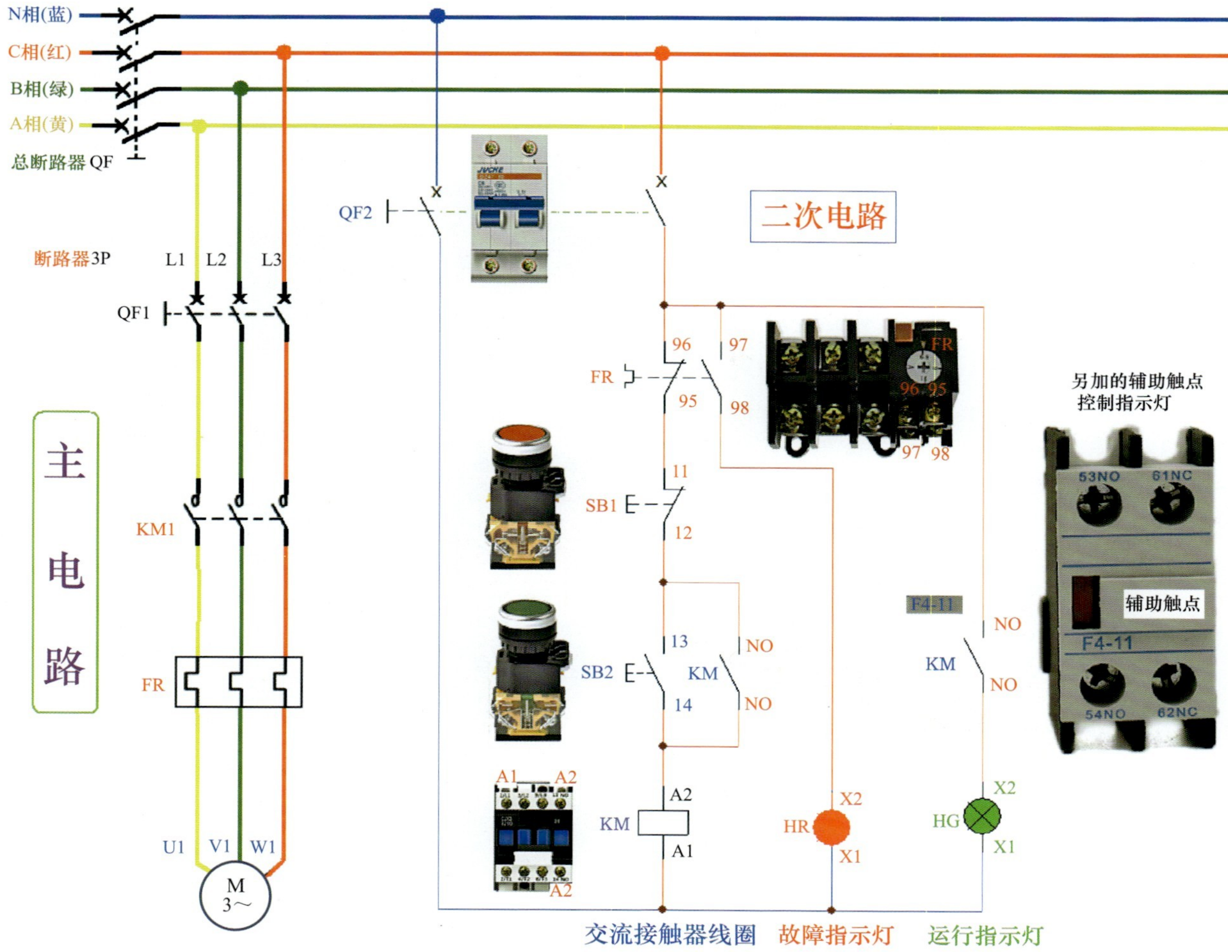

具有过载保护、运行指示灯和故障指示灯电路

热过载保护：

实现过载保护功能的就是热继电器，热继电器有主触点和两组辅助触点。把它应用在二次控制线路中，可有效地保护电动机和及时地判断线路故障。

所用器件：

QF1：主断路器1只；
QF2：控制断路器1只；
KM：交流接触器1只；
FR：热继电器1只；
SB：按钮2只；
HL：指示灯2只；
F4-11：辅助触点1只。

工作原理：

闭合断路器接通电源。接触器控制电源经过了热继电器FR辅助触点96-95。

按下起动按钮SB2接触器KM线圈得电，主触点闭合，同时自身的辅助常开触点闭合自锁，电动机长动运转。

另加的辅助常开触点闭合运行指示灯亮。如果电动机在工作中出现了堵转、运动吃力，长时间运转没有热过载保护就会有损坏电动机的危险。此时在控制回路中串入了热继电器，当出现以上故障就会自动断开停止工作，故障指示灯亮，运行指示灯灭，电动机停止运转。直到故障方便检修排除才可以再次运行起动。

正常停止时按下SB1即可。

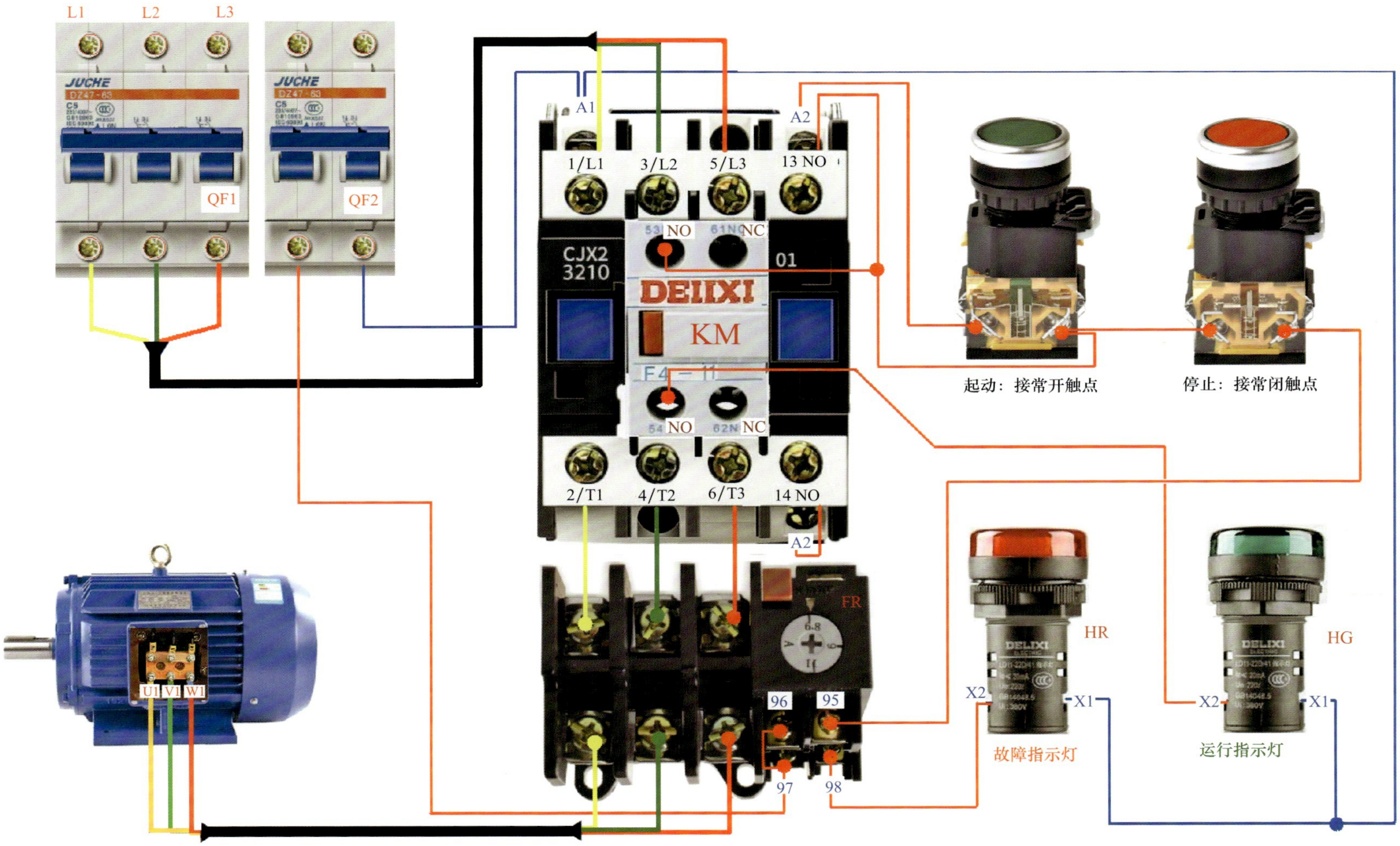

具有过载保护、运行指示灯和故障指示灯电路实物接线图

3 接触器互锁控制电动机正反转＋指示灯电路及实物接线图

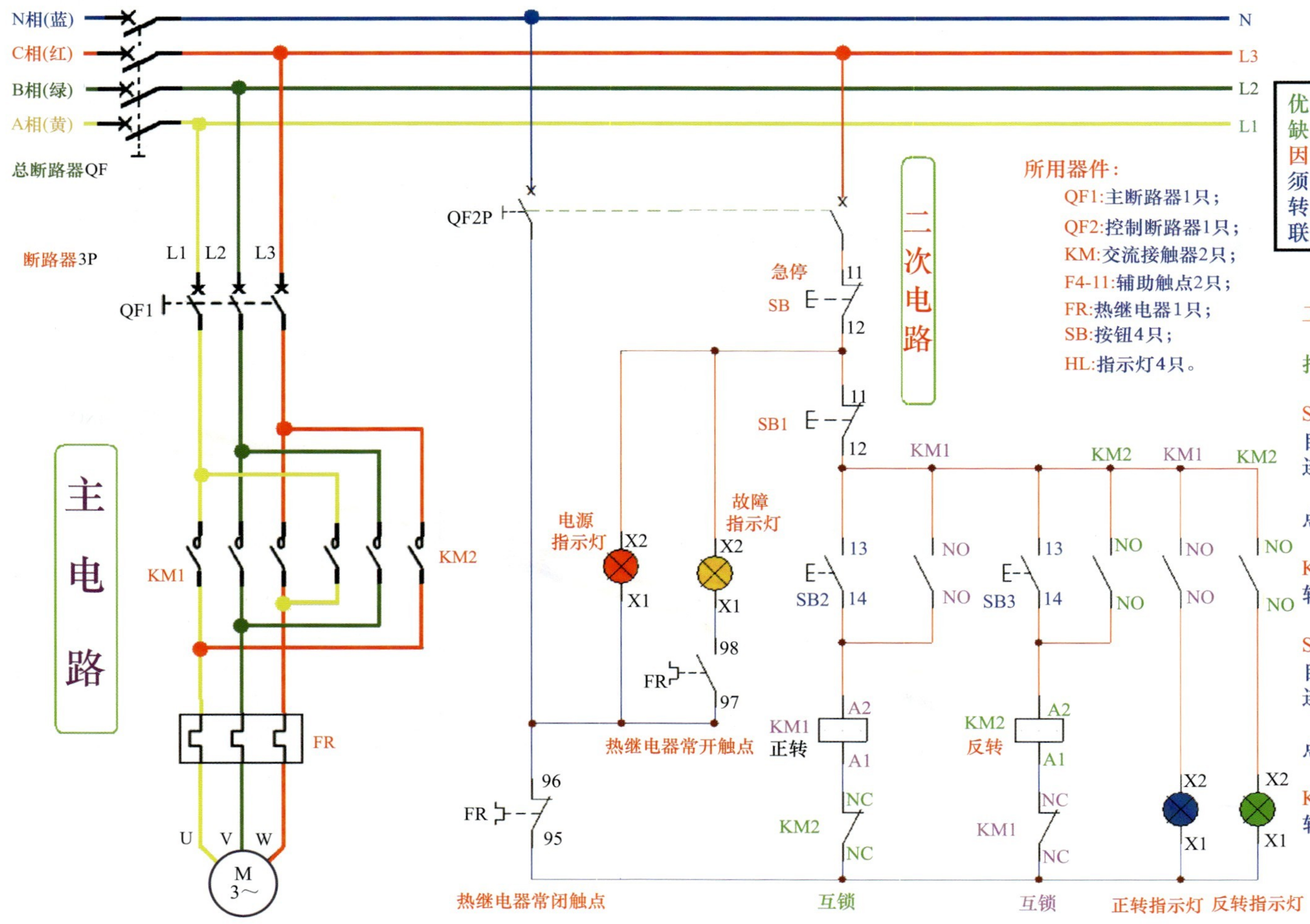

所用器件：

QF1:主断路器1只；

QF2:控制断路器1只；

KM:交流接触器2只；

F4-11:辅助触点2只；

FR:热继电器1只；

SB:按钮4只；

HL:指示灯4只。

接触器互锁控制电动机正反转＋指示灯电路

优点：工作安全可靠。
缺点：操作不便。
因电动机从正转变为反转时，必须先按下停止按钮后，才能按反转起动按钮，否则由于接触器的联锁作用，不能实现反转。

工作原理：

闭合断路器，接通电源，电源指示灯亮。

正转起动时，按下起动按钮SB2，KM1线圈得电主触点闭合，自身的辅助触点闭合自锁。电动机连续正转运行。

正转指示灯经过加装的辅助触点闭合点亮。

停止时，按下SB1，接触器，KM1线圈断电辅助触点断开，正转指示灯熄灭。

反转起动时，按下起动按钮SB3，KM2线圈得电主触点闭合，自身的辅助触点闭合自锁，电动机连续反转运行。

反转指示灯经过加装的辅助触点闭合点亮。

停止时，按下SB1，接触器KM2线圈断电辅助触点断开，反转指示灯熄灭。

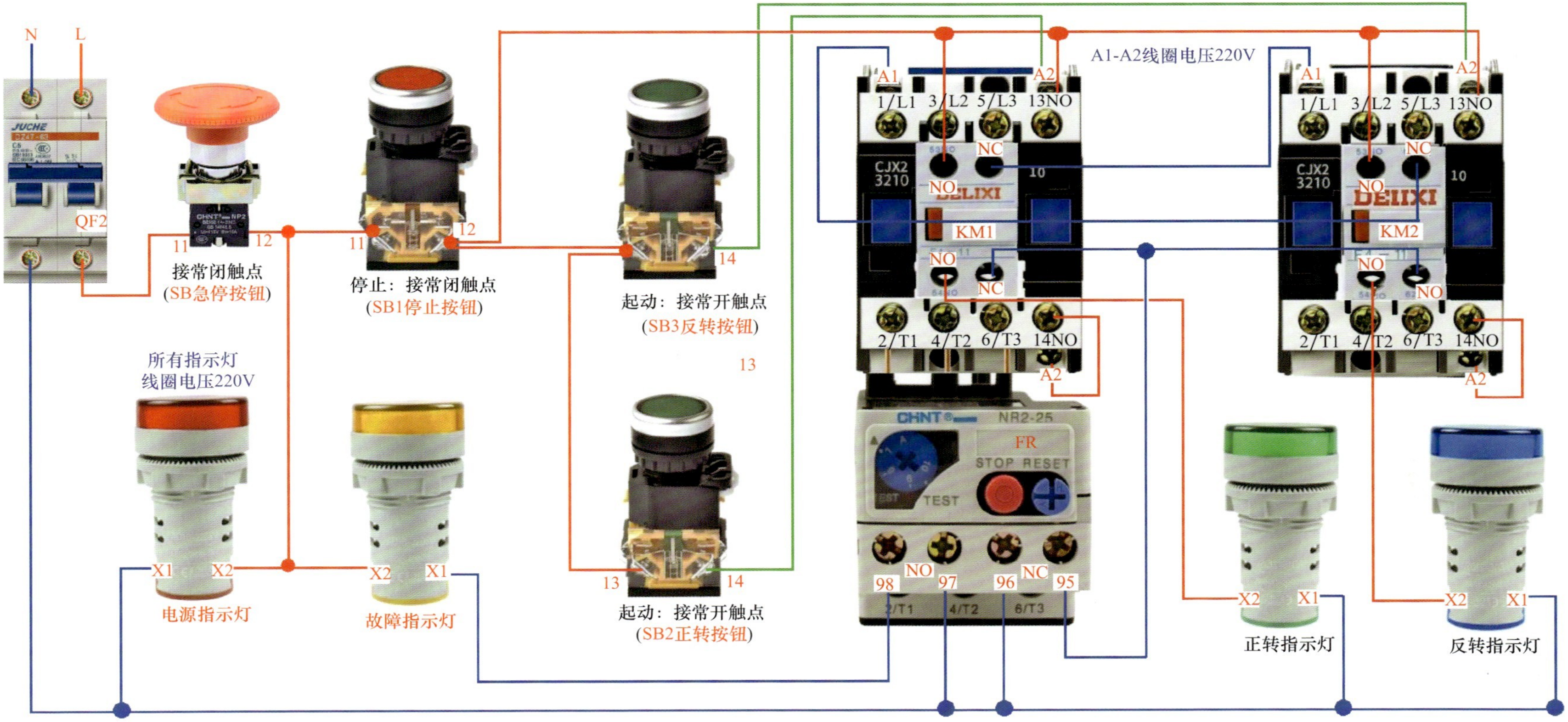
N
L
QF2
11
12
接常闭触点
(SB急停按钮)
11
12
停止：接常闭触点
(SB1停止按钮)
14
起动：接常开触点
(SB3反转按钮)
13
13
14
起动：接常开触点
(SB2正转按钮)
A1-A2线圈电压220V
A1
A2
1/L1 3/L2 5/L3 13NO
NC
NO
KM1
NO
NC
2/T1 4/T2 6/T3 14NO
A2
KM2
FR
STOP RESET
TEST
NO
NC
98 97 96 95
所有指示灯
线圈电压220V
X1
X2
电源指示灯
X2
X1
故障指示灯
X2
X1
正转指示灯
X2
X1
反转指示灯

接触器互锁控制电动机正反转＋指示灯电路实物接线图

→4 低电压控制高电压电路及实物接线图

通过DC24V控制线圈为AC220V交流接触器的吸合，从而控制AC380V电动机的运行

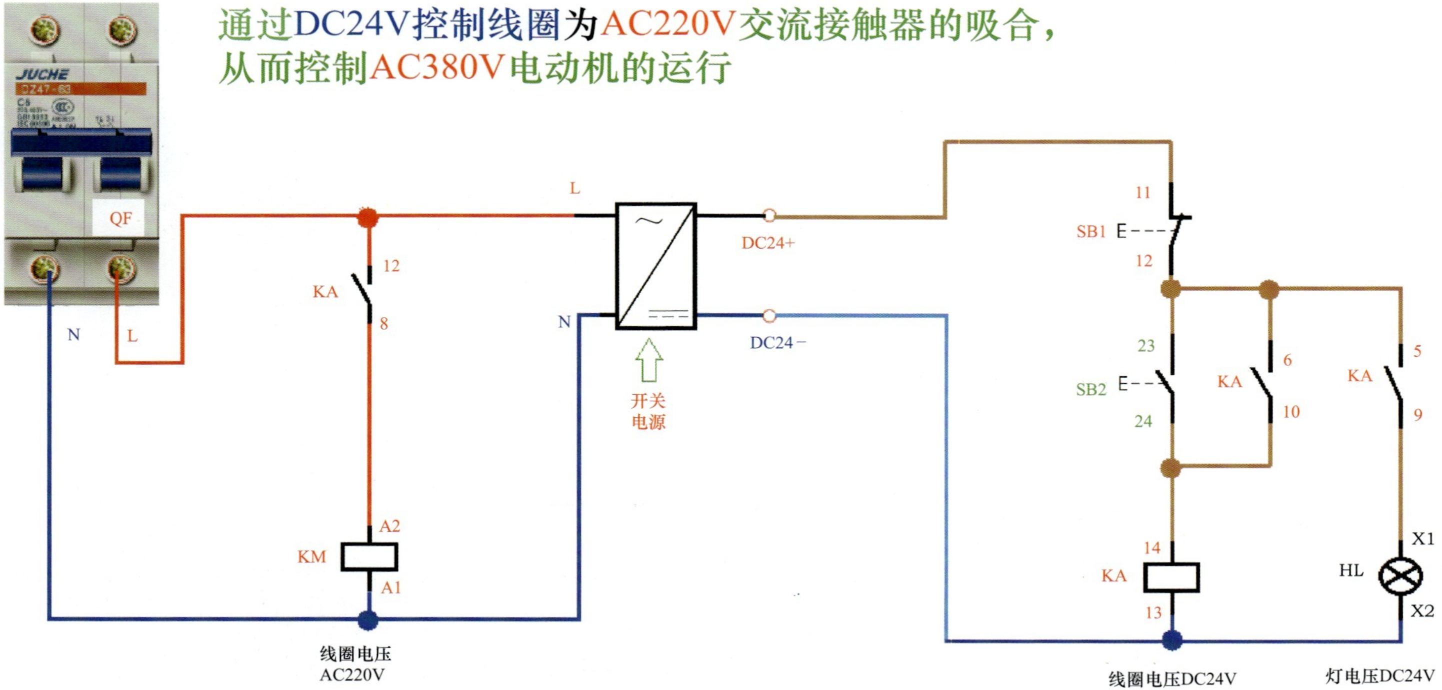

安全电压是指不能使人直接致死或致残的电压。相关标准规定安全电压为不高于36V，持续接触安全电压为24V，安全电流为10mA。在工业设备控制电路中，一般需要人员直接操作的或者人员有可能接触到的电器部分，需要采用安全电压，防止触电危险，比如操作面板上的按钮、指示灯，设备现场的行程开关、接近开关等。

开关电源（安全电压）、DC24V控制AC380V电动机（弱电控强电）。开关电源相当于一个变压器，将某一电压转换成适合用电设备需求的特定电压，区别是：变压器是交流变交流，开关电源是交流变直流。工业设备常用的开关电源是AC380V或AC220V转换成安全电压DC12V、DC24V或DC36V。

低电压控制高电压电路

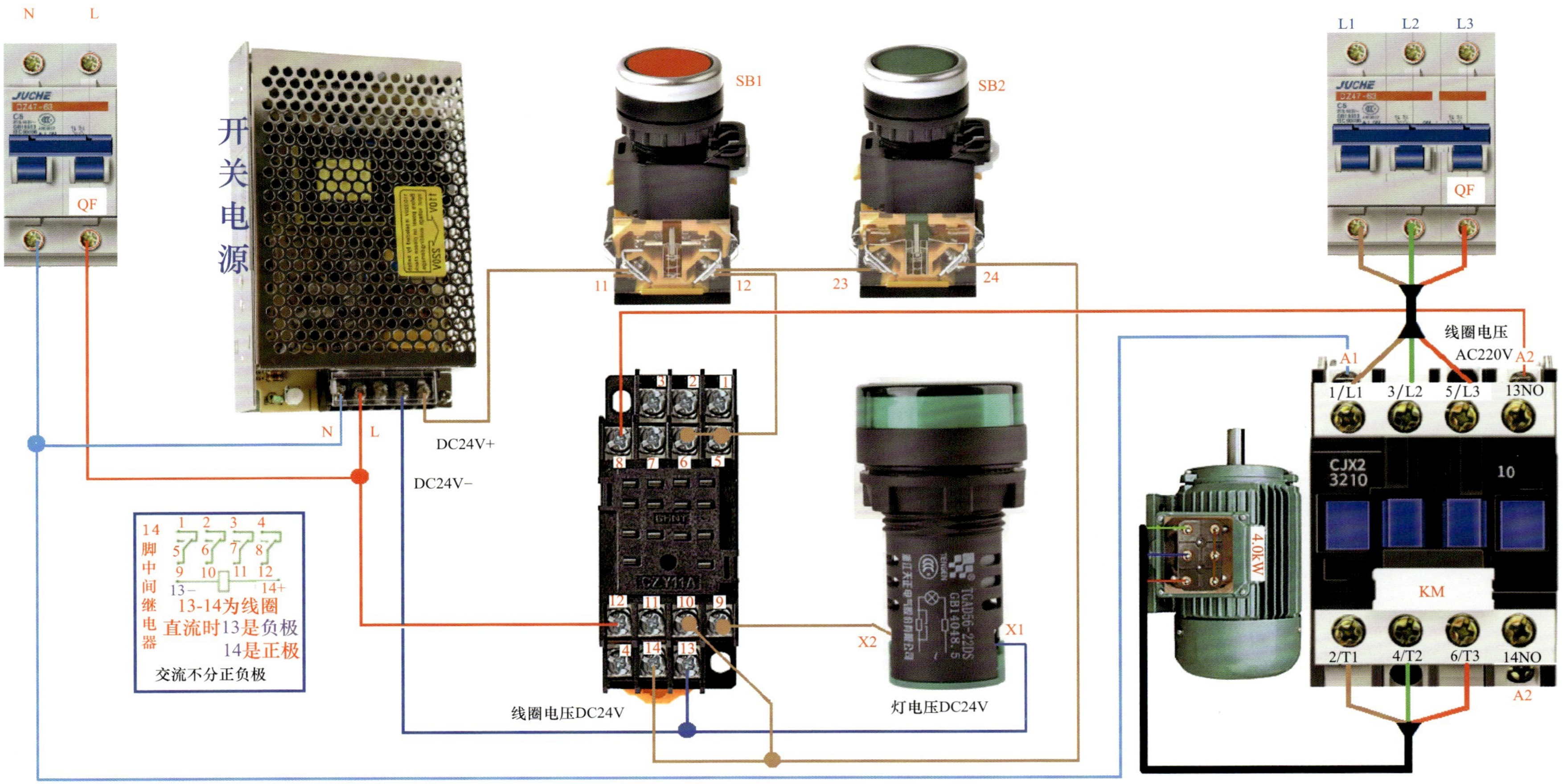
N
L
QF
开关电源
N
L
DC24V+
DC24V−
SB1
SB2
11
12
23
24
3
2
1
8
7
6
5
12
11
10
9
4
14
13
线圈电压DC24V
X2
X1
灯电压DC24V
L1
L2
L3
QF
线圈电压
AC220V
A1
A2
1/L1
3/L2
5/L3
13NO
CJX2
3210
10
KM
2/T1
4/T2
6/T3
14NO
A2
4.0kW
14脚中间继电器
1 2 3 4
5 6 7 8
9 10 11 12
13− 14+
13-14为线圈
直流时13是负极
14是正极
交流不分正负极

低电压控制高电压电路实物接线图

→5 NPN、PNP 型接近开关的串联和并联及实物接线图

NPN和PNP型接近开关的串联

NPN和PNP型接近开关的并联

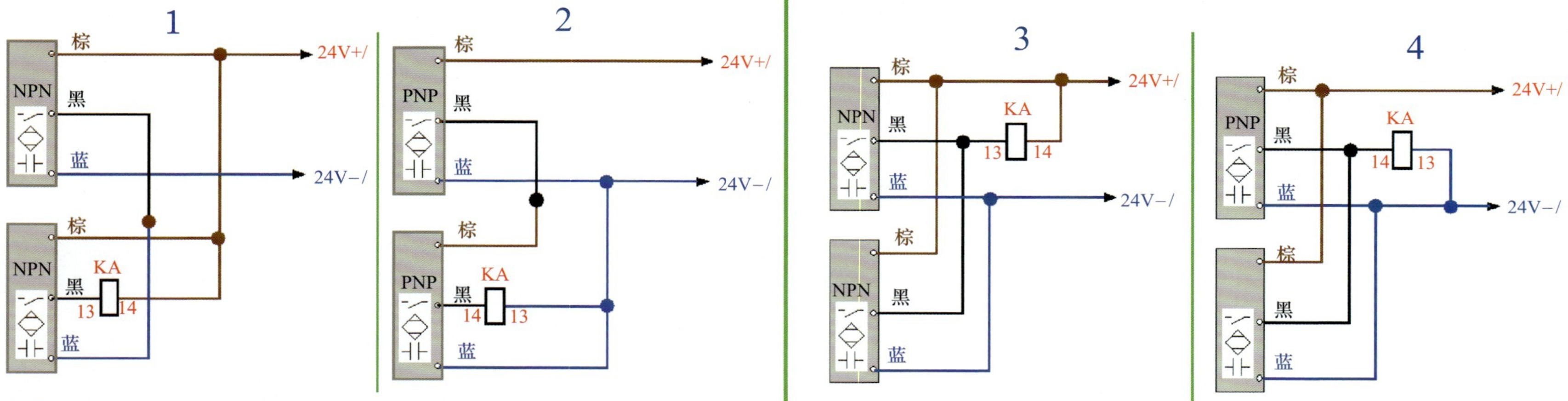

上图是两个NPN型接近开关的串联

上图是两个PNP型接近开关的串联

上图是两个NPN型接近开关的并联

上图是两个PNP型接近开关的并联

接近开关的串联：三个、四个接近开关串联的接线与两个串联一样的，就是通过上一个接近开关的信号输出线（黑色线）给下一个接近开关供电。

NPN、PNP 型接近开关的串联和并联

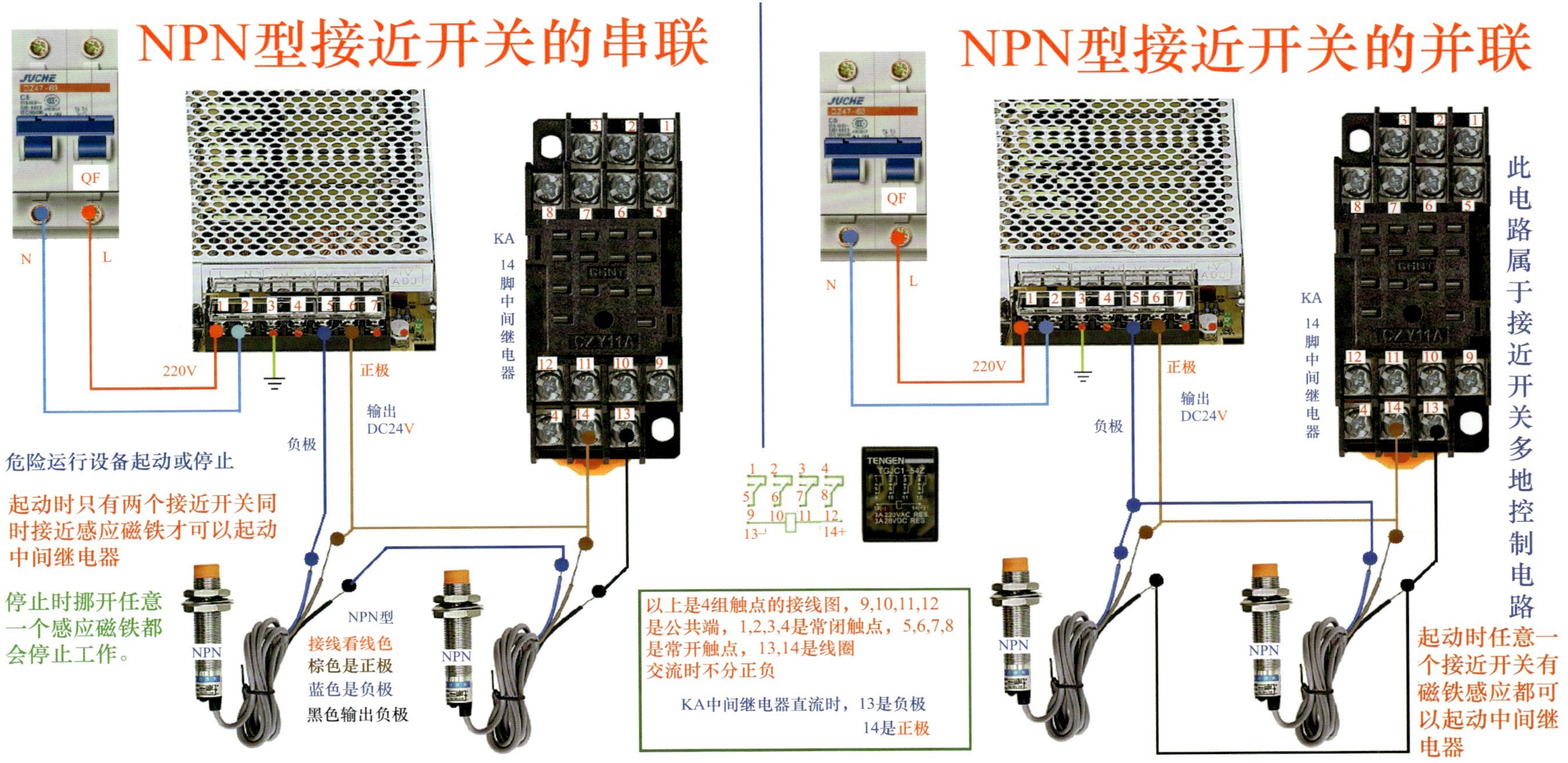

NPN型接近开关的串联
QF
N
L
220V
正极
负极
输出
DC24V
KA
14脚中间继电器
危险运行设备起动或停止
起动时只有两个接近开关同时接近感应磁铁才可以起动中间继电器
停止时挪开任意一个感应磁铁都会停止工作。
NPN型
接线看线色
棕色是正极
蓝色是负极
黑色输出负极
NPN
NPN型接近开关的并联
此电路属于接近开关多地控制电路
起动时任意一个接近开关有磁铁感应都可以起动中间继电器
以上是4组触点的接线图，9,10,11,12是公共端，1,2,3,4是常闭触点，5,6,7,8是常开触点，13,14是线圈
交流时不分正负
KA中间继电器直流时，13是负极
14是正极

NPN 型接近开关的串联和并联实物接线图

6 两线制光电开关控制三位五通双电控电磁阀循环动作电路及实物接线图

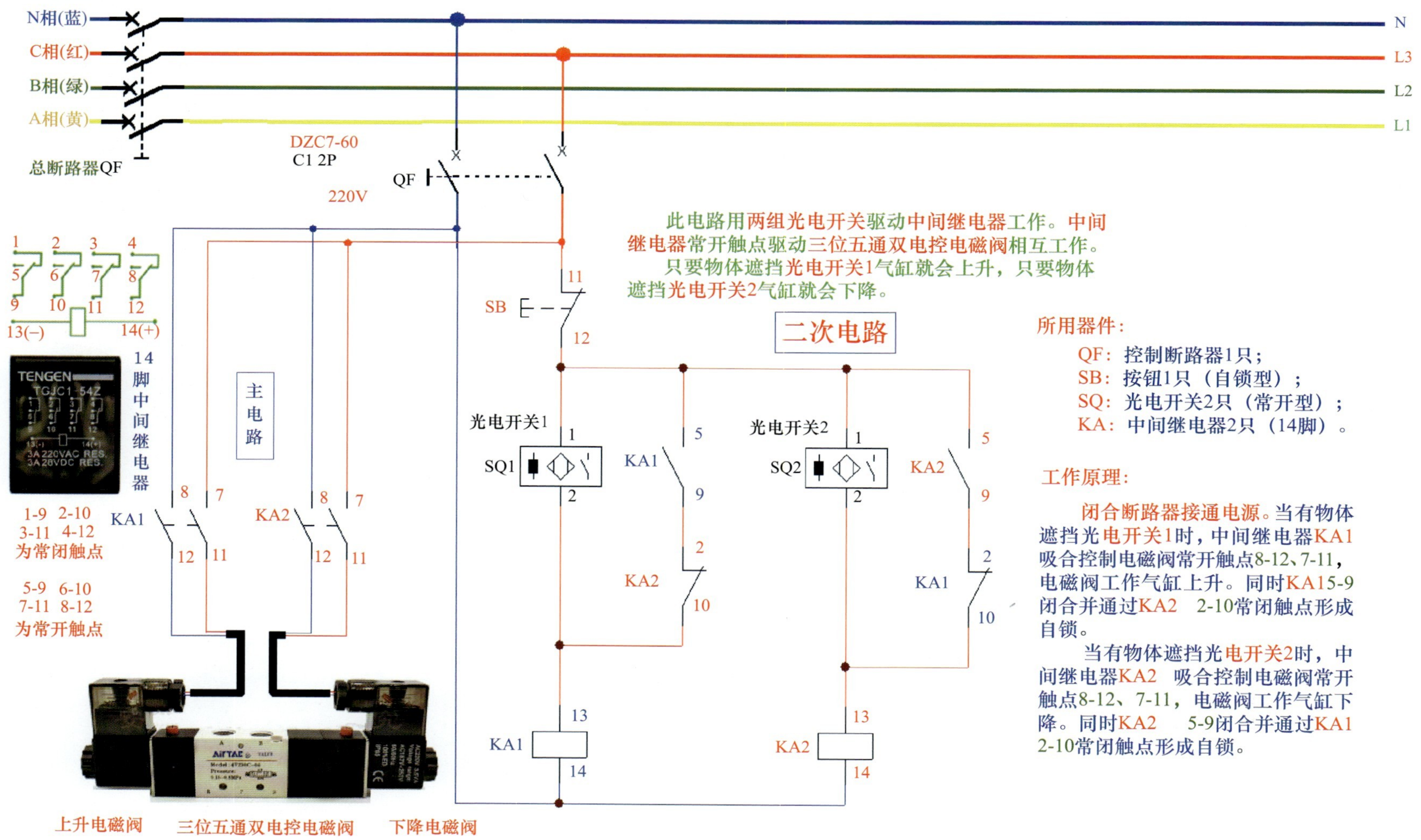

此电路用两组光电开关驱动中间继电器工作。中间继电器常开触点驱动三位五通双电控电磁阀相互工作。

只要物体遮挡光电开关1气缸就会上升，只要物体遮挡光电开关2气缸就会下降。

所用器件：

QF：控制断路器1只；
SB：按钮1只（自锁型）；
SQ：光电开关2只（常开型）；
KA：中间继电器2只（14脚）。

工作原理：

闭合断路器接通电源。当有物体遮挡光电开关1时，中间继电器KA1吸合控制电磁阀常开触点8-12、7-11，电磁阀工作气缸上升。同时KA1 5-9闭合并通过KA2 2-10常闭触点形成自锁。

当有物体遮挡光电开关2时，中间继电器KA2 吸合控制电磁阀常开触点8-12、7-11，电磁阀工作气缸下降。同时KA2 5-9闭合并通过KA1 2-10常闭触点形成自锁。

两线制光电开关控制三位五通双电控电磁阀循环动作电路

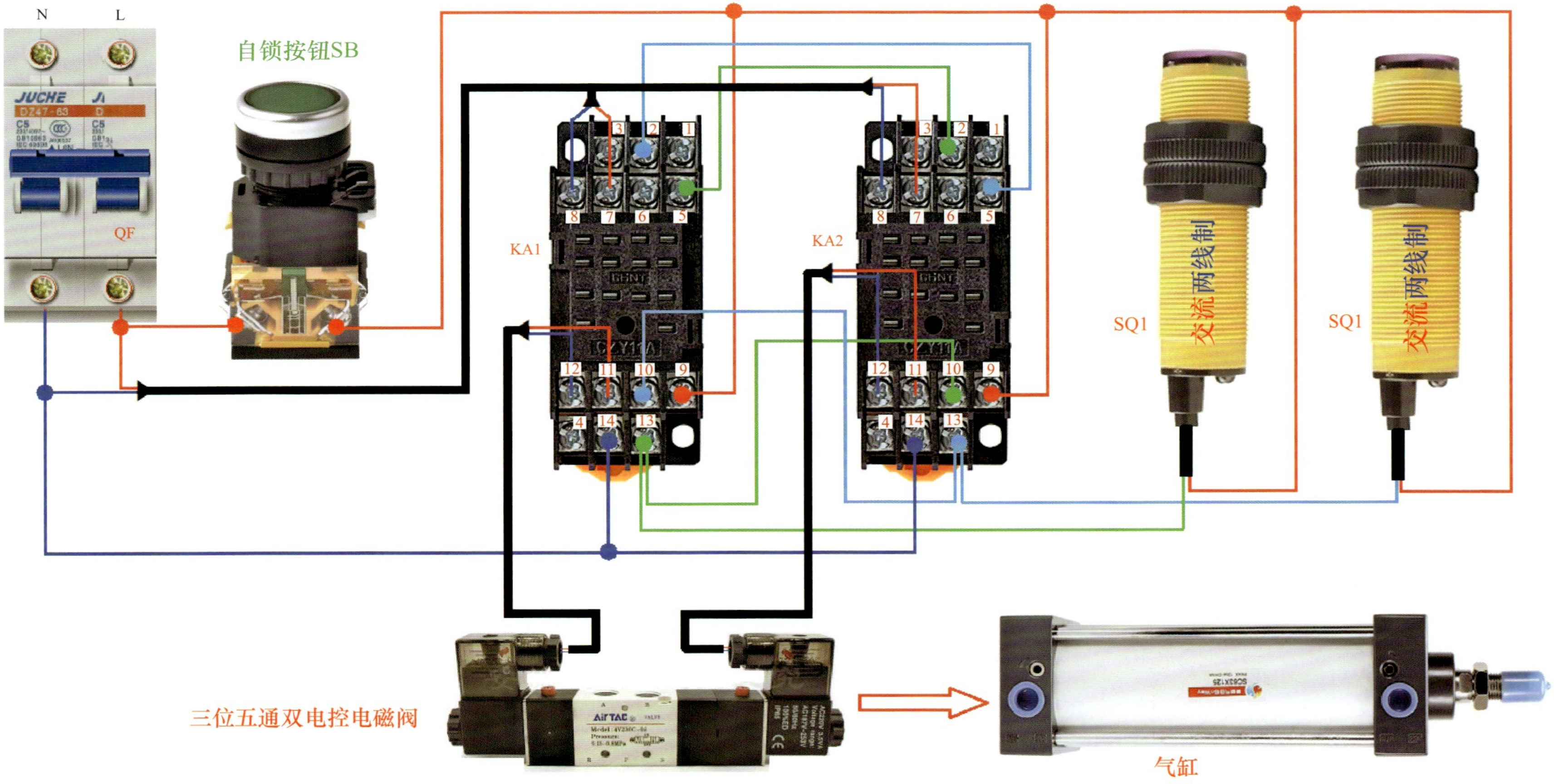

两线制光电开关控制三位五通双电控电磁阀循环动作电路实物接线图

→7 中间继电器互锁电路及实物接线图

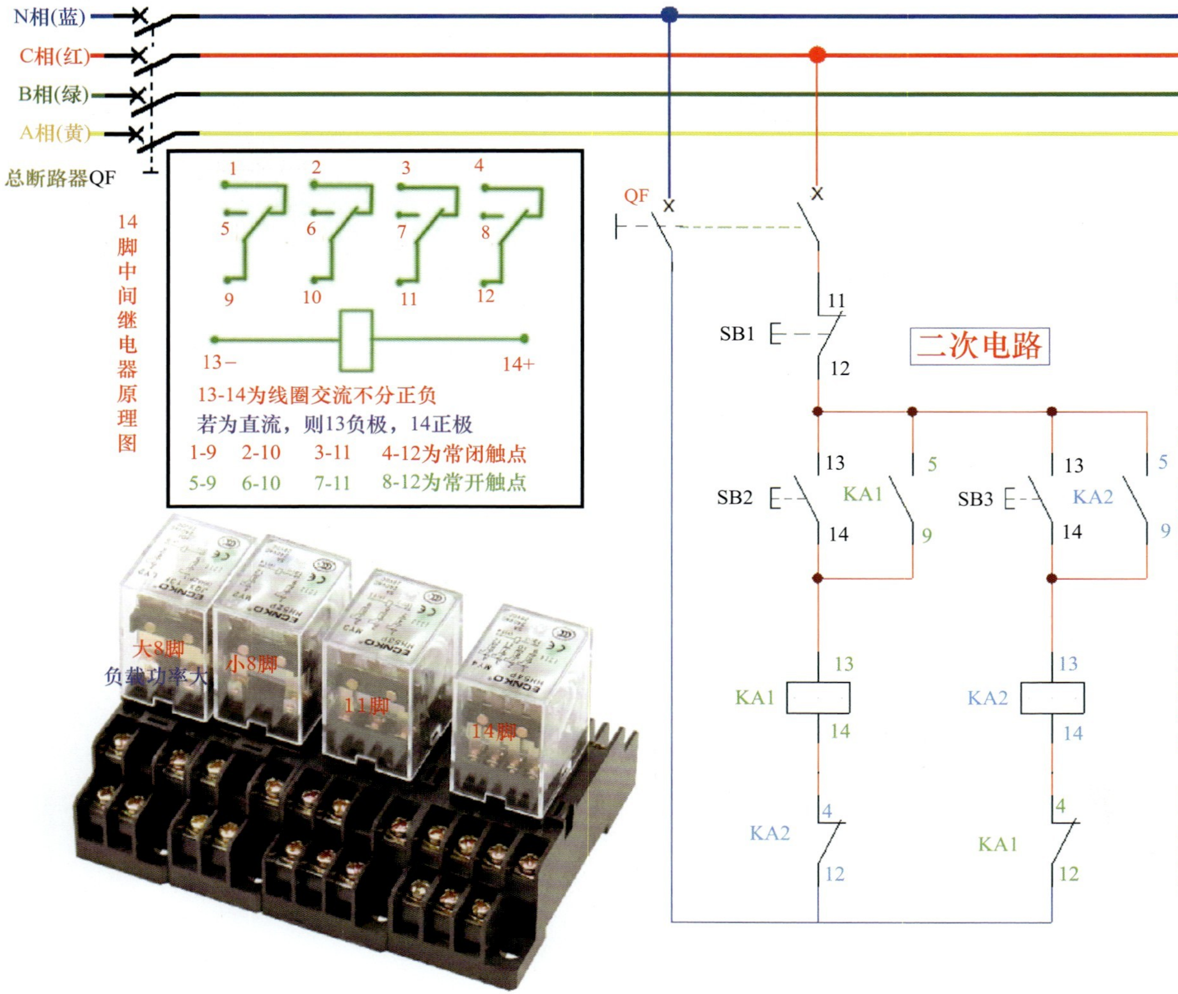

中间继电器互锁电路

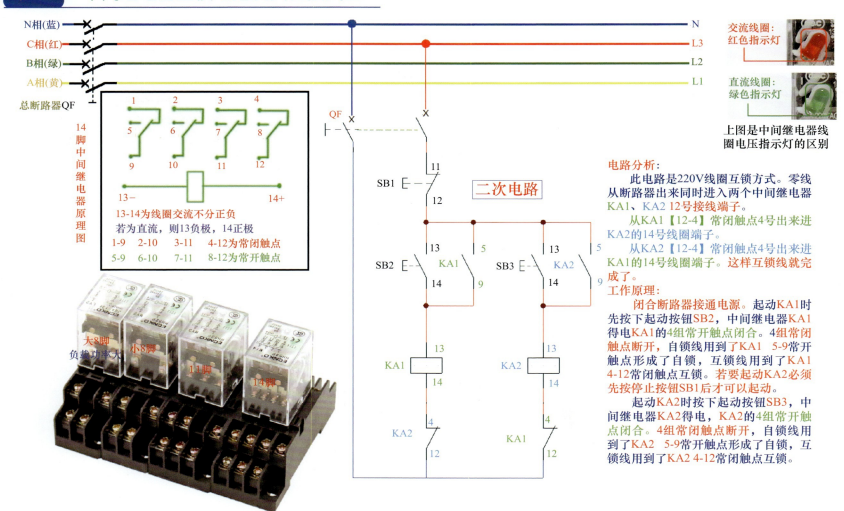

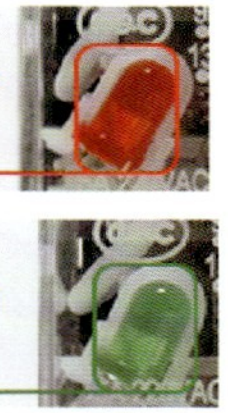

上图是中间继电器线圈电压指示灯的区别

电路分析：

此电路是220V线圈互锁方式。零线从断路器出来同时进入两个中间继电器KA1、KA2 12号接线端子。

从KA1【12-4】常闭触点4号出来进KA2的14号线圈端子。

从KA2【12-4】常闭触点4号出来进KA1的14号线圈端子。这样互锁线就完成了。

工作原理：

闭合断路器接通电源。起动KA1时先按下起动按钮SB2，中间继电器KA1得电KA1的4组常开触点闭合。4组常闭触点断开，自锁线用到了KA1 5-9常开触点形成了自锁，互锁线用到了KA1 4-12常闭触点互锁。若要起动KA2必须先按停止按钮SB1后才可以起动。

起动KA2时按下起动按钮SB3，中间继电器KA2得电，KA2的4组常开触点闭合。4组常闭触点断开，自锁线用到了KA2 5-9常开触点形成了自锁，互锁线用到了KA2 4-12常闭触点互锁。

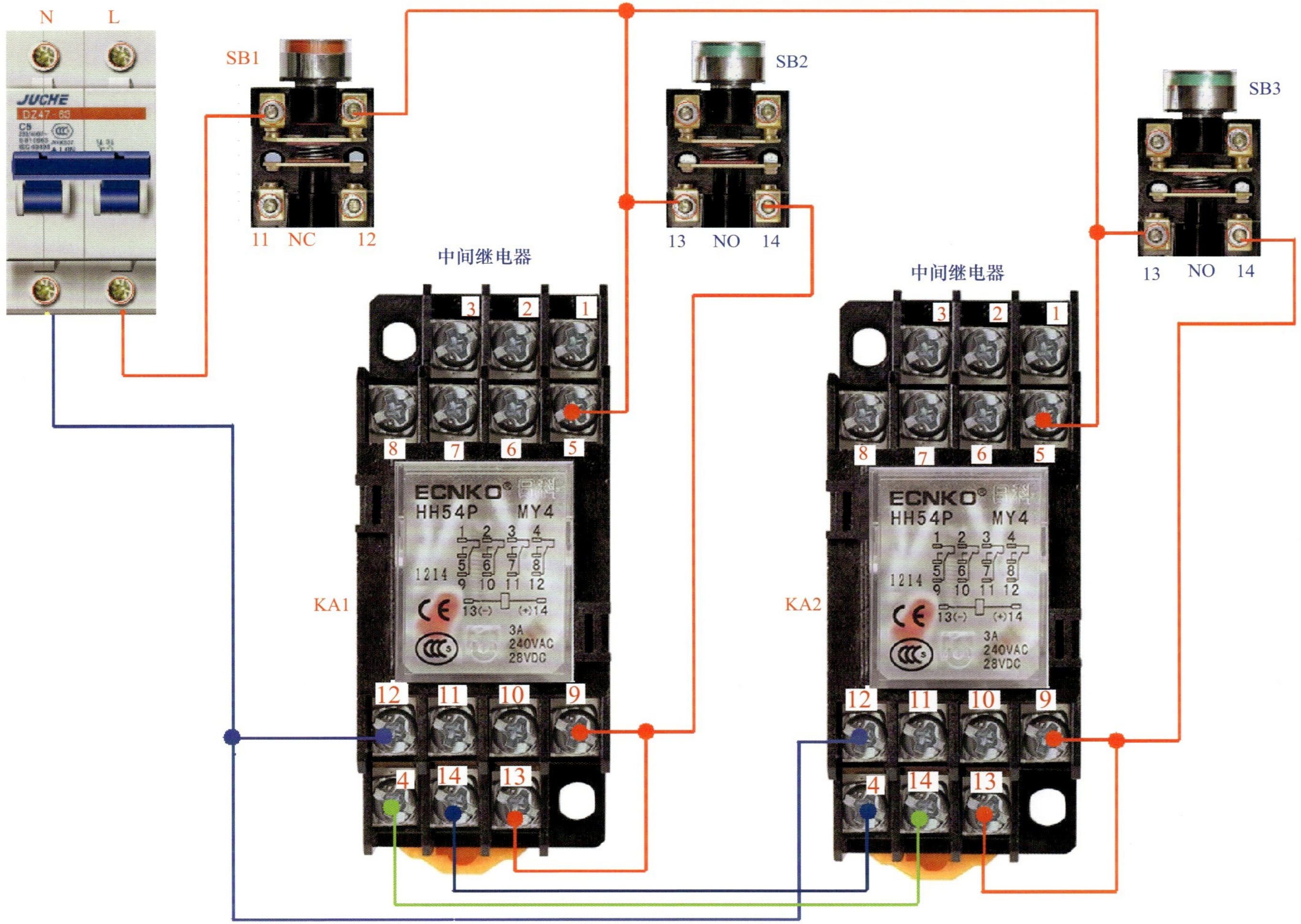

中间继电器互锁电路实物接线图

→8 时控开关手动和自动控制电路及实物接线图

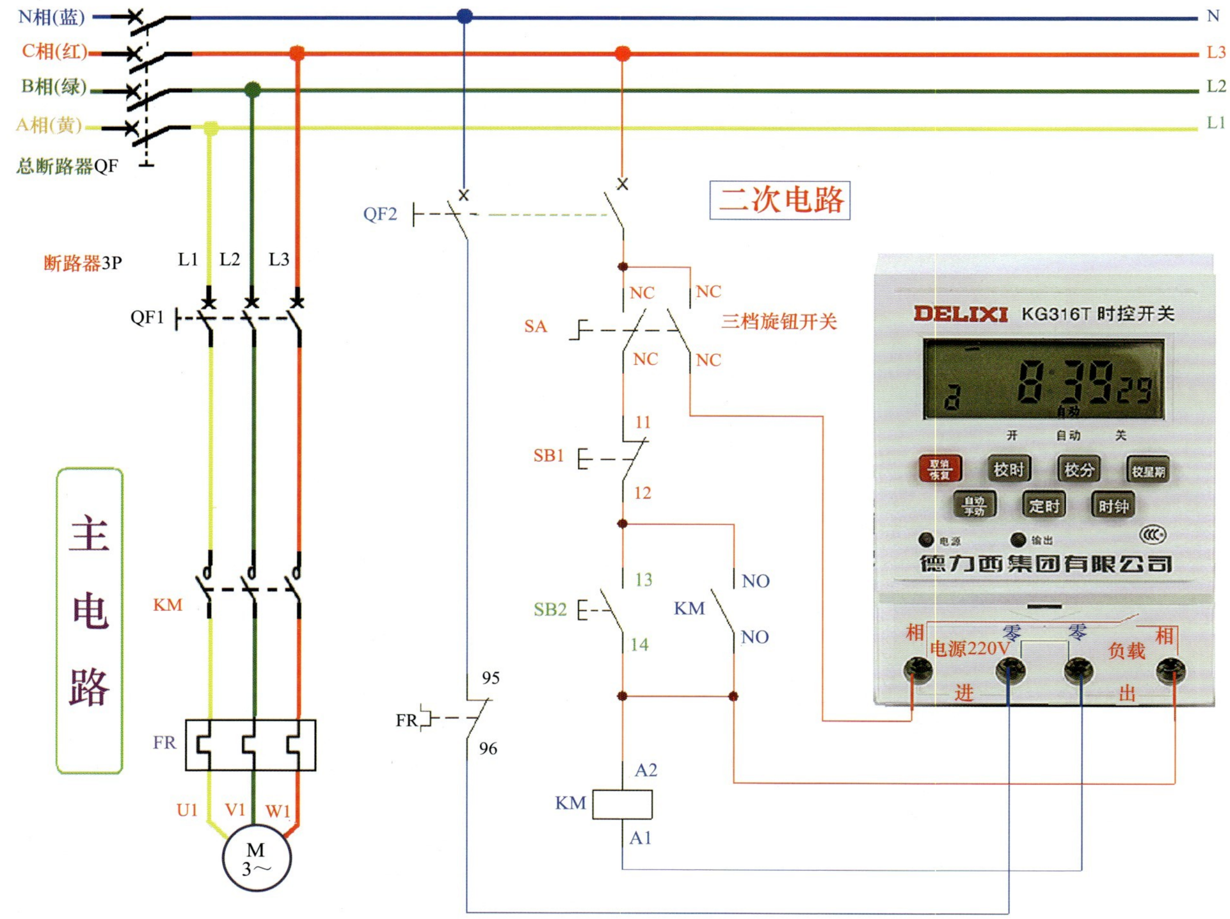

时控开关手动和自动控制电路

常用于工地自动洒水电路

所用器件：

QF1：主断路器1只；
QF2：控制断路器1只；
KM：交流接触器1只；
FR：热继电器1只；
SB：按钮2只；
SA：旋钮开关1只(自锁型)。

工作原理：

闭合断路器接通电源。三档旋钮开关处于中间位置时自动和手动均无效，旋钮开关打在右位置时是自动。

电源进入时控开关进线端常开端子根据设定的时间段把时控开关设置为自动。到了设定的时间负载端时控常开触点闭合，接触器KM线圈主触点闭合，水泵工作。停止时间，根据设定的时间自动关闭。时控开关面板带有自动手动功能，也可以直接操作开和关。

旋钮开关打在左位置时是手动。

按下起动按钮SB2，KM线圈得电，主触点闭合，辅助触点闭合自锁，水泵长动工作。需要停止时按下SB1，KM线圈失电自锁解除，水泵停止工作。

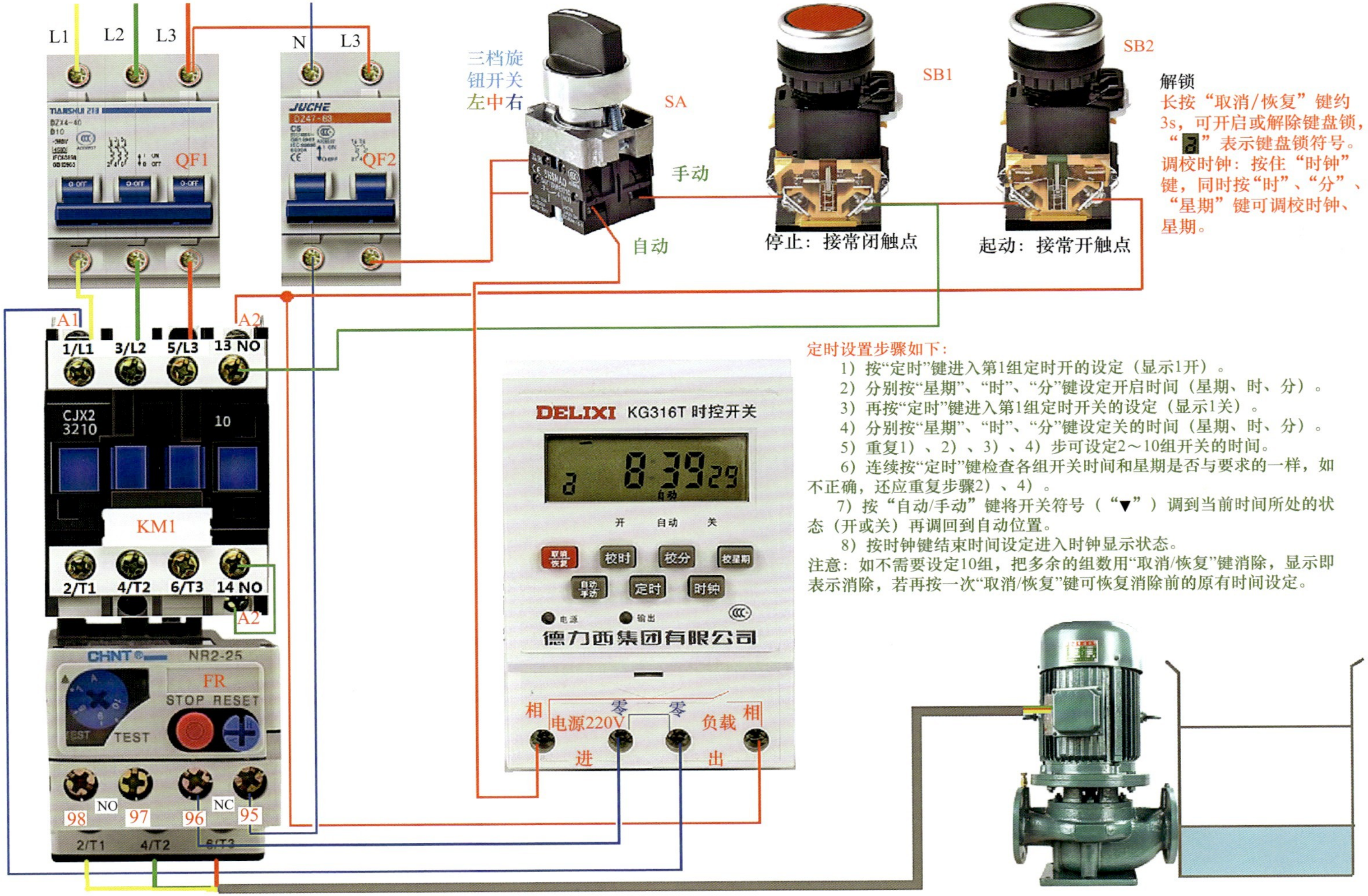

定时设置步骤如下：

1）按“定时”键进入第1组定时开的设定（显示1开）。

2）分别按“星期”、“时”、“分”键设定开启时间（星期、时、分）。

3）再按“定时”键进入第1组定时开关的设定（显示1关）。

4）分别按“星期”、“时”、“分”键设定关的时间（星期、时、分）。

5）重复1）、2）、3）、4）步可设定2～10组开关的时间。

6）连续按“定时”键检查各组开关时间和星期是否与要求的一样，如不正确，还应重复步骤2）、4）。

7）按“自动/手动”键将开关符号（“▼”）调到当前时间所处的状态（开或关）再调回到自动位置。

8）按时钟键结束时间设定进入时钟显示状态。

注意：如不需要设定10组，把多余的组数用“取消/恢复”键消除，显示即表示消除，若再按一次“取消/恢复”键可恢复消除前的原有时间设定。

时控开关手动和自动控制电路实物接线图

→9 时控开关控制自动和手动起动电路及实物接线图

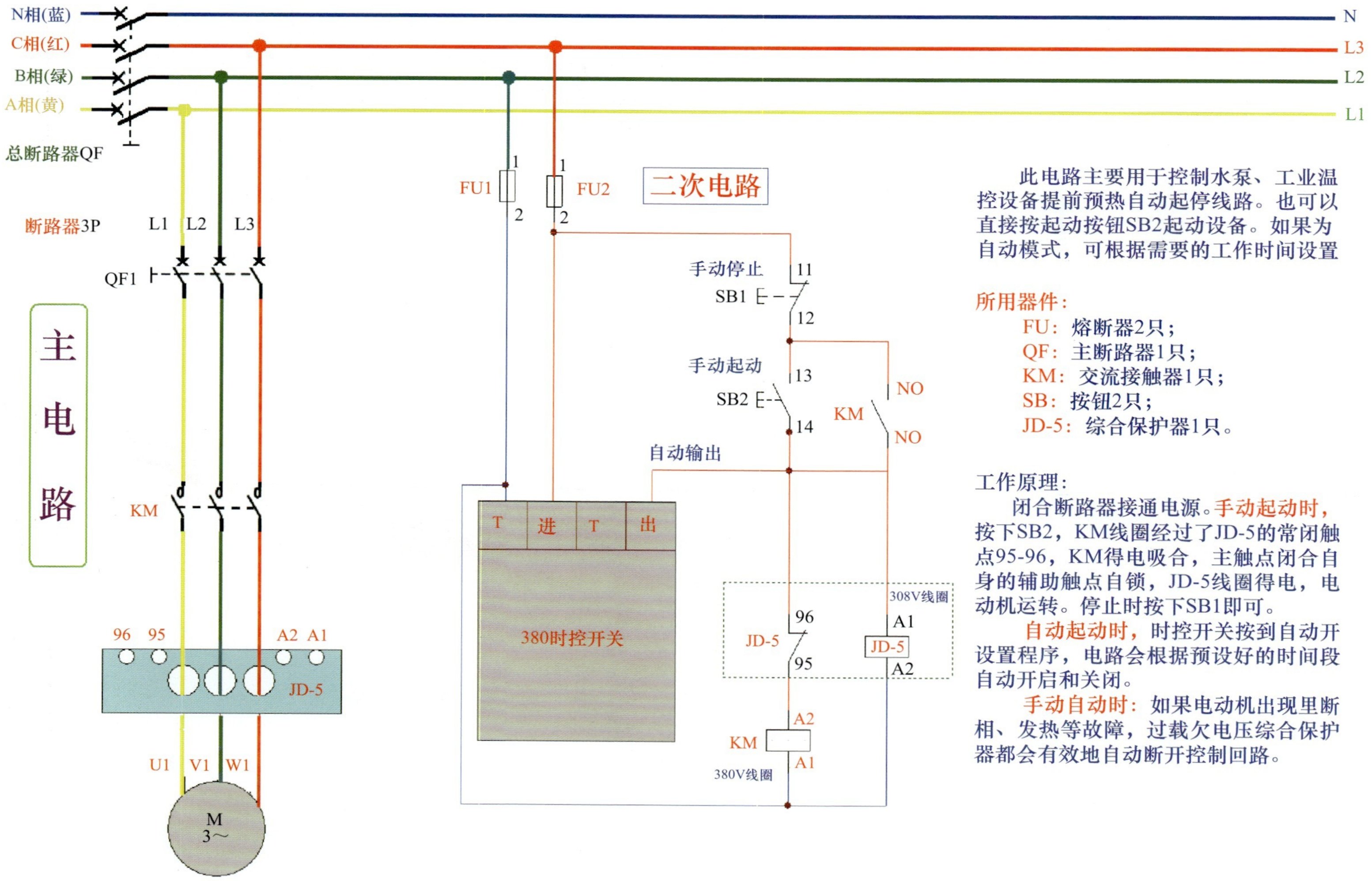

此电路主要用于控制水泵、工业温控设备提前预热自动起停线路。也可以直接按起动按钮SB2起动设备。如果为自动模式，可根据需要的工作时间设置

所用器件：

FU：熔断器2只；
QF：主断路器1只；
KM：交流接触器1只；
SB：按钮2只；
JD-5：综合保护器1只。

工作原理：

闭合断路器接通电源。**手动起动时，**按下SB2，KM线圈经过了JD-5的常闭触点95-96，KM得电吸合，主触点闭合自身的辅助触点自锁，JD-5线圈得电，电动机运转。停止时按下SB1即可。

自动起动时，时控开关按到自动开设置程序，电路会根据预设好的时间段自动开启和关闭。

手动自动时：如果电动机出现里断相、发热等故障，过载欠电压综合保护器都会有效地自动断开控制回路。

时控开关控制自动和手动起动电路

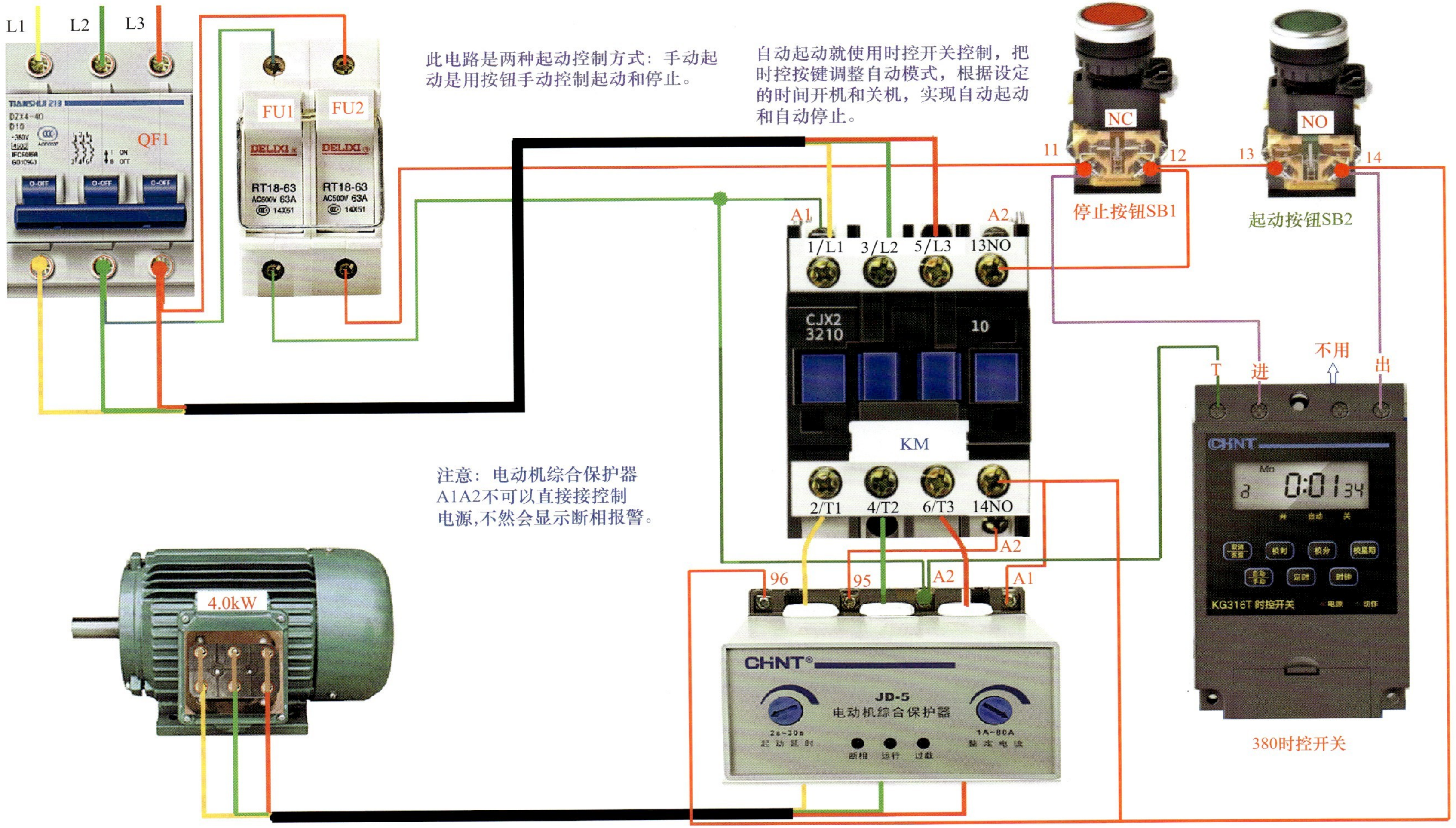

L1
L2
L3
QF1
FU1
FU2
DELIXI
RT18-63
此电路是两种起动控制方式：手动起动是用按钮手动控制起动和停止。
自动起动就使用时控开关控制，把时控按键调整自动模式，根据设定的时间开机和关机，实现自动起动和自动停止。
NC
NO
11
12
13
14
停止按钮SB1
起动按钮SB2
A1
A2
1/L1
3/L2
5/L3
13NO
CJX2
3210
10
KM
2/T1
4/T2
6/T3
14NO
T
进
不用
出
注意：电动机综合保护器A1A2不可以直接接控制电源,不然会显示断相报警。
4.0kW
96
95
A2
A1
CHNT
JD-5
电动机综合保护器
KG316T 时控开关
380时控开关

时控开关控制自动和手动起动电路实物接线图

→10 时控开关自动控制起动前预警电路及实物接线图

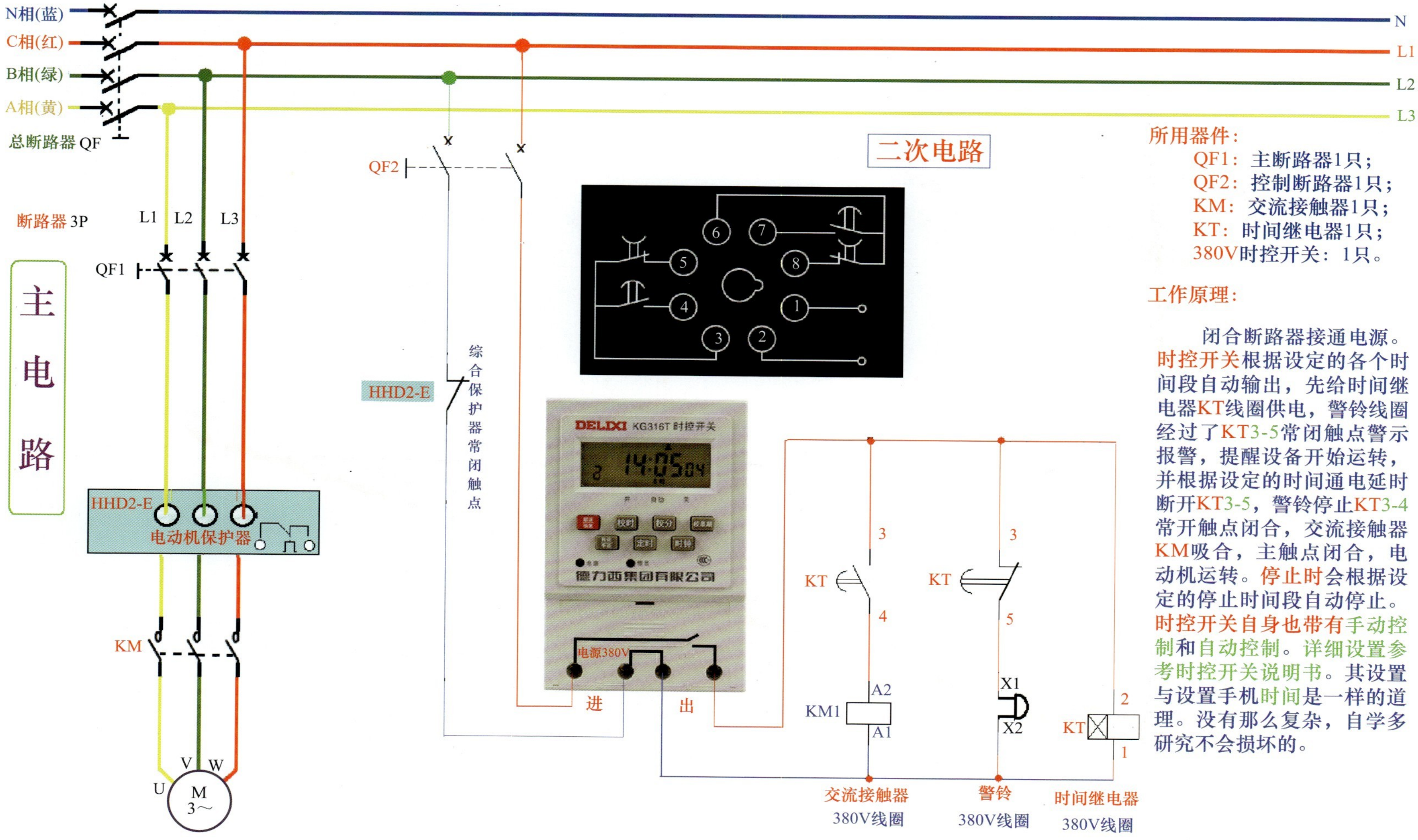

所用器件：

QF1：主断路器1只；
QF2：控制断路器1只；
KM：交流接触器1只；
KT：时间继电器1只；
380V时控开关：1只。

工作原理：

闭合断路器接通电源。时控开关根据设定的各个时间段自动输出，先给时间继电器KT线圈供电，警铃线圈经过了KT3-5常闭触点警示报警，提醒设备开始运转，并根据设定的时间通电延时断开KT3-5，警铃停止KT3-4常开触点闭合，交流接触器KM吸合，主触点闭合，电动机运转。停止时会根据设定的停止时间段自动停止。时控开关自身也带有手动控制和自动控制。详细设置参考时控开关说明书。其设置与设置手机时间是一样的道理。没有那么复杂，自学多研究不会损坏的。

时控开关自动控制起动前预警电路

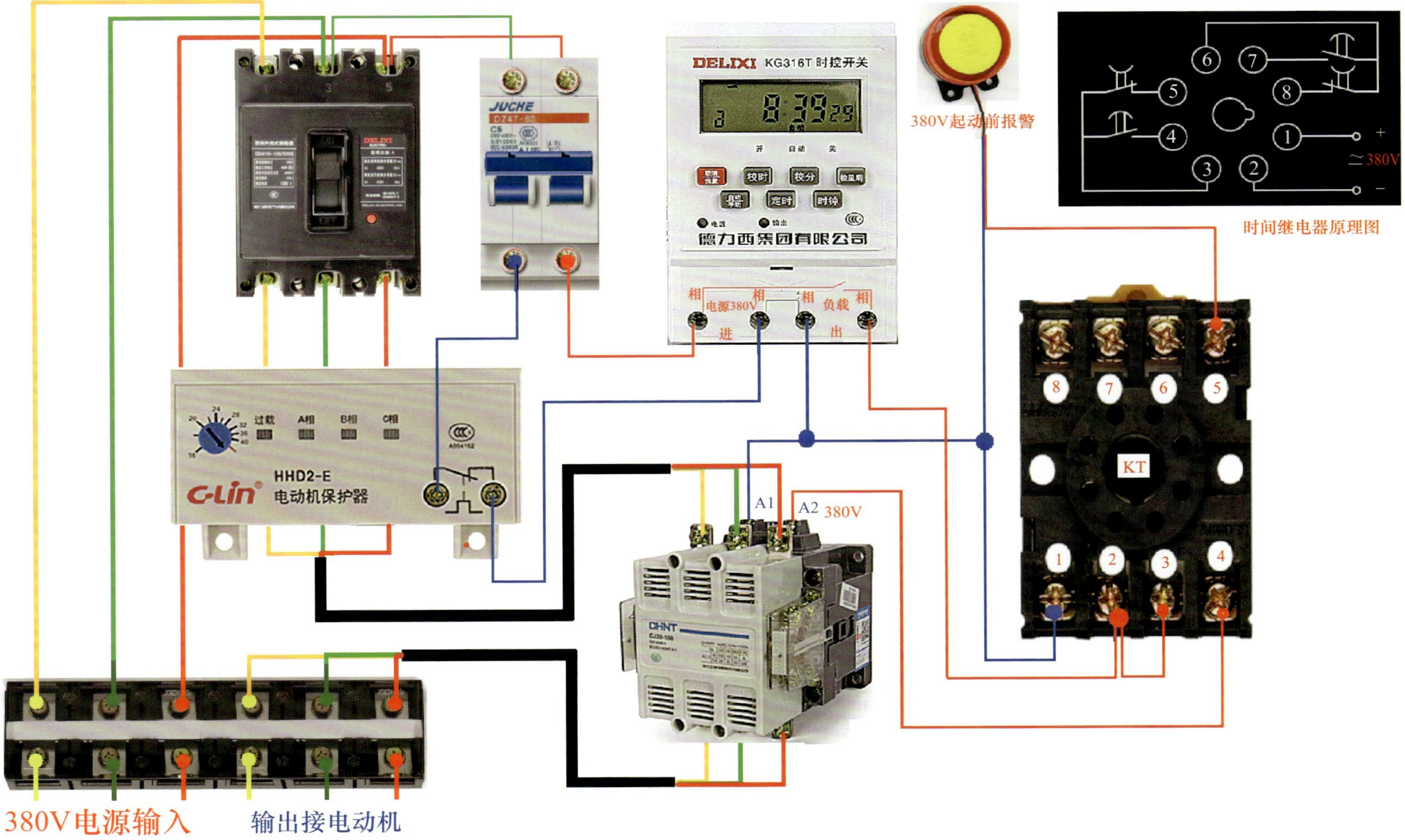

时控开关自动控制起动前预警电路实物接线图

→11 两个时间继电器控制两个交流接触器循环吸合电路及实物接线图

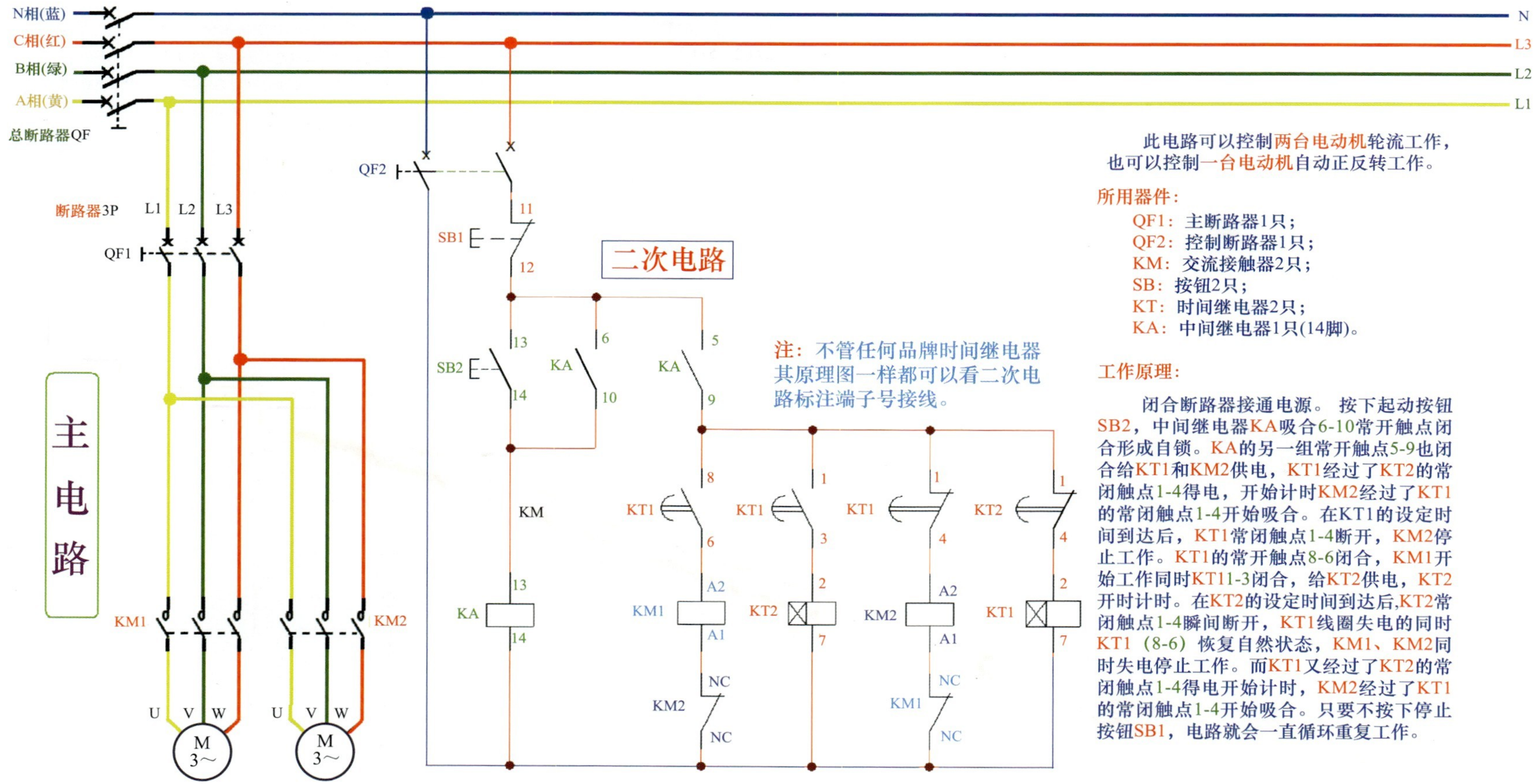

此电路可以控制两台电动机轮流工作，也可以控制一台电动机自动正反转工作。

所用器件：

QF1：主断路器1只；
QF2：控制断路器1只；
KM：交流接触器2只；
SB：按钮2只；
KT：时间继电器2只；
KA：中间继电器1只(14脚)。

工作原理：

闭合断路器接通电源。按下起动按钮SB2，中间继电器KA吸合6-10常开触点闭合形成自锁。KA的另一组常开触点5-9也闭合给KT1和KM2供电，KT1经过了KT2的常闭触点1-4得电，开始计时KM2经过了KT1的常闭触点1-4开始吸合。在KT1的设定时间到达后，KT1常闭触点1-4断开，KM2停止工作。KT1的常开触点8-6闭合，KM1开始工作同时KT11-3闭合，给KT2供电，KT2开时计时。在KT2的设定时间到达后,KT2常闭触点1-4瞬间断开，KT1线圈失电的同时KT1（8-6）恢复自然状态，KM1、KM2同时失电停止工作。而KT1又经过了KT2的常闭触点1-4得电开始计时，KM2经过了KT1的常闭触点1-4开始吸合。只要不按下停止按钮SB1，电路就会一直循环重复工作。

两个时间继电器控制两个交流接触器循环吸合电路

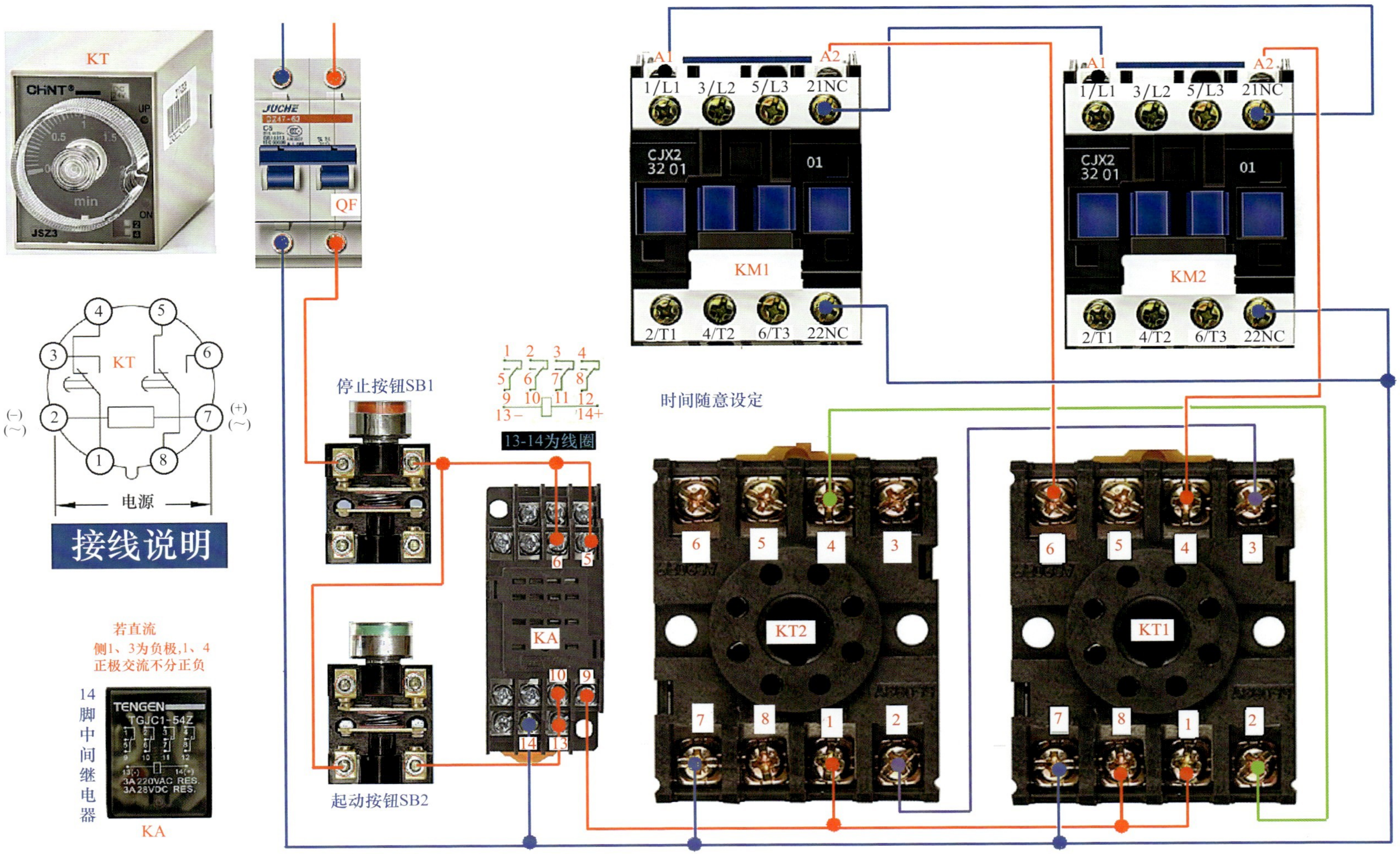

两个时间继电器控制两个交流接触器循环吸合电路实物接线图

→12 两个灯泡延时循环点亮电路及实物接线图

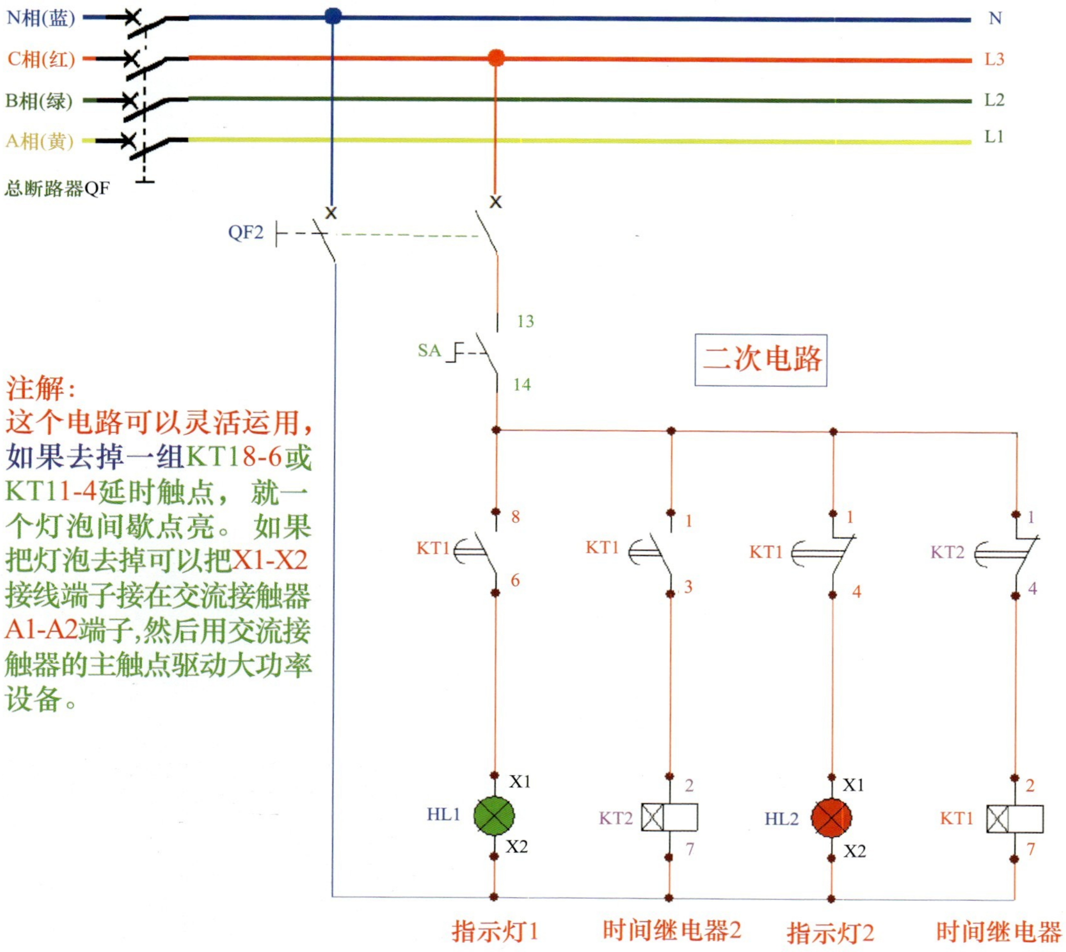

两个灯泡延时循环点亮电路

此电路可以用一个双延时时间继电器完成。想要控制大功率循环就要配交流接触器。

所用器件：

QF2：控制断路器1只；
SA：旋钮开关1只；
KT：时间继电器2只；
HL：指示灯2只。

注解：

这个电路可以灵活运用，如果去掉一组KT18-6或KT11-4延时触点，就一个灯泡间歇点亮。如果把灯泡去掉可以把X1-X2接线端子接在交流接触器A1-A2端子,然后用交流接触器的主触点驱动大功率设备。

工作原理：

闭合断路器接通电源。打开自锁旋钮开关SA为KT1和HL2供电，KT1经过了KT2的常闭触点1-4得电，开始计时，HL2经过了KT1的常闭触点1-4供电点亮。在KT1的设定时间到达后，KT1常闭触点1-4断开，HL2停止熄灭。KT1的常开触点8-6闭合，HL1开始点亮，同时KT11-3闭合给KT2供电，KT2开始计时。在KT2的设定时间到达后，KT2常闭触点1-4瞬间断开，KT1线圈失电后，KT1的两组常开触点恢复自然状态；KT2停止工作。KT1又经过了KT2的常闭触点1-4得电，开始计时，HL2经过了KT1的常闭触点1-4开始点亮。只要自锁旋钮开关SA不关闭，它们就会一直循环重复点亮熄灭。

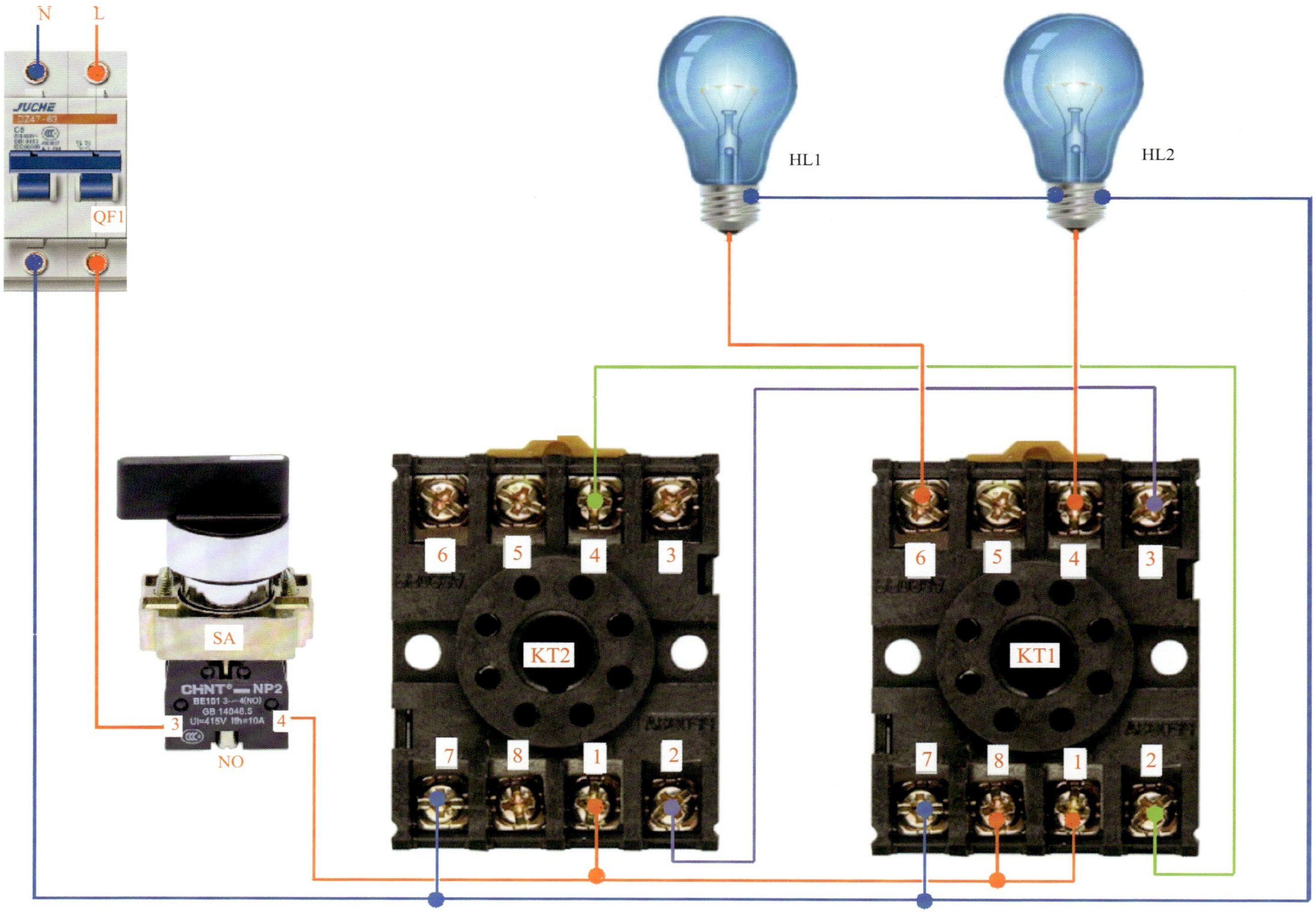

两个灯泡延时循环点亮电路实物接线图

→13 设备起动前报警电路及实物接线图

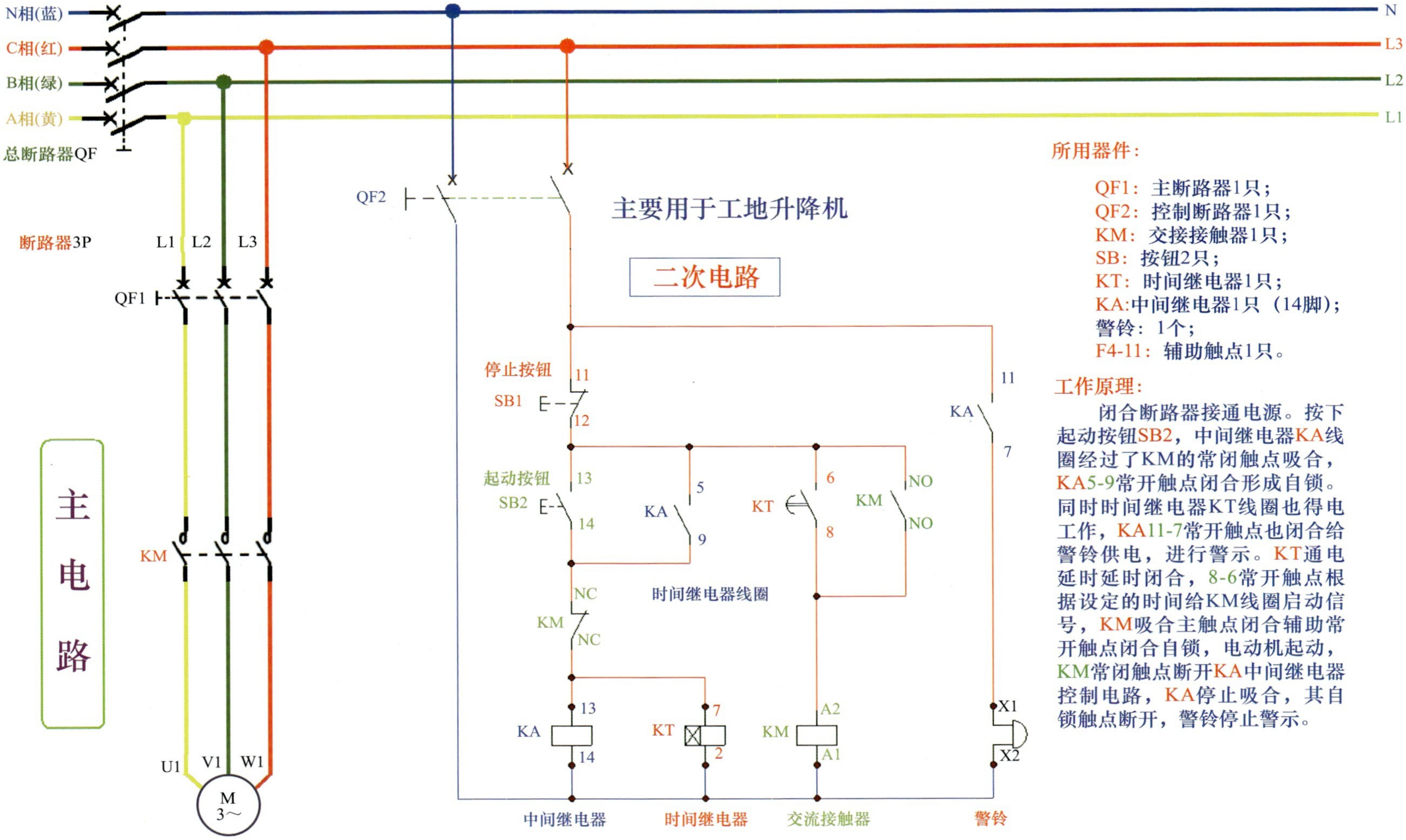

设备起动前报警电路

所用器件：

QF1：主断路器1只；
QF2：控制断路器1只；
KM：交接接触器1只；
SB：按钮2只；
KT：时间继电器1只；
KA:中间继电器1只（14脚）；
警铃：1个；
F4-11：辅助触点1只。

工作原理：

闭合断路器接通电源。按下起动按钮SB2，中间继电器KA线圈经过了KM的常闭触点吸合，KA5-9常开触点闭合形成自锁。同时时间继电器KT线圈也得电工作，KA11-7常开触点也闭合给警铃供电，进行警示。KT通电延时延时闭合，8-6常开触点根据设定的时间给KM线圈启动信号，KM吸合主触点闭合辅助常开触点闭合自锁，电动机起动，KM常闭触点断开KA中间继电器控制电路，KA停止吸合，其自锁触点断开，警铃停止警示。

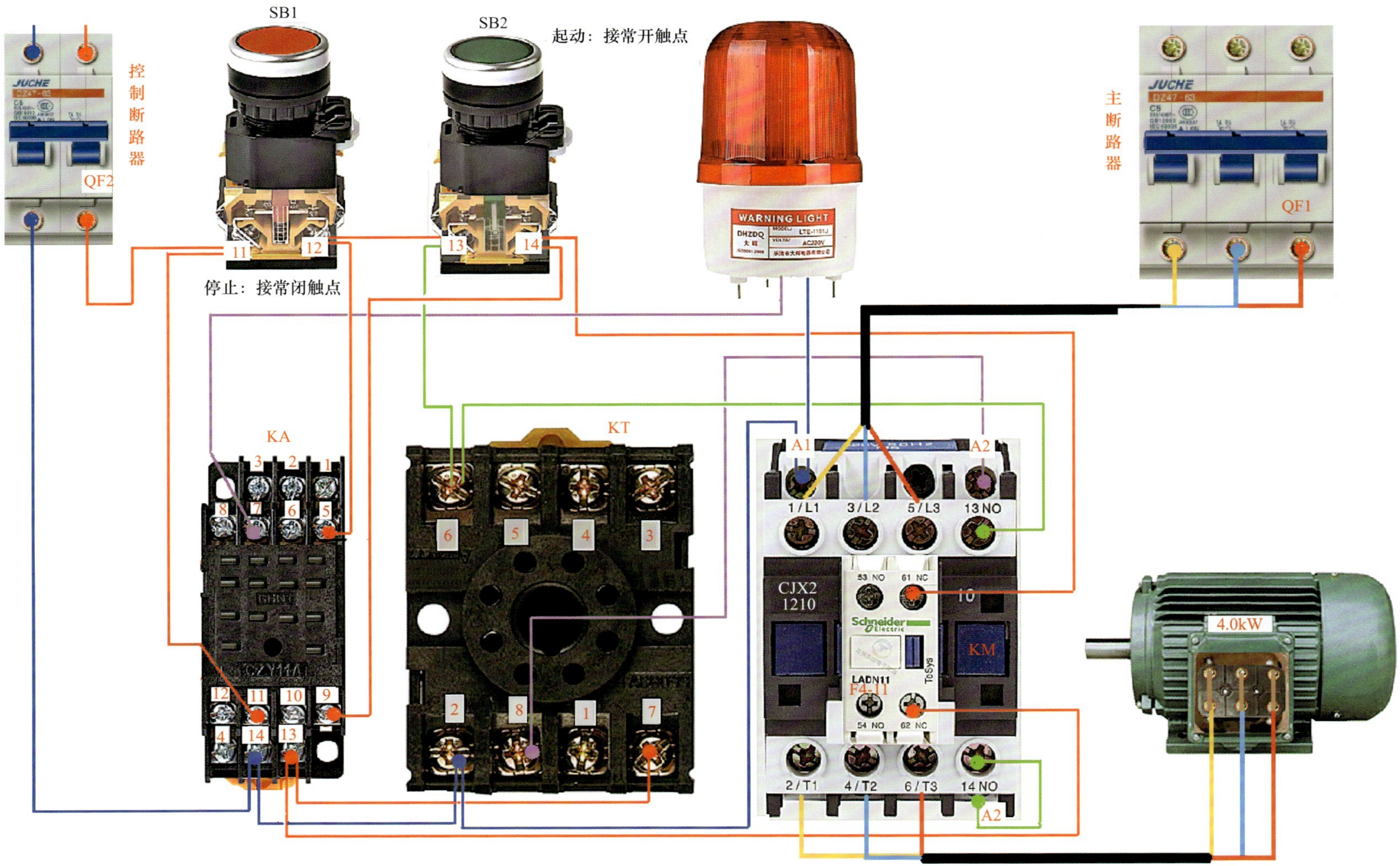
SB1
SB2
起动：接常开触点
停止：接常闭触点
控制断路器
QF2
主断路器
QF1
WARNING LIGHT
KA
KT
A1
A2
1/L1
3/L2
5/L3
13 NO
2/T1
4/T2
6/T3
14 NO
CJX2 1210
KM
53 NO
61 NC
54 NO
62 NC
LADN11
F4-11
Schneider Electric
4.0kW

设备起动前报警电路实物接线图

→14 断相与相序保护继电器电路及实物接线图

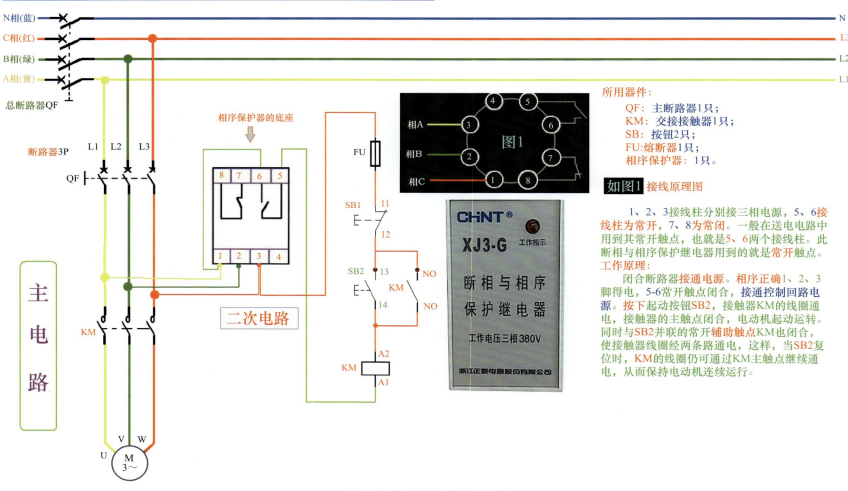

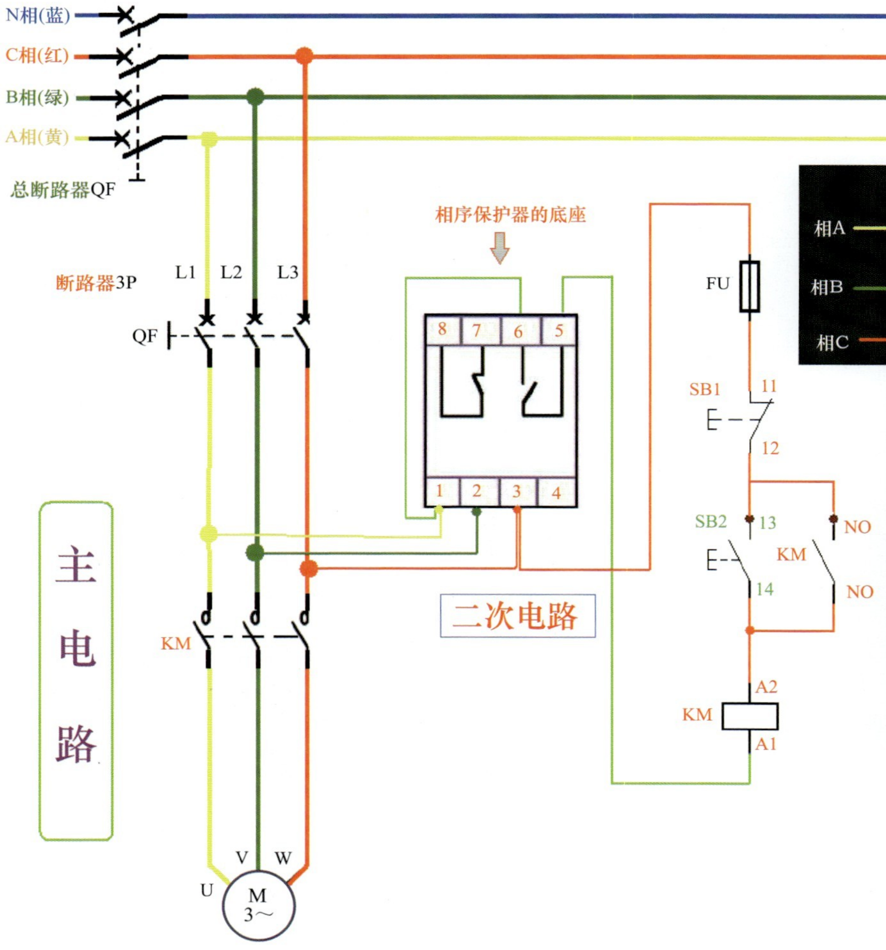

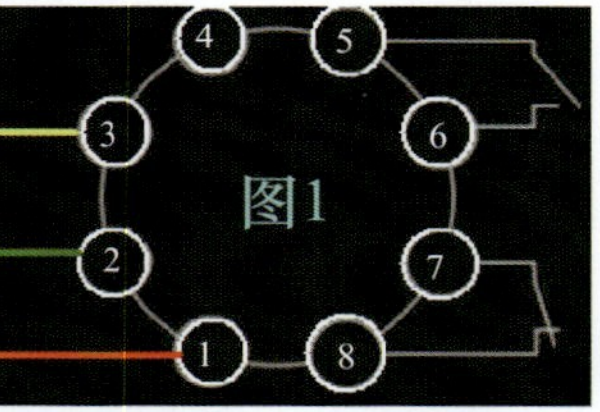

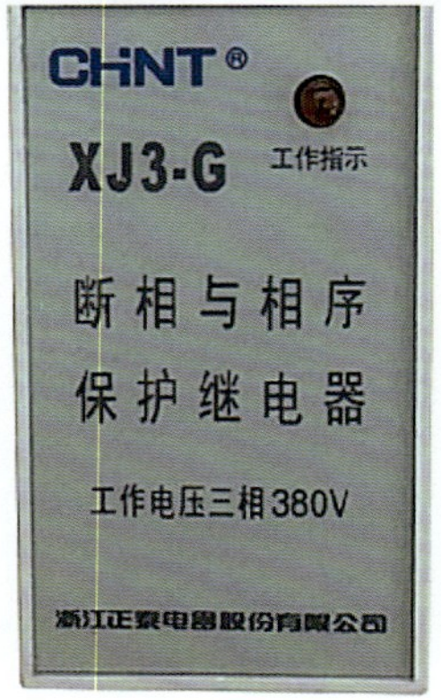

所用器件:

QF：主断路器1只；
KM：交接接触器1只；
SB：按钮2只；
FU:熔断器1只；
相序保护器：1只。

如图1 接线原理图

1、2、3接线柱分别接三相电源，5、6接线柱为常开，7、8为常闭。一般在送电电路中用到其常开触点，也就是5、6两个接线柱。此断相与相序保护继电器用到的就是常开触点。

工作原理:

闭合断路器接通电源。相序正确1、2、3脚得电，5-6常开触点闭合，接通控制回路电源。按下起动按钮SB2，接触器KM的线圈通电，接触器的主触点闭合，电动机起动运转。同时与SB2并联的常开辅助触点KM也闭合，使接触器线圈经两条路通电，这样，当SB2复位时，KM的线圈仍可通过KM主触点继续通电，从而保持电动机连续运行。

断相与相序保护继电器电路

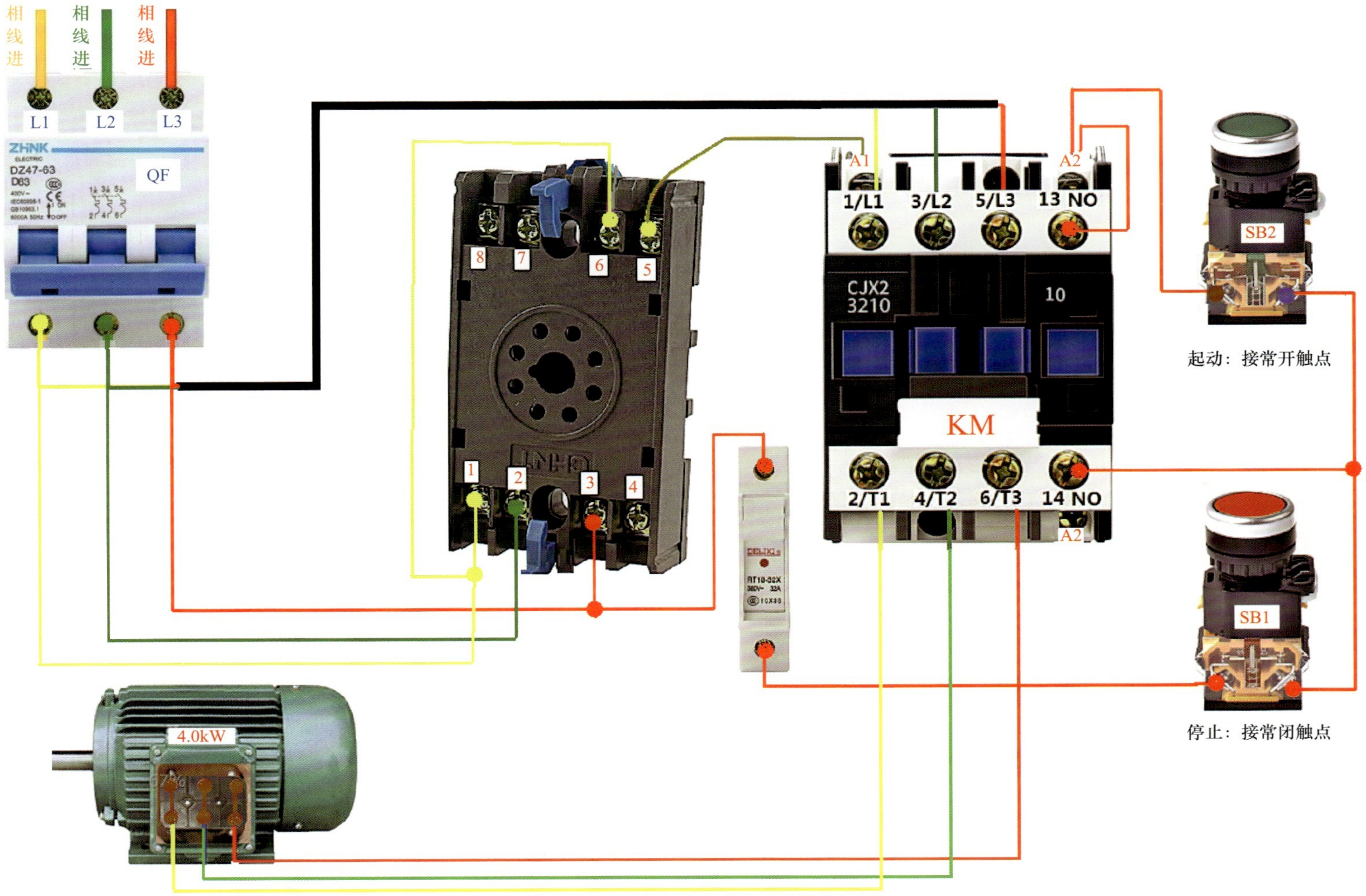

断相与相序保护继电器电路实物接线图

→15 电接点压力表控制电路及实物接线图

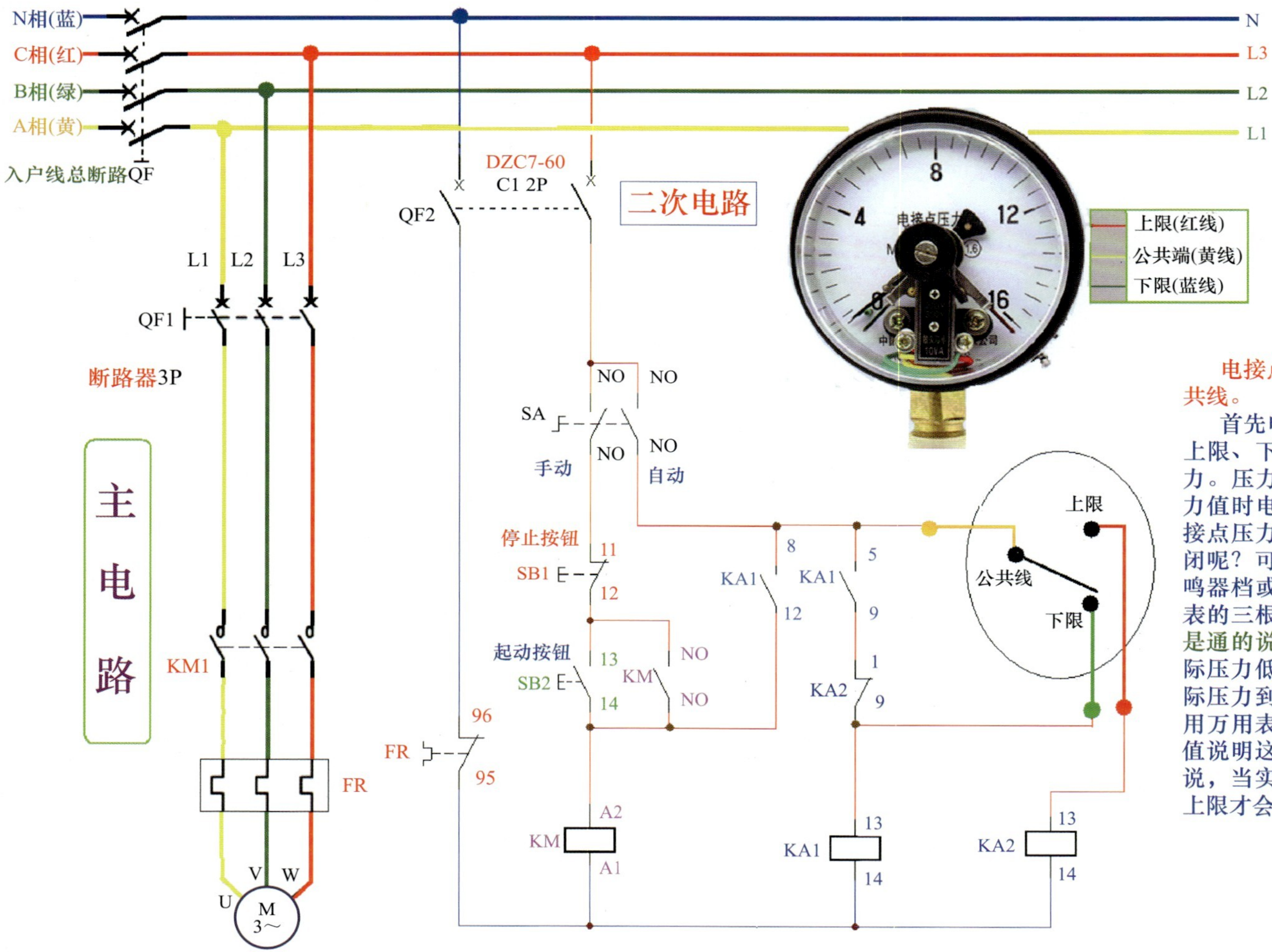

电接点压力表控制电路

所用器件：

- QF1：主断路器3P 1只；
- QF2：控制断路器2P 1只；
- FR：热继电器1只；
- SA：旋钮开关1只；
- SB：自复位按钮2只；
- KM：交流接触器1只；
- KA：中间继电器14脚2只。

电接点压力表的工作原理及如何找出公共线。

首先电接点压力表有三个指针，分别是上限、下限，黑色为管道或者容器实际压力。压力表单位为MPa，当压力到设定压力值时电动机停止工作。那么如何区分电接点压力表的上限、下限，或者说常开常闭呢？可以使用万用表，将万用表拨到蜂鸣器档或二极管档，分别测量电接点压力表的三根线，黄色为公共点，黄色和绿色是通的说明这是常闭，也就是下限。当实际压力低于设定的下限时电动机起动，实际压力到达设定上限时电动机才会停止。用万用表继续测量红色和黄色发现没有阻值说明这是常开点，就是上限，意思就是说，当实际管道容器实际压力到达设定的上限才会闭合。

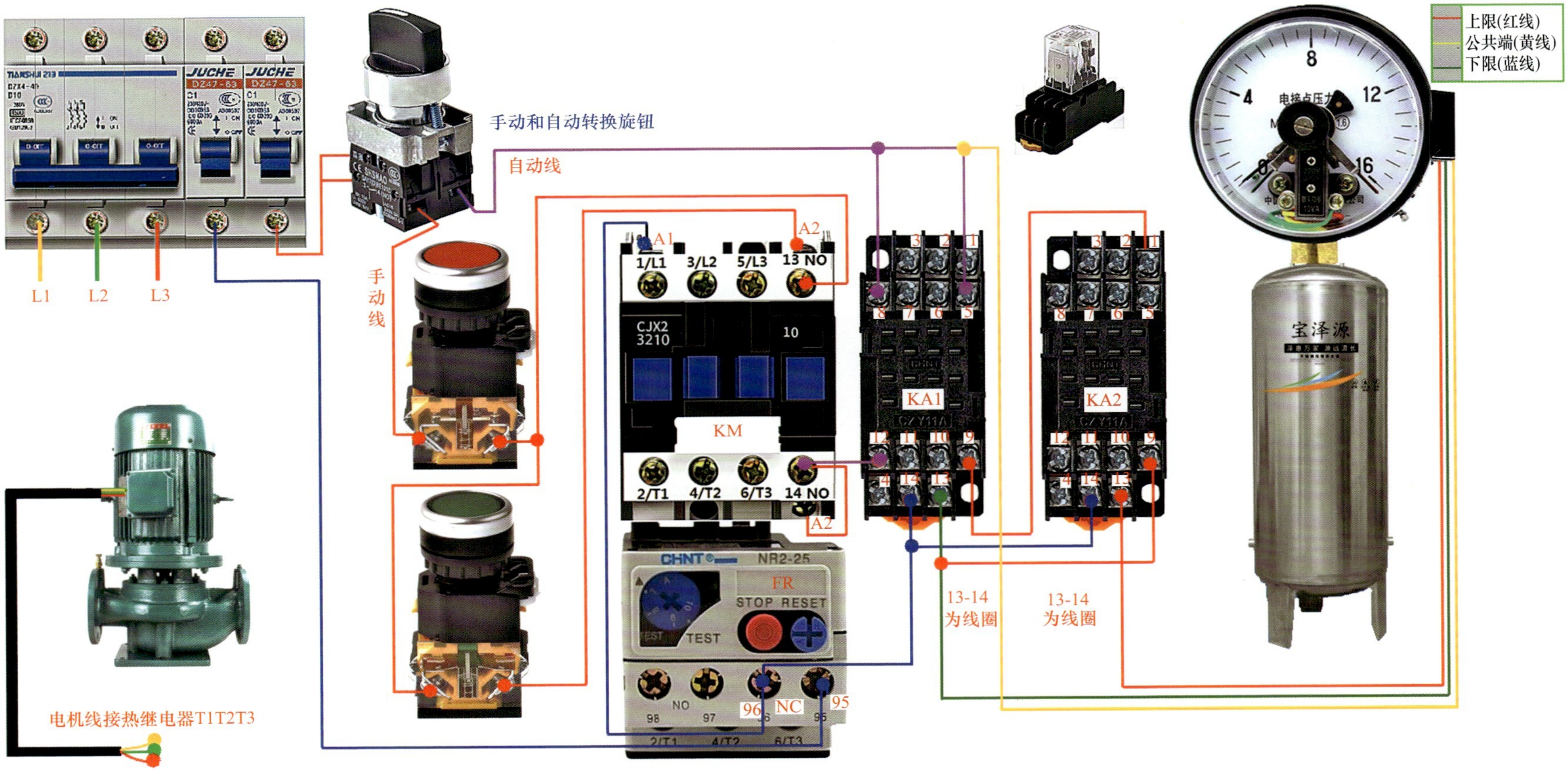

上限(红线)
公共端(黄线)
下限(蓝线)
手动和自动转换旋钮
自动线
手动线
L1
L2
L3
A1
A2
1/L1
3/L2
5/L3
13 NO
CJX2 3210
10
KM
2/T1
4/T2
6/T3
14 NO
FR
STOP RESET
TEST
NO
98
97
96
NC
95
KA1
KA2
13-14 为线圈
13-14 为线圈
电机线接热继电器T1T2T3
宝泽源

电接点压力表控制电路实物接线图

→16 节省成本的三相设备断相保护电路及实物接线图

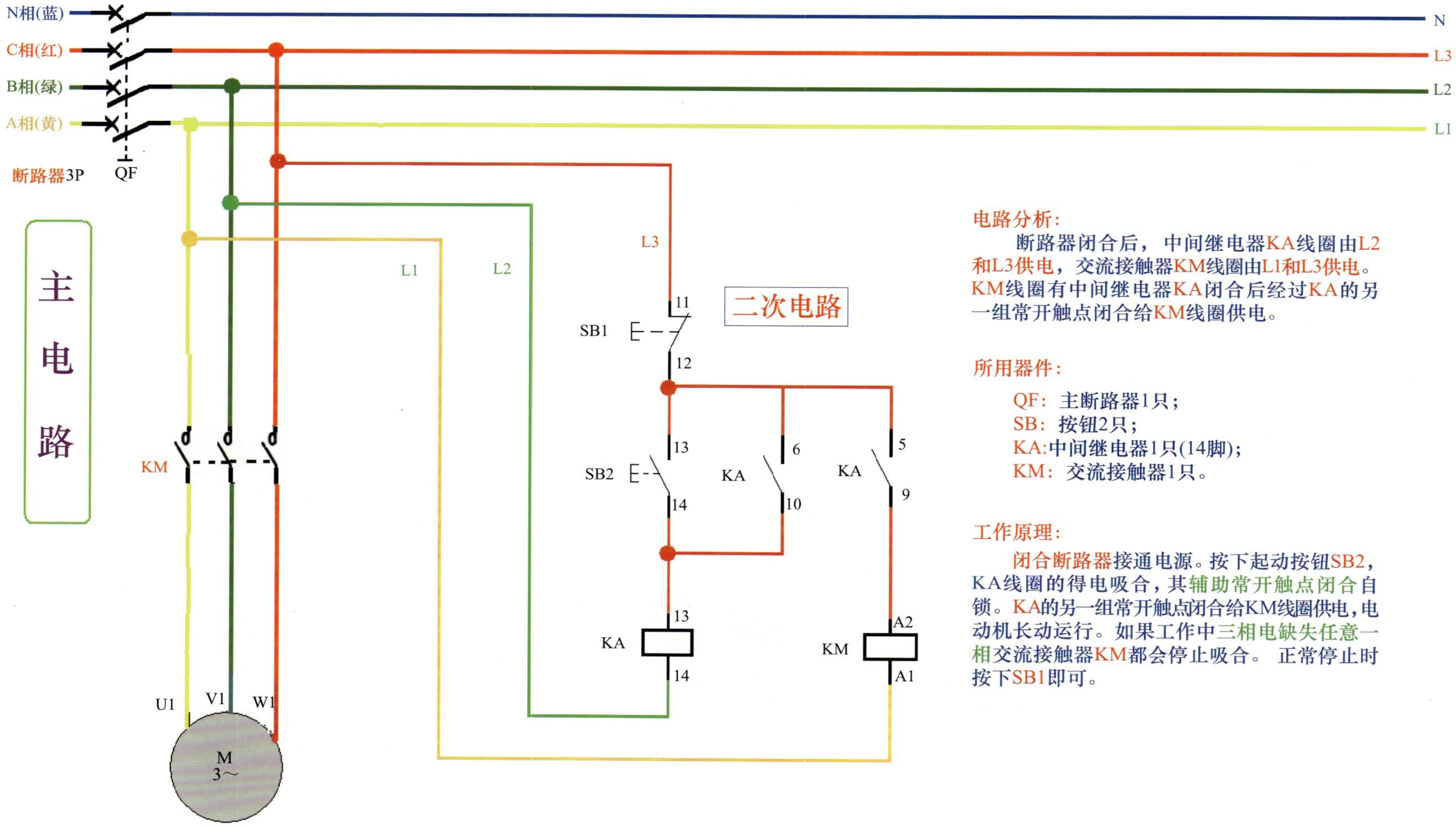

节省成本的三相设备断相保护电路

电路分析：

断路器闭合后，中间继电器KA线圈由L2和L3供电，交流接触器KM线圈由L1和L3供电。KM线圈有中间继电器KA闭合后经过KA的另一组常开触点闭合给KM线圈供电。

所用器件：

QF：主断路器1只；
SB：按钮2只；
KA:中间继电器1只(14脚)；
KM：交流接触器1只。

工作原理：

闭合断路器接通电源。按下起动按钮SB2，KA线圈的得电吸合，其辅助常开触点闭合自锁。KA的另一组常开触点闭合给KM线圈供电，电动机长动运行。如果工作中三相电缺失任意一相交流接触器KM都会停止吸合。正常停止时按下SB1即可。

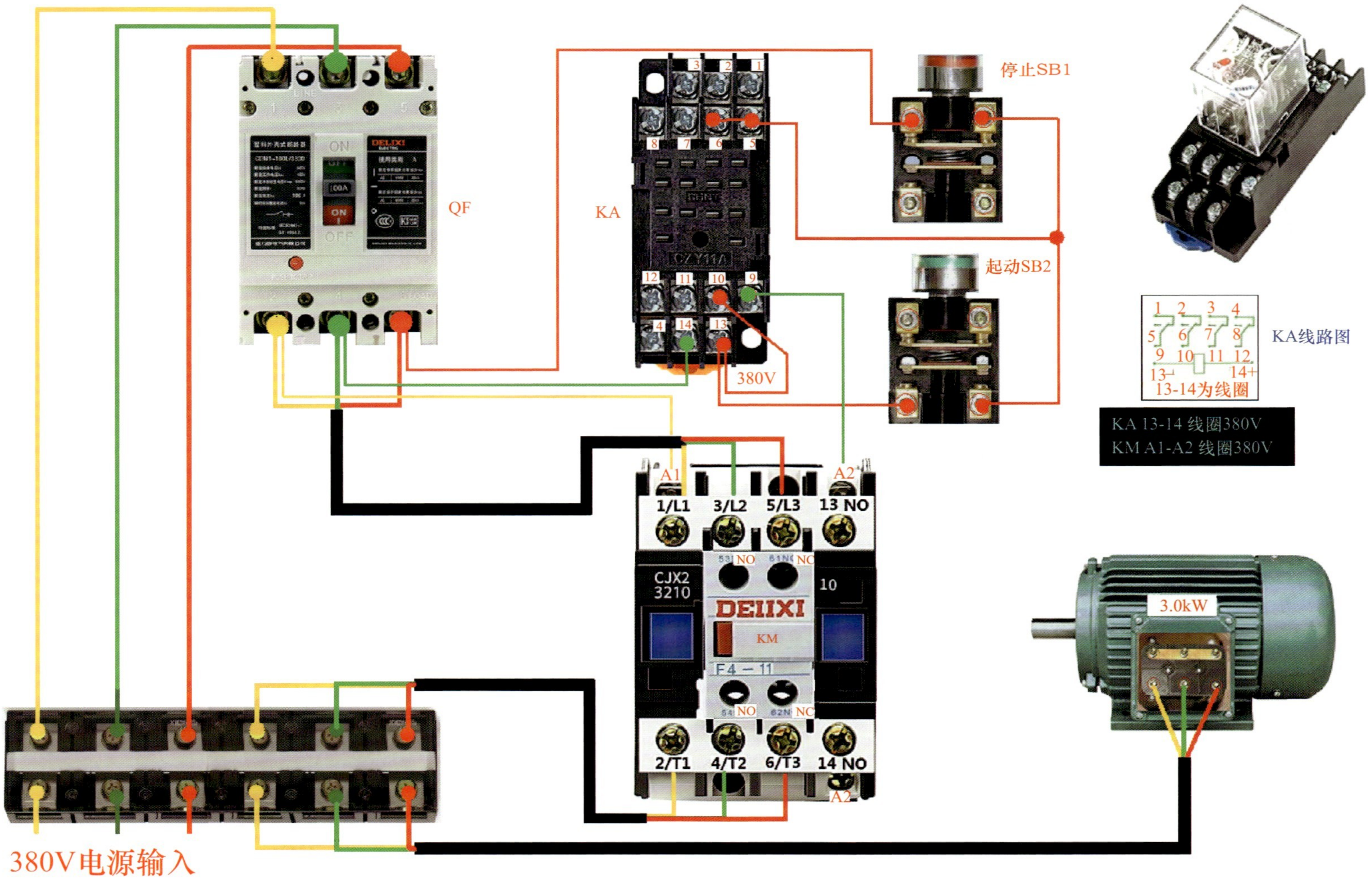

节省成本的三相设备断相保护电路实物接线图

→17 电动机综合保护器JD-5B应用电路及实物接线图

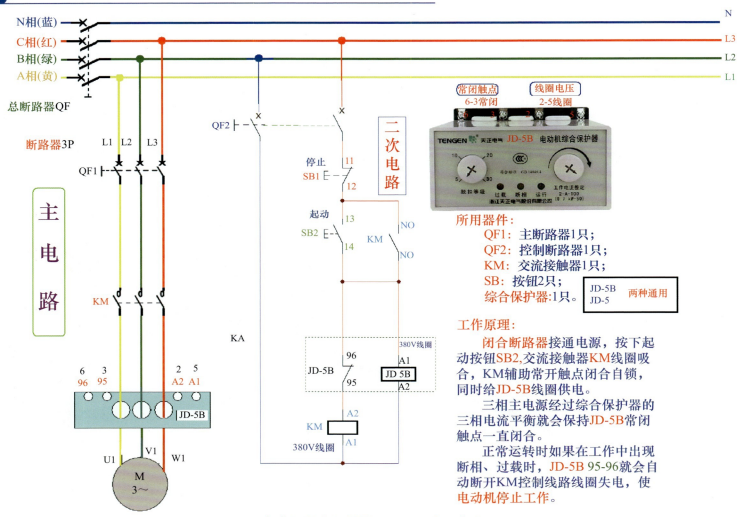

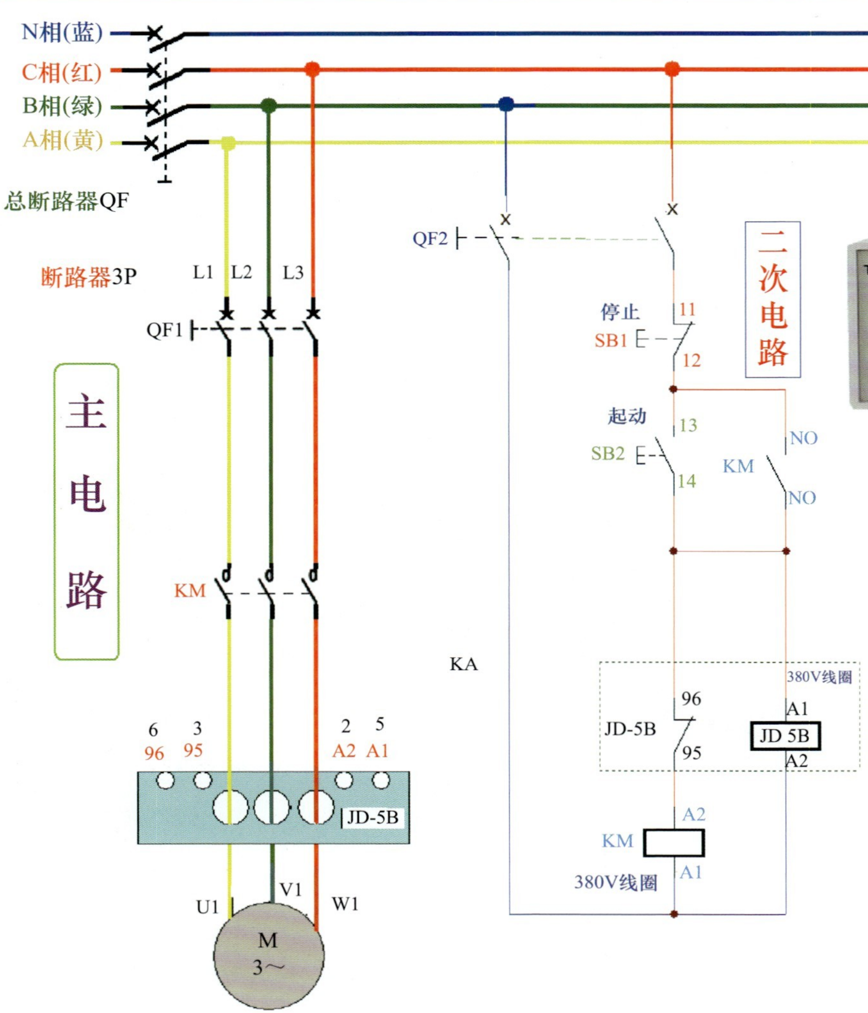

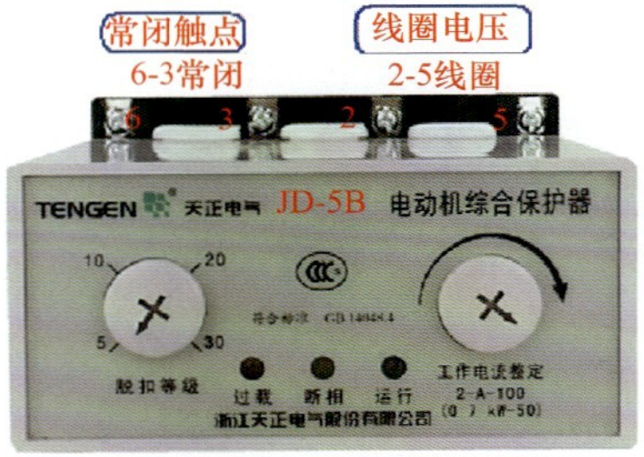

所用器件：

QF1：主断路器1只；

QF2：控制断路器1只；

KM：交流接触器1只；

SB：按钮2只；

综合保护器:1只。

JD-5B JD-5	两种通用

工作原理：

闭合断路器接通电源，按下起动按钮SB2,交流接触器KM线圈吸合，KM辅助常开触点闭合自锁，同时给JD-5B线圈供电。

三相主电源经过综合保护器的三相电流平衡就会保持JD-5B常闭触点一直闭合。

正常运转时如果在工作中出现断相、过载时，JD-5B 95-96就会自动断开KM控制线路线圈失电，使电动机停止工作。

电动机综合保护器 JD－5B 应用电路

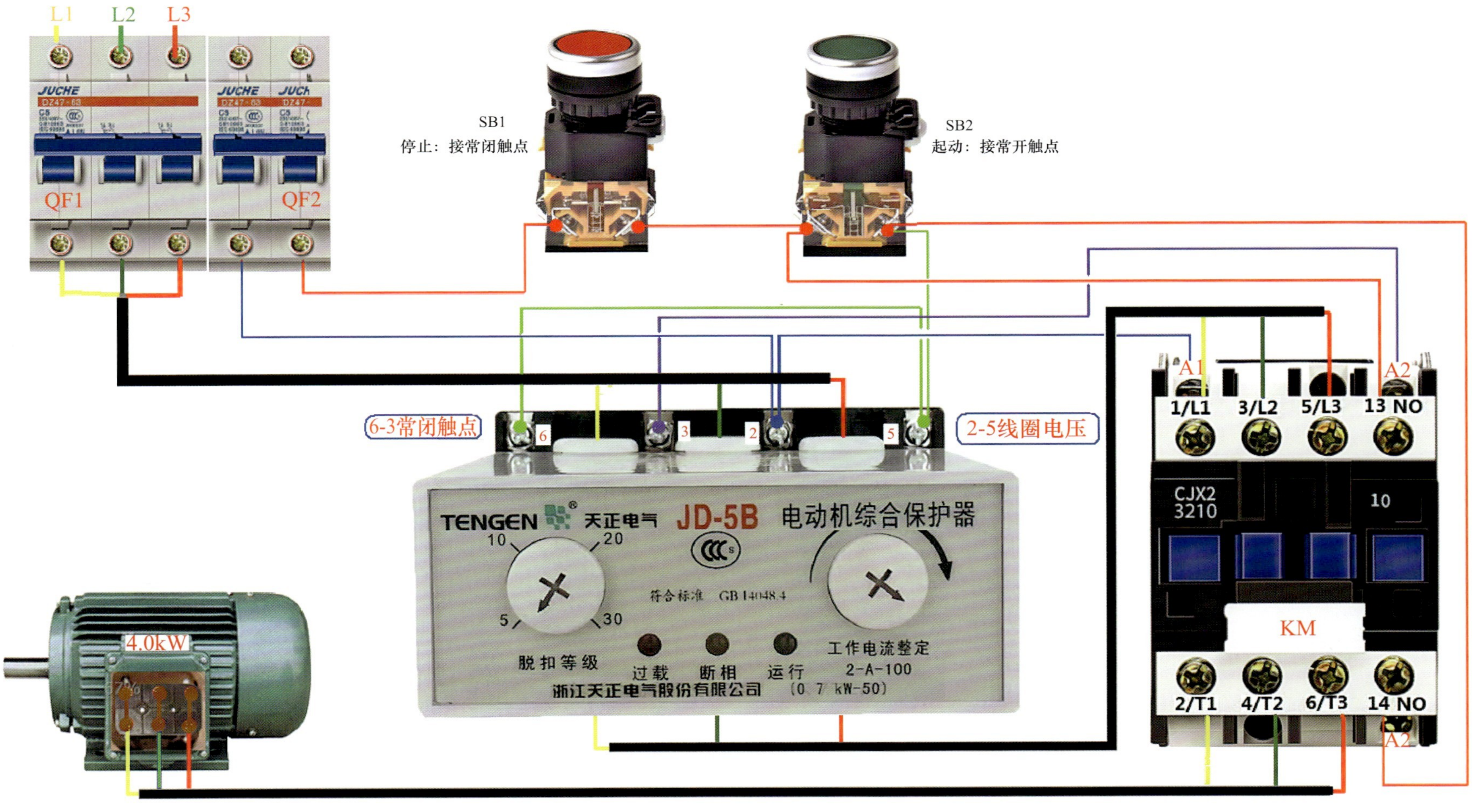

电动机综合保护器 JD－5B 应用电路实物接线图

→18 电动机保护器 CDS11 应用电路及实物接线图

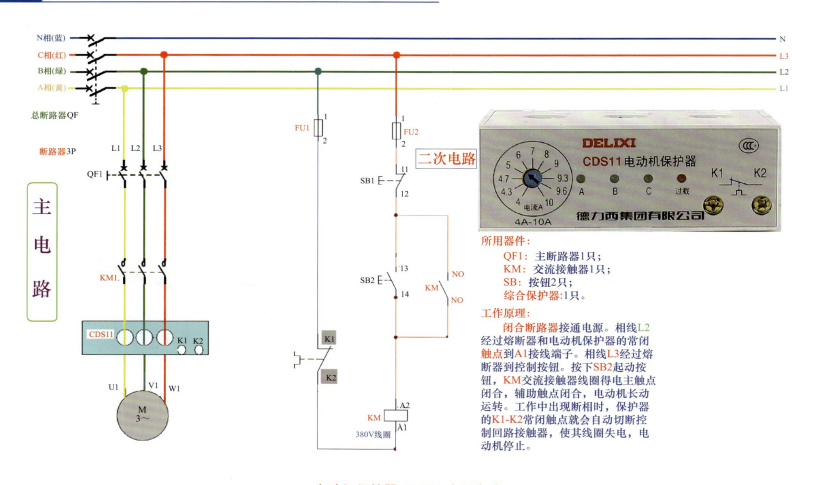

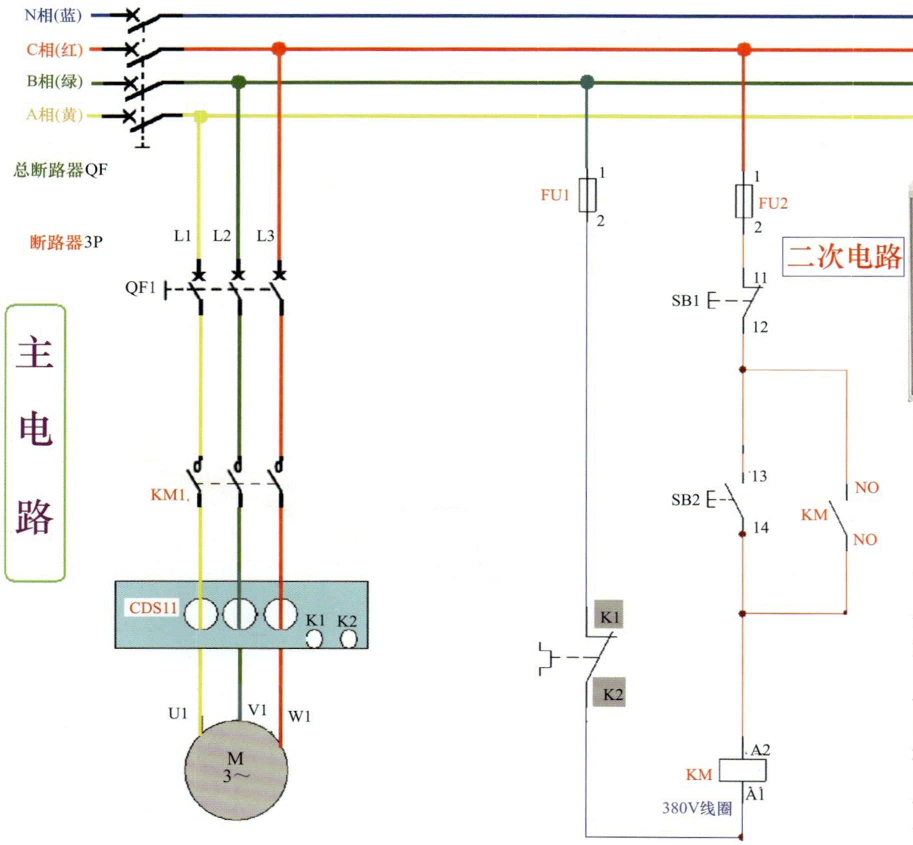

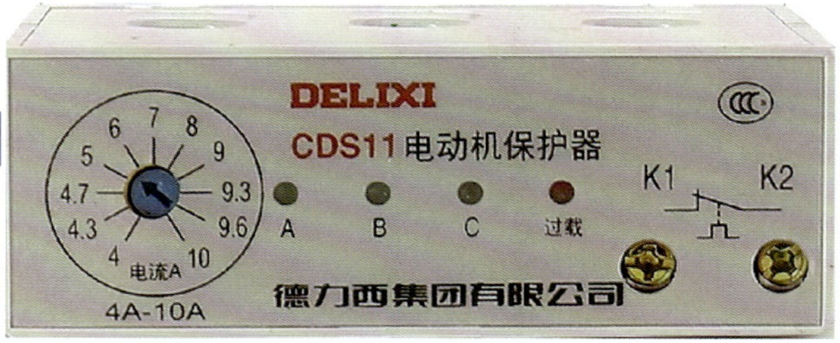

所用器件：

QF1：主断路器1只；
KM：交流接触器1只；
SB：按钮2只；
综合保护器:1只。

工作原理：

闭合断路器接通电源。相线L2经过熔断器和电动机保护器的常闭触点到A1接线端子。相线L3经过熔断器到控制按钮。按下SB2起动按钮，KM交流接触器线圈得电主触点闭合，辅助触点闭合，电动机长动运转。工作中出现断相时，保护器的K1-K2常闭触点就会自动切断控制回路接触器，使其线圈失电，电动机停止。

电动机保护器 CDS11 应用电路

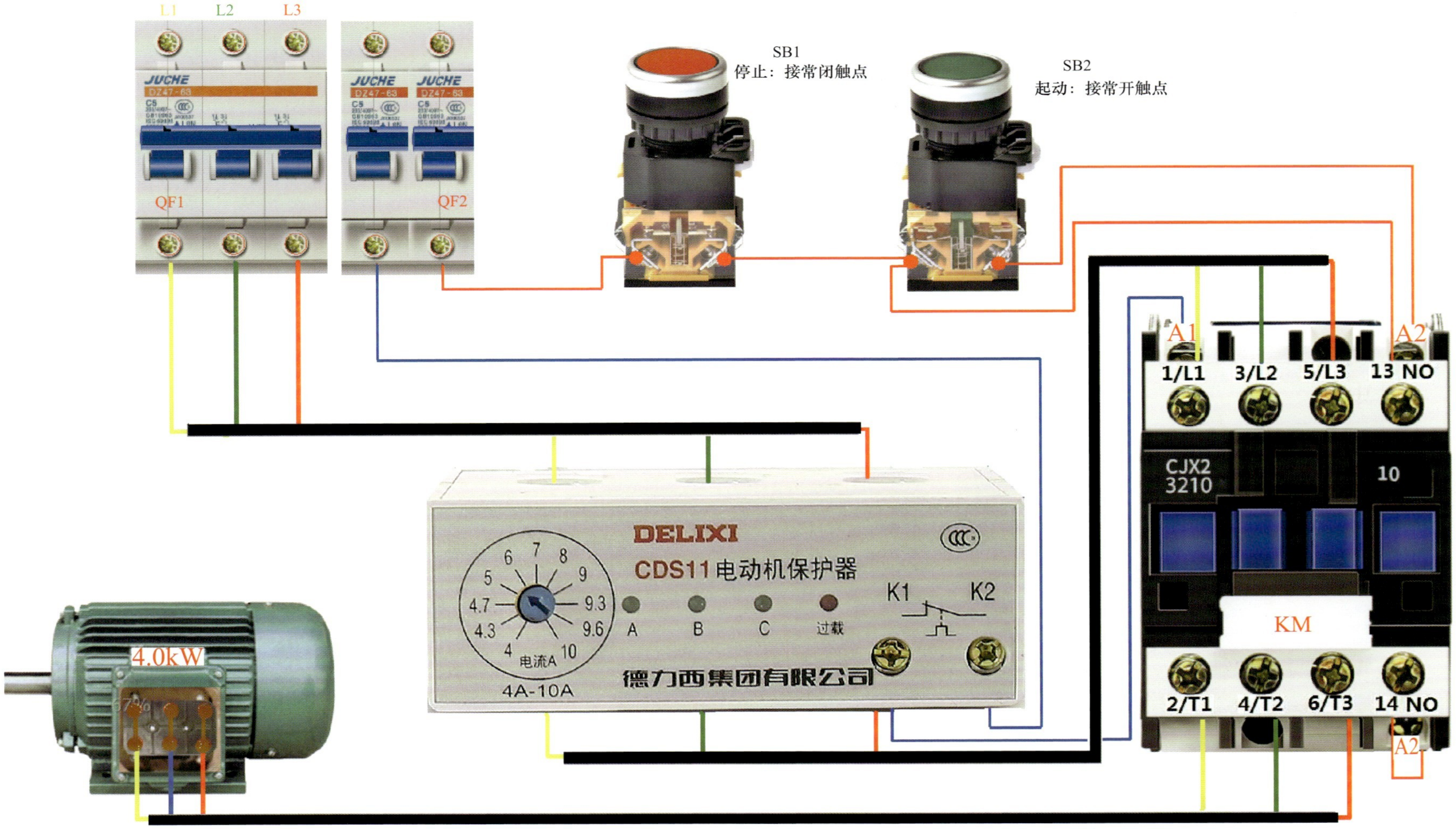

电动机保护器 CDS11 应用电路实物接线图

→19 微小型时间继电器控制中间继电器延时断电电路及实物接线图

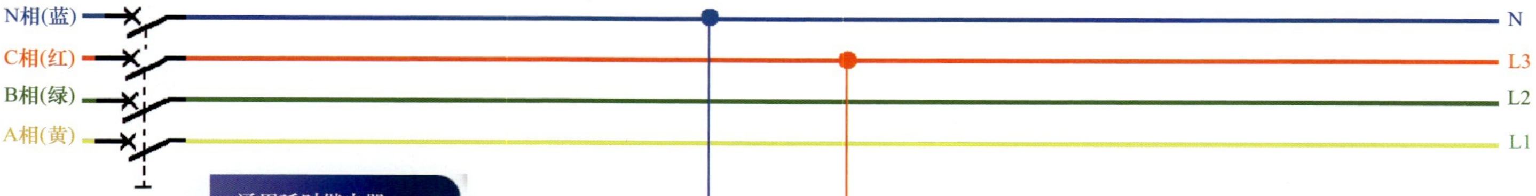

通用延时继电器

最大刻度时间	可调时间范围	最大刻度时间	可调时间范围
1s	0.5 ~1s	5min	1 ~5min
5s	1 ~5s	10min	5 ~10min
10s	5 ~10s	30min	10 ~30min
30s	10 ~30s	60min	30 ~60min
60s	30 ~1min		

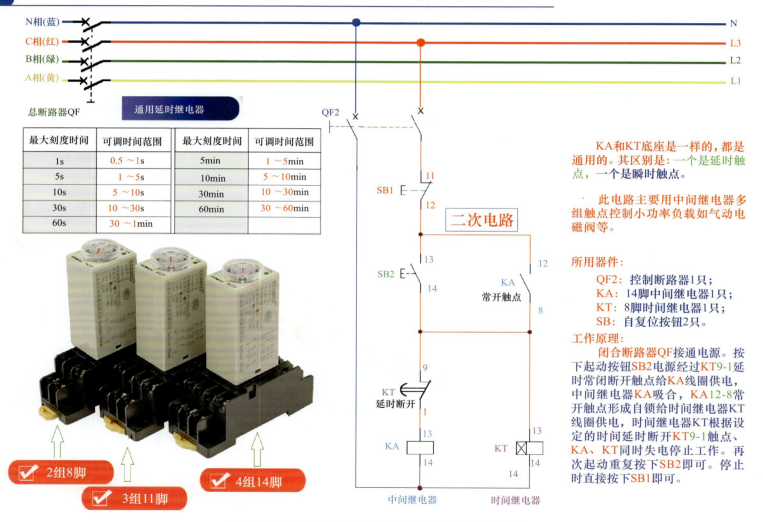

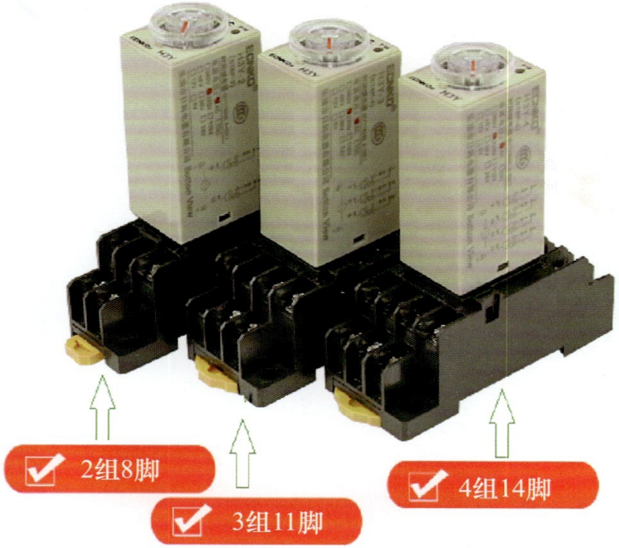

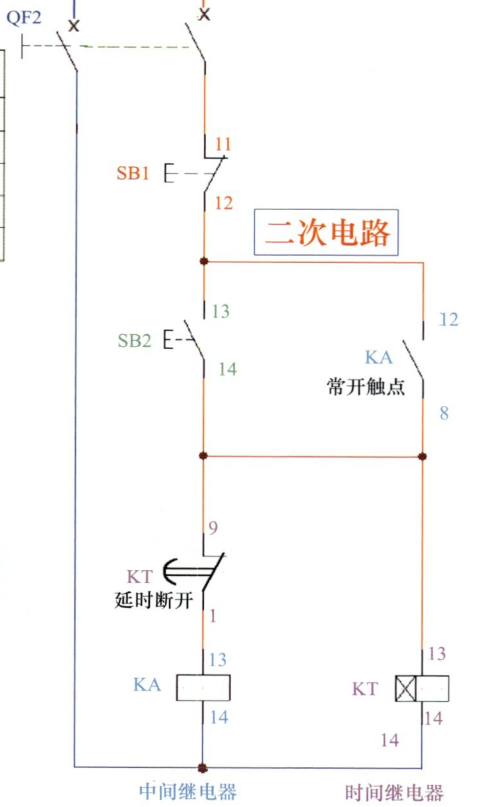

微小型时间继电器控制中间继电器延时断电电路

KA和KT底座是一样的，都是通用的。其区别是：一个是延时触点，一个是瞬时触点。

此电路主要用中间继电器多组触点控制小功率负载如气动电磁阀等。

所用器件：

QF2：控制断路器1只；
KA：14脚中间继电器1只；
KT：8脚时间继电器1只；
SB：自复位按钮2只。

工作原理：

闭合断路器QF接通电源。按下起动按钮SB2电源经过KT9-1延时常闭断开触点给KA线圈供电，中间继电器KA吸合，KA12-8常开触点形成自锁给时间继电器KT线圈供电，时间继电器KT根据设定的时间延时断开KT9-1触点、KA、KT同时失电停止工作。再次起动重复按下SB2即可。停止时直接按下SB1即可。

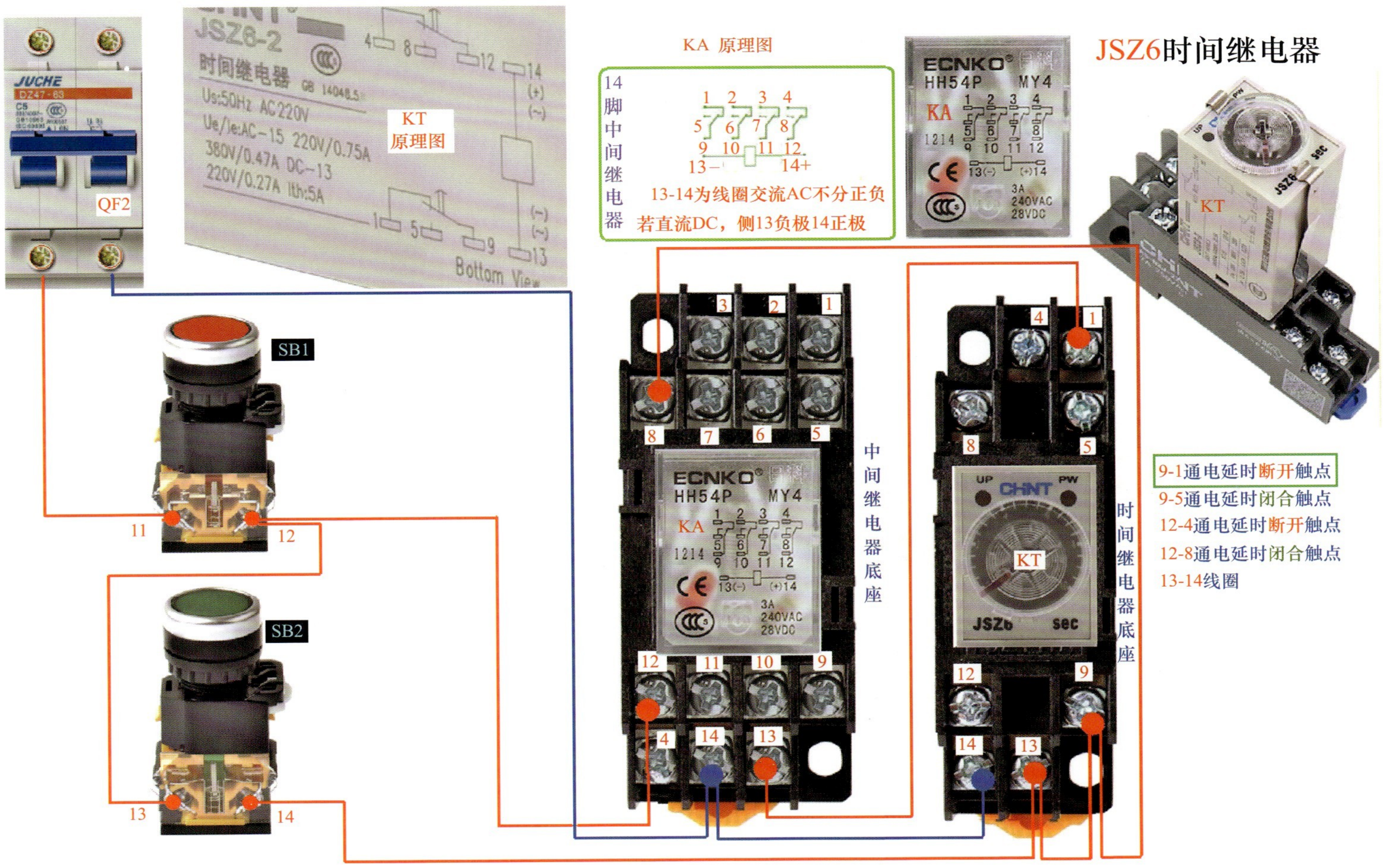

微小型时间继电器控制中间继电器延时断电电路实物接线图

→20 常用变频器外部端子实物接线图

主电路接线示意图

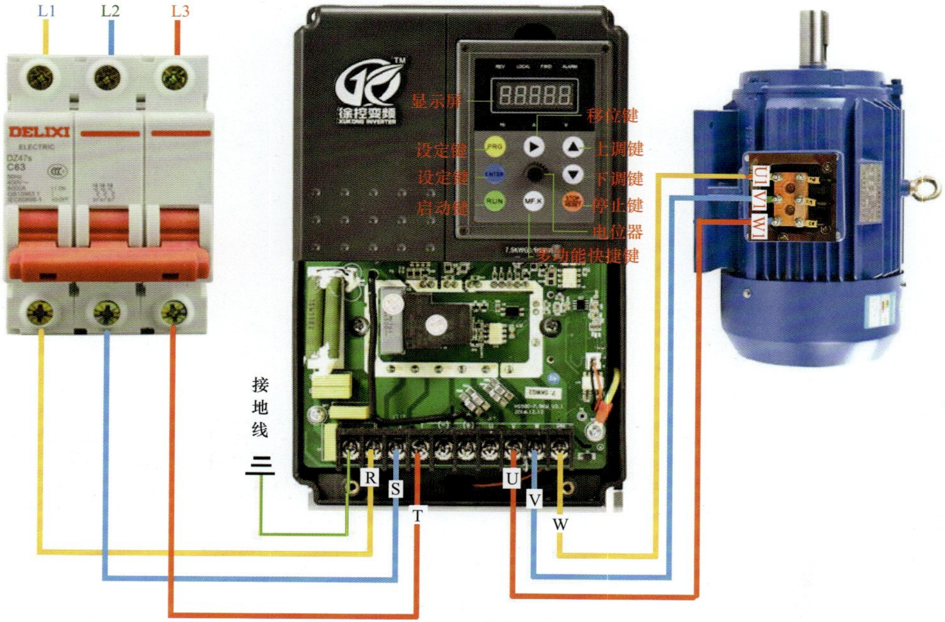

常用变频器外部端子示意图

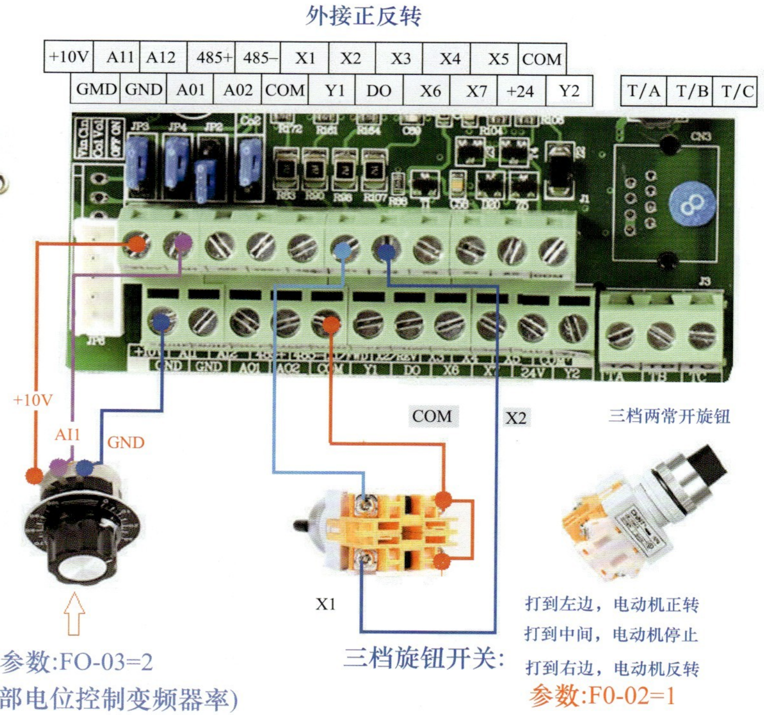
外接正反转
+10V
AI1
AI2
485+
485–
X1
X2
X3
X4
X5
COM
GMD
GND
A01
A02
COM
Y1
DO
X6
X7
+24
Y2
T/A
T/B
T/C
+10V
AI1
GND
COM
X2
三档两常开旋钮
X1
参数:FO-03=2
(外部电位控制变频器率)
三档旋钮开关:
打到左边，电动机正转
打到中间，电动机停止
打到右边，电动机反转
参数:F0-02=1

常用变频器外部端子实物接线图

第 5 章

图解实际应用电路的接线

→1 三相电源断相告警电路及实物接线图

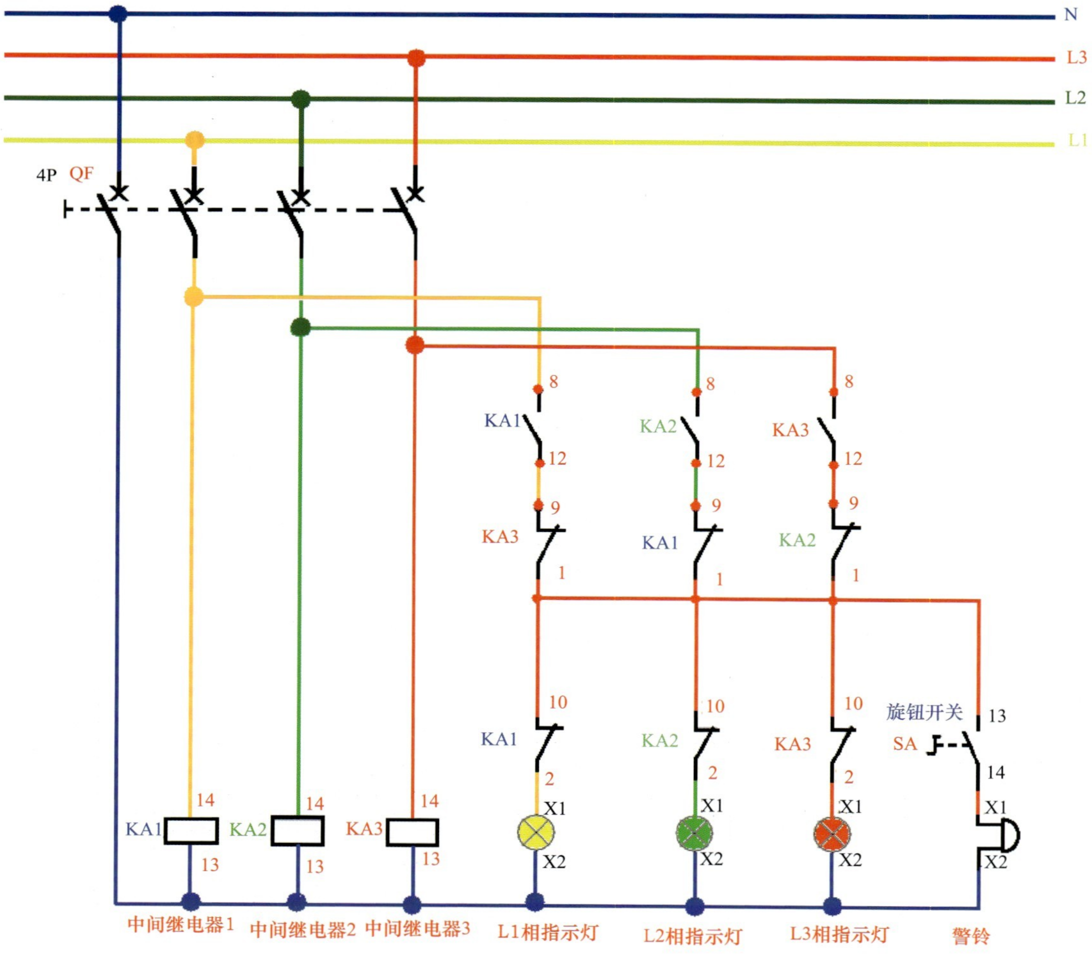

三相电源断相告警电路

三相电如缺任何一相，警铃都会报警。

工作原理：

闭合断路器，KA1、KA2、KA3线圈得电，中间继电器吸合，它们的常开触点闭合，常闭触点断开。请仔细看14脚中间继电器的图解。

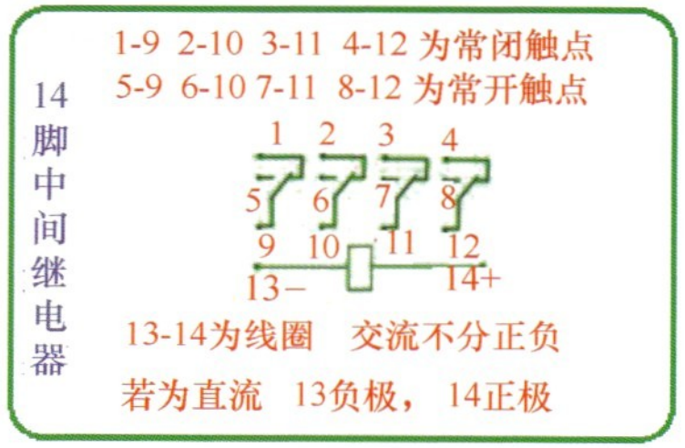

如果L1断相，KA1线圈失电，L2有电的相线会经过KA2（8-12）常开触点（供电状态闭合），再经过KA1（9-1）、（10-2）常闭触点点亮L1相指示灯，证明L1断相。如果L2断相，KA2线圈失电，L3有电的相线会经过KA3（8-12）常开触点（供电状态闭合），再经过KA2（9-1）、（10-2）常闭触点点亮L2相指示灯，证明L2断相。如果L3断相，KA3线圈失电，L1有电的相线会经过KA1（8-12）常开触点（供电状态闭合），再经过KA3（9-1）、（10-2）常闭触点点亮L3相指示灯，证明L3断相。

旋钮开关SA在常闭状态每一相缺相都会告警，可查看指示灯确认哪一相断相。

信号指示灯能明确地告知L1、L2、L3相缺哪一相

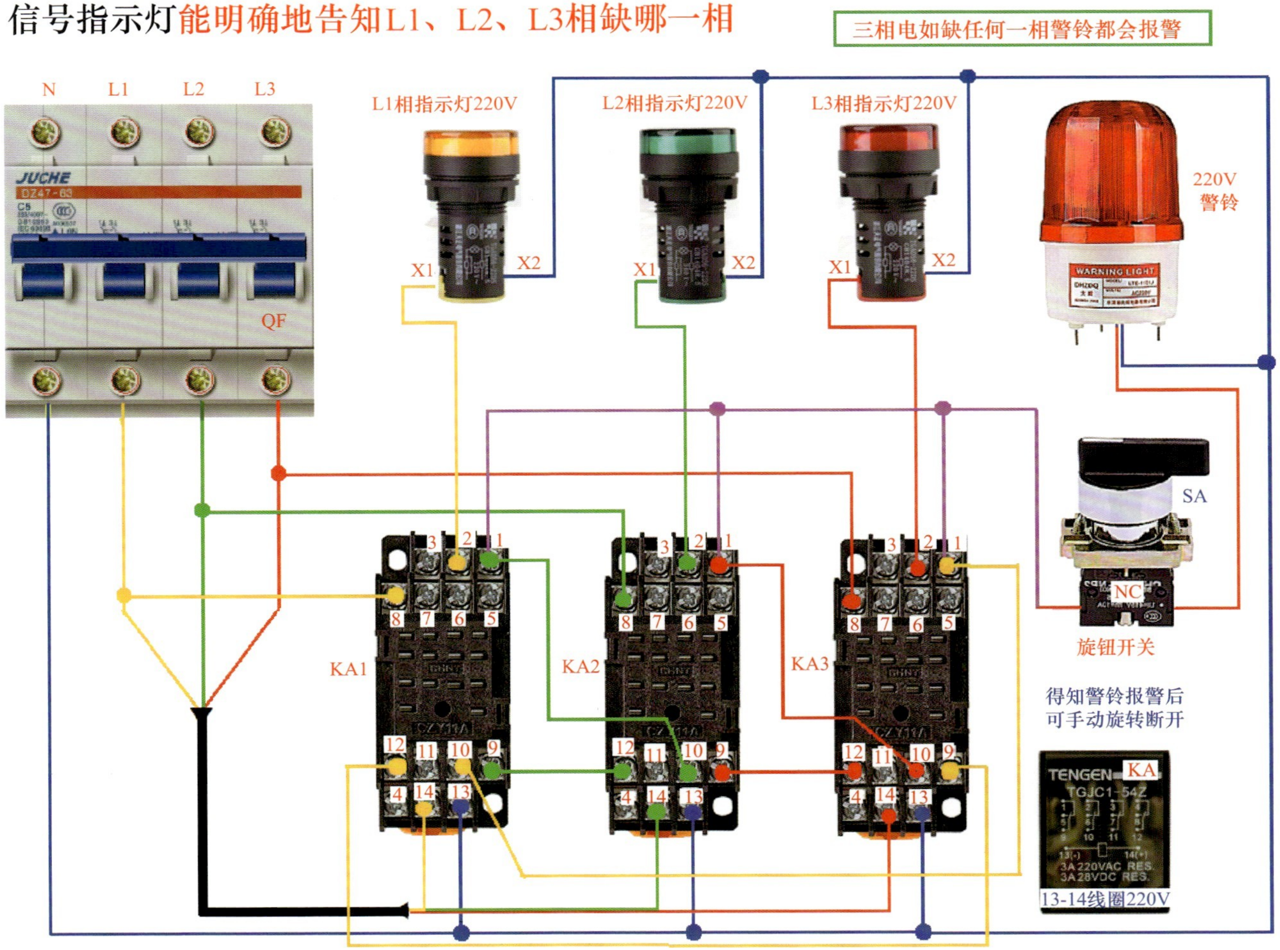

三相电源断相告警电路实物接线图

→2 温度控制仪应用电路及实物接线图

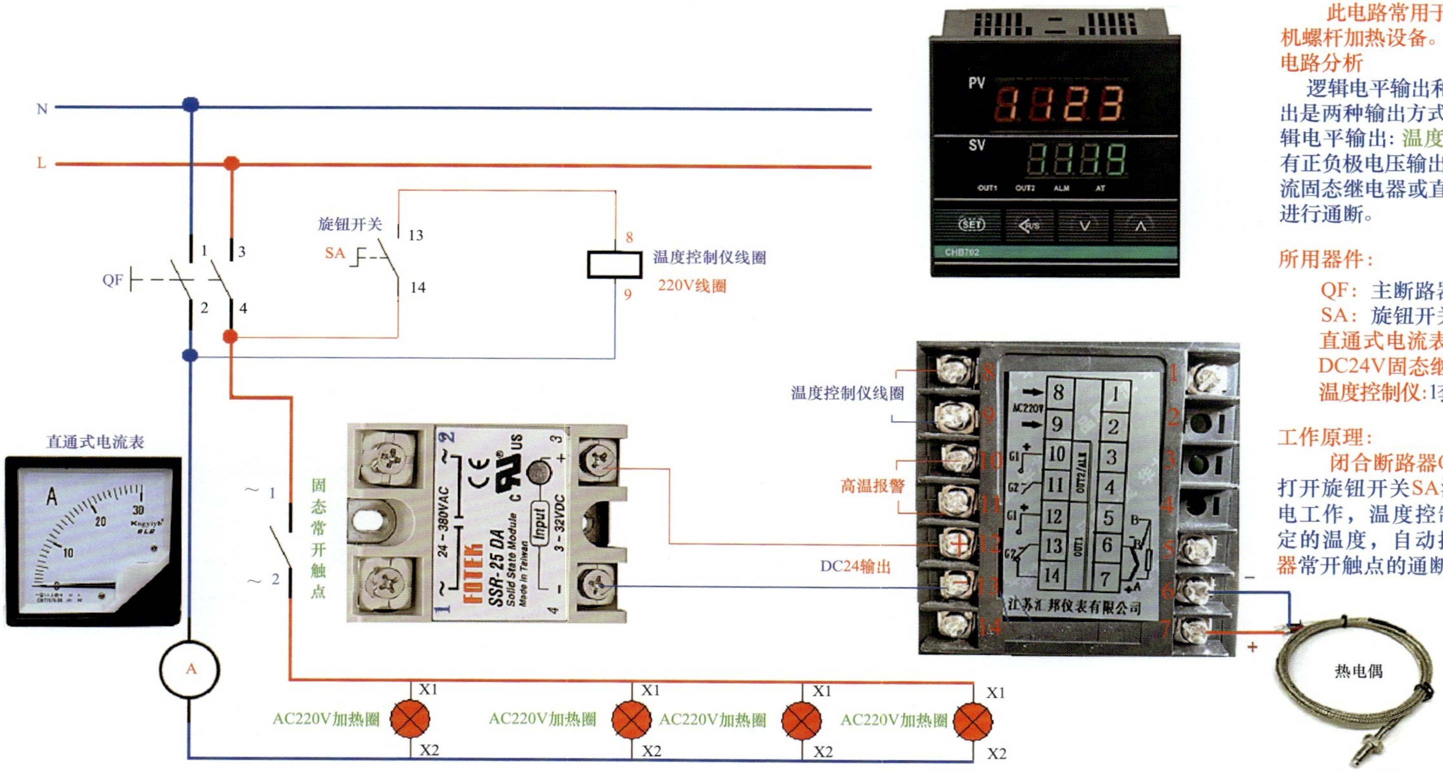

此电路常用于工业设备烘干机螺杆加热设备。

电路分析

逻辑电平输出和继电器触点输出是两种输出方式此线路图是逻辑电平输出：温度控制仪输出点有正负极电压输出能直接控制直流固态继电器或直流中间继电器进行通断。

所用器件：

QF：主断路器1只；
SA：旋钮开关1只；
直通式电流表：1块；
DC24V固态继电器：1块；
温度控制仪：1套，含配套电热偶。

工作原理：

闭合断路器QF接通电源。打开旋钮开关SA温度控制仪得电工作，温度控制仪会根据设定的温度，自动控制固态继电器常开触点的通断。

温度控制仪应用电路

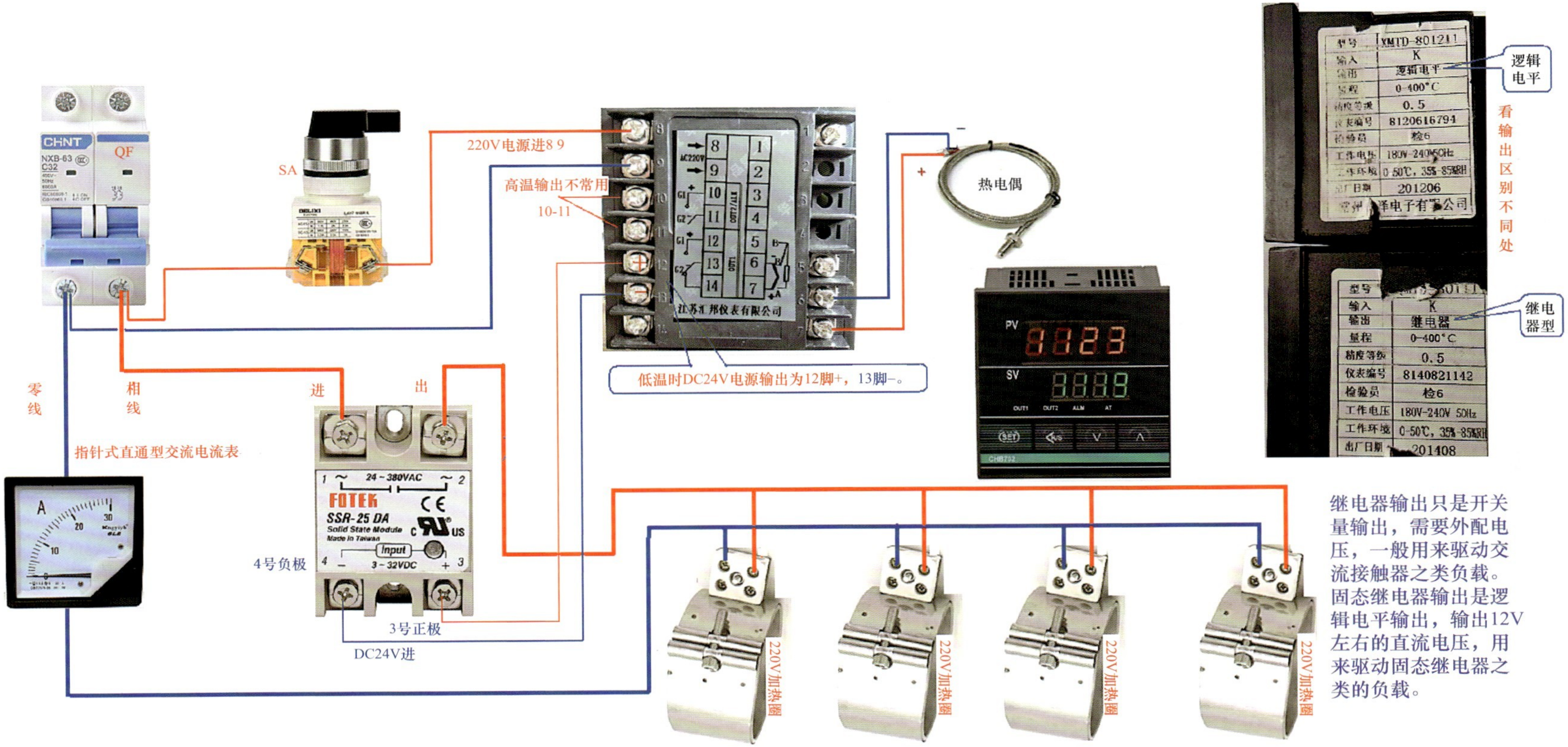

继电器输出只是开关量输出，需要外配电压，一般用来驱动交流接触器之类负载。固态继电器输出是逻辑电平输出，输出12V左右的直流电压，用来驱动固态继电器之类的负载。

温度控制仪应用电路实物接线图

→3 计数器与接近开关应用电路及实物接线图

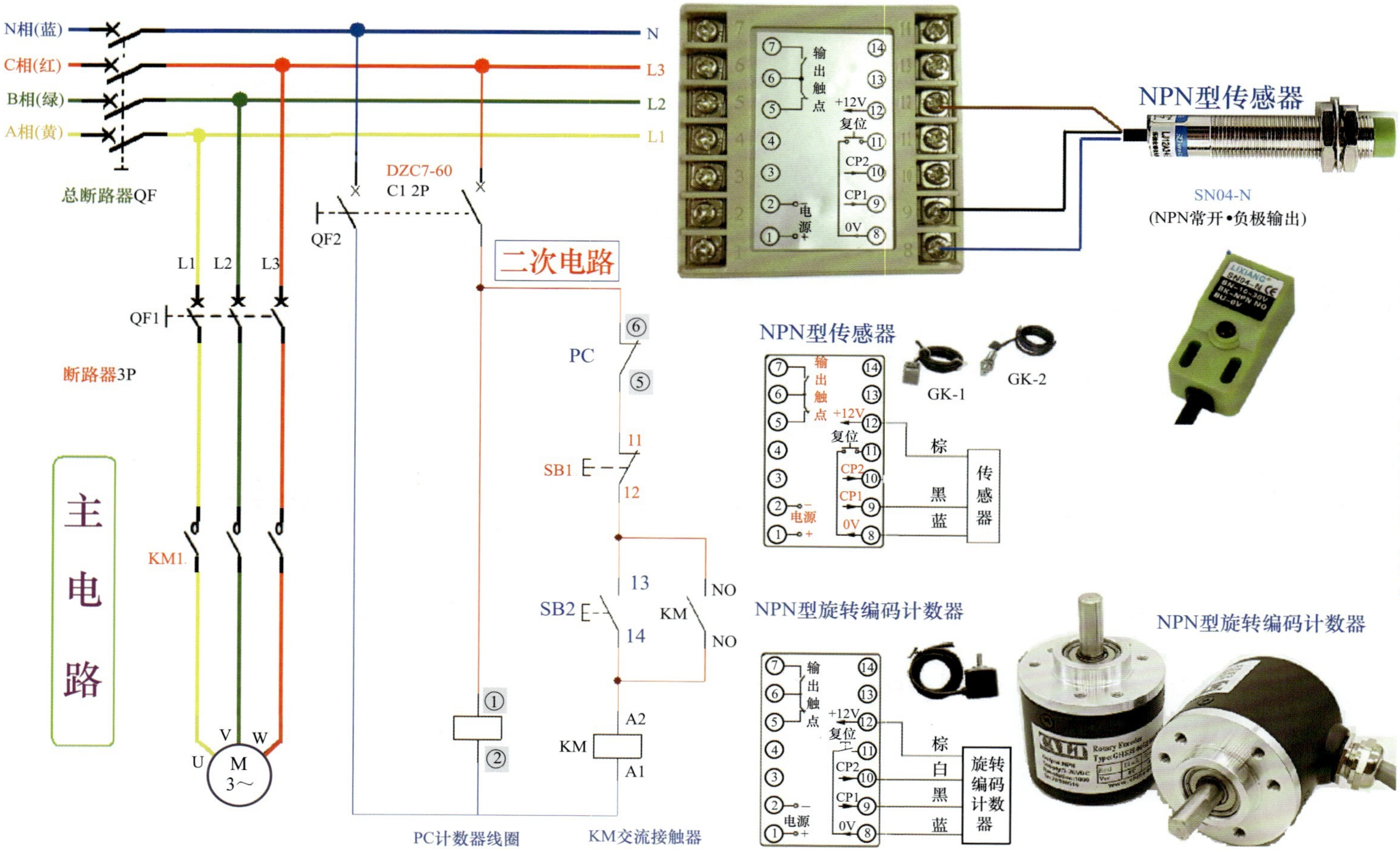

计数器与接近开关应用电路

电路分析:

此电路就是一个简单的自锁电路，并在控制回路中串入了计数器PC的常闭触点。计数器PC选择使用时要和接触器同等电位，比如交流接触器为220V，计数器也要选择220V线圈电压。计数器PC的控制信号源一般是接近开关或旋转编码器。

工作原理:

闭合断路器接通电源。计数器线圈得电，按下起动按钮SB2，接触器KM吸合自锁，电动机运转。同时计数器开始计数。到达设定值时，计数器PC的常闭触点会自动断开。再次起动需要再次按下起动按钮。

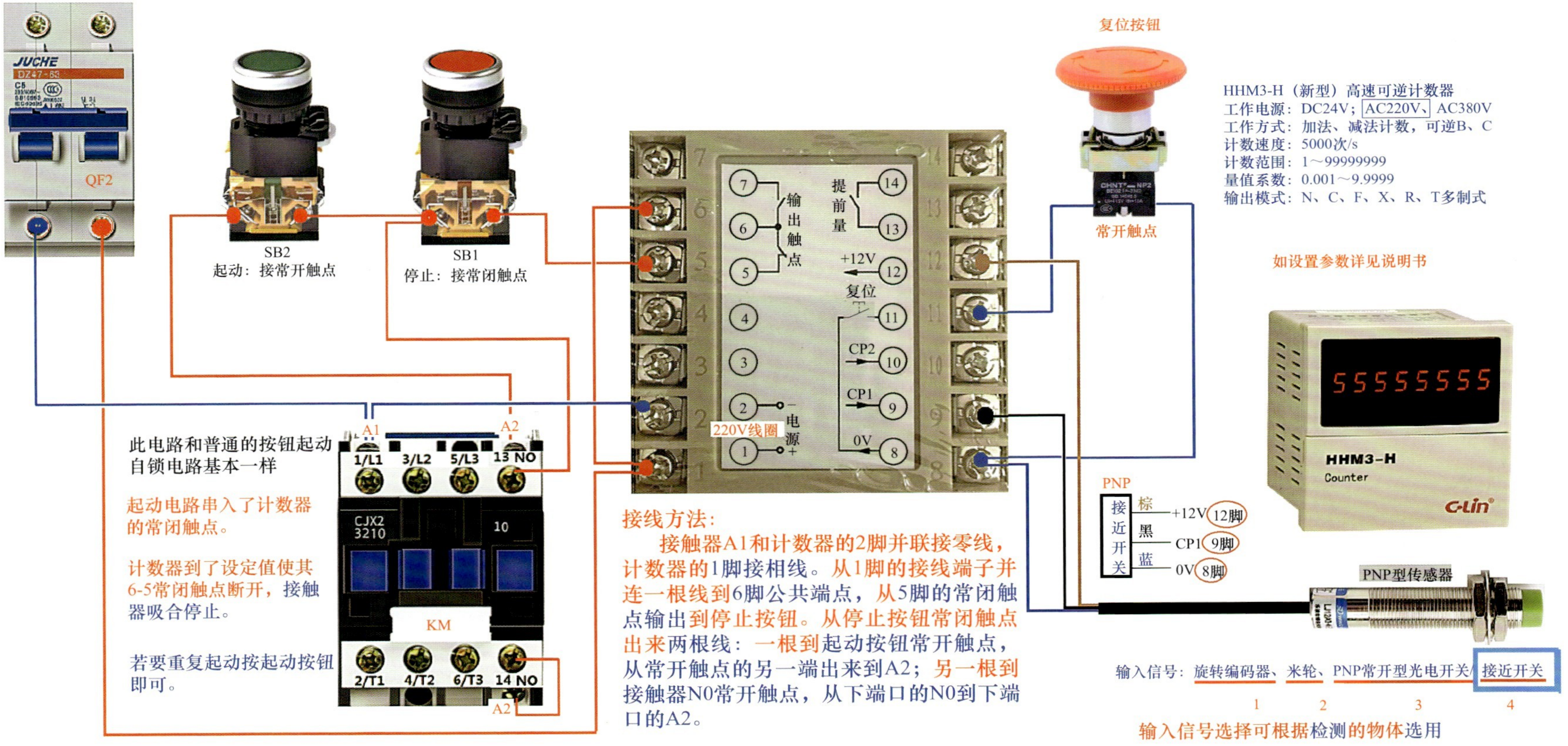
复位按钮
HHM3-H（新型）高速可逆计数器
工作电源：DC24V；AC220V、AC380V
工作方式：加法、减法计数，可逆B、C
计数速度：5000次/s
计数范围：1～99999999
量值系数：0.001～9.9999
输出模式：N、C、F、X、R、T多制式
常开触点
如设置参数详见说明书
QF2
SB2
起动：接常开触点
SB1
停止：接常闭触点
输出触点
提前量
+12V
复位
CP2
CP1
0V
电源
220V线圈
A1
A2
此电路和普通的按钮起动自锁电路基本一样
起动电路串入了计数器的常闭触点。
计数器到了设定值使其6-5常闭触点断开，接触器吸合停止。
若要重复起动按起动按钮即可。
KM
接线方法：
接触器A1和计数器的2脚并联接零线，计数器的1脚接相线。从1脚的接线端子并连一根线到6脚公共端点，从5脚的常闭触点输出到停止按钮。从停止按钮常闭触点出来两根线：一根到起动按钮常开触点，从常开触点的另一端出来到A2；另一根到接触器N0常开触点，从下端口的N0到下端口的A2。
PNP
接近开关
棕 +12V 12脚
黑 CP1 9脚
蓝 0V 8脚
PNP型传感器
HHM3-H
Counter
输入信号：旋转编码器、米轮、PNP常开型光电开关、接近开关
1 2 3 4
输入信号选择可根据检测的物体选用

计数器与接近开关应用电路实物接线图

→4 直流两线制接近开关报警、延时停止和起动电路及实物接线图

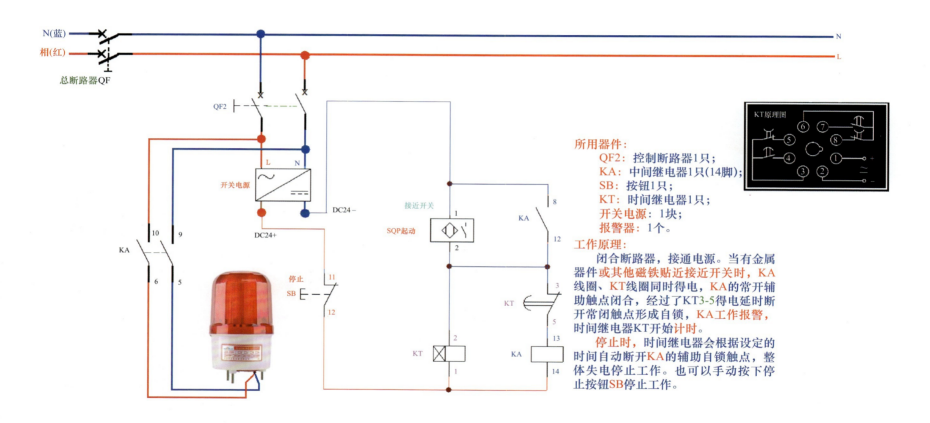

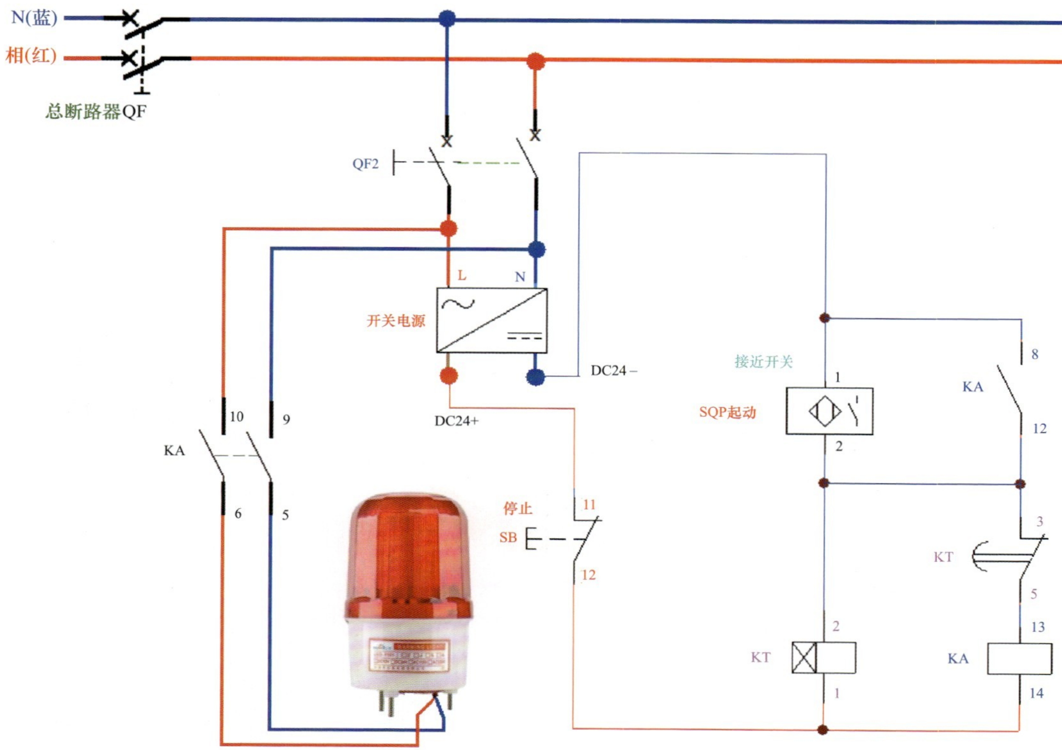

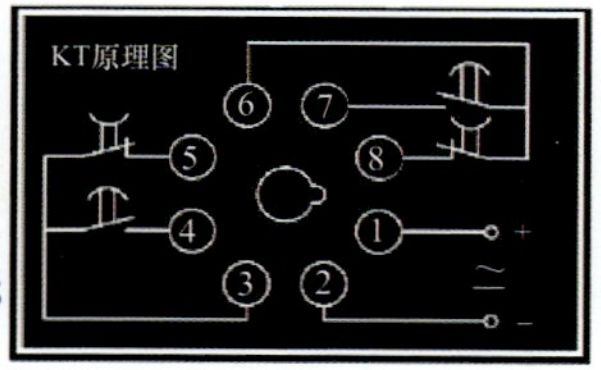

所用器件：

QF2：控制断路器1只；
KA：中间继电器1只(14脚)；
SB：按钮1只；
KT：时间继电器1只；
开关电源：1块；
报警器：1个。

工作原理：

闭合断路器，接通电源。当有金属器件或其他磁铁贴近接近开关时，KA线圈、KT线圈同时得电，KA的常开辅助触点闭合，经过了KT3-5得电延时断开常闭触点形成自锁，KA工作报警，时间继电器KT开始计时。

停止时，时间继电器会根据设定的时间自动断开KA的辅助自锁触点，整体失电停止工作。也可以手动按下停止按钮SB停止工作。

直流两线制接近开关报警、延时停止和起动电路

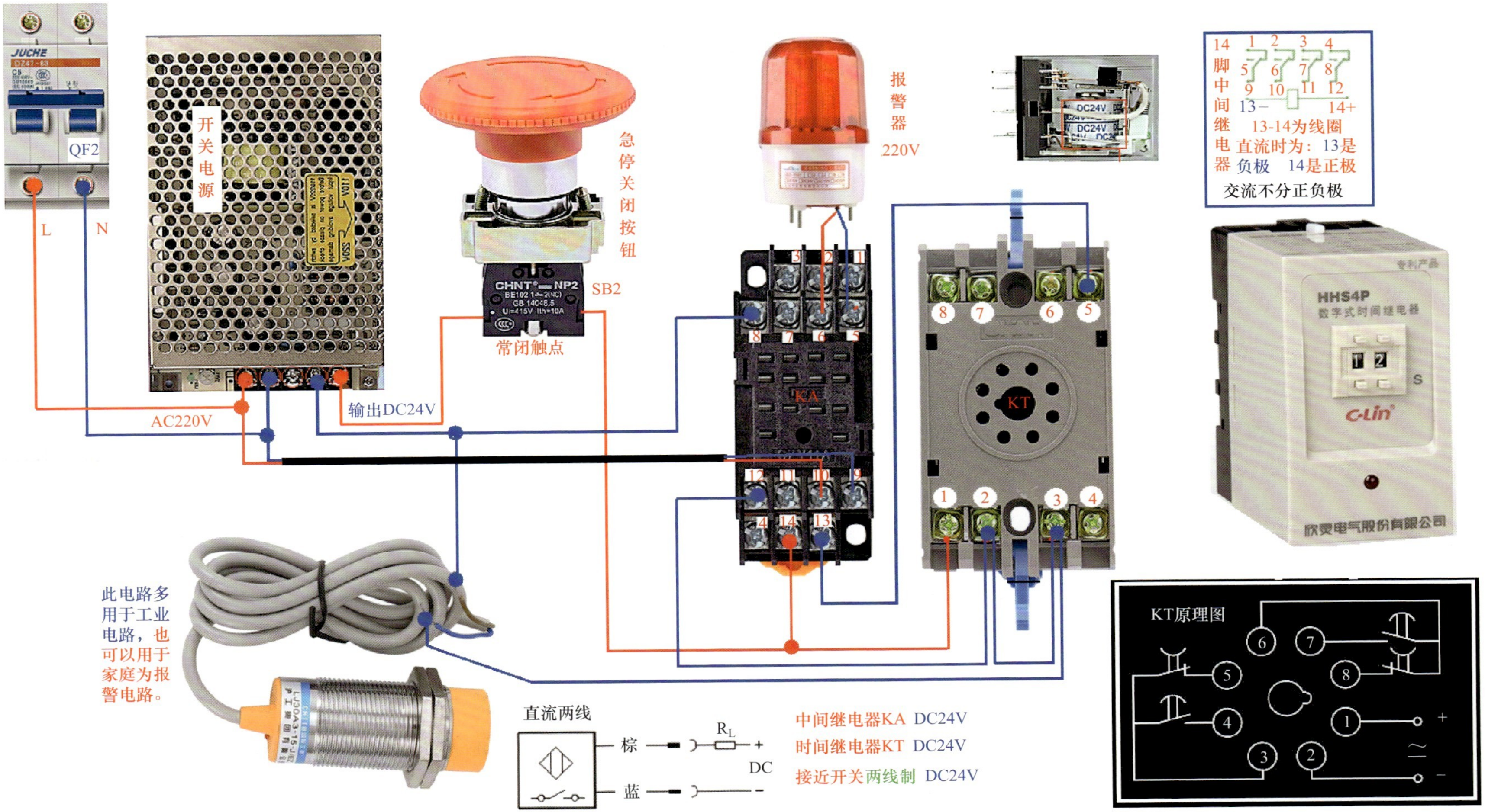

直流两线制接近开关报警、延时停止和起动电路实物接线图

→5 小车自动往返电路及实物接线图

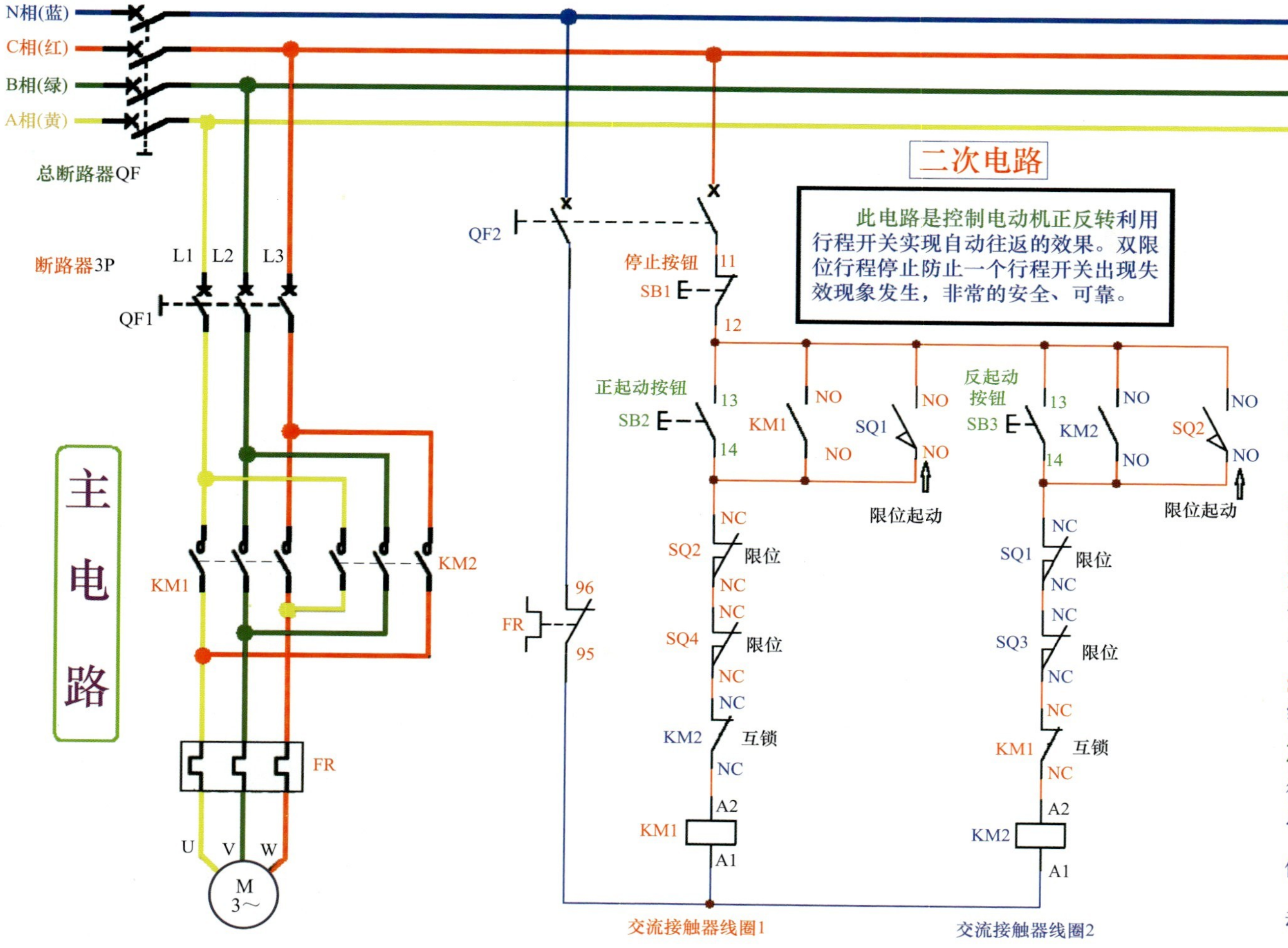

小车自动往返电路

所用器件：

QF1：主断路器1只；
QF2：控制断路器1只；
KM：交流接触器2只；
FR：热继电器1只；
SB：按钮3只；
SQ：行程开关4只；
F4-11：辅助触点2只。

工作原理：

闭合断路器接通电源。按下起动按钮SB2，电源经过了SQ2、SQ4、KM2的常闭触点给KM1线圈供电，KM1线圈得电吸合，KM1主触点闭合，电动机正向运转。同时KM1常开辅助触点也闭合自锁。小车前进运行到达终点位置时，SQ2限位常闭触点断开小车停止前进。

同时SQ2常开触点闭合，电源又经过了SQ1、SQ3、KM1的常闭触点给KM2线圈供电，KM2得电吸合，主触点闭合，电动机反向运转。同时KM2的常开辅助触点闭合自锁。小车往返运行到达原点位置，SQ1断电停止。

SQ1常开触点闭合电源又经过了SQ2、SQ4、KM2的常闭触点给KM1线圈供电，KM1线圈得电吸合，主触点闭合，电动机正向运转。同时KM1常开辅助触点闭合自锁，小车前进运行到达终点位置时，SQ2限位常闭触点断开小车停止前进。

只要不按下停止按钮小车就会不停地重复自动往返运行。

需要停止时按下SB1即可。按起动按钮SB2、SB3都可以起动运行。

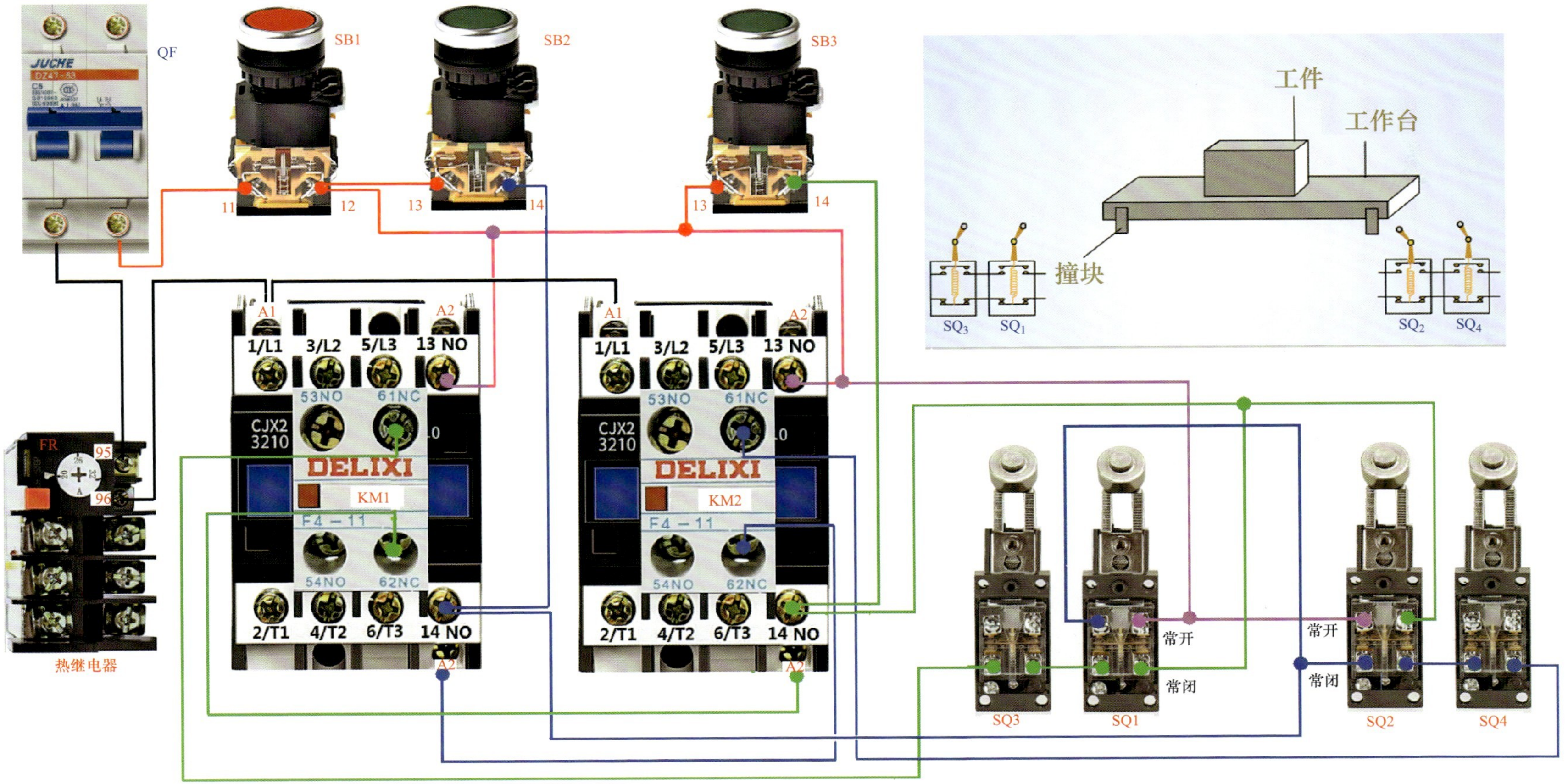
QF
JUCHE
SB1
SB2
SB3
11
12
13
14
13
14
工件
工作台
撞块
SQ3
SQ1
SQ2
SQ4
FR
95
96
热继电器
A1
A2
1/L1
3/L2
5/L3
13 NO
53NO
61NC
CJX2
3210
DELIXI
KM1
KM2
F4－11
54NO
62NC
2/T1
4/T2
6/T3
14 NO
常开
常闭

小车自动往返电路实物接线图

6 小车限位停止自动延时起动往返运动电路及实物接线图

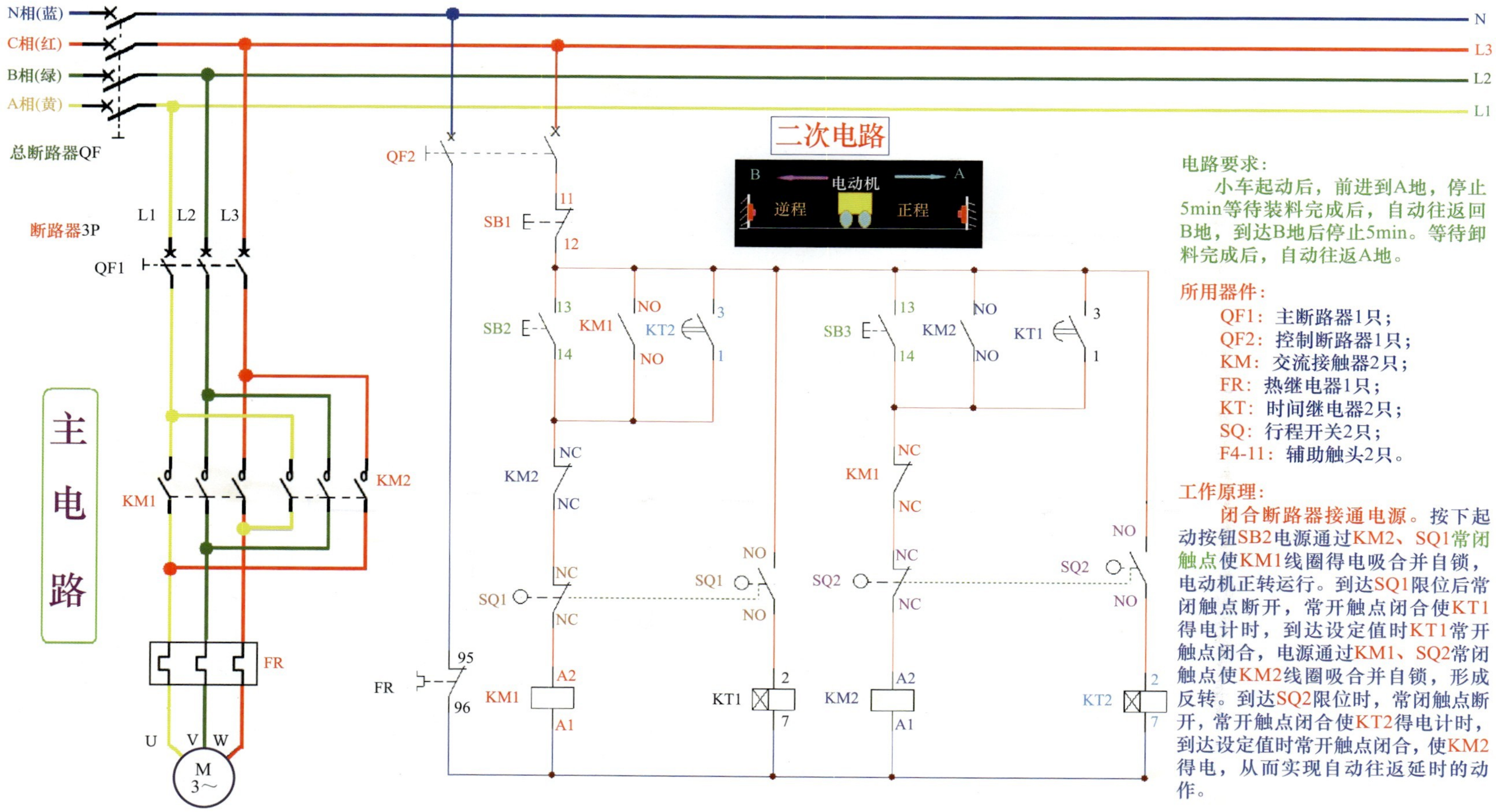

小车限位停止自动延时起动往返运动电路

电路要求：

小车起动后，前进到A地，停止5min等待装料完成后，自动往返回B地，到达B地后停止5min。等待卸料完成后，自动往返A地。

所用器件：

QF1：主断路器1只；
QF2：控制断路器1只；
KM：交流接触器2只；
FR：热继电器1只；
KT：时间继电器2只；
SQ：行程开关2只；
F4-11：辅助触头2只。

工作原理：

闭合断路器接通电源。按下起动按钮SB2电源通过KM2、SQ1常闭触点使KM1线圈得电吸合并自锁，电动机正转运行。到达SQ1限位后常闭触点断开，常开触点闭合使KT1得电计时，到达设定值时KT1常开触点闭合，电源通过KM1、SQ2常闭触点使KM2线圈吸合并自锁，形成反转。到达SQ2限位时，常闭触点断开，常开触点闭合使KT2得电计时，到达设定值时常开触点闭合，使KM2得电，从而实现自动往返延时的动作。

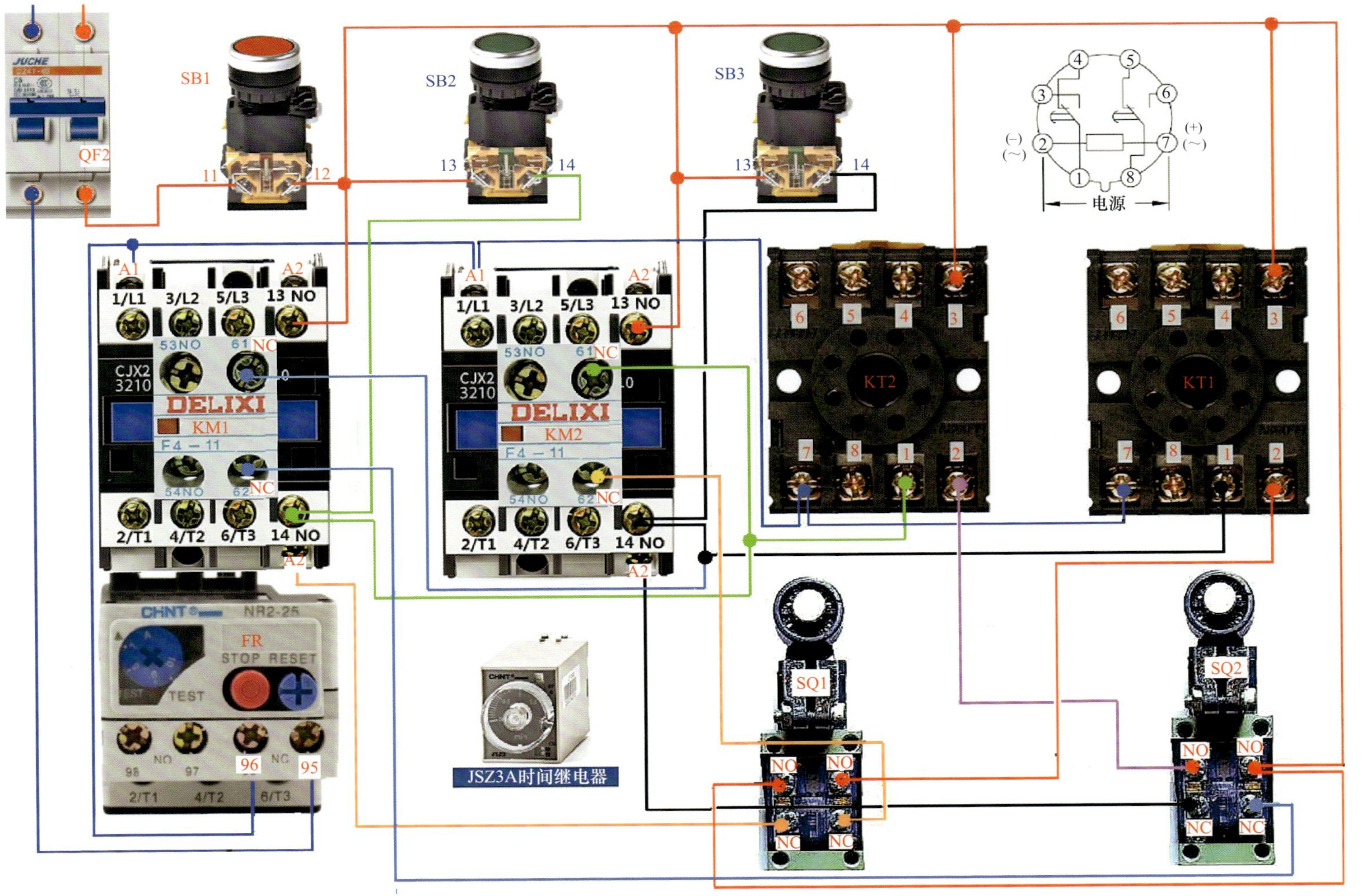

小车限位停止自动延时起动往返运动电路实物接线图

→7 小车自动延时重复往返运动电路及实物接线图

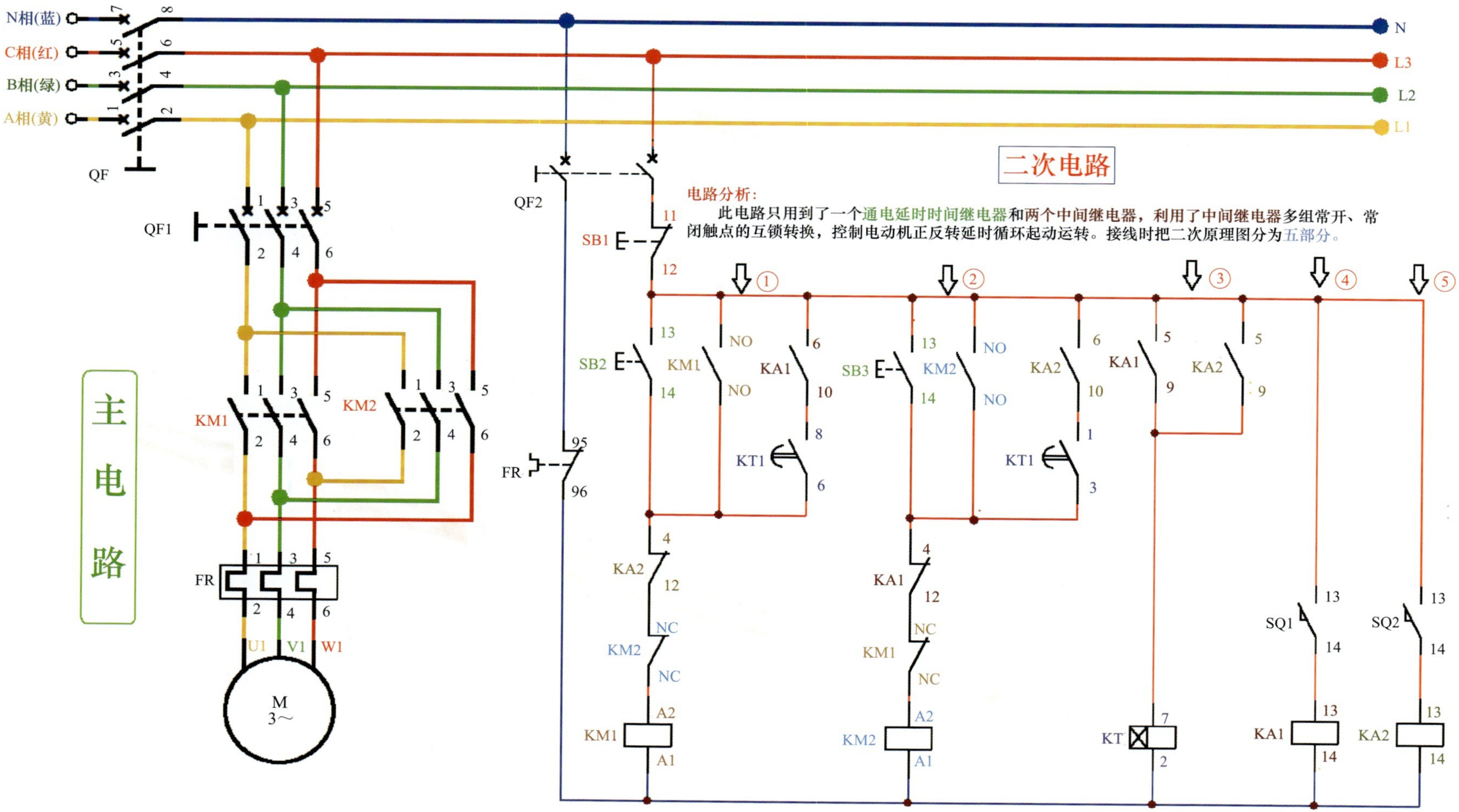

电路分析：

此电路只用到了一个通电延时时间继电器和两个中间继电器，利用了中间继电器多组常开、常闭触点的互锁转换，控制电动机正反转延时循环起动运转。接线时把二次原理图分为五部分。

小车自动延时重复往返运动电路

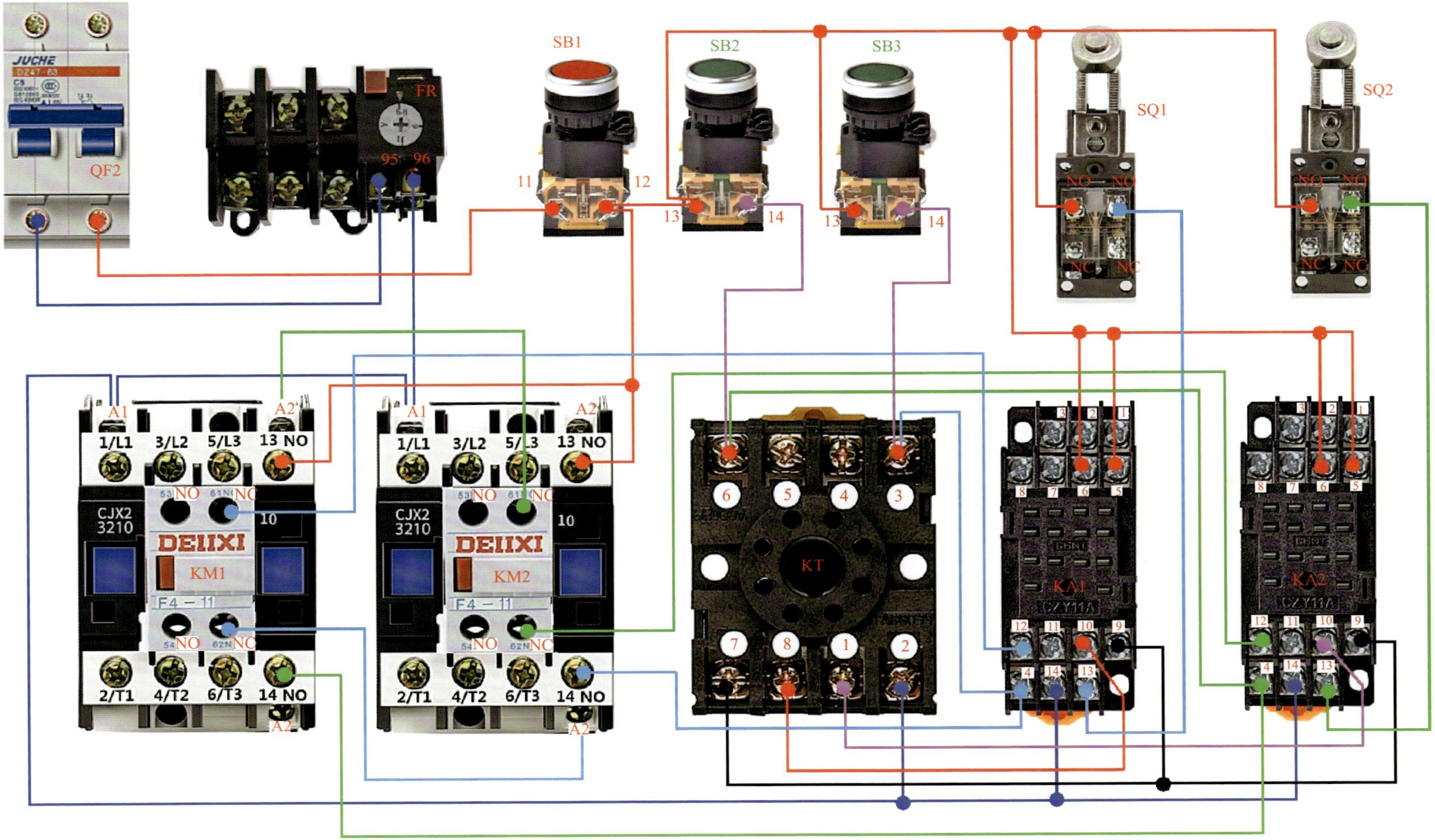

小车自动延时重复往返运动二次电路实物接线图

→8 脚踏开关控制电动机起动电路及实物接线图

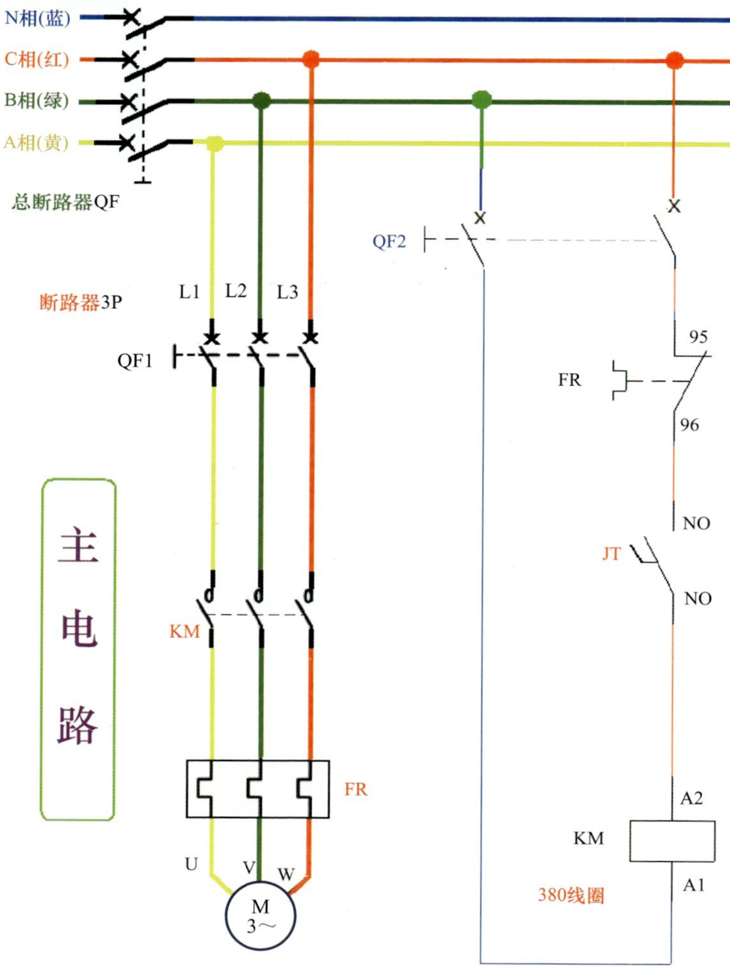

二次电路

工作原理：

此电路是一个电动控制电路，脚踏开关采用自动复位方式，控制电路接在其常开触点上。

起动过程：踩下脚踏开关，接触器线圈KM得电，KM得电吸合其主触点接通电动机主回路，电动机得电运转。

停止过程：松开脚踏开关，JT接触器线圈KM失电，释放其主触点断开电动机主电路，电动机失电停止运转。

热继电器保护：当电动机过载时，电流急剧增大，热继电器双金属片受热变形，杠杆推动执行机构断开，其常闭触点断开，KM线圈失电释放，电动机失电停止运转。

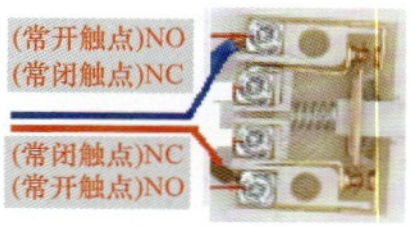

脚踏开关内部结构

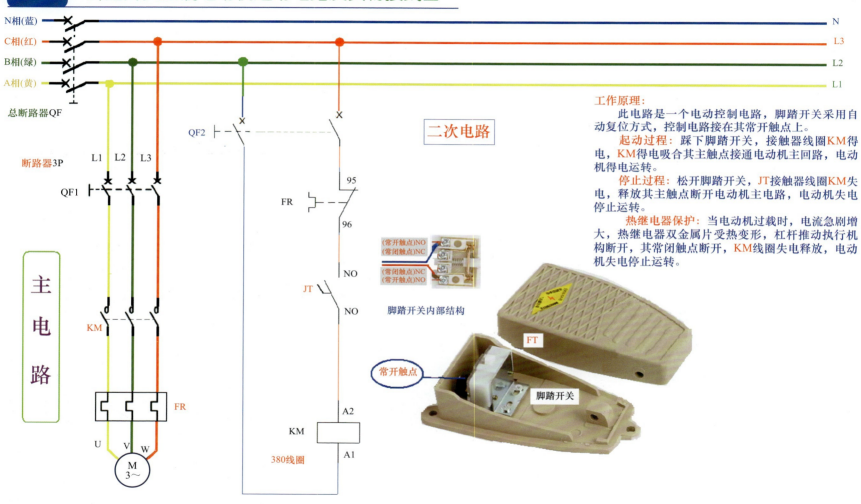

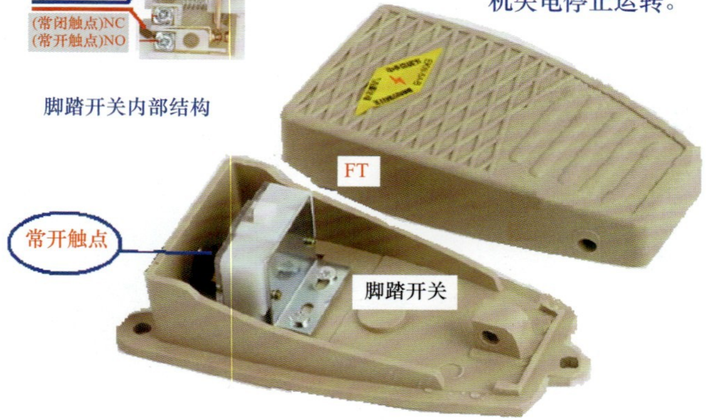

脚踏开关控制电动机起动电路

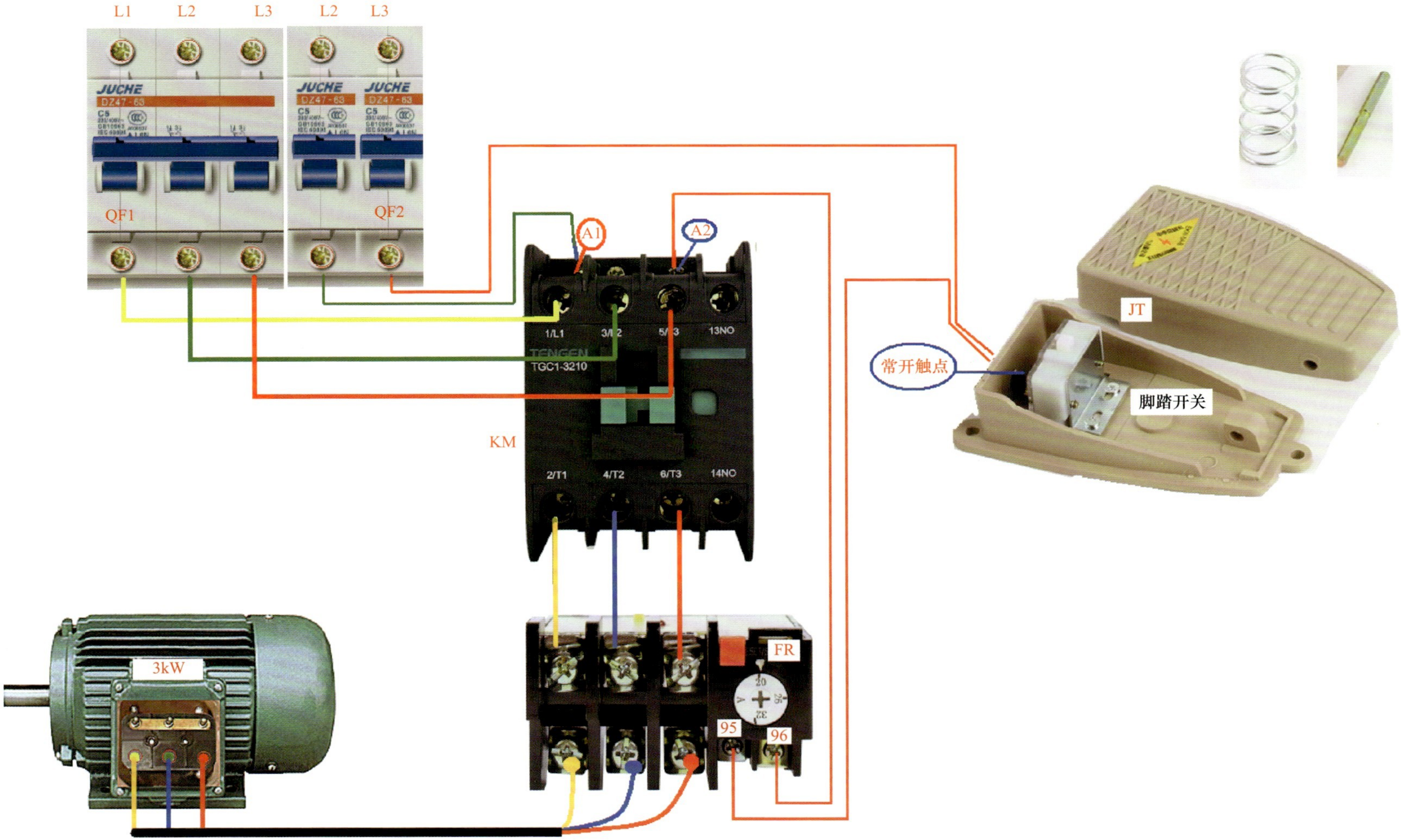

脚踏开关控制电动机起动电路实物接线图

→ 9 脚踏开关控制电磁阀限位停止电路及实物接线图

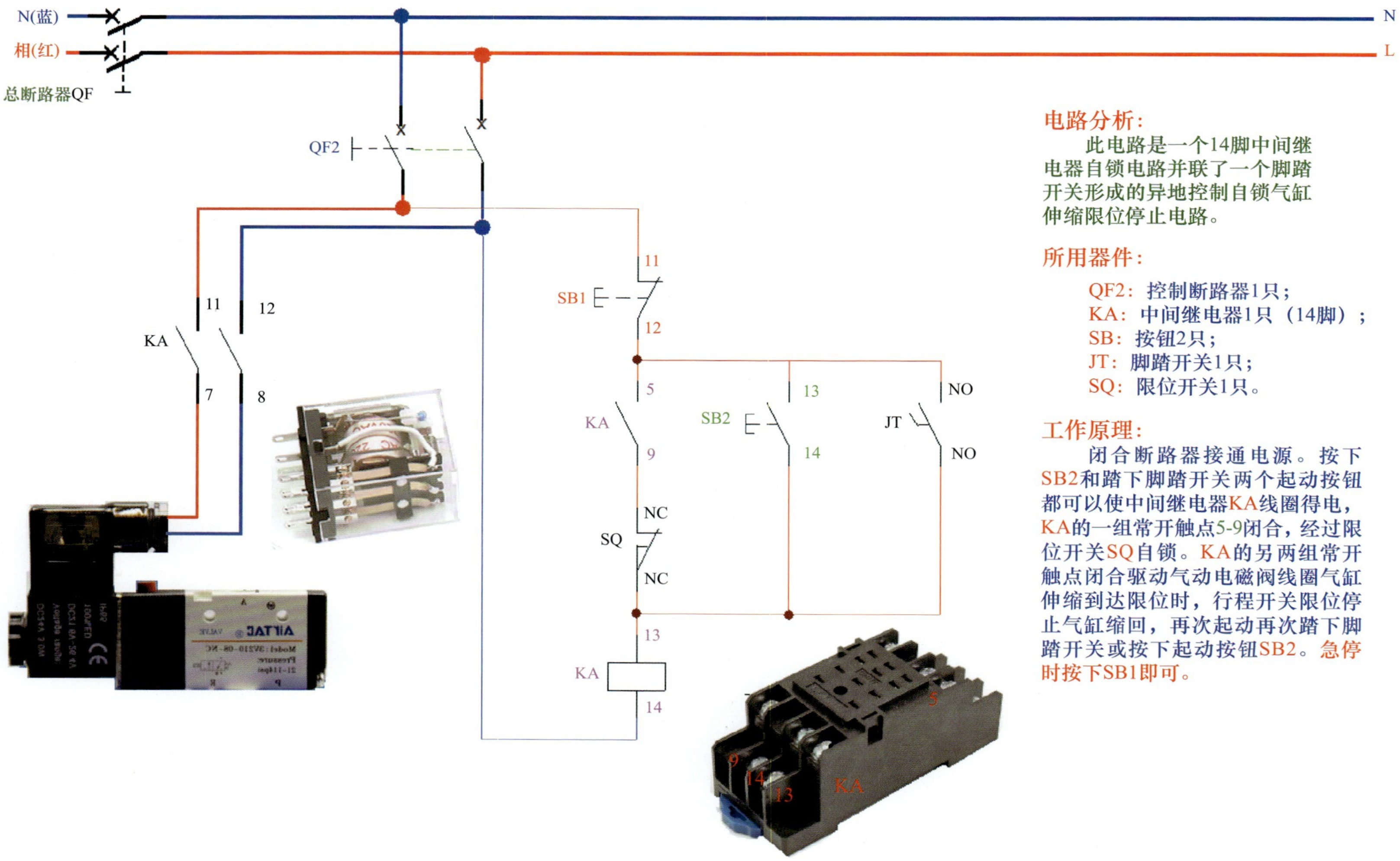

脚踏开关控制电磁阀限位停止电路

电路分析：

此电路是一个14脚中间继电器自锁电路并联了一个脚踏开关形成的异地控制自锁气缸伸缩限位停止电路。

所用器件：

QF2：控制断路器1只；
KA：中间继电器1只（14脚）；
SB：按钮2只；
JT：脚踏开关1只；
SQ：限位开关1只。

工作原理：

闭合断路器接通电源。按下SB2和踏下脚踏开关两个起动按钮都可以使中间继电器KA线圈得电，KA的一组常开触点5-9闭合，经过限位开关SQ自锁。KA的另两组常开触点闭合驱动气动电磁阀线圈气缸伸缩到达限位时，行程开关限位停止气缸缩回，再次起动再次踏下脚踏开关或按下起动按钮SB2。急停时按下SB1即可。

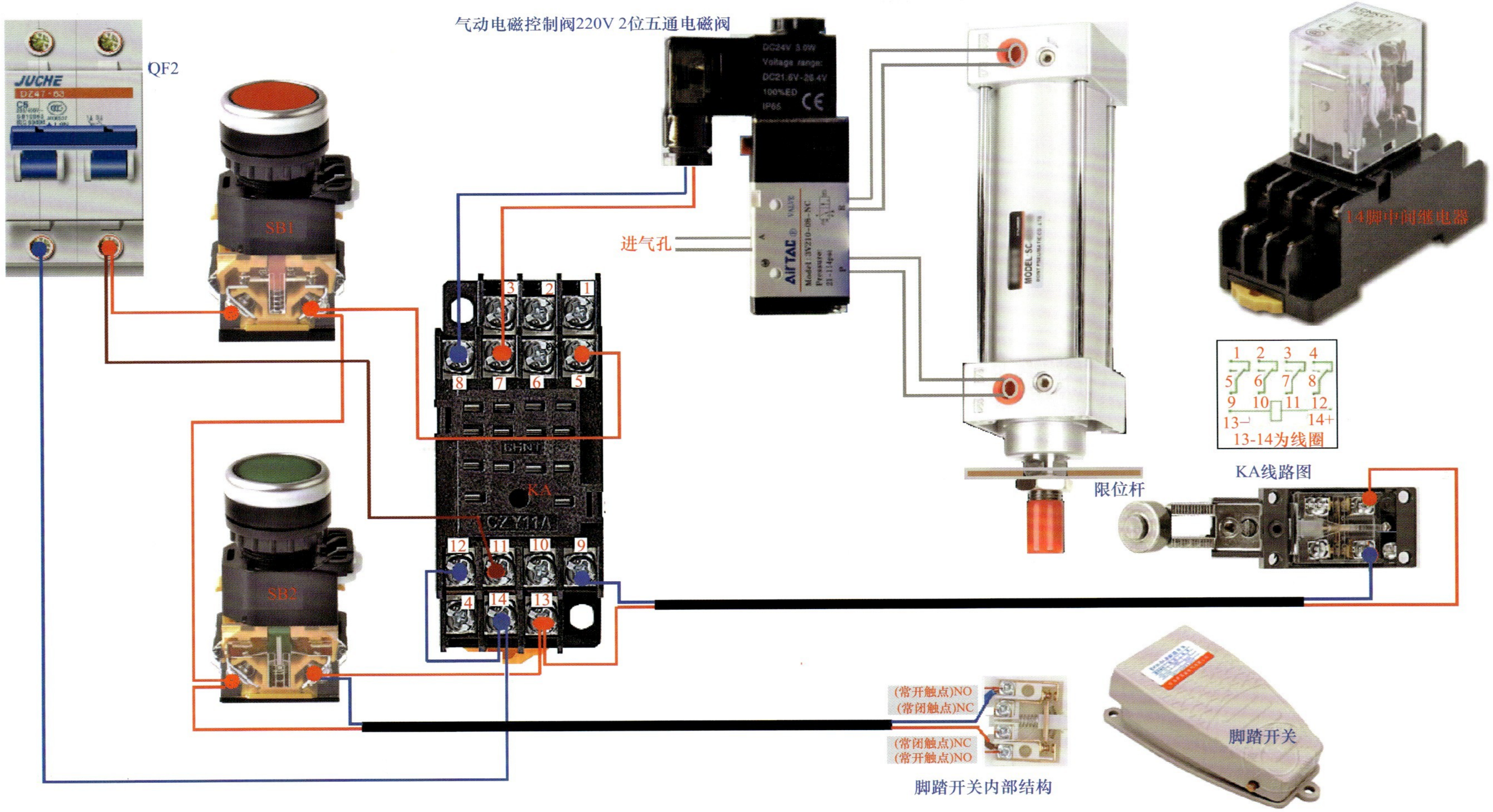

脚踏开关控制电磁阀限位停止电路实物接线图

→10 脚踏开关控制电动机自动延时正反转电路及实物接线图

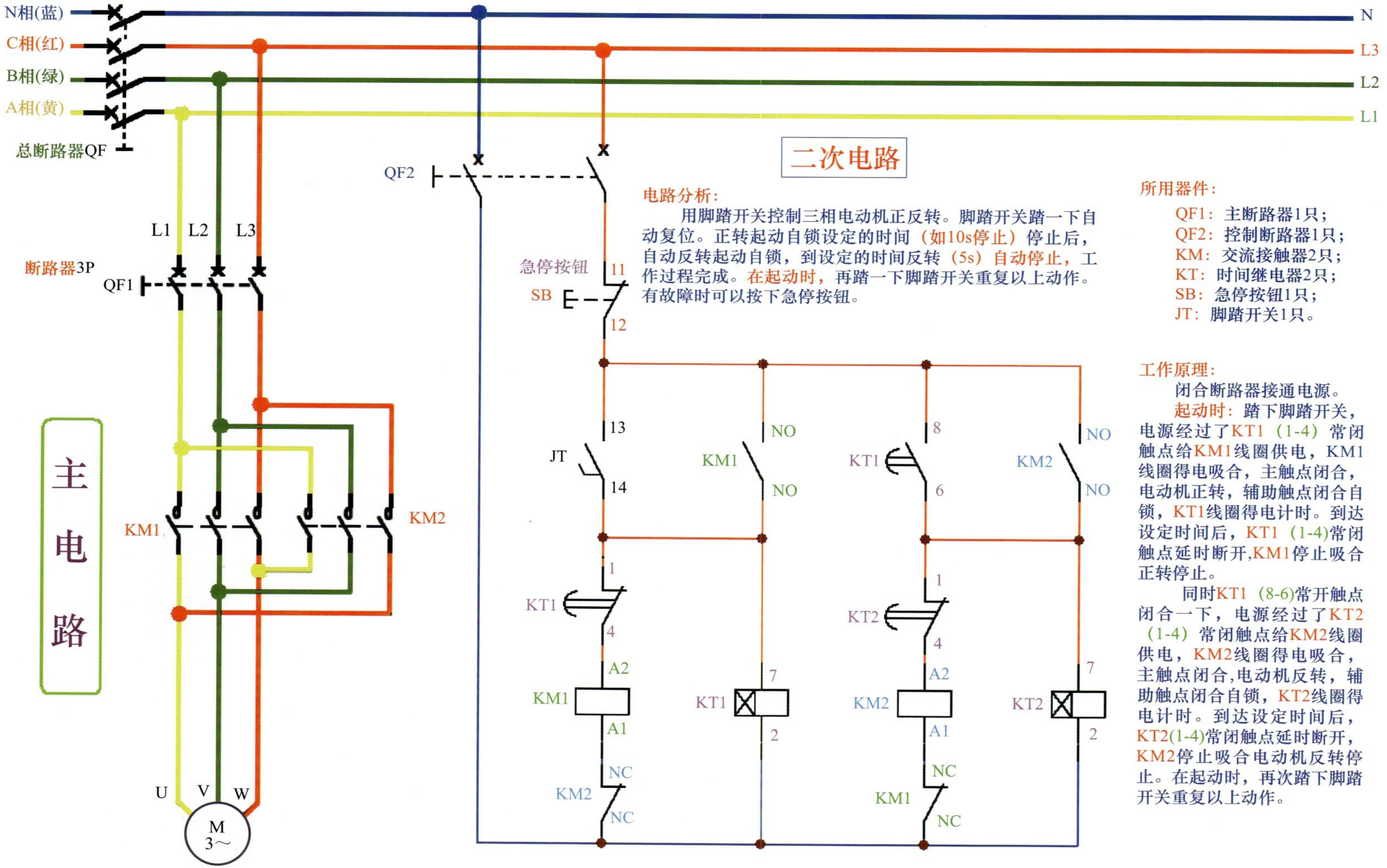

电路分析：

用脚踏开关控制三相电动机正反转。脚踏开关踏一下自动复位。正转起动自锁设定的时间（如10s停止）停止后，自动反转起动自锁，到设定的时间反转（5s）自动停止，工作过程完成。在起动时，再踏一下脚踏开关重复以上动作。有故障时可以按下急停按钮。

所用器件：

QF1：主断路器1只；
QF2：控制断路器1只；
KM：交流接触器2只；
KT：时间继电器2只；
SB：急停按钮1只；
JT：脚踏开关1只。

工作原理：

闭合断路器接通电源。

起动时：踏下脚踏开关，电源经过了KT1（1-4）常闭触点给KM1线圈供电，KM1线圈得电吸合，主触点闭合，电动机正转，辅助触点闭合自锁，KT1线圈得电计时。到达设定时间后，KT1（1-4)常闭触点延时断开,KM1停止吸合正转停止。

同时KT1（8-6)常开触点闭合一下，电源经过了KT2（1-4）常闭触点给KM2线圈供电，KM2线圈得电吸合，主触点闭合,电动机反转，辅助触点闭合自锁，KT2线圈得电计时。到达设定时间后，KT2(1-4)常闭触点延时断开，KM2停止吸合电动机反转停止。在起动时，再次踏下脚踏开关重复以上动作。

脚踏开关控制电动机自动延时正反转电路

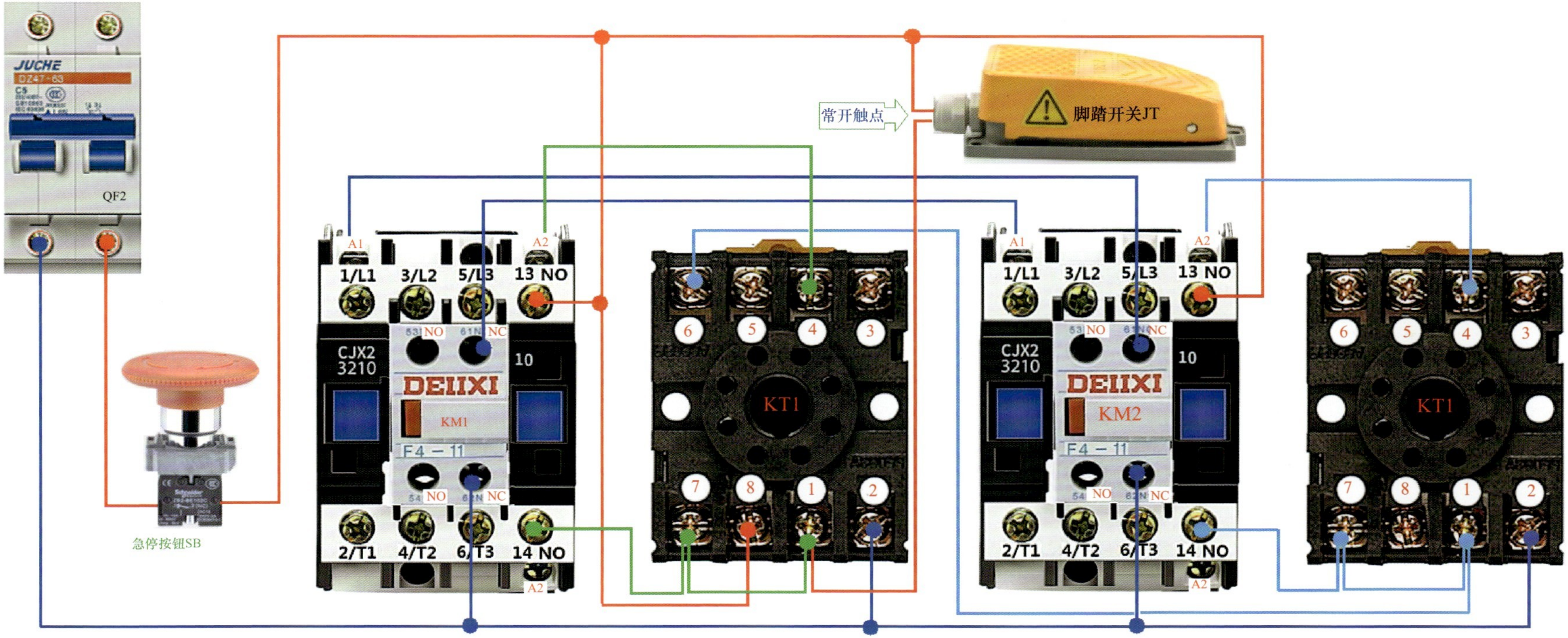

脚踏开关控制电动机自动延时正反转二次电路实物接线图

→11 缝包机自动剪线电路及实物接线图

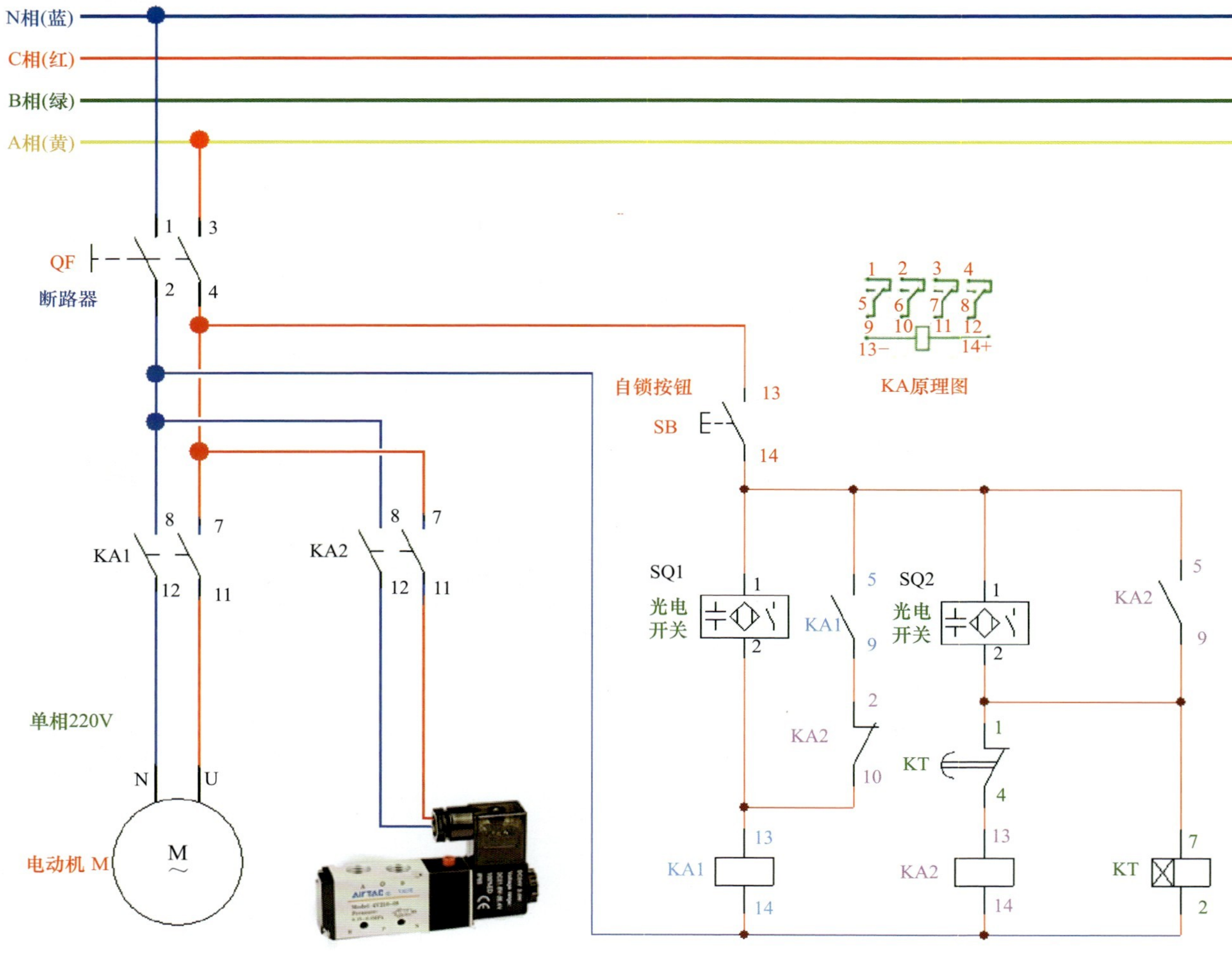

缝包机自动剪线电路

电路分析：

当编织袋经过第一个光电开关时，继电器吸合，缝包机起动缝合；当编织袋过完第二个光电开关时，缝包机停止，电磁阀动作推动气缸刀片剪线，完毕后缩回。

所用器件：

QF：断路器1只；
SB：自锁按钮1只；
SQ：光电开关2只（两线制220V）；
KA：中间继电器2只（14脚）；
KT：时间继电器1只；
电磁阀：1只（两位五孔型）。

工作原理：

闭合断路器接通电源。

当有物体经过第一个光电开关SQ1时，中间继电器KA1吸合，KA1（5-9）常开辅助触点闭合，KA2（2-10）常闭触点自锁。当物体前移到第二个光电开关SQ2时，电源经过KT（1-4）常闭触点，KA2线圈得电，KA2（2-10）常闭触点断开，KA1控制电路中的KA2（5-9）常开辅助触点闭合自锁，KT线圈得电。KT设置时间计时到自动断开KA2、KT。

主设备继续运转，就会继续重复以上动作。

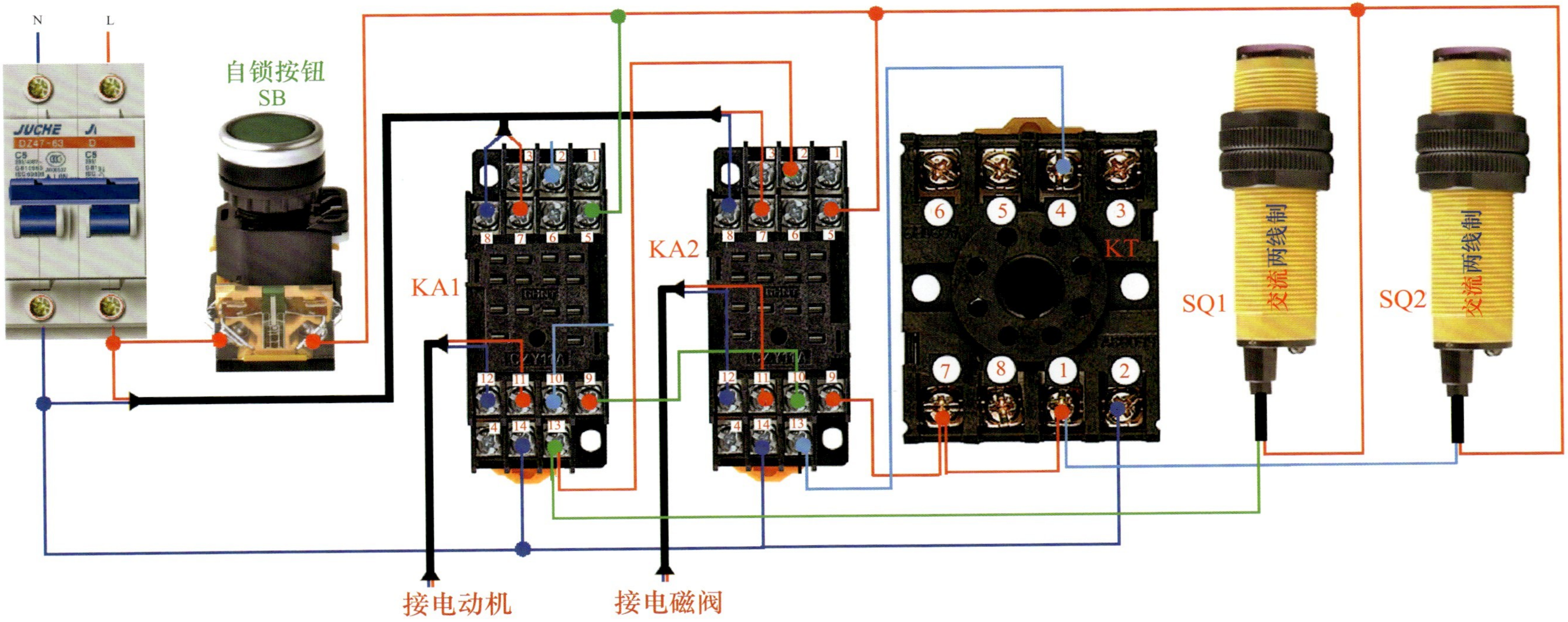

缝包机自动剪线电路实物接线图

→12 料仓缺料自动上料，料满自动停止电路

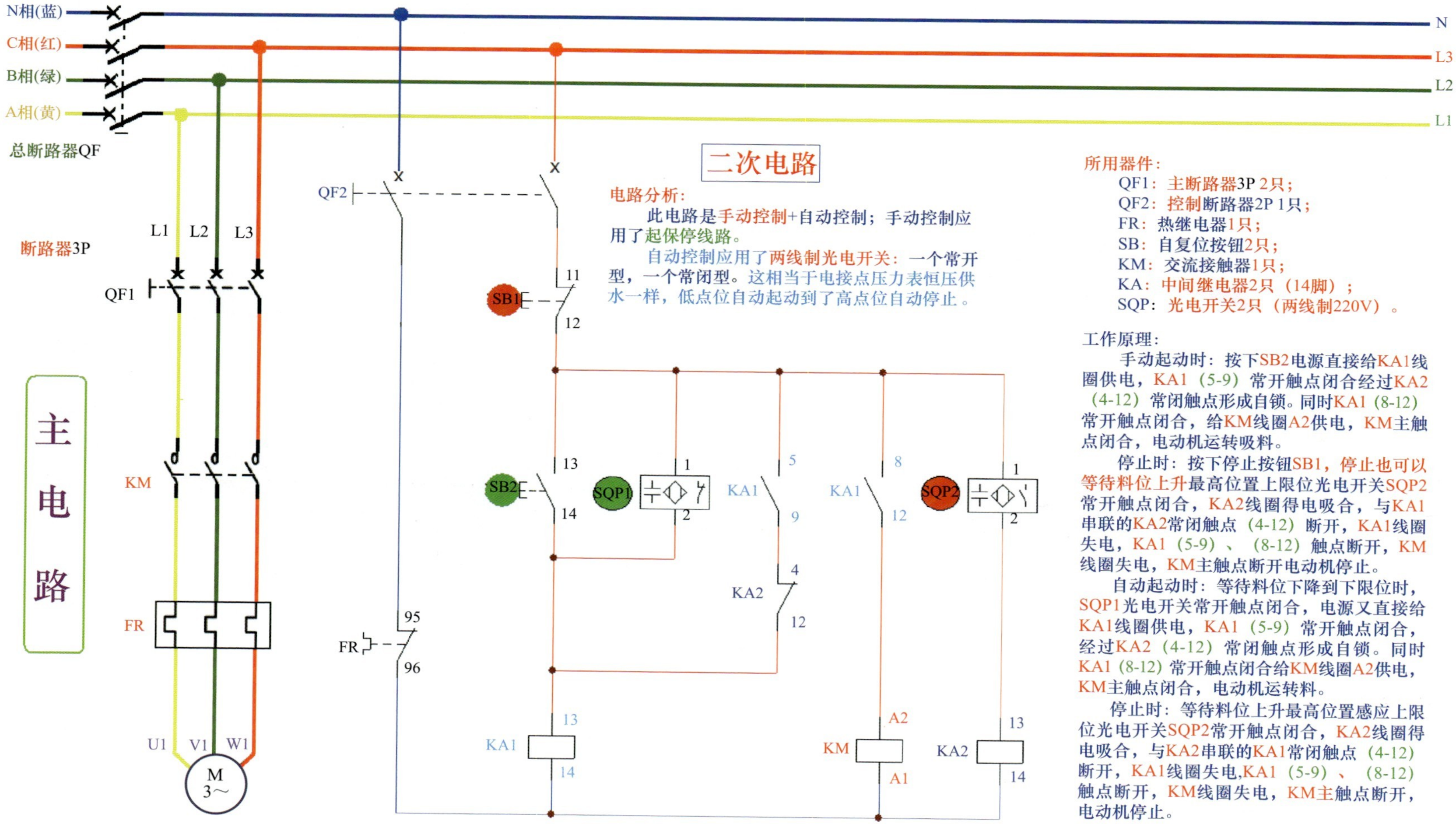

电路分析：

此电路是手动控制+自动控制；手动控制应用了起保停线路。

自动控制应用了两线制光电开关：一个常开型，一个常闭型。这相当于电接点压力表恒压供水一样，低点位自动起动到了高点位自动停止。

所用器件：

QF1：主断路器3P 2只；
QF2：控制断路器2P 1只；
FR：热继电器1只；
SB：自复位按钮2只；
KM：交流接触器1只；
KA：中间继电器2只（14脚）；
SQP：光电开关2只（两线制220V）。

工作原理：

手动起动时：按下SB2电源直接给KA1线圈供电，KA1（5-9）常开触点闭合经过KA2（4-12）常闭触点形成自锁。同时KA1（8-12）常开触点闭合，给KM线圈A2供电，KM主触点闭合，电动机运转吸料。

停止时：按下停止按钮SB1，停止也可以等待料位上升最高位置上限位光电开关SQP2常开触点闭合，KA2线圈得电吸合，与KA1串联的KA2常闭触点（4-12）断开，KA1线圈失电，KA1（5-9）、（8-12）触点断开，KM线圈失电，KM主触点断开电动机停止。

自动起动时：等待料位下降到下限位时，SQP1光电开关常开触点闭合，电源又直接给KA1线圈供电，KA1（5-9）常开触点闭合，经过KA2（4-12）常闭触点形成自锁。同时KA1（8-12）常开触点闭合给KM线圈A2供电，KM主触点闭合，电动机运转料。

停止时：等待料位上升最高位置感应上限位光电开关SQP2常开触点闭合，KA2线圈得电吸合，与KA2串联的KA1常闭触点（4-12）断开，KA1线圈失电,KA1（5-9）、（8-12）触点断开，KM线圈失电，KM主触点断开，电动机停止。

料仓缺料自动上料，料满自动停止电路

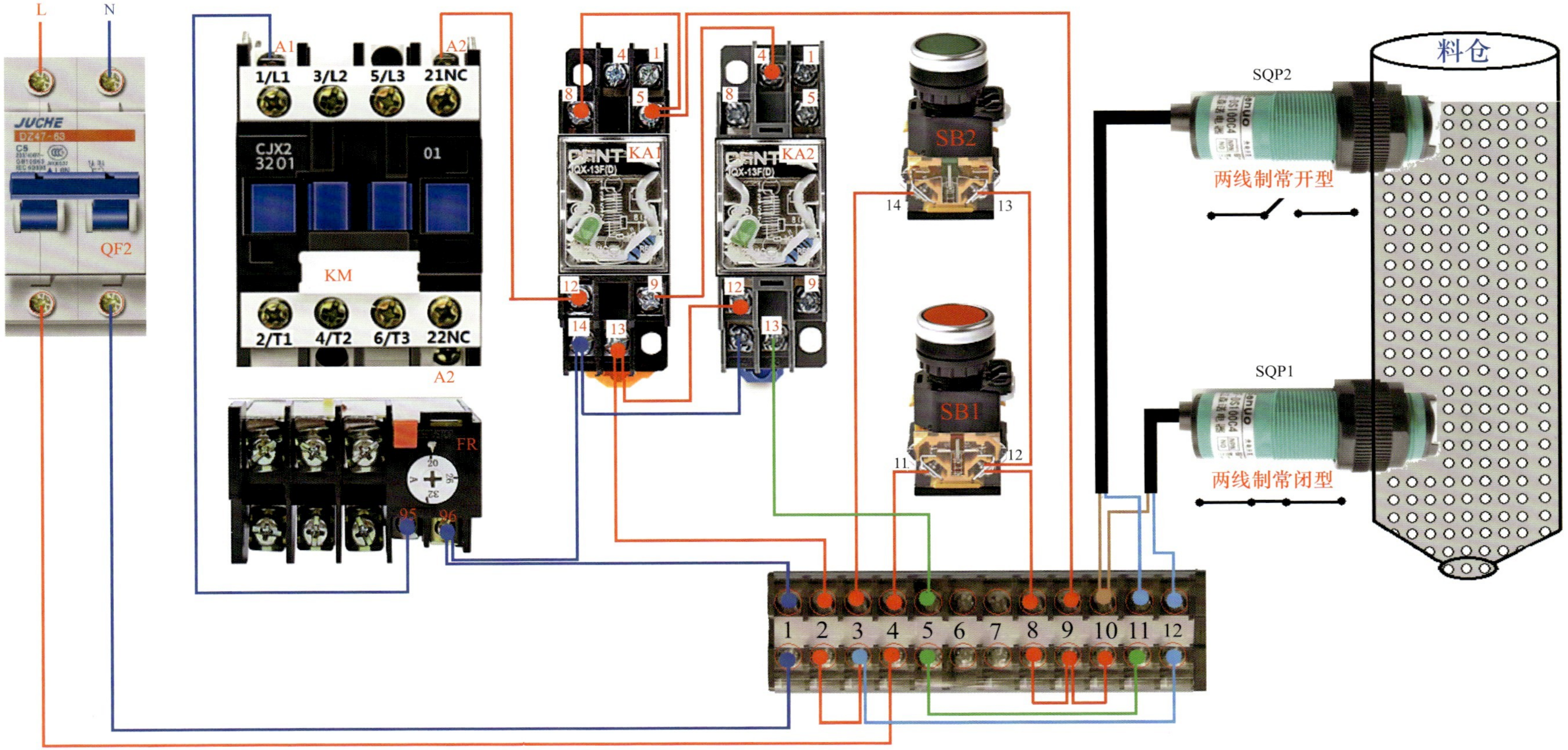

料仓缺料自动上料，料满自动停止电路实物接线图

→13 三层货篮电梯控制二次电路及实物接线图

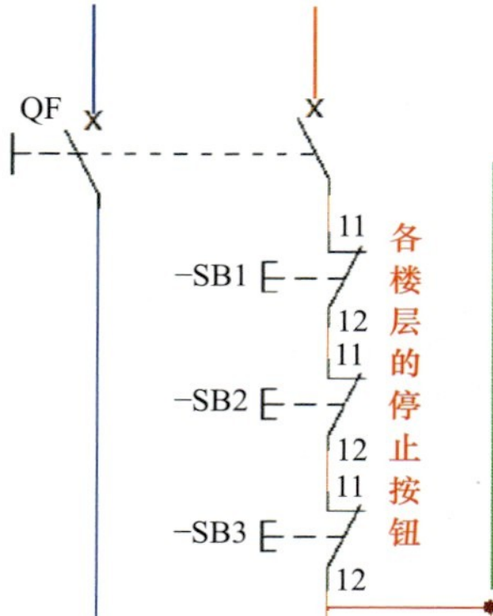

电路分析:

两个交流接触器控制电动机正反转上升和下降停止。

各楼层都有限位自动停止，接触器相互都有互锁功能。

同时互锁了中间继电器，再利用中间继电器实现自锁和互锁功能控制交流接触器吸合限位停止。

工作原理:

闭合断路器接通电源。

起动上2楼时按下起动按钮SB6，电源经过KA4常闭触点，KA3线圈得电，KA3（5-9）常开触点闭合自锁，KA3（7-11）常开触点闭合给KM1线圈供电，KM1主触点闭合，电动机起动上升，待上升到2楼时限位开关SQ6常闭触点断开，KA3停止吸合，KA3（5-9）、（7-11）两组闭合触点断开，KM1停止吸合，电动机停止上升。起动上3楼时，按下起动按钮SB7，电源经过KA3常闭触点，KA4线圈得电，KA4（5-9）常开触点闭合自锁，KA4（7-11）常开触点闭合给KM1线圈供电，KM1主触点闭合电动机起动上升，待上升到3楼时限位开关SQ7常闭触点断开，KA4停止吸合，KA4（5-9）、（7-11）两组闭合触点断开，KM1停止吸合，电动机停止上升。

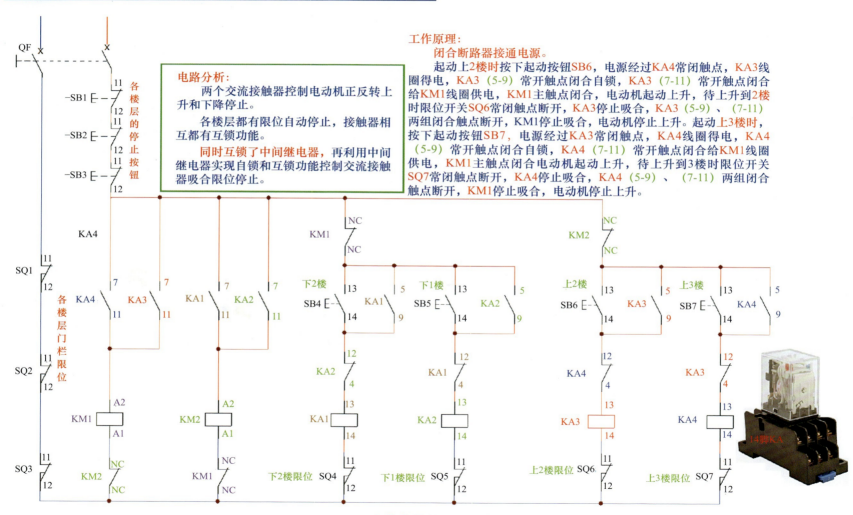

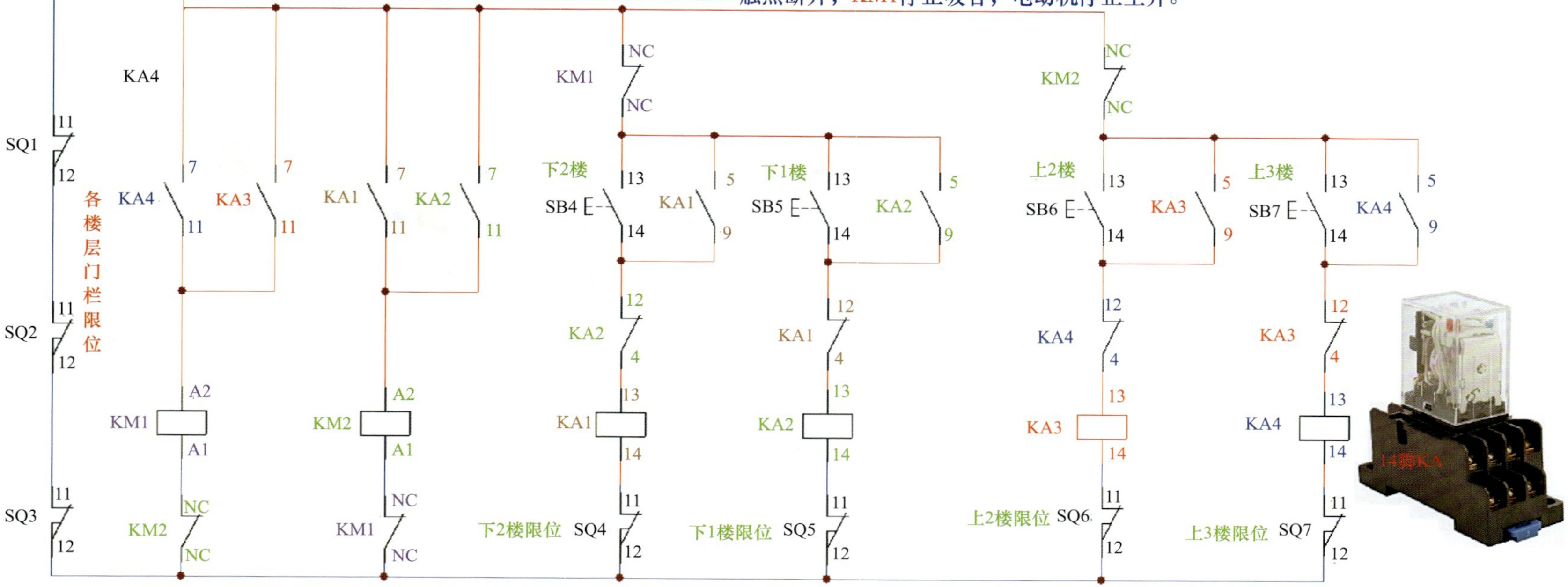

三层货篮电梯控制二次电路

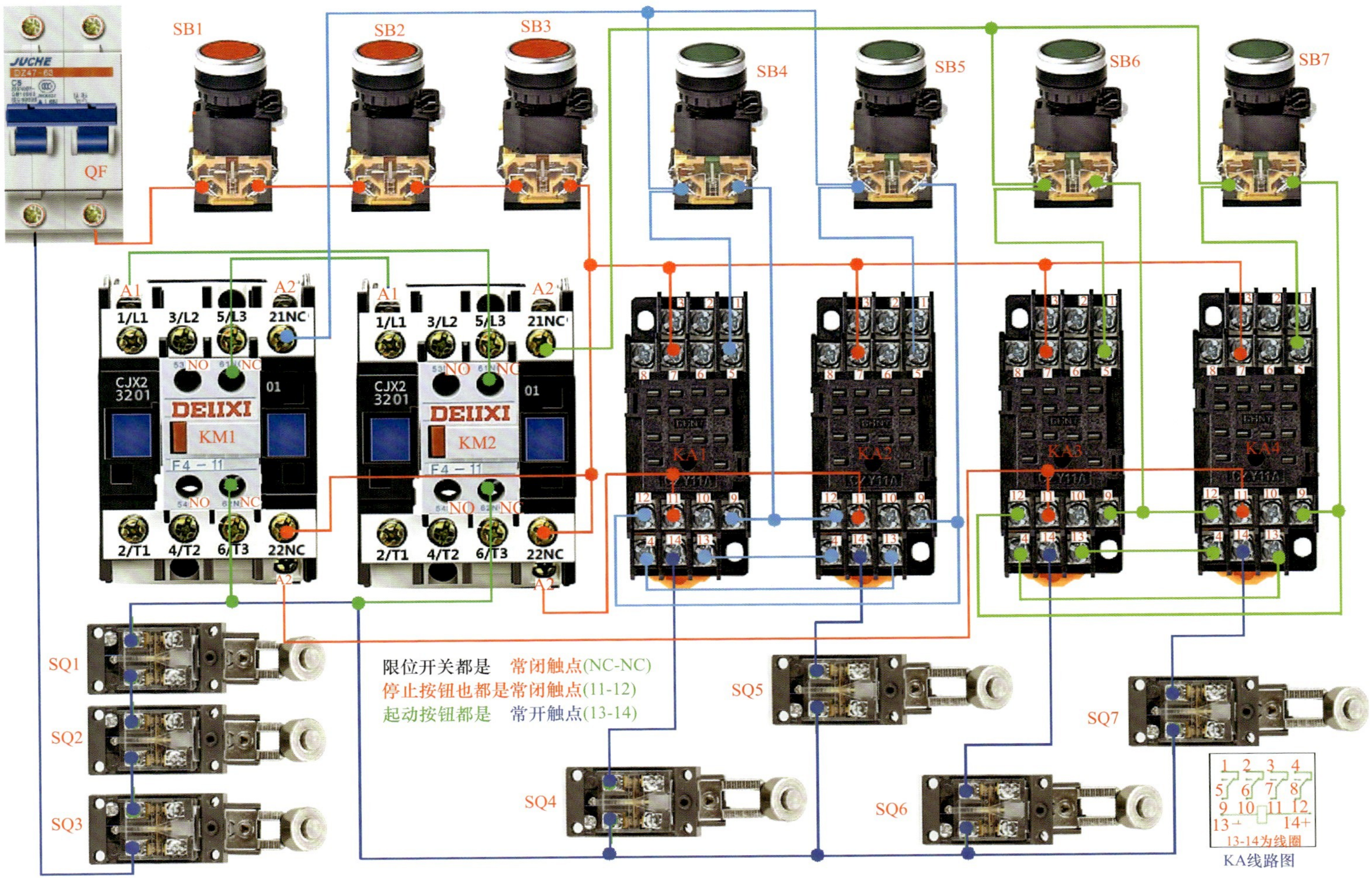

三层货篮电梯控制二次电路实物接线图

→14 液位开关手动和自动供水电路及实物接线图

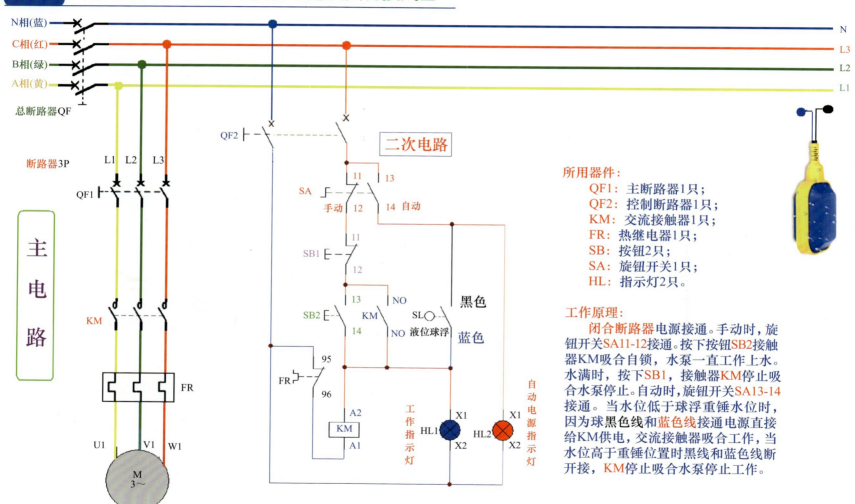

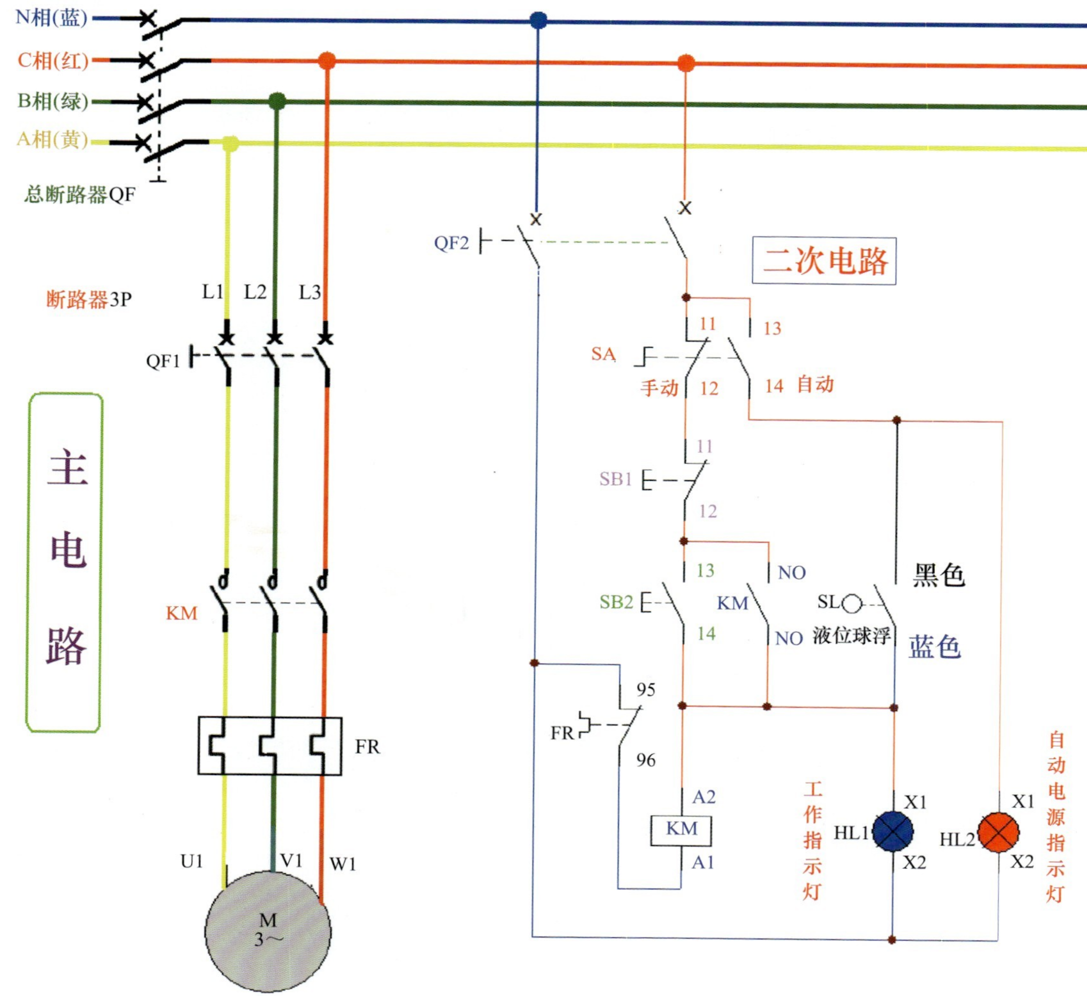

所用器件：

QF1：主断路器1只；
QF2：控制断路器1只；
KM：交流接触器1只；
FR：热继电器1只；
SB：按钮2只；
SA：旋钮开关1只；
HL：指示灯2只。

工作原理：

闭合断路器电源接通。手动时，旋钮开关SA11-12接通。按下按钮SB2接触器KM吸合自锁，水泵一直工作上水。水满时，按下SB1，接触器KM停止吸合水泵停止。自动时，旋钮开关SA13-14接通。当水位低于球浮重锤水位时，因为球黑色线和蓝色线接通电源直接给KM供电，交流接触器吸合工作，当水位高于重锤位置时黑线和蓝色线断开接，KM停止吸合水泵停止工作。

液位开关手动和自动供水电路

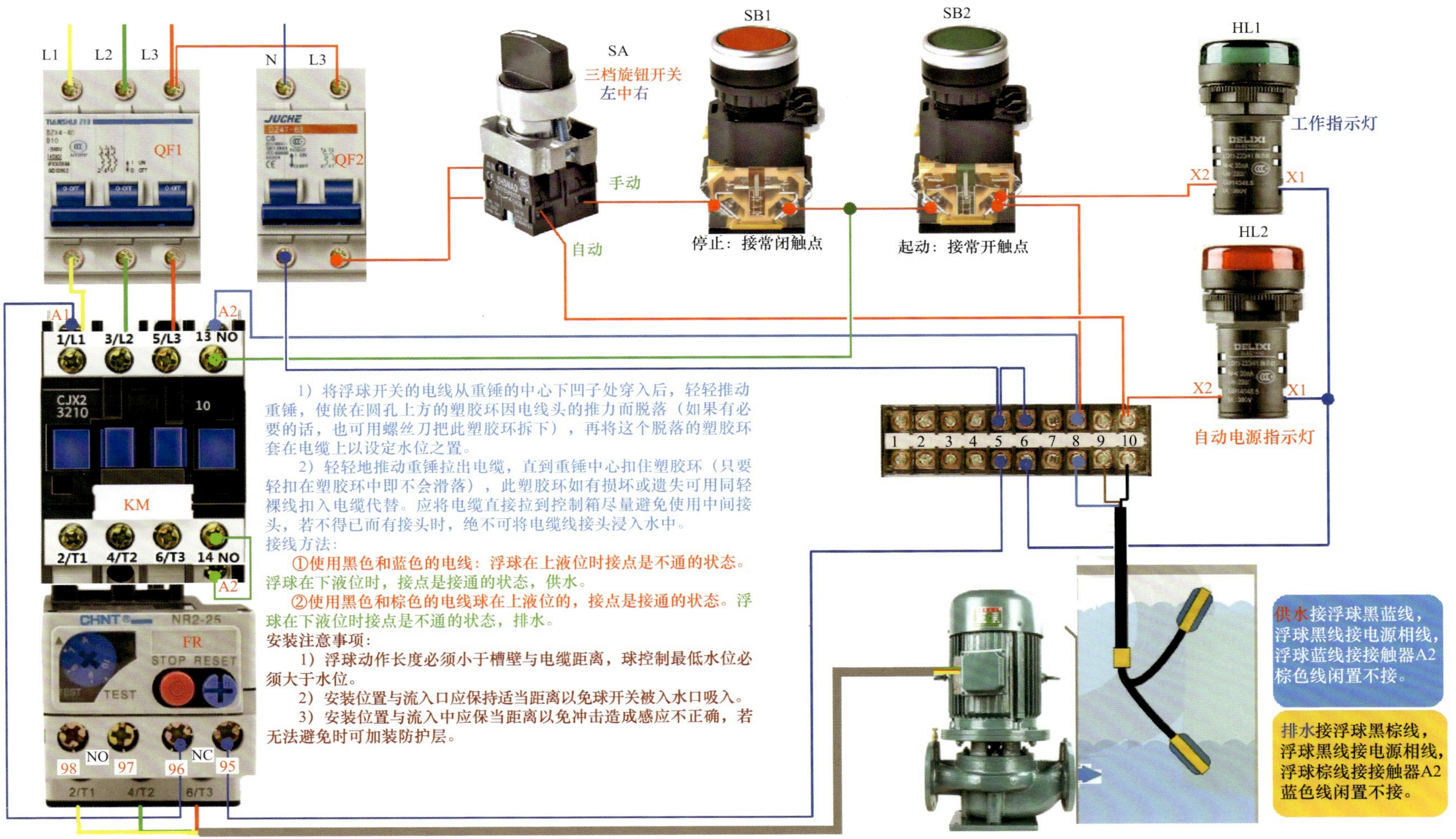

1）将浮球开关的电线从重锤的中心下凹子处穿入后，轻轻推动重锤，使嵌在圆孔上方的塑胶环因电线头的推力而脱落（如果有必要的话，也可用螺丝刀把此塑胶环拆下），再将这个脱落的塑胶环套在电缆上以设定水位之置。

2）轻轻地推动重锤拉出电缆，直到重锤中心扣住塑胶环（只要轻扣在塑胶环中即不会滑落），此塑胶环如有损坏或遗失可用同轻裸线扣入电缆代替。应将电缆直接拉到控制箱尽量避免使用中间接头，若不得已而有接头时，绝不可将电缆线接头浸入水中。

接线方法：

①使用黑色和蓝色的电线：浮球在上液位时接点是不通的状态。浮球在下液位时，接点是接通的状态，供水。

②使用黑色和棕色的电线球在上液位的，接点是接通的状态。浮球在下液位时接点是不通的状态，排水。

安装注意事项：

1）浮球动作长度必须小于槽壁与电缆距离，球控制最低水位必须大于水位。

2）安装位置与流入口应保持适当距离以免球开关被入水口吸入。

3）安装位置与流入中应保当距离以免冲击造成感应不正确，若无法避免时可加装防护层。

液位开关手动和自动供水电路实物接线图

→15 380V 液位继电器供水电路及实物接线图

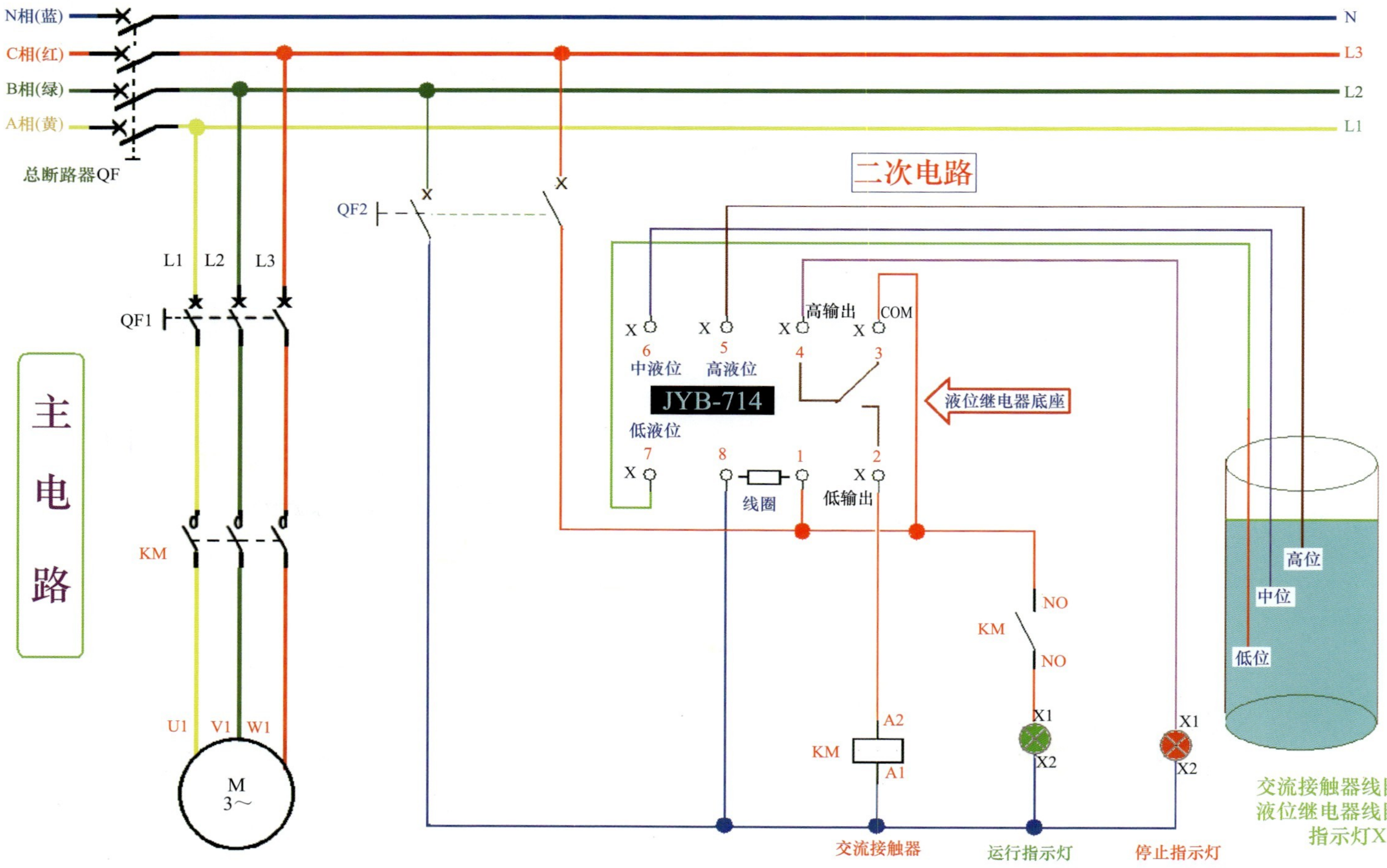

380V 液位继电器供水电路

自动供水控制电路JYB-714液位继电器：

5脚为高液位，6脚为中液位，7脚为低液位。通常情况下，5脚、7脚固定在所需液位的最高和最低位置，6脚用于调整所需液位高度但不得低于7脚电极或高于5脚电极。用随控制器配送的感应电极（类似3块小铁皮）做液位标尺，当液位低于6脚电极时，2、3脚闭合，KM工作；当液位高于5脚电极时，2、3脚断开，KM失电停止工作。

交流接触器线圈A1-A2电压为380V
液位继电器线圈8-1电压为380V
指示灯X1、X2电压为380V

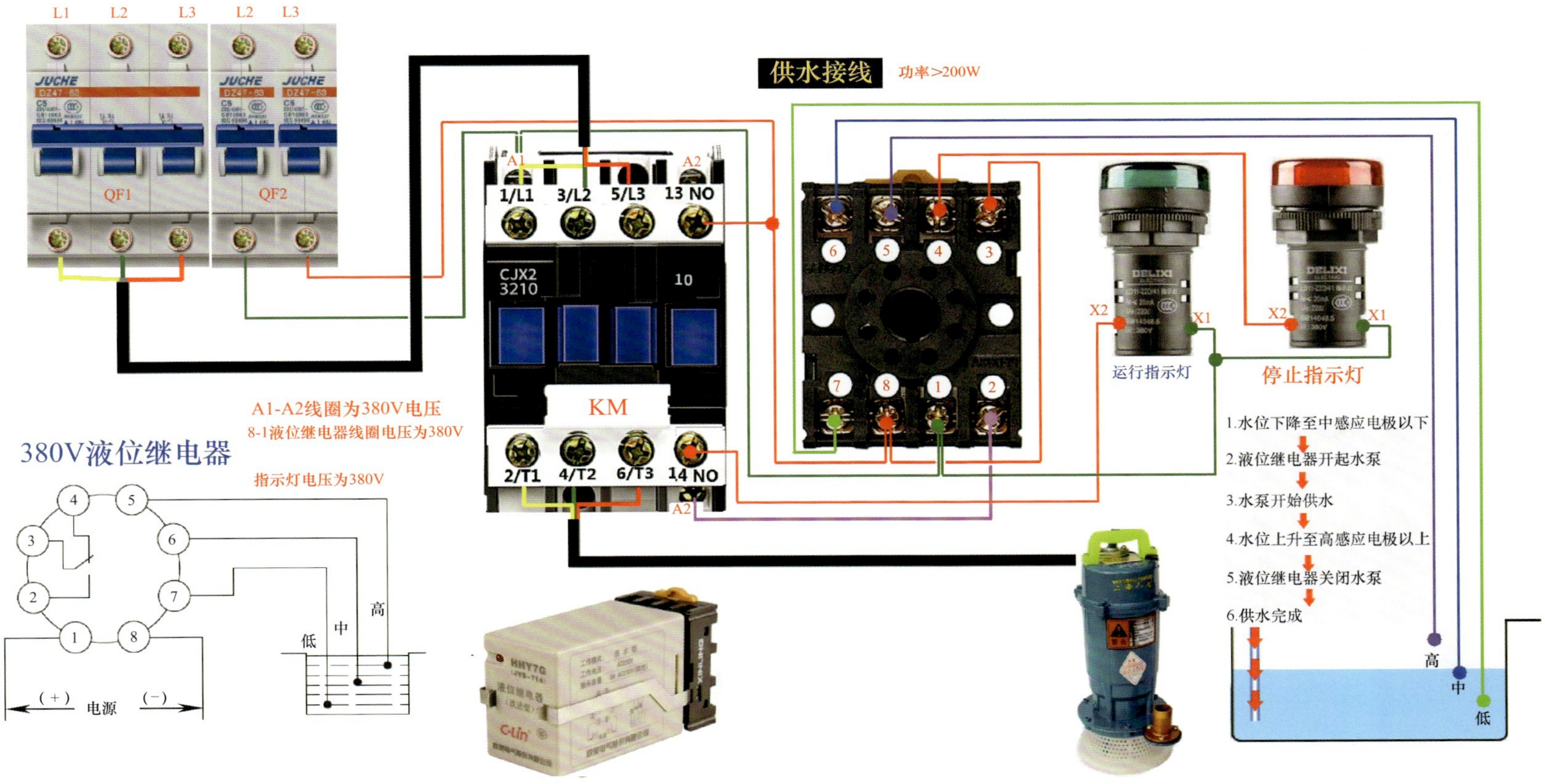
L1
L2
L3
L2
L3
QF1
QF2
供水接线
功率>200W
A1
A2
1/L1
3/L2
5/L3
13 NO
CJX2
3210
10
KM
2/T1
4/T2
6/T3
14 NO
A2
A1-A2线圈为380V电压
8-1液位继电器线圈电压为380V
指示灯电压为380V
380V液位继电器
6
5
4
3
7
8
1
2
X2
X1
运行指示灯
X2
X1
停止指示灯
1.水位下降至中感应电极以下
2.液位继电器开起水泵
3.水泵开始供水
4.水位上升至高感应电极以上
5.液位继电器关闭水泵
6.供水完成
高
中
低
(+)
电源
(−)
HHY7G

380V 液位继电器供水电路实物接线图

→16 井水缺水自动转换自来水供水电路及实物接线图

如果水箱的水正常时间没有抽满，井水缺水就会自动转为自来水供水。

档位旋钮在手动时就是一个简单的自锁。

自动时，液位继电器2脚输出给时间继电器供电，KM线圈得电，KT1-3常闭触点在设置的时间段水抽不满，KT1-3就会断开，使KM停止，KT1-4就会闭合，给KA线圈供电使电磁阀打开，水到高线位时2脚输出就会停止。

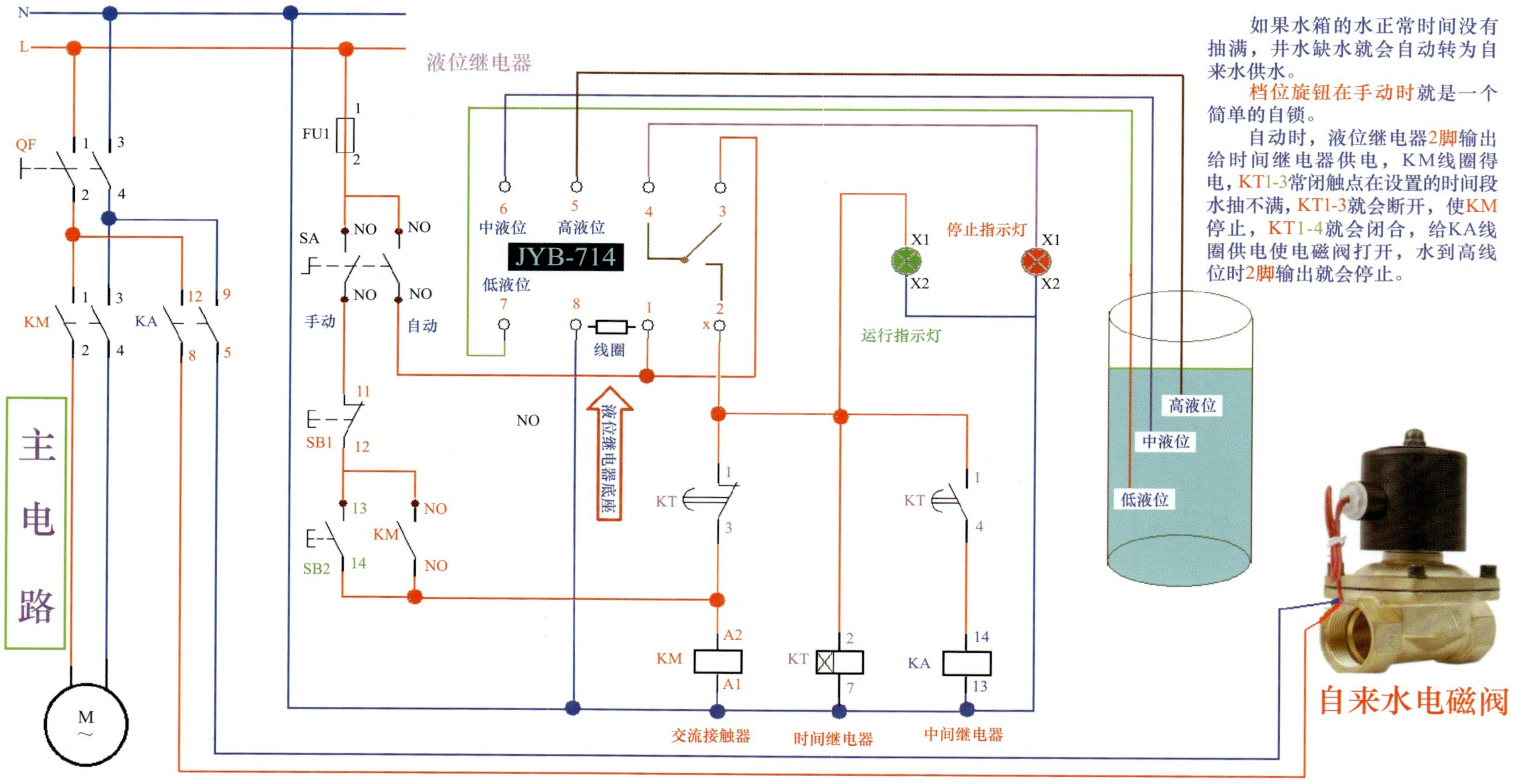

井水缺水自动转换自来水供水电路

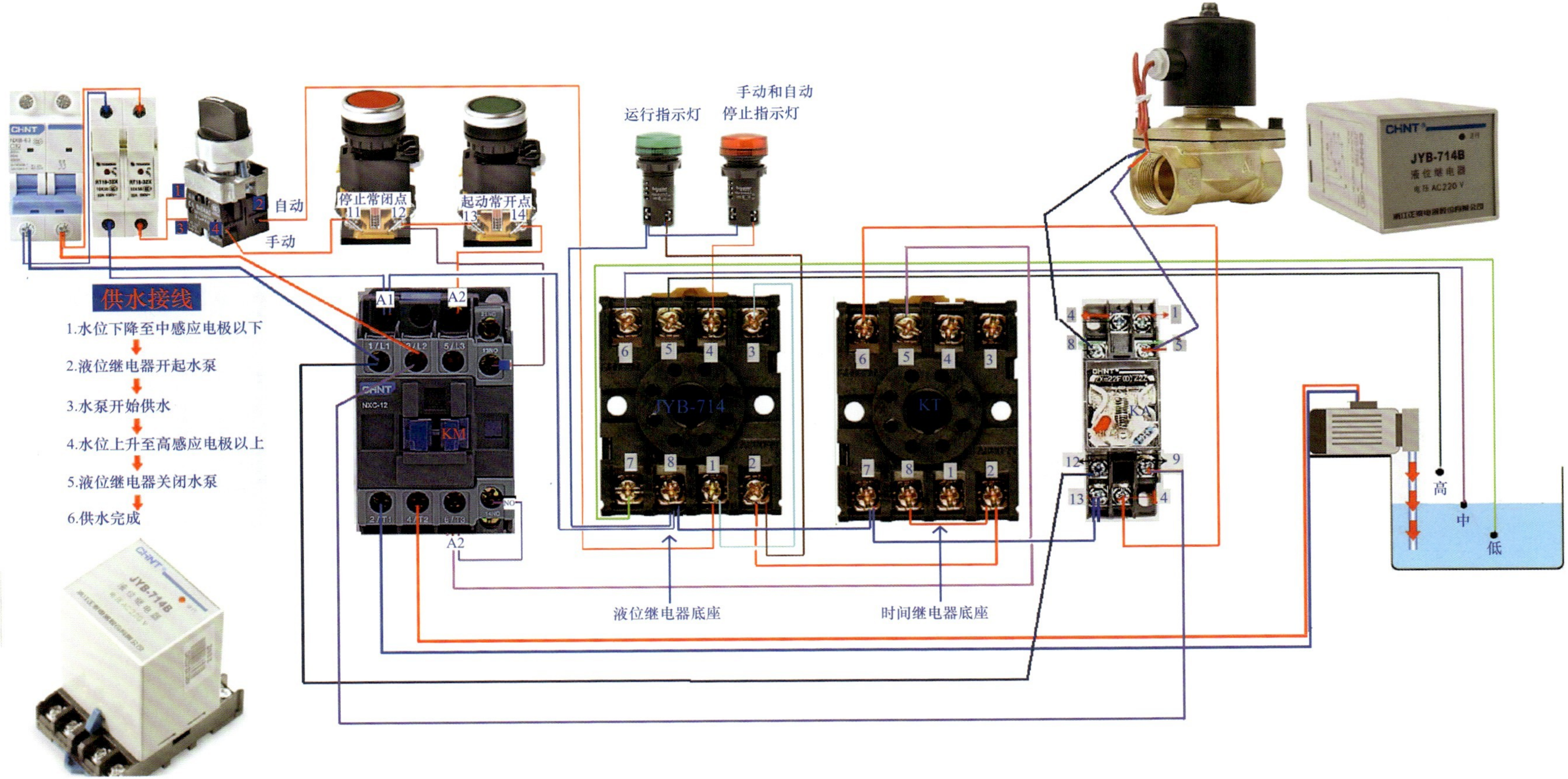

井水缺水自动转换自来水供水电路实物接线图

→17 污水泵一备一用手动和自动控制电路及实物接线图

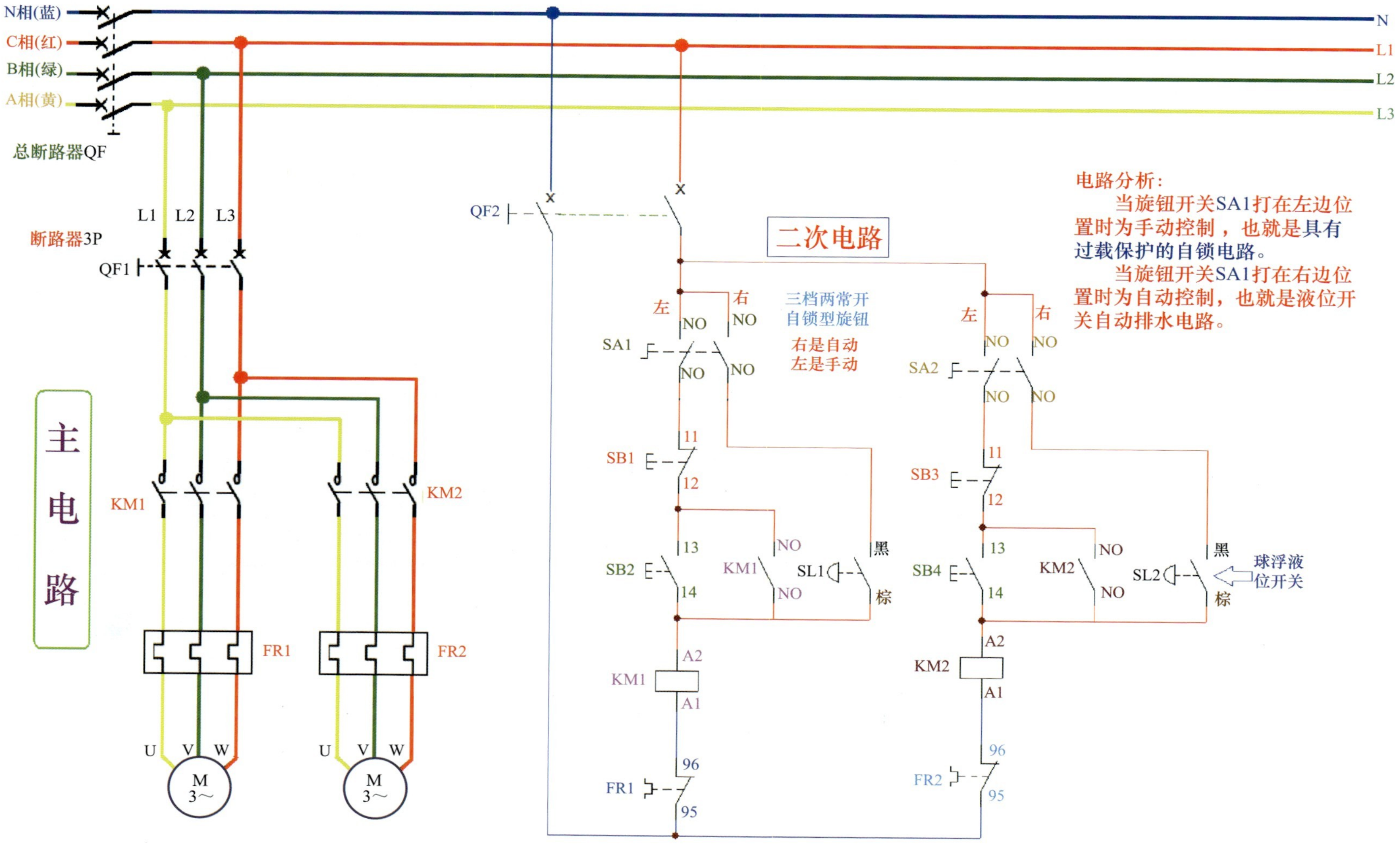

污水泵一备一用手动和自动控制电路

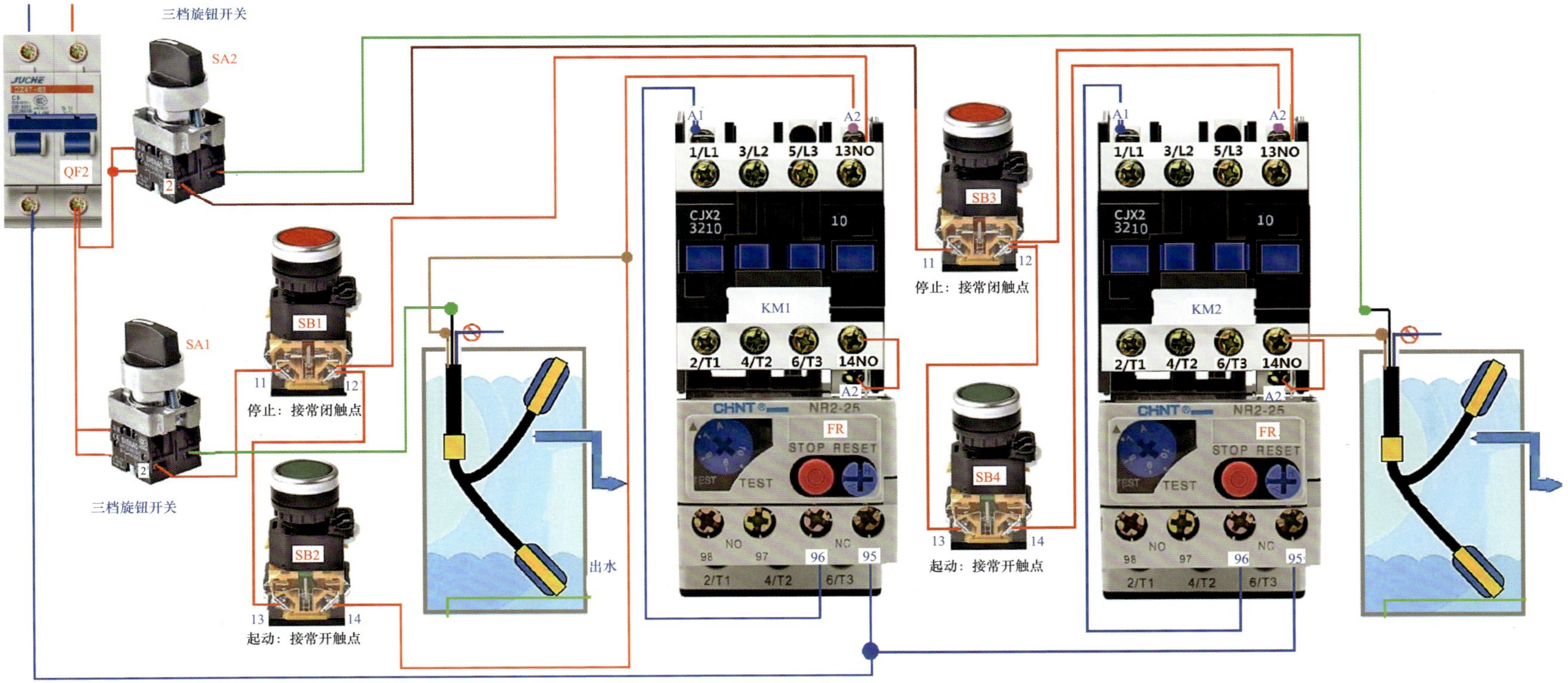

污水泵一备一用手动和自动控制电路实物接线图

→18 带自锁的电动卷扬机三层控制电路及实物接线图

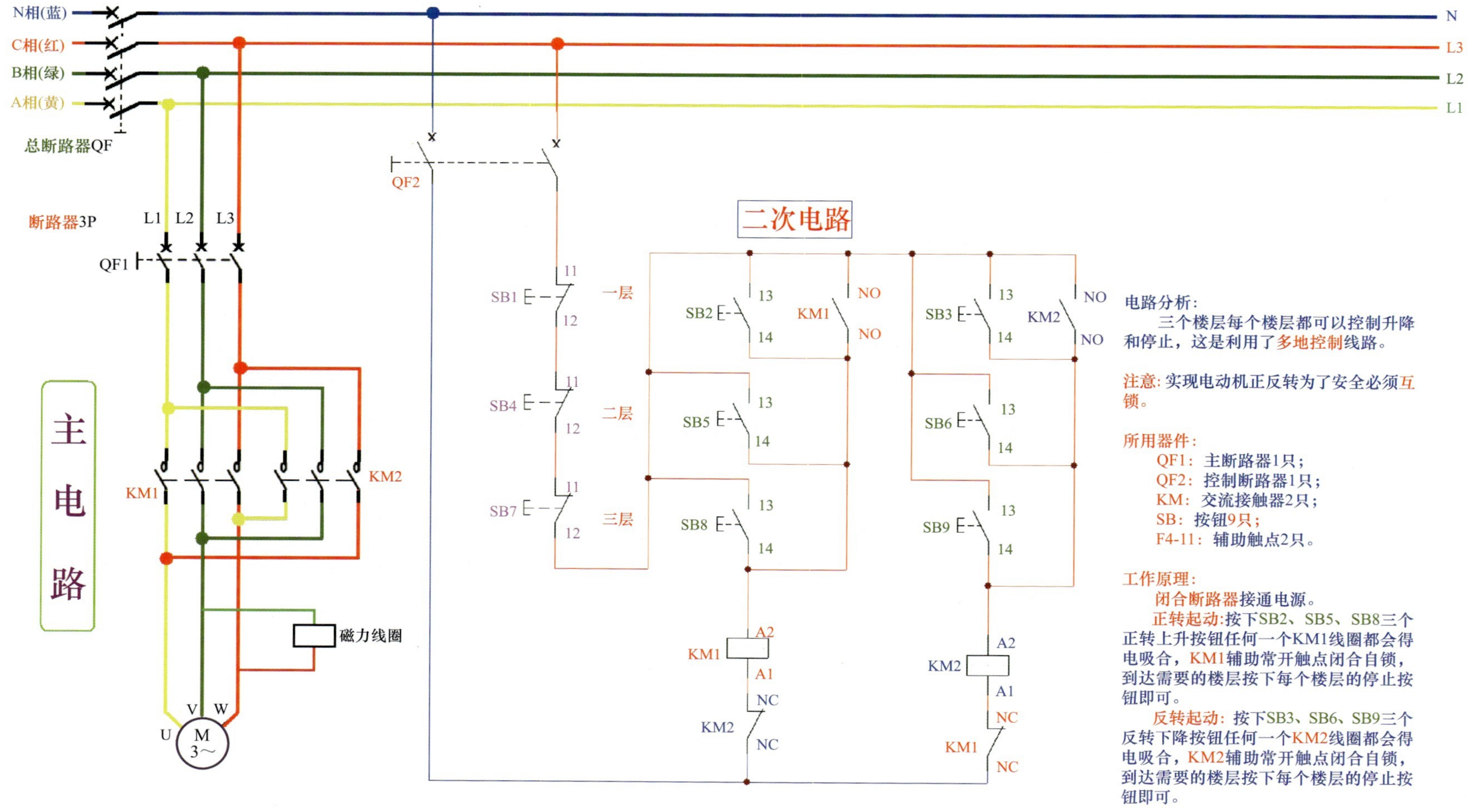

带自锁的电动卷扬机三层控制电路

电路分析：

三个楼层每个楼层都可以控制升降和停止，这是利用了多地控制线路。

注意：实现电动机正反转为了安全必须互锁。

所用器件：

QF1：主断路器1只；

QF2：控制断路器1只；

KM：交流接触器2只；

SB：按钮9只；

F4-11：辅助触点2只。

工作原理：

闭合断路器接通电源。

正转起动：按下SB2、SB5、SB8三个正转上升按钮任何一个KM1线圈都会得电吸合，KM1辅助常开触点闭合自锁，到达需要的楼层按下每个楼层的停止按钮即可。

反转起动：按下SB3、SB6、SB9三个反转下降按钮任何一个KM2线圈都会得电吸合，KM2辅助常开触点闭合自锁，到达需要的楼层按下每个楼层的停止按钮即可。

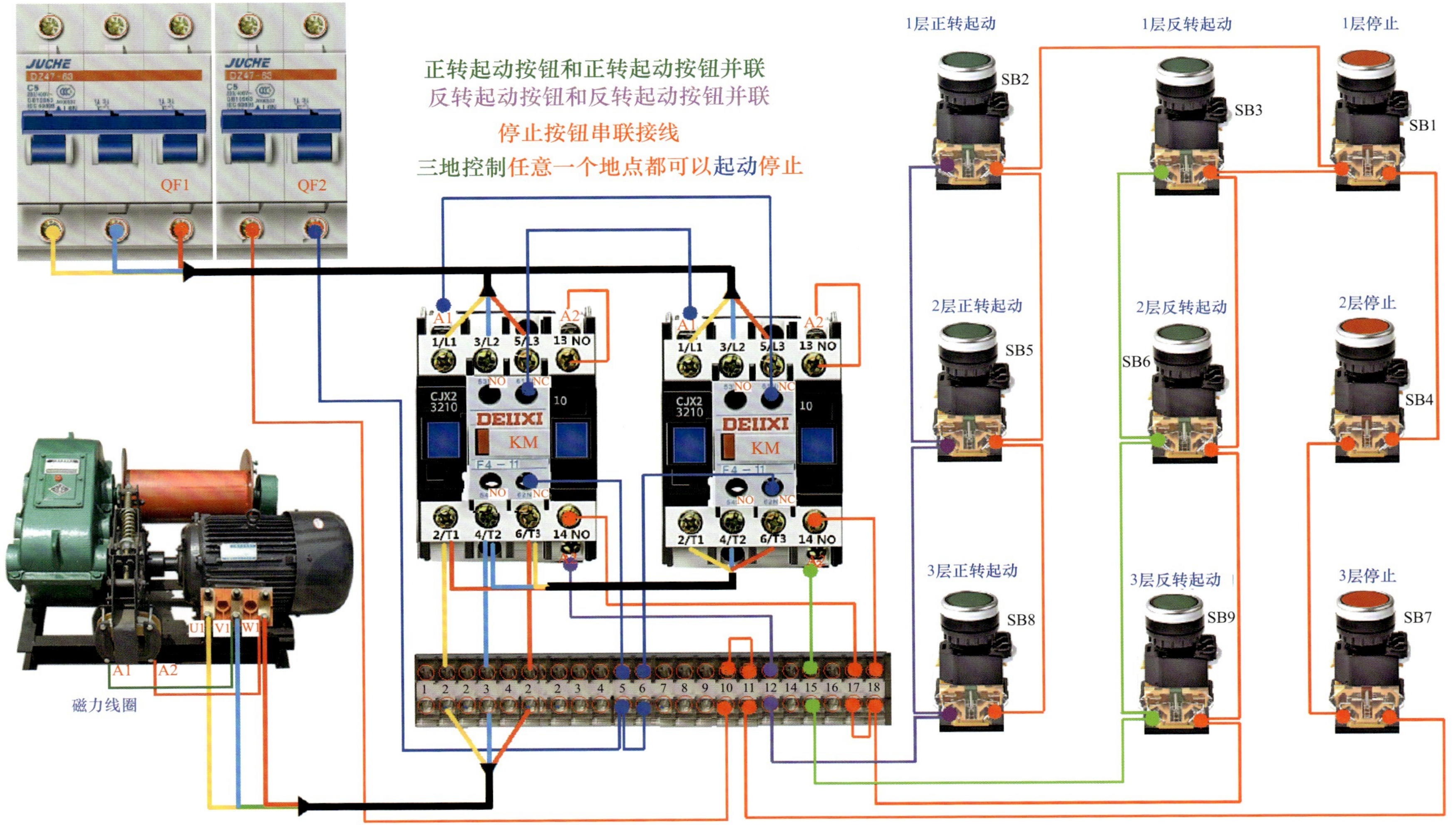
正转起动按钮和正转起动按钮并联
反转起动按钮和反转起动按钮并联
停止按钮串联接线
三地控制任意一个地点都可以起动停止
QF1
QF2
1层正转起动
SB2
1层反转起动
SB3
1层停止
SB1
2层正转起动
SB5
2层反转起动
SB6
2层停止
SB4
3层正转起动
SB8
3层反转起动
SB9
3层停止
SB7
KM
KM
U1
V1
W1
A1
A2
磁力线圈
1 2 2 3 4 2 2 3 4 5 6 7 8 9 10 11 12 14 15 16 17 18

带自锁的电动卷扬机三层控制电路实物接线图

→19 液压货物电梯升降控制电路及实物接线图

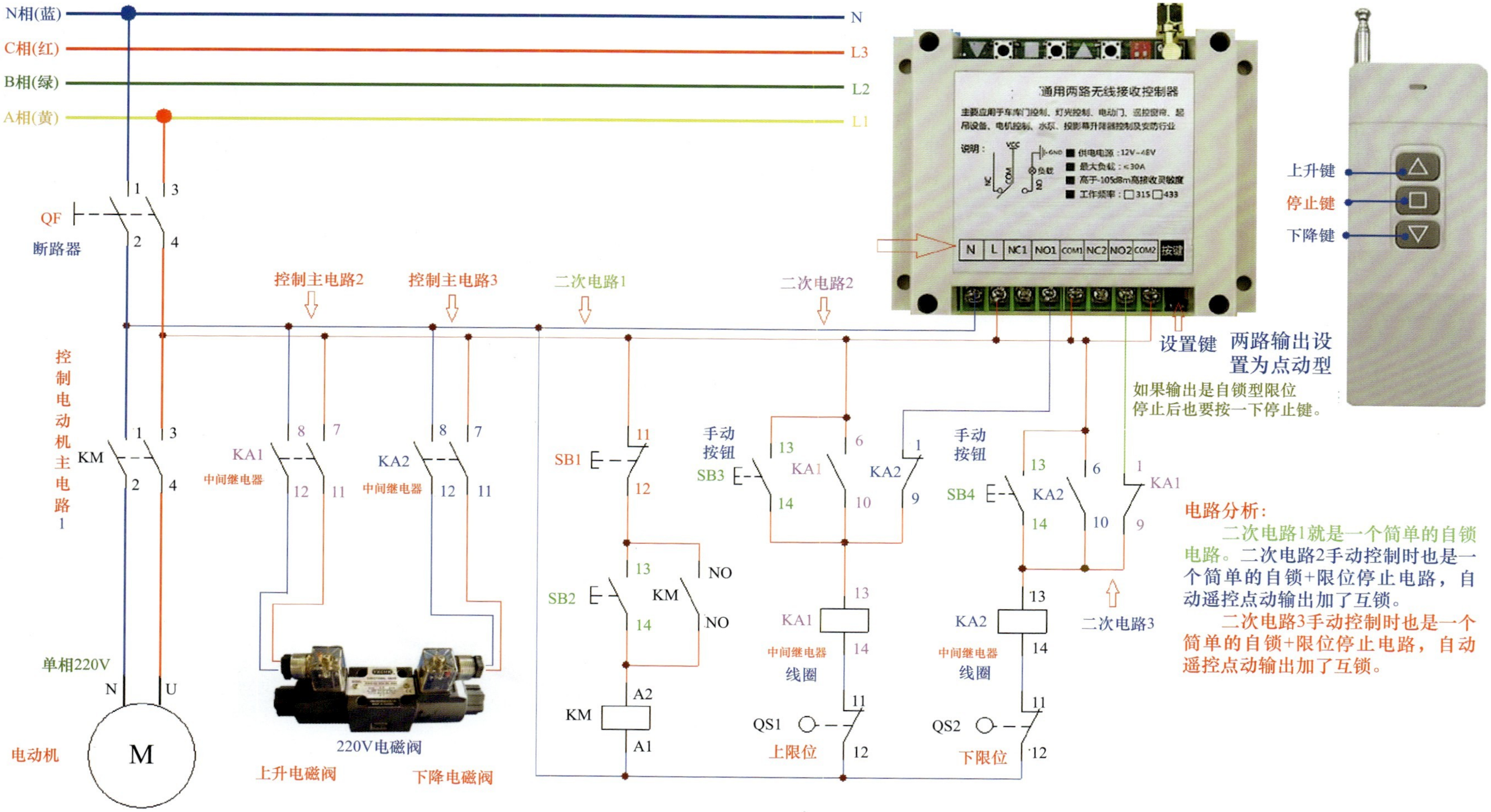

N相(蓝)
C相(红)
B相(绿)
A相(黄)
N
L3
L2
L1
QF
断路器
控制主电路2
控制主电路3
二次电路1
二次电路2
二次电路3
控制电动机主电路1
KM
KA1
中间继电器
KA2
中间继电器
SB1
SB2
手动按钮
SB3
SB4
NO
KM
A2
A1
KA1
中间继电器
线圈
KA2
中间继电器
线圈
QS1
上限位
QS2
下限位
单相220V
N
U
电动机
M
220V电磁阀
上升电磁阀
下降电磁阀
通用两路无线接收控制器
N
L
NC1
NO1
COM1
NC2
NO2
COM2
按键
设置键
两路输出设置为点动型
如果输出是自锁型限位停止后也要按一下停止键。
上升键
停止键
下降键

电路分析：

二次电路1就是一个简单的自锁电路。二次电路2手动控制时也是一个简单的自锁+限位停止电路，自动遥控点动输出加了互锁。

二次电路3手动控制时也是一个简单的自锁+限位停止电路，自动遥控点动输出加了互锁。

液压货物电梯升降控制电路

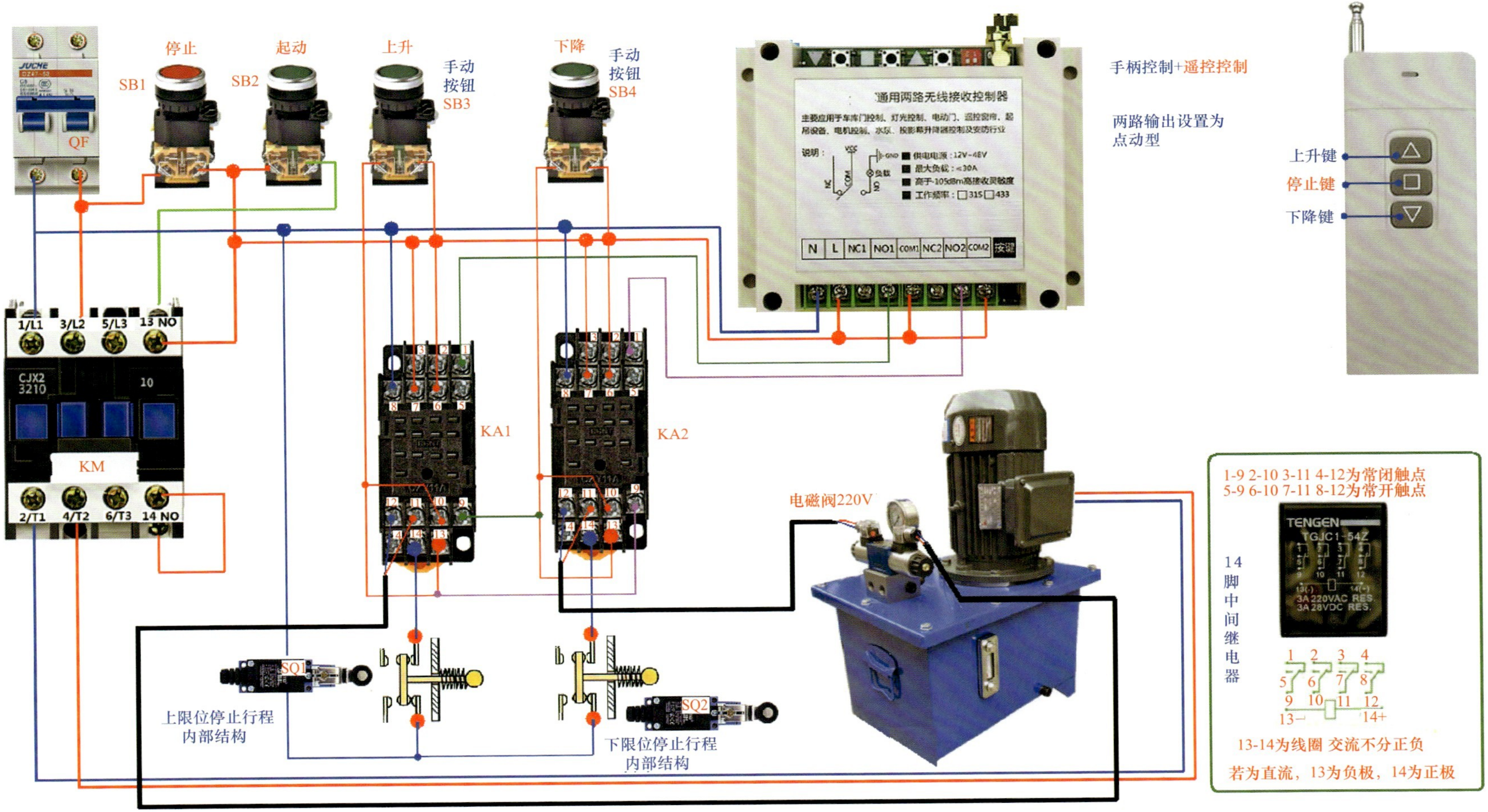

停止
起动
上升
下降
手动
按钮
SB1
SB2
SB3
SB4
QF
手柄控制+遥控控制
两路输出设置为
点动型
通用两路无线接收控制器
N L NC1 NO1 COM1 NC2 NO2 COM2
上升键
停止键
下降键
1/L1 3/L2 5/L3 13 NO
2/T1 4/T2 6/T3 14 NO
CJX2 3210
KM
KA1
KA2
电磁阀220V
SQ1
上限位停止行程
内部结构
SQ2
下限位停止行程
内部结构
1-9 2-10 3-11 4-12为常闭触点
5-9 6-10 7-11 8-12为常开触点
14脚中间继电器
TENGEN
TGJC1-54Z
3A 220VAC RES
3A 28VDC RES
13-14为线圈 交流不分正负
若为直流，13为负极，14为正极

液压货物电梯升降控制电路实物接线图

→20 液压泵冲压机控制电路及实物接线图

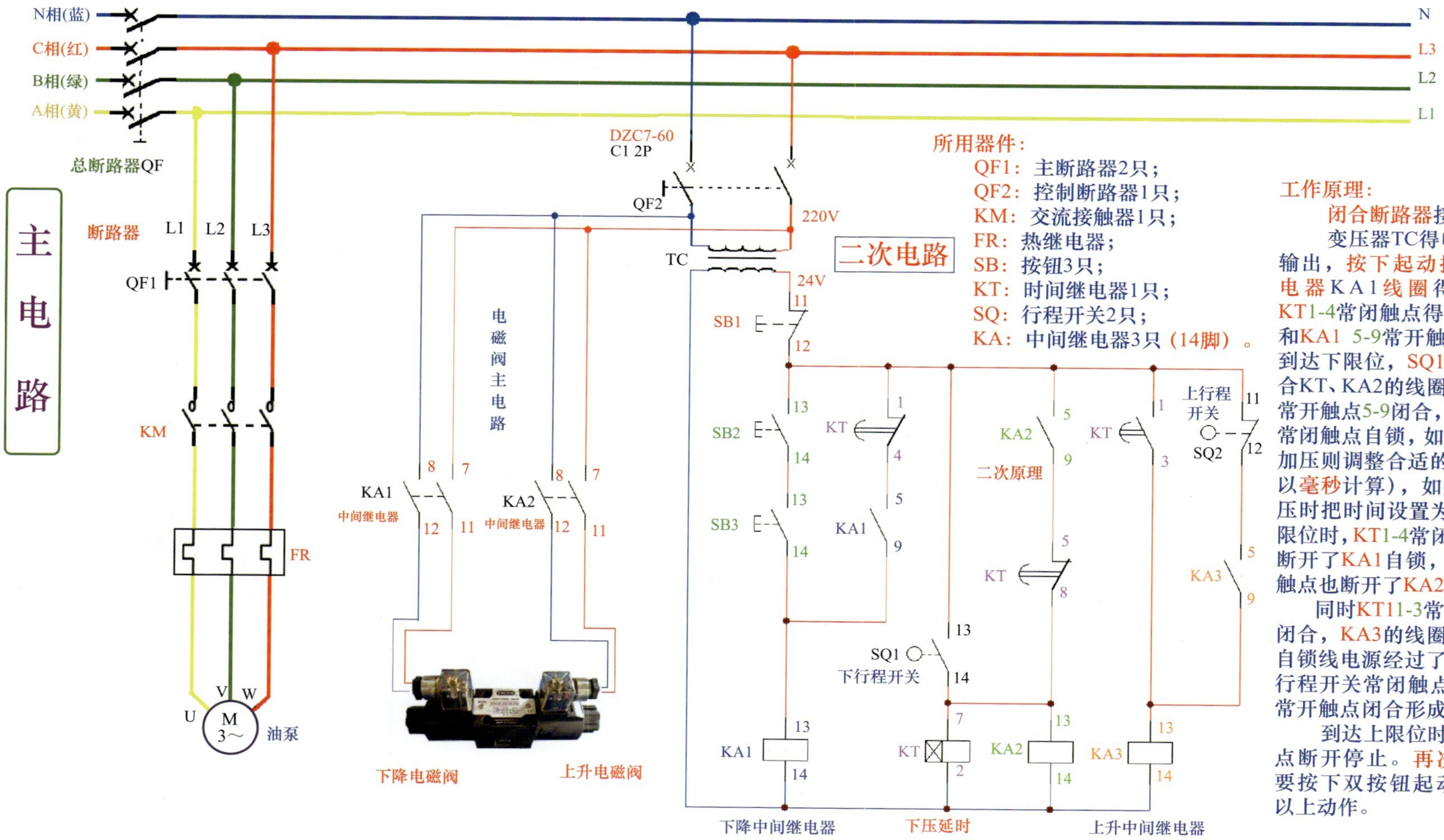

所用器件：

QF1：主断路器2只；
QF2：控制断路器1只；
KM：交流接触器1只；
FR：热继电器；
SB：按钮3只；
KT：时间继电器1只；
SQ：行程开关2只；
KA：中间继电器3只（14脚）。

液压泵冲压机控制电路

工作原理：

闭合断路器接通电源。

变压器TC得电AC24电源输出，按下起动按钮，中继电器KA1线圈得电自锁，KT1-4常闭触点得电延时断开和KA1 5-9常开触点闭合自锁到达下限位，SQ1常开触点闭合KT、KA2的线圈得电。KA2常开触点5-9闭合，经过KT5-8常闭触点自锁，如果需要延时加压则调整合适的时间（一般以毫秒计算），如果不需要加压时把时间设置为零。到达下限位时，KT1-4常闭触点断开，断开了KA1自锁，KT5-8常闭触点也断开了KA2自锁控制。

同时KT11-3常开触点瞬时闭合，KA3的线圈得电，KA3自锁线电源经过了SQ2上限位行程开关常闭触点到KA3 5-9常开触点闭合形成自锁。

到达上限位时SQ2常闭触点断开停止。再次起动还是要按下双按钮起动开关重复以上动作。

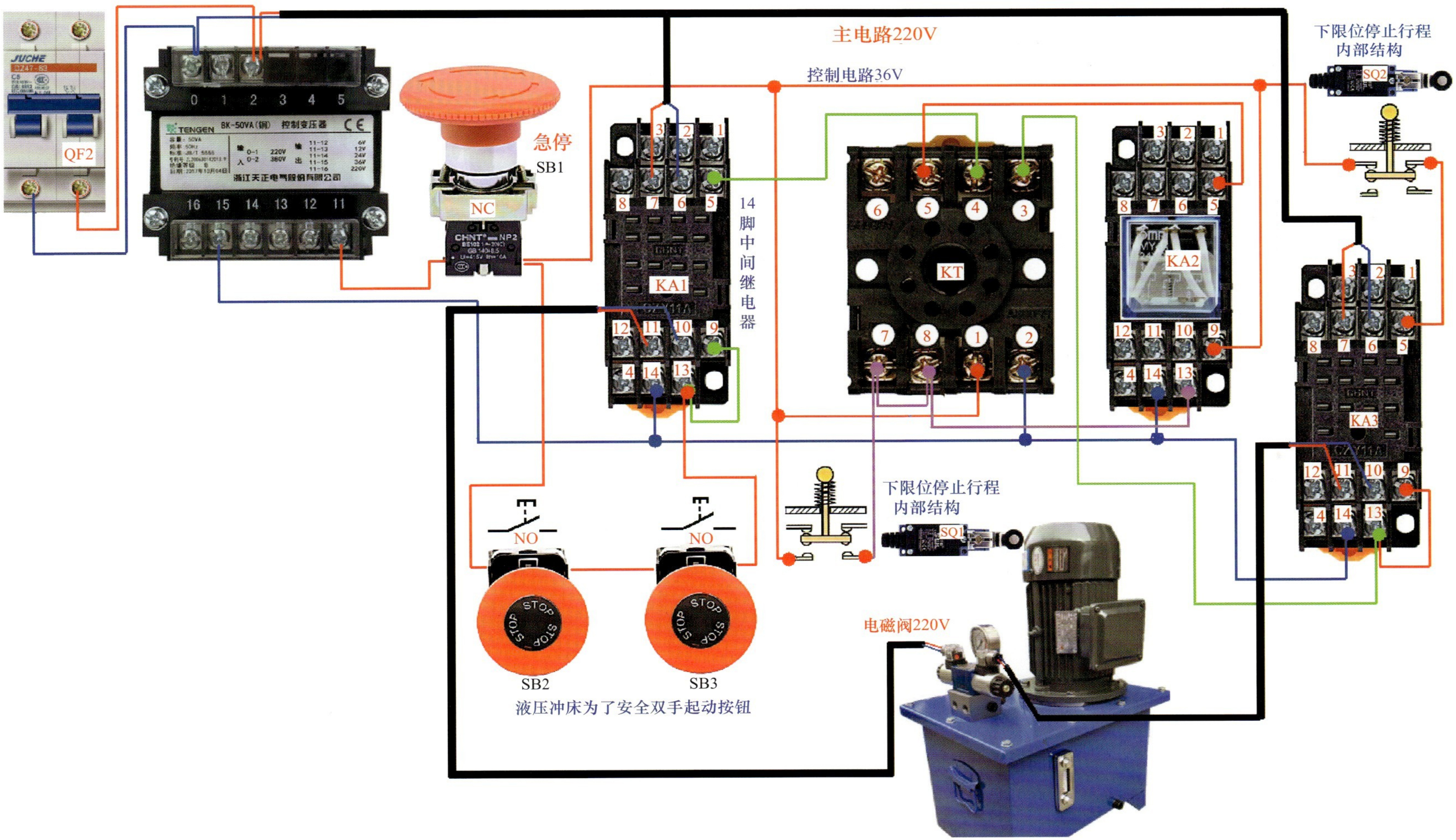

液压泵冲压机控制电路实物接线图

→21 三个水箱共用一个水井供水的控制电路及实物接线图

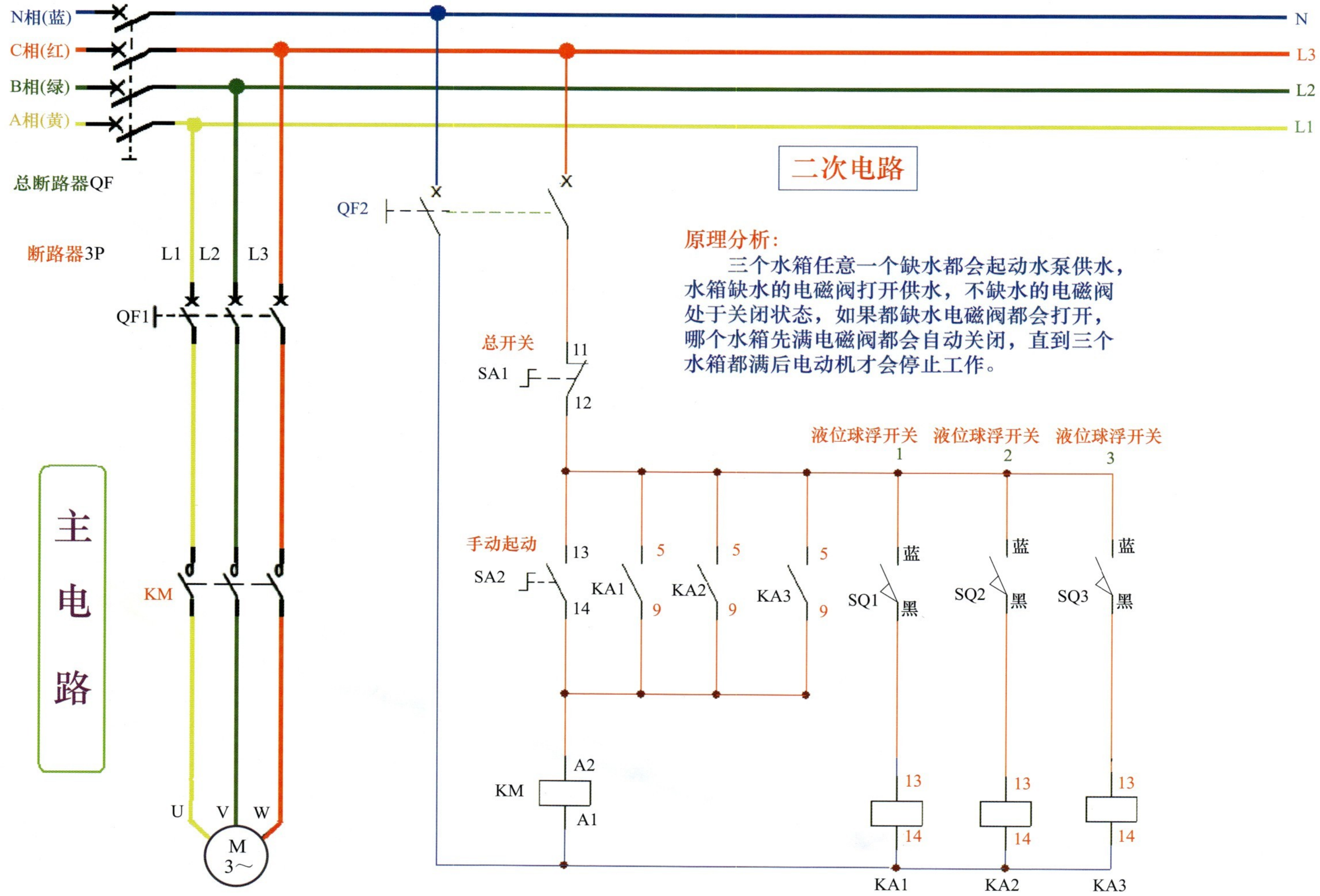

原理分析：

三个水箱任意一个缺水都会起动水泵供水，水箱缺水的电磁阀打开供水，不缺水的电磁阀处于关闭状态，如果都缺水电磁阀都会打开，哪个水箱先满电磁阀都会自动关闭，直到三个水箱都满后电动机才会停止工作。

三个水箱共用一个水井供水的控制电路

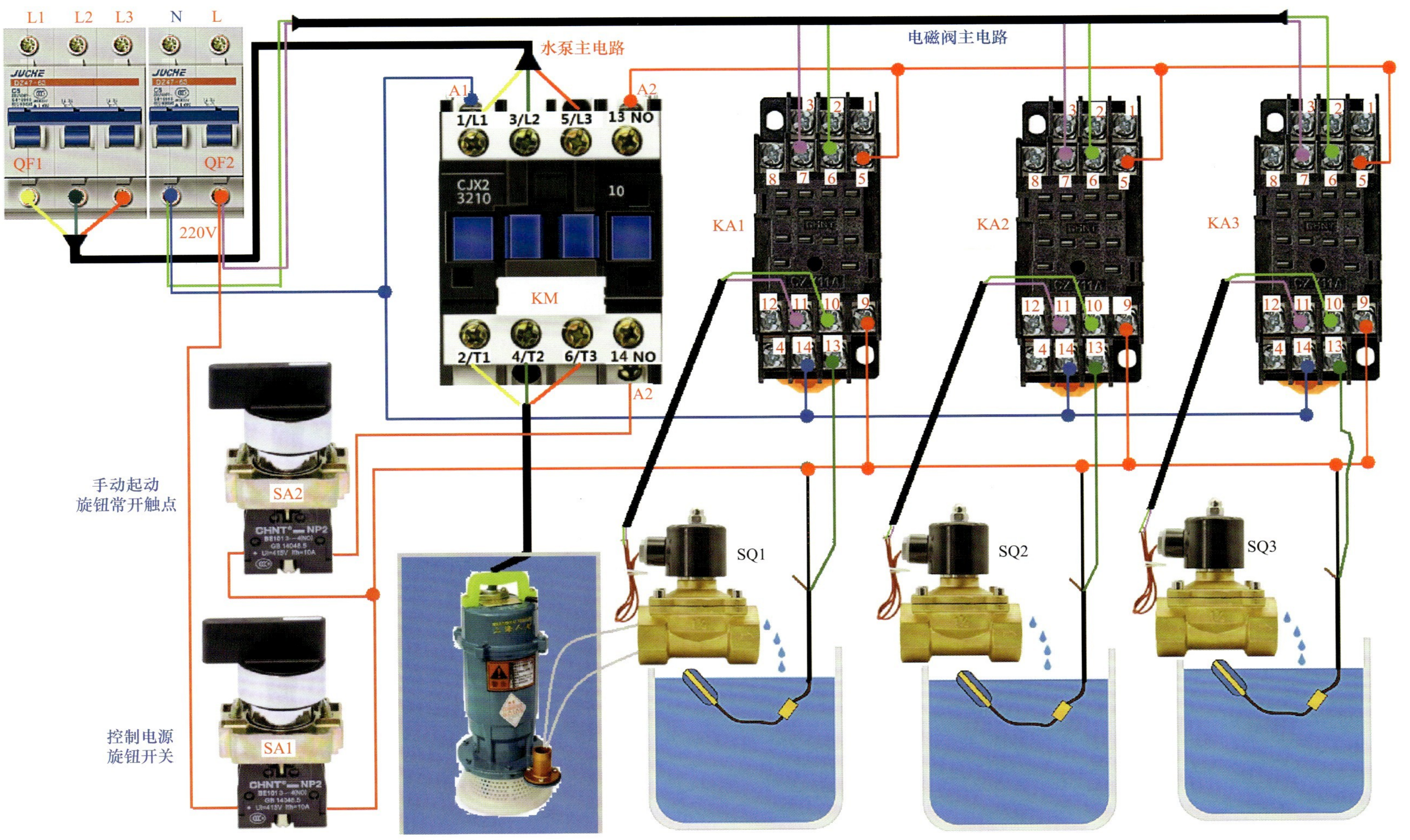

三个水箱共用一个水井供水的控制电路实物接线图

→22 手柄电动葫芦二次控制电路及实物接线图

操作手柄

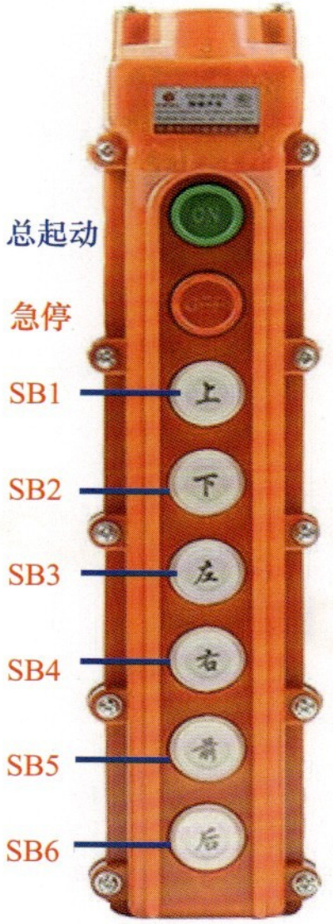

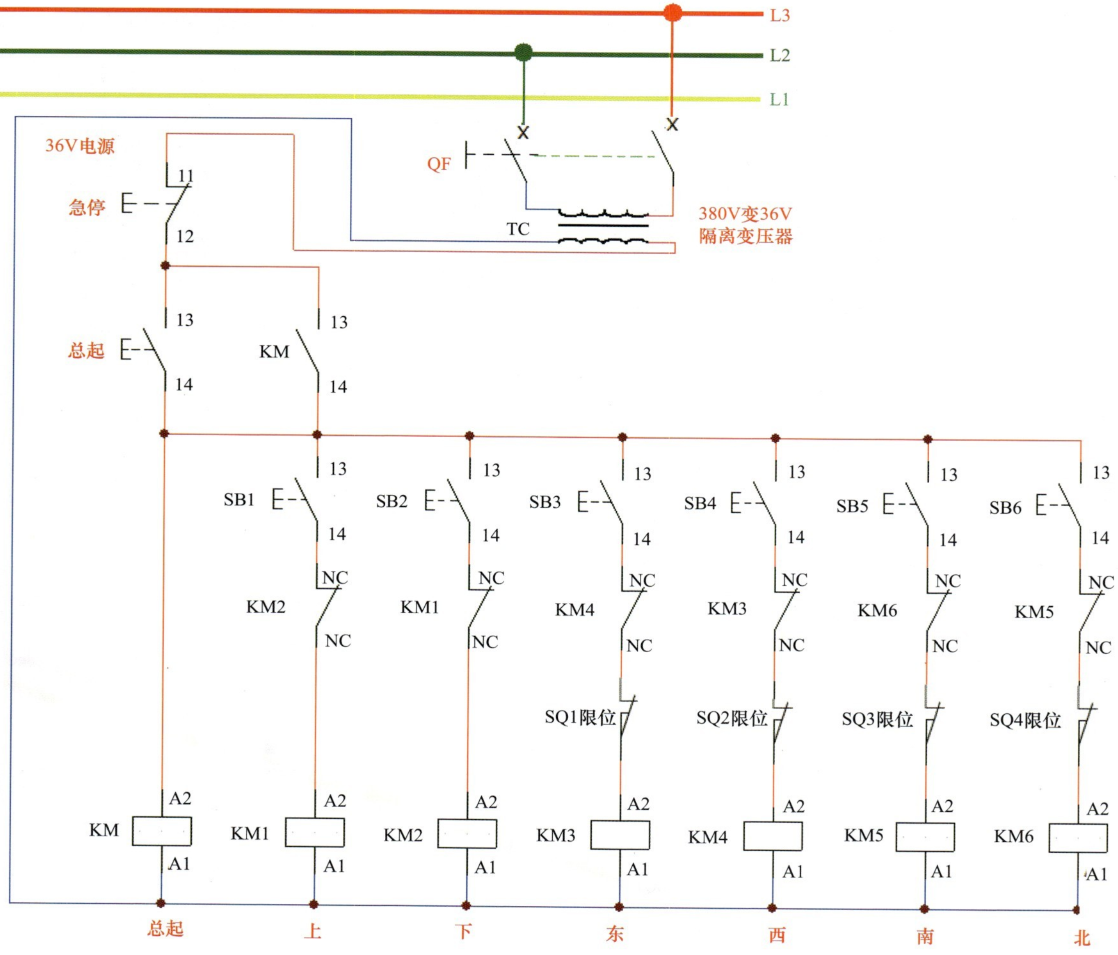

手柄电动葫芦二次控制电路

电路分析：

低电压控制高电压电路，用了交流380V隔离变压器变压36V低电压控制所有交流接触器AC36V线圈，此电路包括是简单的自锁电路，以及加了限位开关的正反转点动控制电路。根据需要也可以不加行程。最重要的是，电路互锁必须要有。

所用器件：

QF：控制断路器1只；

TC：隔离变压器；

KM：交流接触器2只；

SB：按钮8只；

可直接使用整套的手柄：1个；

SQ：行程开关4只。

工作原理：

闭合断路器接通电源。先按下总起动按钮，主接触器KM吸合，主触点KM闭合，辅助常开触点闭合，主接触器KM长期工作。下面操作按钮才有效，比如KM1上升接触器控制按钮SB1按下，电源经过KM2辅助常闭触点给KM1线圈供电，其他几路同理。

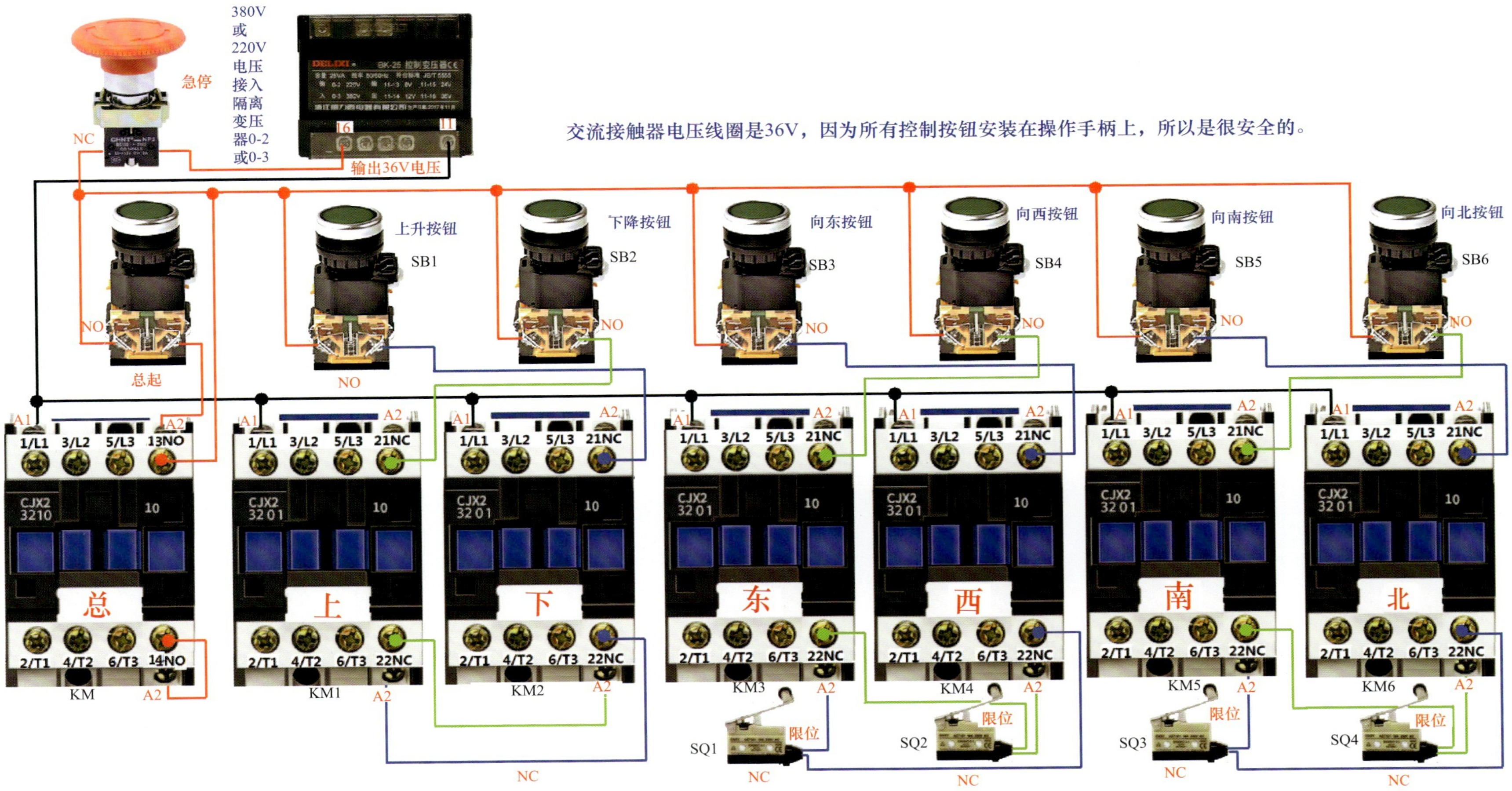

380V或220V电压接入隔离变压器0-2或0-3
急停
NC
16
11
输出36V电压
交流接触器电压线圈是36V，因为所有控制按钮安装在操作手柄上，所以是很安全的。
上升按钮
SB1
下降按钮
SB2
向东按钮
SB3
向西按钮
SB4
向南按钮
SB5
向北按钮
SB6
NO
总起
A1
A2
1/L1 3/L2 5/L3 13NO
1/L1 3/L2 5/L3 21NC
CJX2 3210
CJX2 3201
10
总
上
下
东
西
南
北
2/T1 4/T2 6/T3 14NO
2/T1 4/T2 6/T3 22NC
KM
KM1
KM2
KM3
KM4
KM5
KM6
限位
SQ1
SQ2
SQ3
SQ4
NC

手柄电动葫芦二次控制电路实物接线图

→23 液位继电器控制排水泵故障时备用泵自动运行电路及实物接线图

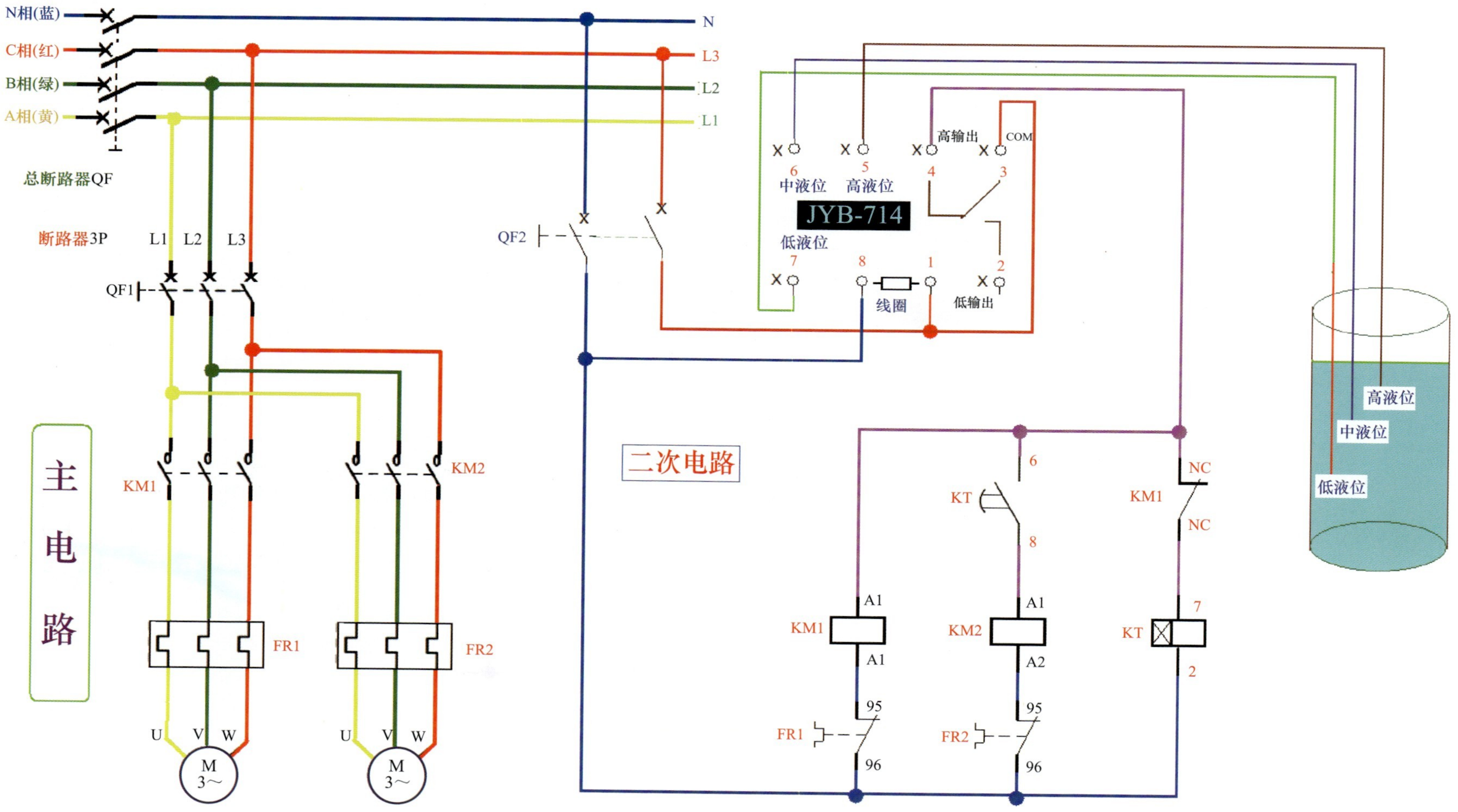

液位继电器控制排水泵故障时备用泵自动运行电路

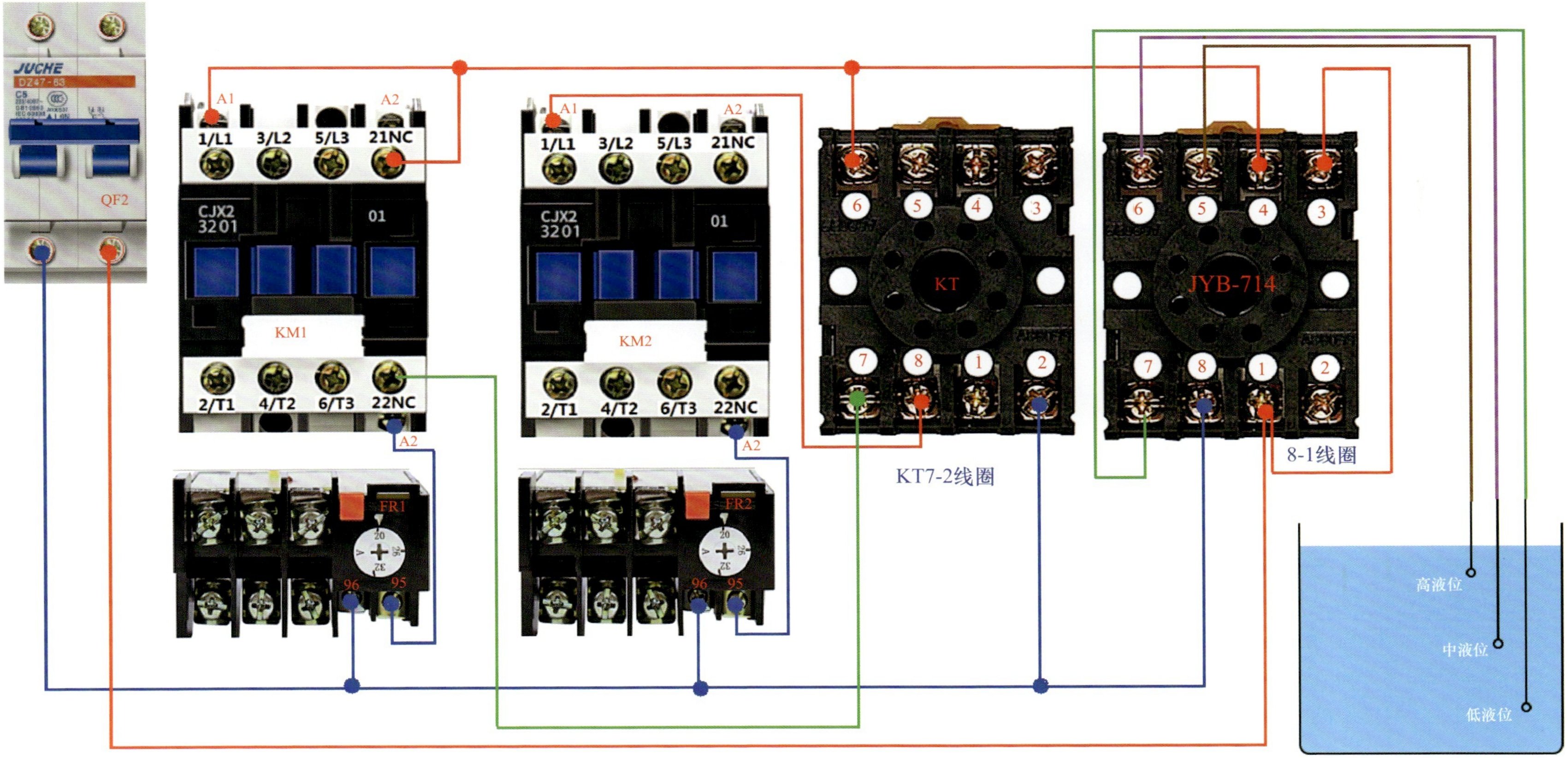

液位继电器控制排水泵故障时备用泵自动运行电路实物接线图

→24 拌料机二次控制电路及实物接线图

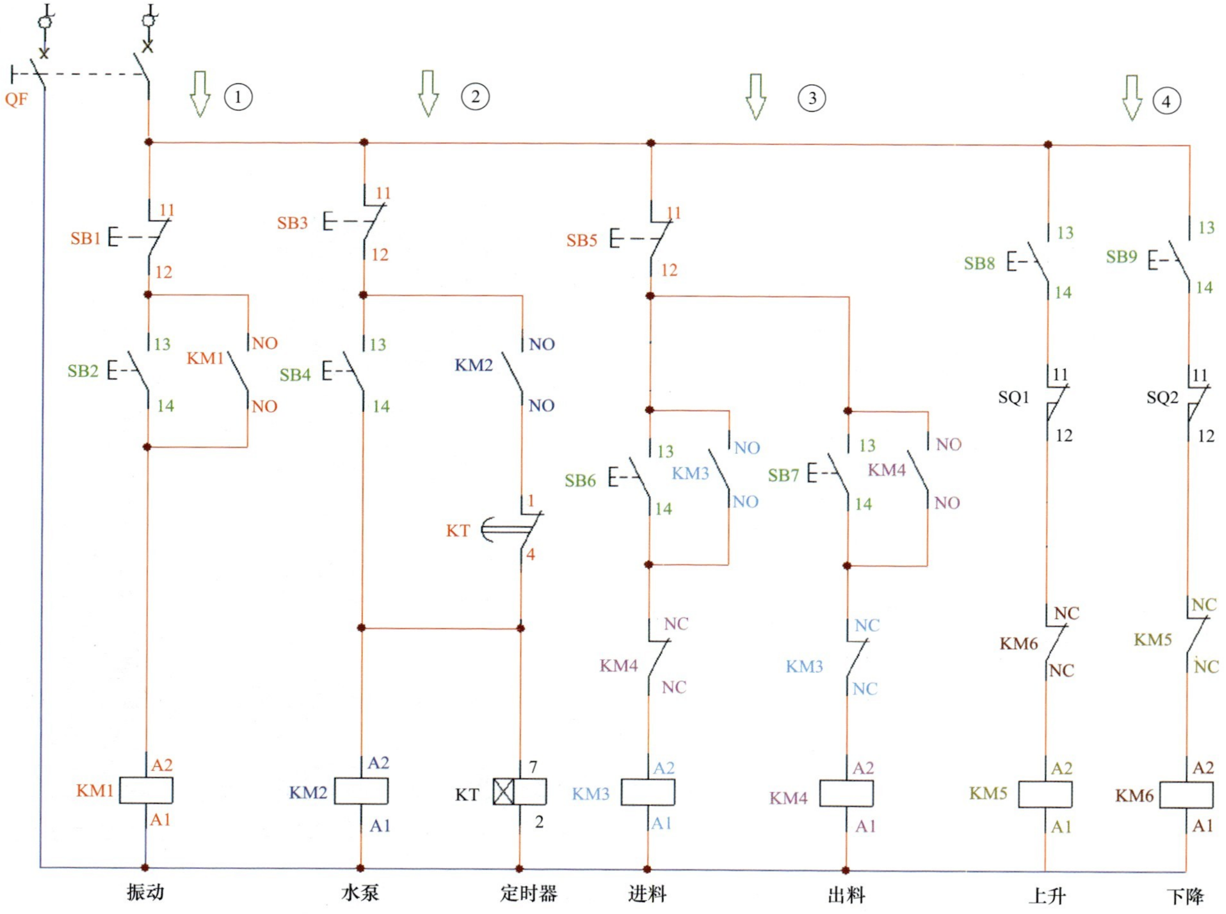

拌料机二次控制电路

电路分析：

整体电路综合应用，把它分解开来看。共分为四部分。

第1部分简单的自锁电路。

第2部分是起动延时停止电路。

第3部分电动机正反转交流接触器互锁电路。

第4部分电动机正反转点动控制电路，但增加了行程开关到了位置时自动停止功能。

所用器件：

QF：控制断路器1只；

KM：交流接触器6只；

SB：按钮9只；

SQ：行程开关2只；

F4-11：辅助触点2只；

KT：时间继电器1只。

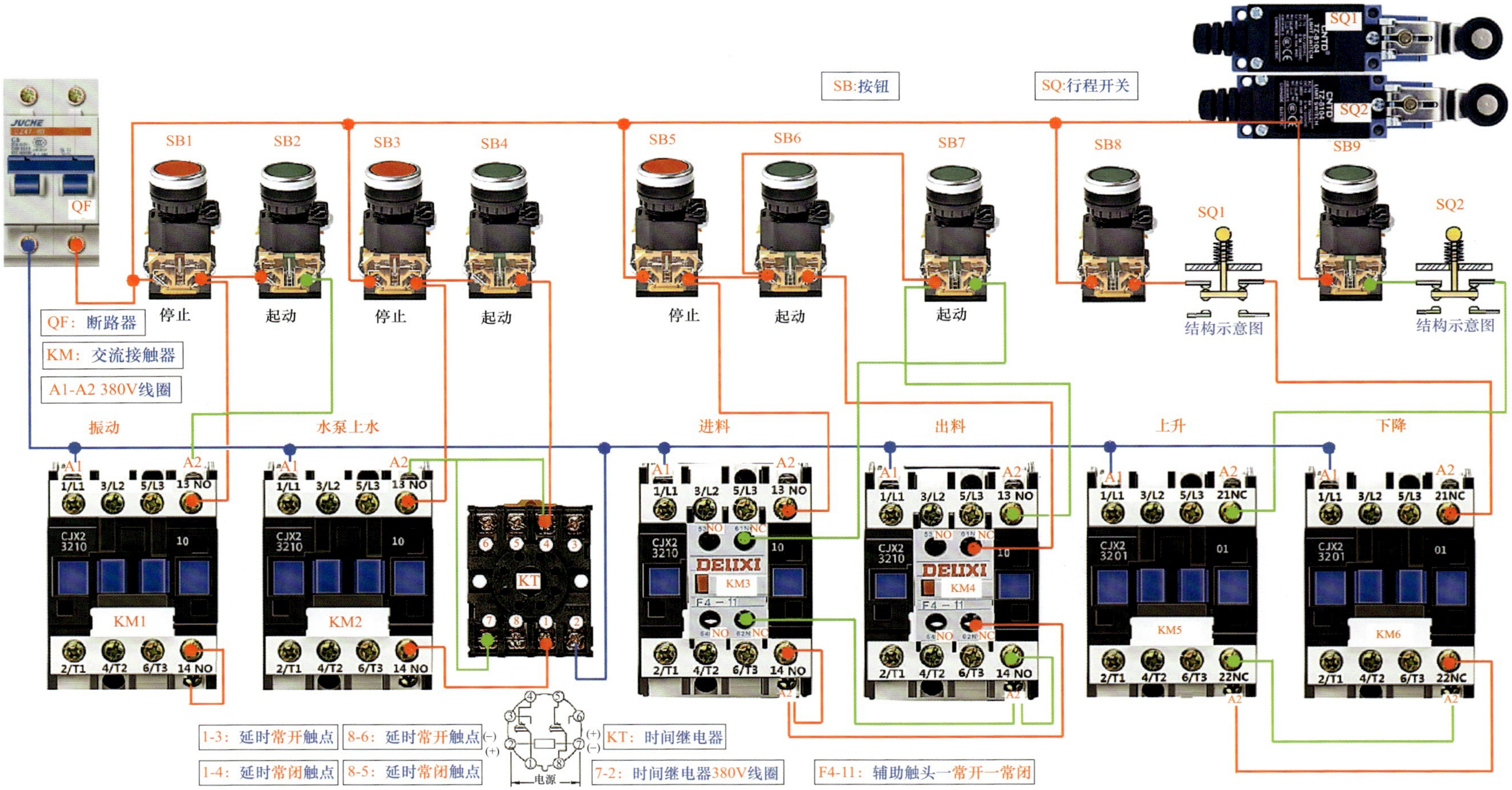
SB:按钮
SQ:行程开关
SQ1
SQ2
QF
SB1
SB2
SB3
SB4
SB5
SB6
SB7
SB8
SB9
停止
起动
停止
起动
停止
起动
起动
结构示意图
结构示意图
QF：断路器
KM：交流接触器
A1-A2 380V线圈
振动
水泵上水
进料
出料
上升
下降
KM1
KM2
KT
KM3
KM4
KM5
KM6
1-3：延时常开触点
8-6：延时常开触点
1-4：延时常闭触点
8-5：延时常闭触点
电源
KT：时间继电器
7-2：时间继电器380V线圈
F4-11：辅助触头一常开一常闭

拌料机二次控制电路实物接线图

→25 工地洗车机控制电路及实物接线图

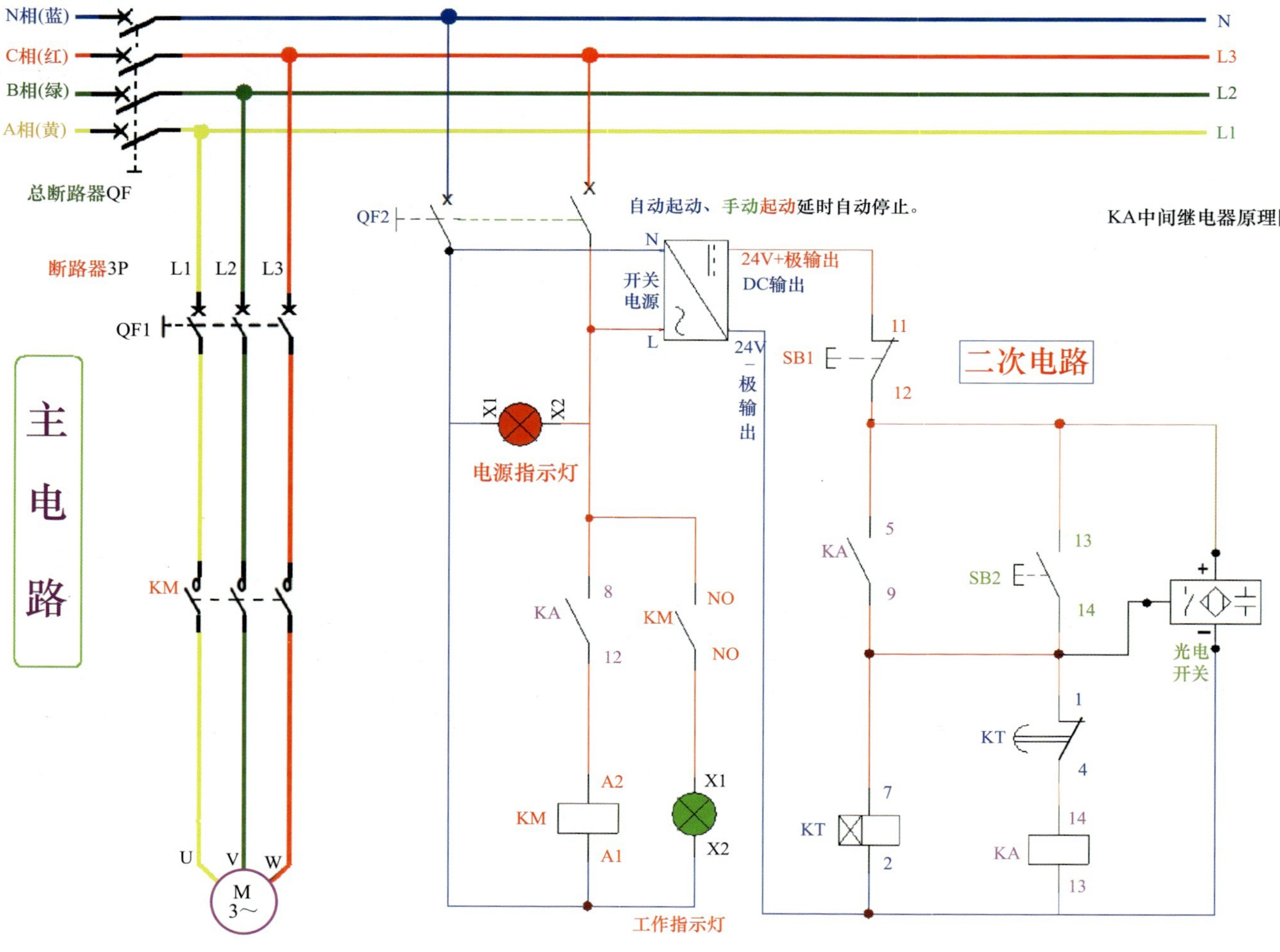

工地洗车机控制电路

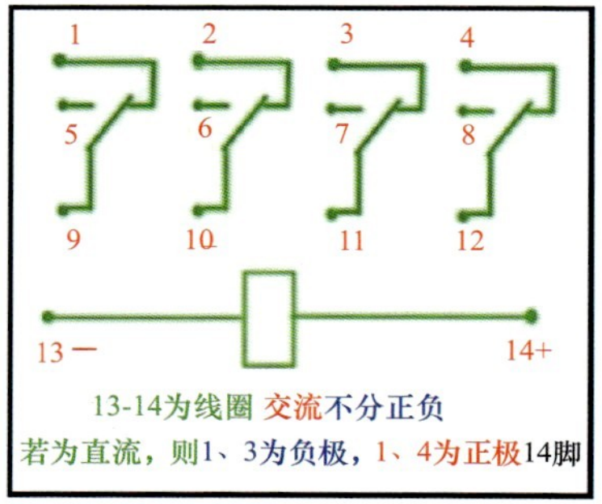

KA中间继电器原理图

工作原理：

闭合断路器接通电源。

电源指示灯亮开关电源通电DC24V直流电源输出。

手动起动时：按下按钮SB2，KT线圈得电，KA线圈经过KT1-4常闭触点得电，常开触点KA5-9闭合自锁，KA的另一组常开触点8-12闭合，时间继电器KT开始计时（时间可以根据需要设定）。相线电源经过了KA8-12给交流接触器KM的220V线圈供电，KM吸合主触点，水泵工作，辅助常开触点也闭合工作电源指示灯亮起。

停止时：待车辆离开后根据设定的时间自动停止。

自动起动时：与手动起动时相同，在车辆进入洗车区时车辆遮挡红外线PNP光电开关会输出起动信号，KT、KA会得电工作。

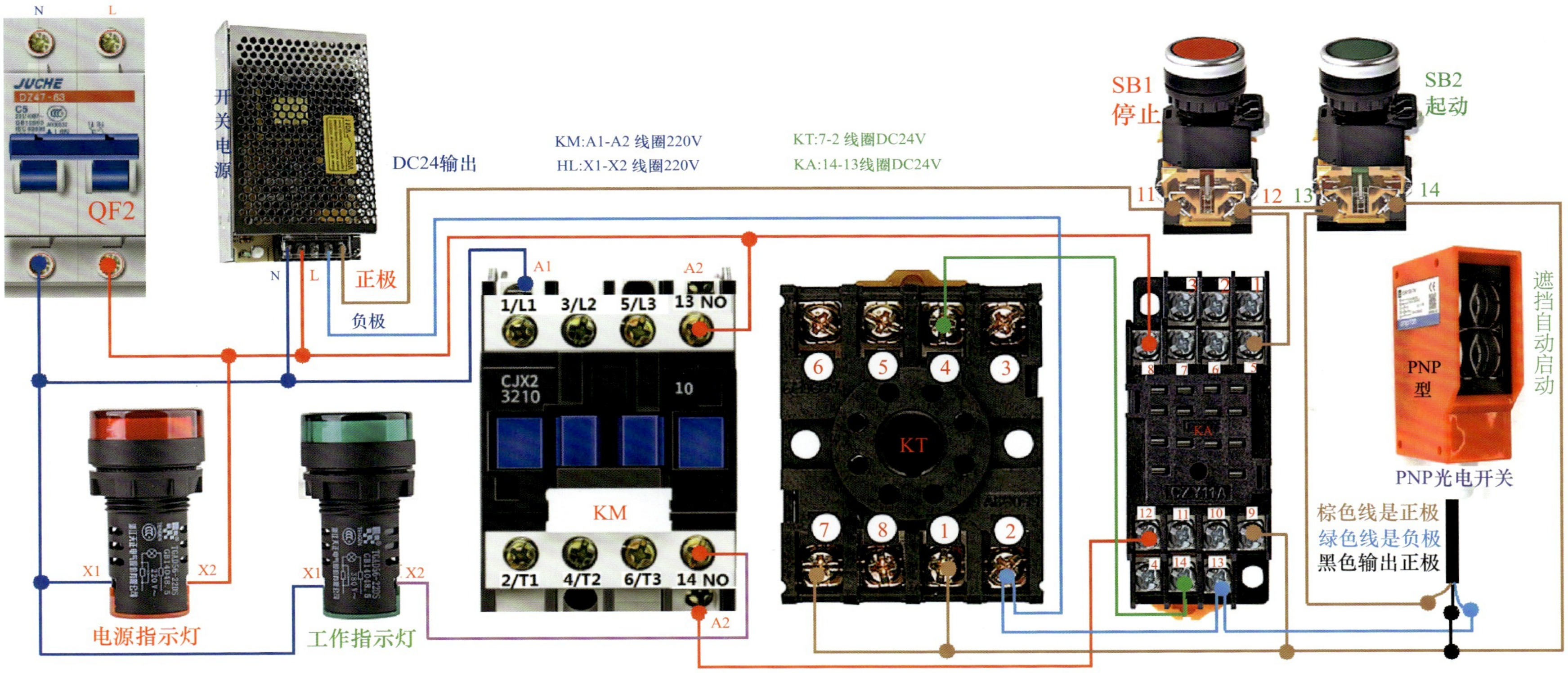
N
L
QF2
开关电源
DC24输出
正极
负极
KM:A1-A2 线圈220V
HL:X1-X2 线圈220V
KT:7-2 线圈DC24V
KA:14-13线圈DC24V
SB1
停止
SB2
起动
A1
A2
1/L1
3/L2
5/L3
13 NO
2/T1
4/T2
6/T3
14 NO
CJX2
3210
KM
KT
KA
PNP
型
遮挡自动启动
PNP光电开关
棕色线是正极
绿色线是负极
黑色输出正极
X1
X2
电源指示灯
工作指示灯

工地洗车机控制电路实物接线图

→26 钢筋弯箍机控制电路及实物接线图

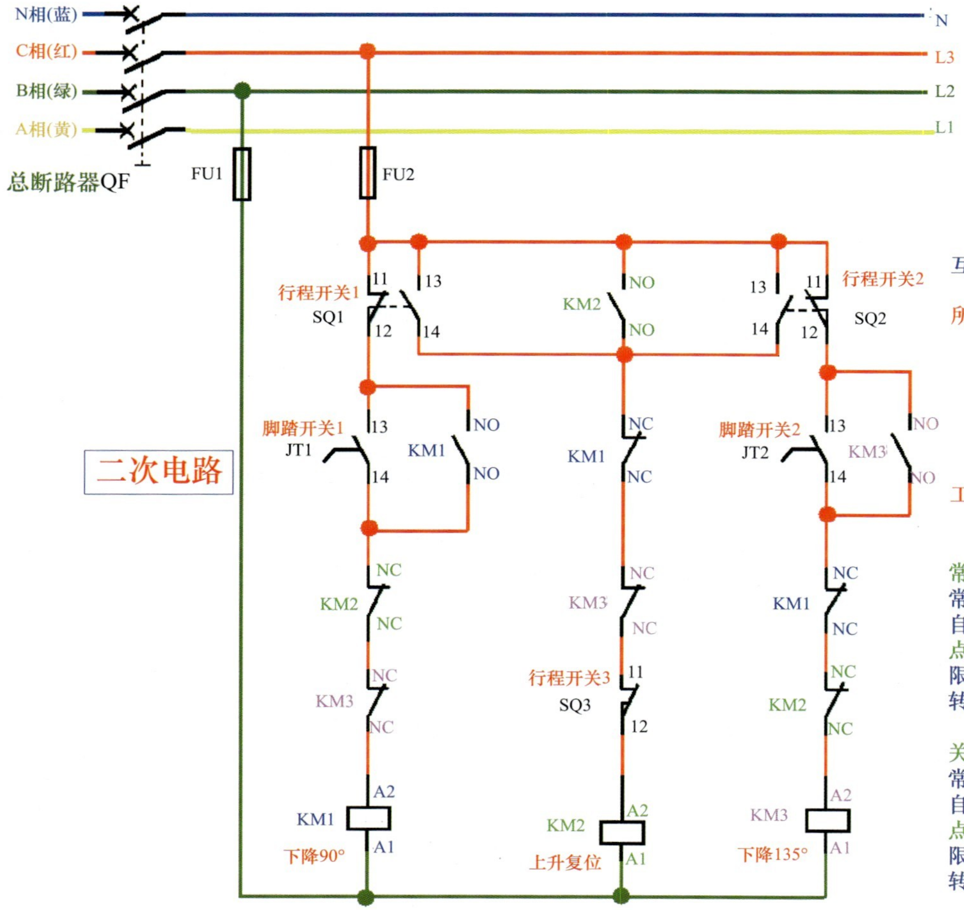

钢筋弯箍机控制电路

钢筋弯箍机实物图

利用三个交流接触器实现互锁功能。

所用器件：

FU：熔断器2只；
KM：交流接触器3只；
SQ：行程开关3只；
F4-02：辅助触点2只；
脚踏开关：2只。

工作原理：

闭合断路器接通电源。

需要90°角时，电源经过90°限位开关常闭触点到脚踏开关常开触点，踏下脚踏开关常开触点，电源通过了KM2、KM3常闭触点使KM1线圈得电吸合，KM1辅助触点闭合，接触器自锁，电动机正转到达90°限位停止，常闭触点断开，常开触点闭合，给KM2线圈供电，电源经过KM1、KM3复位原点，限位开关常闭触点得电，KM2辅助触点闭合自锁，电动机反转。到达原点时原点限位开关断开，停止吸合。

需要135°角时，电源经过135°限位开关常闭触点到脚踏开关常开触点，踏下脚踏开关常开触点电源通过了KM1、KM2常闭触点使KM3线圈得电吸合，KM3辅助触点闭合，接触器自锁，电动机正转到达135°限位停止，常闭触点断开，常开触点闭合，给KM2线圈供电，电源经过KM1、KM3复位原点，限位开关常闭触点得电，KM2辅助触点闭合自锁，电动机反转。到达原点时原点限位开关断开，停止吸合。

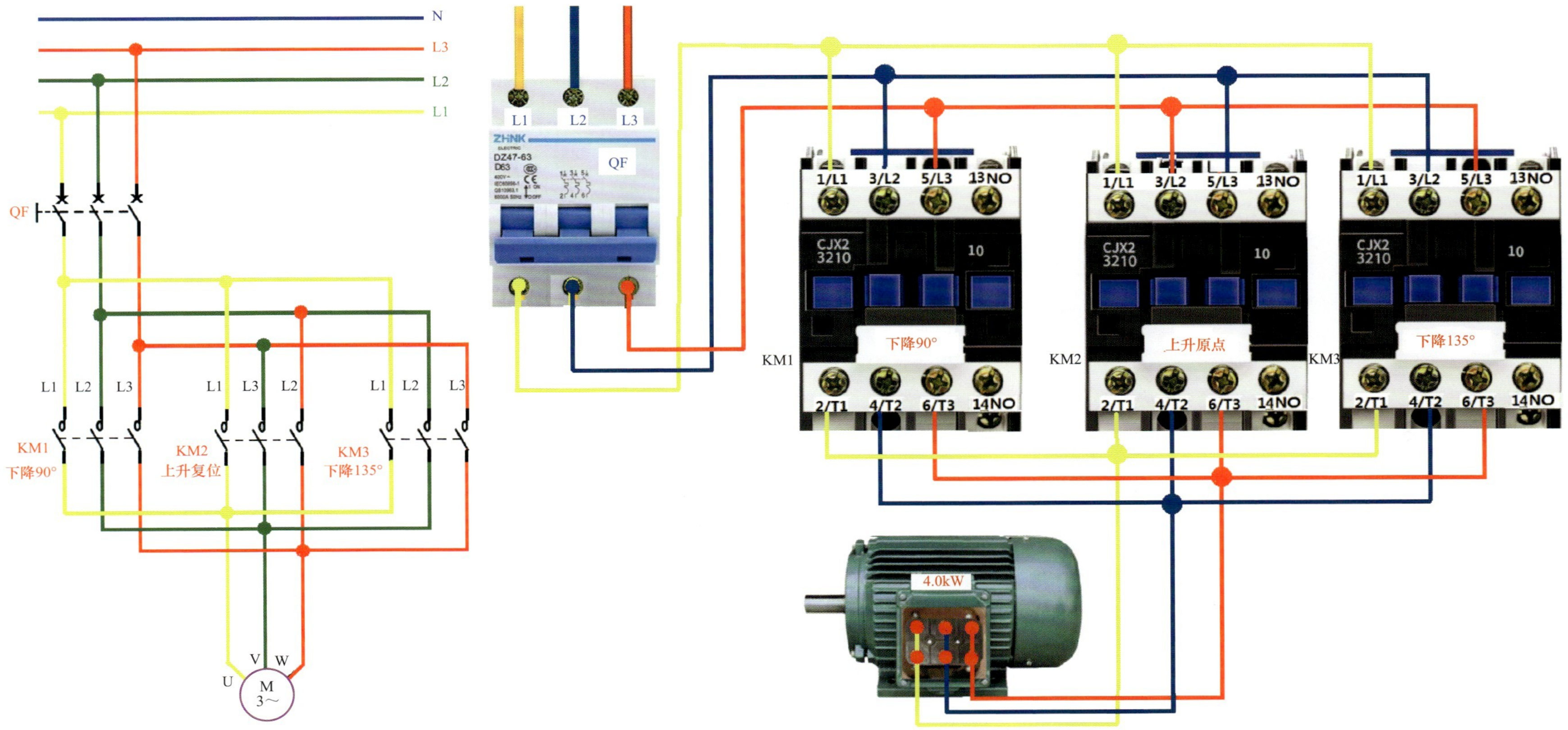
N
L3
L2
L1
QF
L1 L2 L3
KM1
下降90°
KM2
上升复位
KM3
下降135°
U
V
W
M
3～
L1 L2 L3
ZHNK
DZ47-63
D63
QF
1/L1 3/L2 5/L3 13NO
CJX2
3210
10
下降90°
KM1
2/T1 4/T2 6/T3 14NO
上升原点
KM2
下降135°
KM3
4.0kW

钢筋弯箍机主电路实物接线图

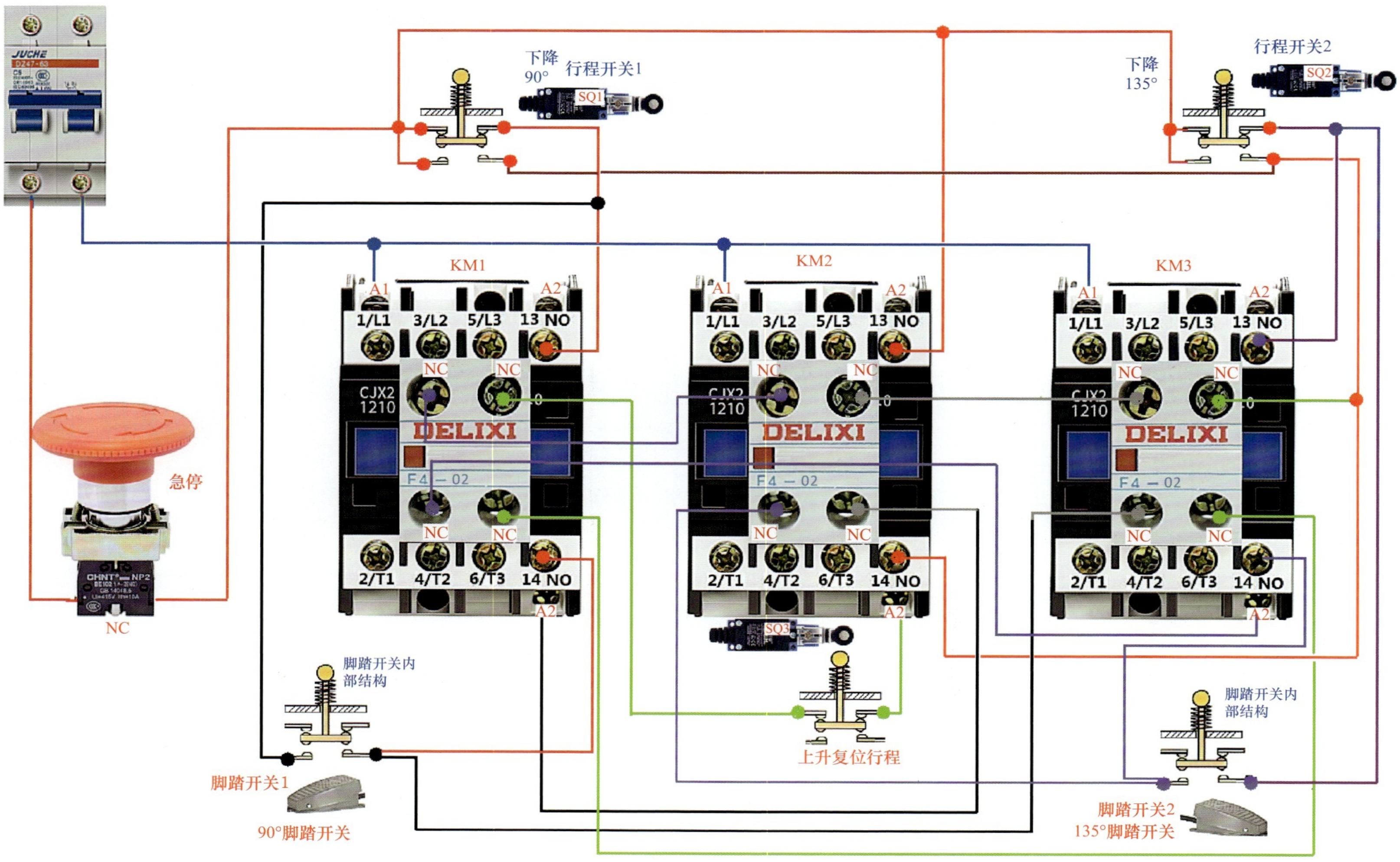

行程开关1
下降
90°
SQ1
下降
135°
行程开关2
SQ2
KM1
KM2
KM3
A1
A2
1/L1
3/L2
5/L3
13 NO
NC
CJX2
1210
DELIXI
F4－02
2/T1
4/T2
6/T3
14 NO
急停
NC
SQ3
上升复位行程
脚踏开关内
部结构
脚踏开关1
90°脚踏开关
脚踏开关2
135°脚踏开关

钢筋弯箍机二次电路实物接线图

→27　两台变频器同步运行电路实物接线图

同步用的变频器均采用0～10V电压给定速度，我们使用1号电位器为主调电位器，2号、3号为微调电位器。

接线步骤：分别将两台变频器的10V短接，GND短接，主调电位器1号脚接入GND，3号脚接10V，两个微调电位器3号脚接入主调电位器的2号脚，2号脚接入AI1，1号脚接GND。

1号电位器为总调电位器（同步同比例升降速）
2号电位器设定调节电动机M1的转速
3号电位器设定调节电动机M2的转速
该方法相对灵活方便。
运行信号分别接入FOR、COM。

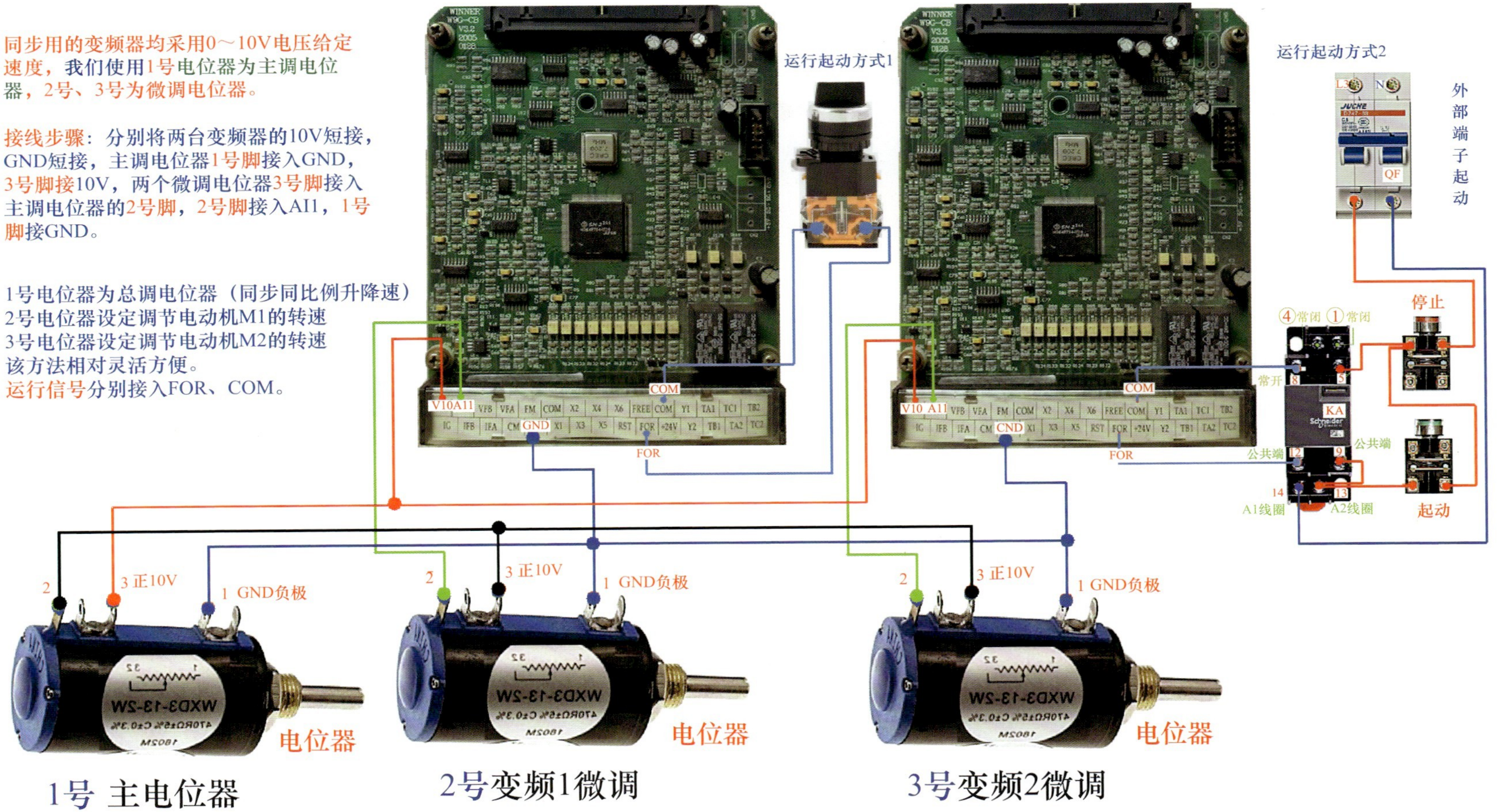

两台变频器同步运行电路实物接线图

→28 恒压供水变频器外部端子实物接线图

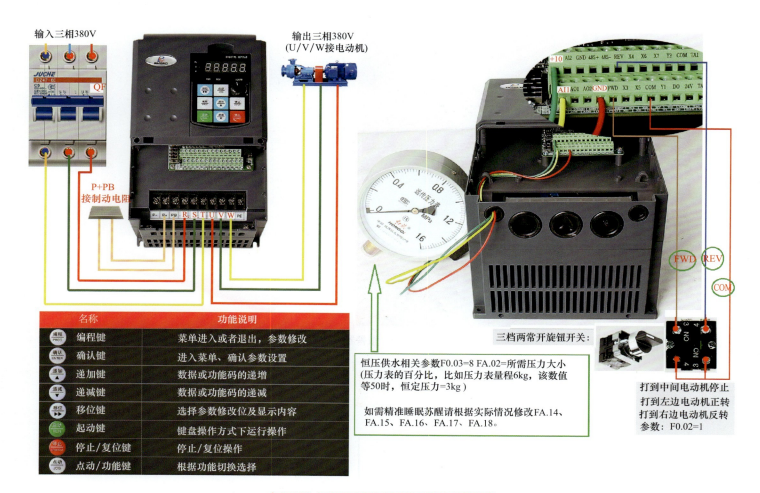

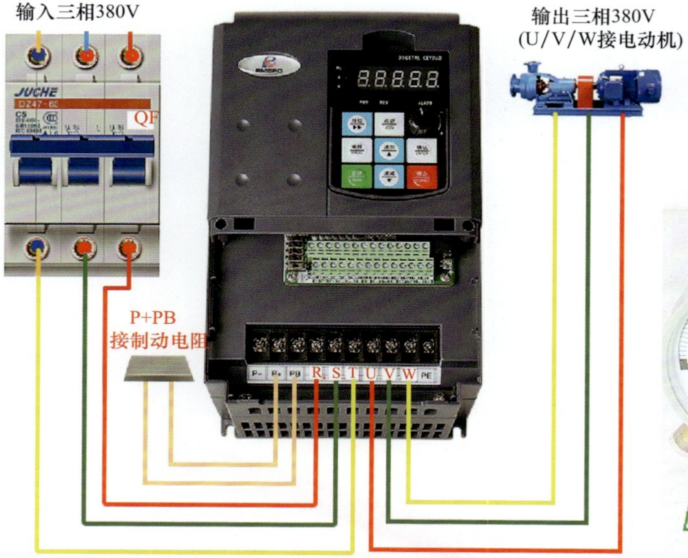

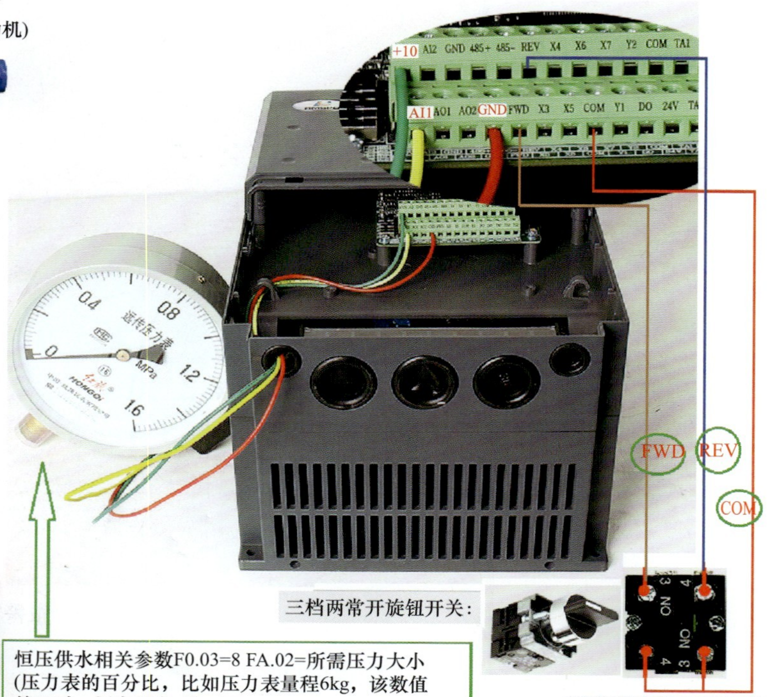

名称	功能说明
编程键	菜单进入或者退出，参数修改
确认键	进入菜单、确认参数设置
递加键	数据或功能码的递增
递减键	数据或功能码的递减
移位键	选择参数修改位及显示内容
起动键	键盘操作方式下运行操作
停止/复位键	停止/复位操作
点动/功能键	根据功能切换选择

恒压供水相关参数F0.03=8 FA.02=所需压力大小(压力表的百分比，比如压力表量程6kg，该数值等50时，恒定压力=3kg)

如需精准睡眠苏醒请根据实际情况修改FA.14、FA.15、FA.16、FA.17、FA.18。

打到中间电动机停止
打到左边电动机正转
打到右边电动机反转
参数：F0.02=1

恒压供水变频器外部端子实物接线图

→29 常用缺料报警电路实物接线图

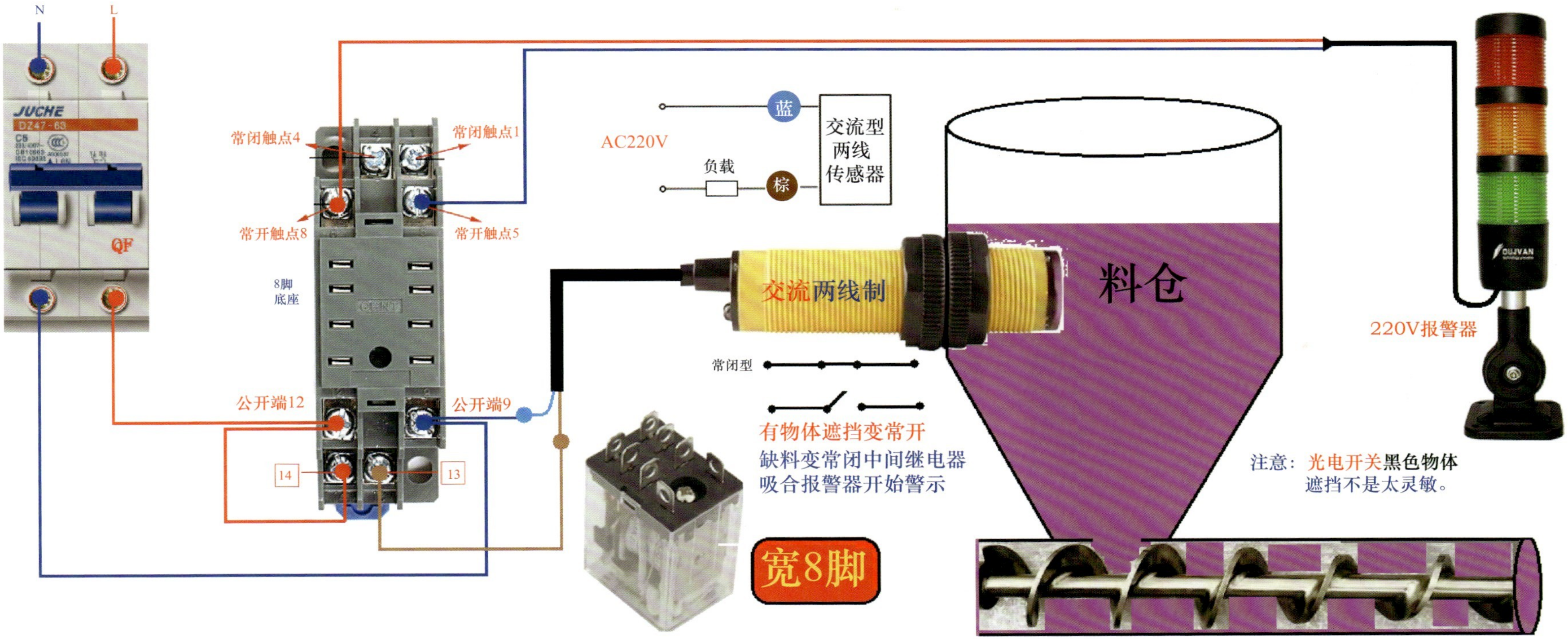
N
L
JUCHE
DZ47-63
QF
常闭触点4
常闭触点1
常开触点8
常开触点5
8脚
底座
公开端12
公开端9
14
13
AC220V
蓝
棕
负载
交流型
两线
传感器
交流两线制
料仓
常闭型
有物体遮挡变常开
缺料变常闭中间继电器
吸合报警器开始警示
宽8脚
220V报警器
注意：光电开关黑色物体
遮挡不是太灵敏。

常用缺料报警电路实物接线图

30 工业用配电箱控制电路实物接线图

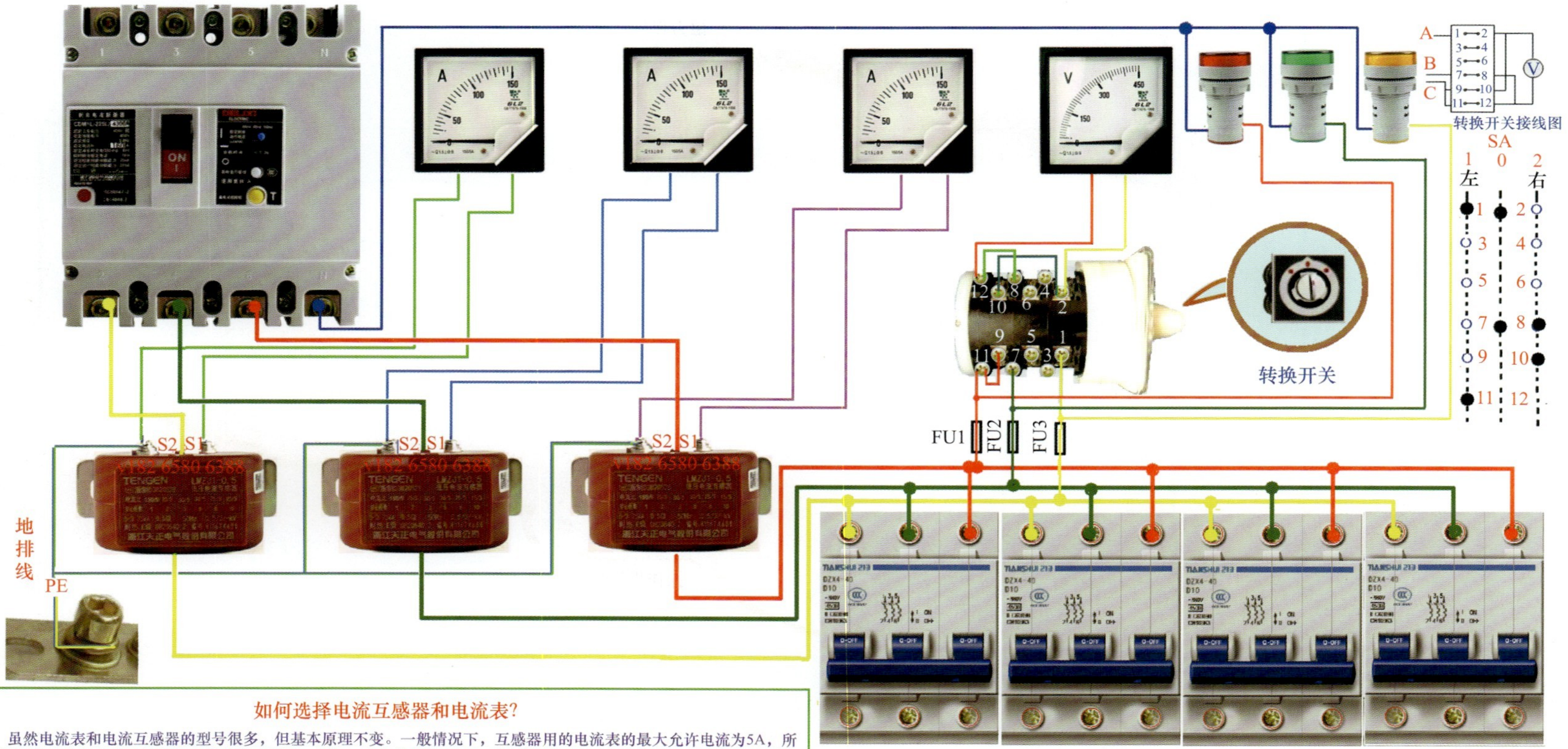

如何选择电流互感器和电流表？

虽然电流表和电流互感器的型号很多，但基本原理不变。一般情况下，互感器用的电流表的最大允许电流为5A，所以要根据你用电负荷来选择使用电流表和互感器。例如，动力负荷是50kW，通过计算可知，电流应是100A左右，那要选择100A或是150A的电流表，选择电流比为100/5或是150/5的互感器，实际应用时尽量选得稍微大一点，所以使用电流比为150/5的互感器和150A的电流表。

工业用配电箱控制电路实物接线图

→31　工业用 380V 空气压缩机控制电路实物接线图

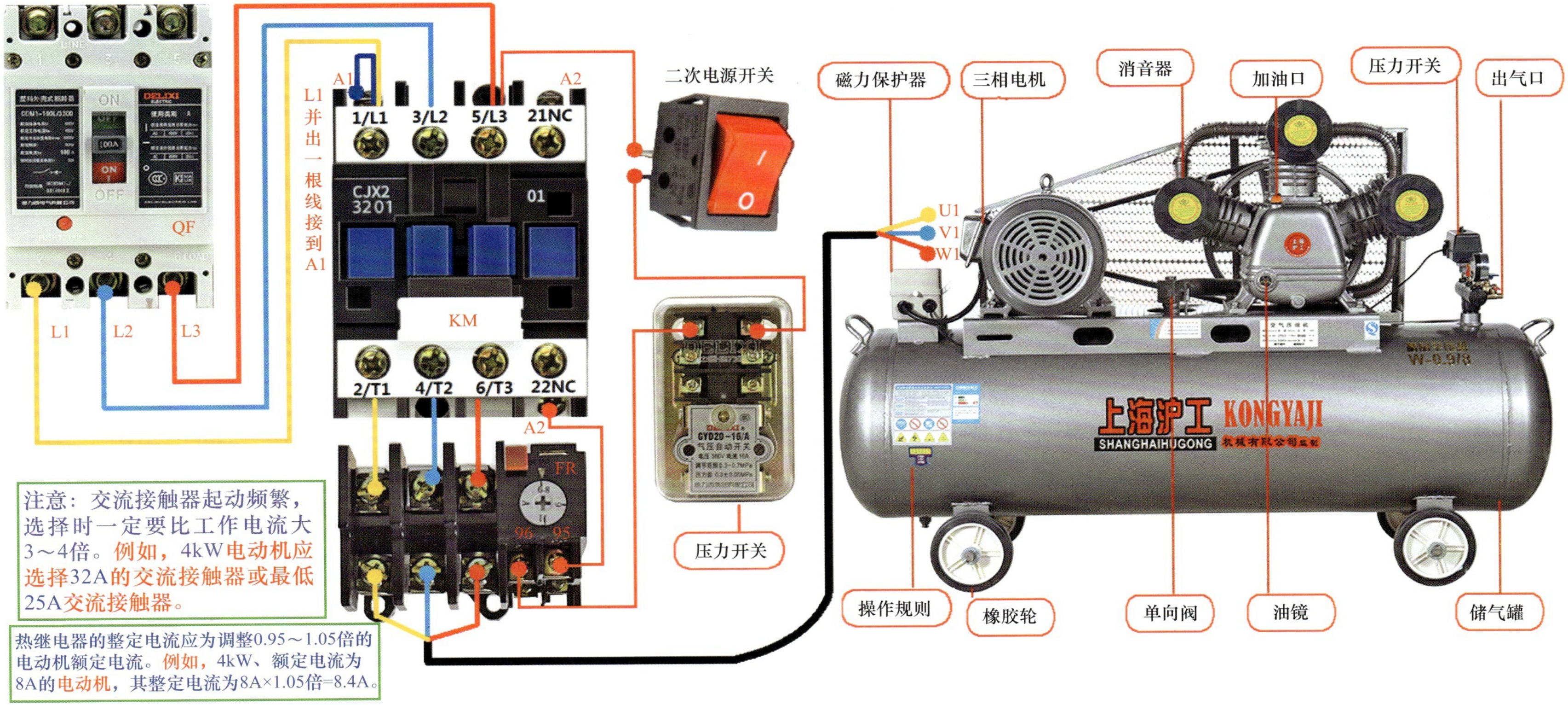

工业用 380V 空气压缩机控制电路实物接线图

→32 大功率饮水机控制电路实物接线图

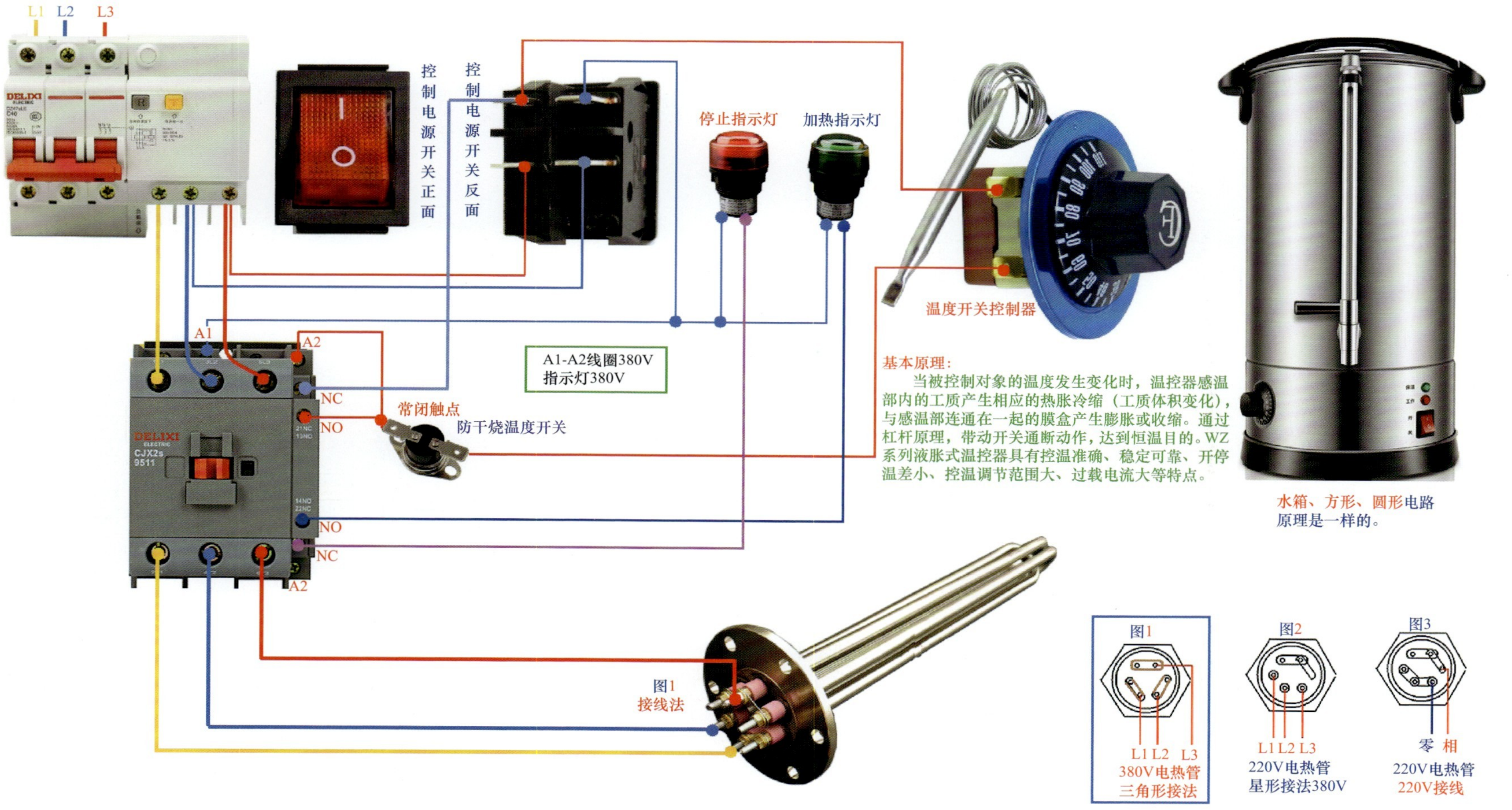

基本原理：

当被控制对象的温度发生变化时，温控器感温部内的工质产生相应的热胀冷缩（工质体积变化），与感温部连通在一起的膜盒产生膨胀或收缩。通过杠杆原理，带动开关通断动作，达到恒温目的。WZ系列液胀式温控器具有控温准确、稳定可靠、开停温差小、控温调节范围大、过载电流大等特点。

大功率饮水机控制电路实物接线图

附录

1 常用电气图形文字符号

常用电气名称；图形符号；文字符号

名称		图形符号	文字符号
速度继电器	常开触头		KS
	常闭触头		

名称		图形符号	文字符号
继电器	过电流继电器		KDC
	欠电压继电器		KV
	欠电流继电器		KUC
	中间继电器		KA
	常开触头		相应继电器符号
	常闭触头		

电感器线圈绕组		L

名称		图形符号	文字符号
转换开关	常开		SA
	常闭		
	复合		

熔断器		熔断器式刀开关		FU
热过载继电器	热元件			FR
	常开触头			
	常闭触头			
双绕组变压器				T或TM
三相变压器				

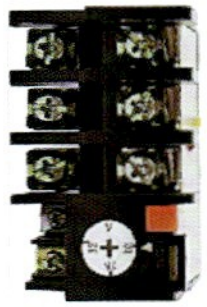

名称	图形符号	文字符号
电阻		R
可变电阻		R
电位器		RP
电容器		C
极性电容器		C
可调电容器		C
指示灯		HL
直流电源电池		DC

时间继电器	常开延时闭合触头上电延时		通电延时线圈KT
	常闭延时闭合触头上电延时		
	常闭延时闭合触头断电延时		断电延时线圈KT
	常开延时断开触头断电延时		

名称		图形符号	文字符号
位置开关 行程开关	常开		SQ
	常闭		
	复合		

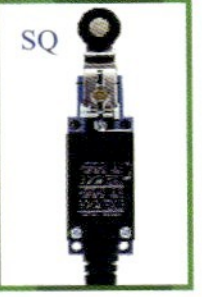

按钮开关	常开		SB
	常闭		
	复合		

三极电源开关		QS
低压断路器		QF

交流接触器	主触头		KM
	常开辅助触点		
	常闭辅助触点		

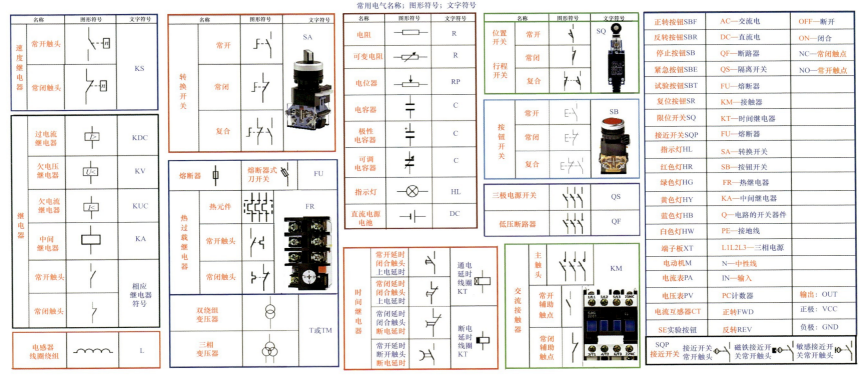

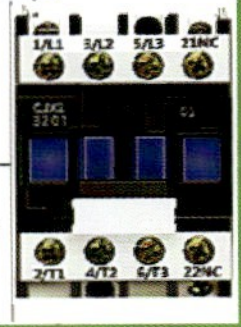

正转按钮SBF	AC—交流电	OFF—断开
反转按钮SBR	DC—直流电	ON—闭合
停止按钮SB	QF—断路器	NC—常闭触点
紧急按钮SBE	QS—隔离开关	NO—常开触点
试验按钮SBT	FU—熔断器	
复位按钮SR	KM—接触器	
限位开关SQ	KT—时间继电器	
接近开关SQP	FU—熔断器	
指示灯HL	SA—转换开关	
红色灯HR	SB—按钮开关	
绿色灯HG	FR—热继电器	
黄色灯HY	KA—中间继电器	
蓝色灯HB	Q—电路的开关器件	
白色灯HW	PE—接地线	
端子板XT	L1L2L3—三相电源	
电动机M	N—中性线	
电流表PA	IN—输入	
电压表PV	PC计数器	输出：OUT
电流互感器CT	正转FWD	正极：VCC
SE实验按钮	反转REV	负极：GND

SQP接近开关	接近开关常开触头	磁铁接近开关常开触头	敏感接近开关常开触头

常用的电气图形文字符号

2 欧姆定律

阻性负载电流的计算

电路中的负载是纯电阻或者可以等效为纯电阻，这样的负载就是阻性负载。

比如：白炽灯、电阻炉等是阻性负载。

单相电流的计算$I=P/U$

例：计算1kW AC220V灯泡的电流
1000W/220V=4.5A

三相电流的计算$I=P/U/\sqrt{3}$

电流等于功率除以电压，再除以$\sqrt{3}$，

$\sqrt{3}$=1.732。例1：10kW电炉，
三相AC 380V，求电流大小。

10000W/380V/1.732=15.2A

阻性负载电流快算法：

单相AC220V电流=4.5倍功率（kW）
三相AC380V电流=1.5倍功率（kW）

欧姆定律：

（千瓦）　$P = U \times I$

P--电功率（瓦）　（11000W）=220V×50A

I--电流A（安）　$I=\dfrac{U}{R}=\dfrac{220V}{48.4\Omega}=4.55A$

R--电阻Ω（欧）　$R=\dfrac{U}{I}=\dfrac{220V}{4.55A}=48.4\Omega$

U--电压V（伏）　$I=\dfrac{P}{U}=\dfrac{1000W}{220V}=4.55A$

电动机额定电流的计算

隔爆型三相异步电动机　Ex

型号YB2-250M-4	55kW	380/660V	Δ/Y接	IP55	防爆标志ExdII	530kg
COS0.87	102.7/59.3A	50Hz	1480r/min	F级绝缘	标准编码JB/T7565.1-200	
效率(%)93	工作制S1	防爆合格证编码CNEx08.1775			编码0767	2010年

××××电机有限公司

知道电动机的功率算电流　55000W

三相电动机电流的计算

$I=P/U/\sqrt{3}/\cos\varphi/\eta$（$\cos\varphi$功率因数，$\eta$效率）
即：电流=功率/电压/$\sqrt{3}$/功率因数/效率
（注：$\sqrt{3}$=1.732）

公式：$I=P/U/\sqrt{3}/\cos\varphi/\eta$

由铭牌可知：功率55000W，电压380V，功率因数0.87，效率0.93
代入公式：I=55000W÷380V÷1.732÷0.87÷0.93=103.3A

铭牌显示电流为102.7A;有0.5A的误差也算正确

知道三相电动机的电流算功率　103.2A

P=1.732×I×U×功率因数×效率

55000W=1.732×103.2A×380V×0.87×0.93

单相电动机电流的计算

$I=P/U/\cos\varphi/\eta$（$\cos\varphi$功率因数，η效率）

即电流=功率/电压/功率因数/效率

我们实际应用中，也可以按照经验快速计算，但误差稍大些。

电动机额定电流快速计算法：

单相AC220V 1kW等于6A

例如：1.1kW×6等于6.6A
1.5kW×6等于9A
3kW×6等于18A

三相AC380V 1kW等于2A

例如：1.1kW×2等于2.2A
1.5kW×2等于3A
3kW×2等于6A

欧姆定律

3 断路和短路详解

◆ 断路

所谓断路就是闭合电路的某一部分断开，电流不能导通。

发生断路，电气设备便不能工作，运行中的设备陷于停顿状态或异常状态。

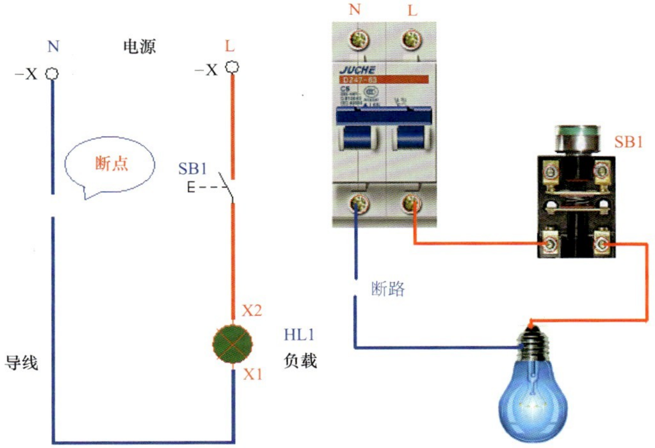

如上图：当SB1按下，指示灯HL1不亮就是断路。

◆ 短路

所谓短路就是由电源通向用电设备（负载）的导线不经过负载（或负载电阻为零）而相互直接连接。

相对于断路而言，短路的危害更大，轻则烧毁电器元件或电线，重则有人员生命危险。断路最多就是负载不工作而已。

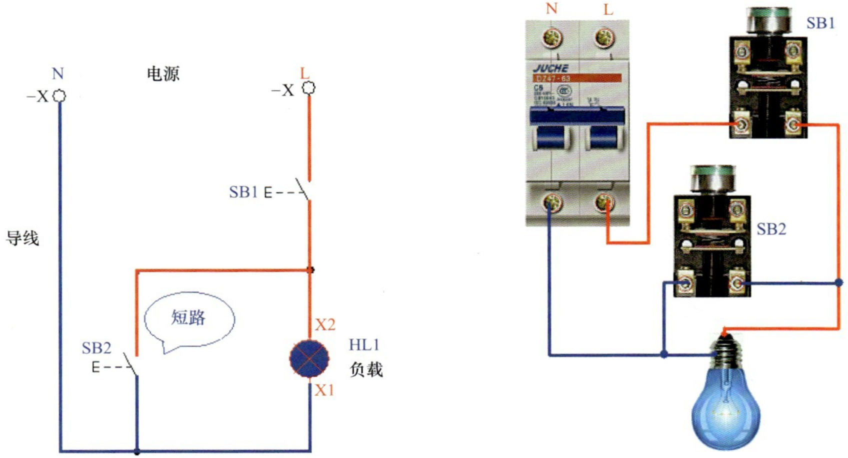

如上图：当开关SB1按下，SB2不按下的情况下，灯泡HL1正常工作；当开关SB1和SB2都按下的情况下，电没有经过负载，直接相连了，产生短路。

单相AC220V中，相线和零线之间不经过负载直接连接,为短路。

三相AC380V中，三根相线任意两相不经过负载直接连接，为短路。电池中，正负极不经过负载直接连接,为短路。

4 快速估算电流

快速学会电线承载电流 估算

铝线

U--电压V(伏)

I--电流A(安)

220V ×(50A) = 11000W

U × I = P

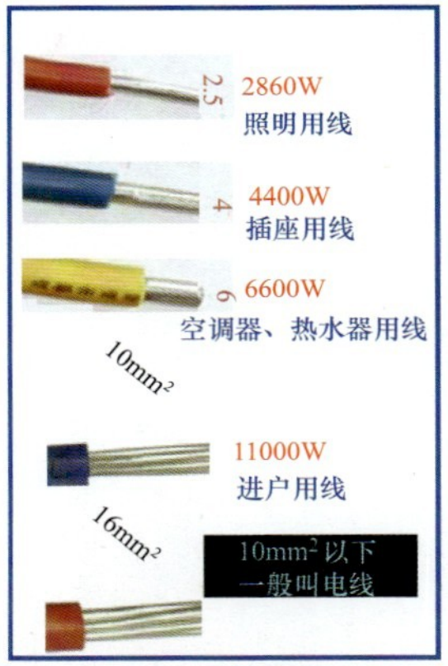

2.5
2860W
照明用线
4
4400W
插座用线
6
6600W
空调器、热水器用线
10mm²
11000W
进户用线
16mm²
10mm²以下
一般叫电线

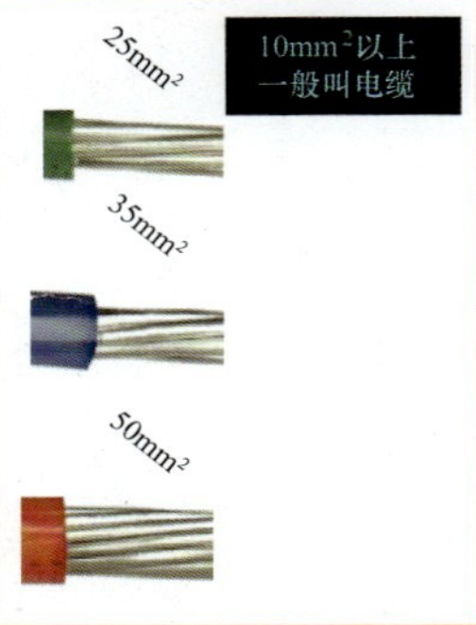

25mm²
10mm²以上
一般叫电缆
35mm²
50mm²

10下五
1mm² ×5A=5A
1.5mm² ×5A=8A
2.5mm² ×5A=12.5A
4mm² ×5A=20A
6mm² ×5A=30A
10mm² ×5A=(50A)

25 35 四三界

16mm² ×4A=64A

25mm² ×4A=100A

25,35 四三界

35mm² ×3A=105A

50mm² ×3A=150A

70 95 两倍半

70mm² ×2.5A=175A

95mm² ×2.5A=225A

100 上二

120mm² ×2A=240A

150mm² ×2A=300A

185mm² ×2A=370A

铝线估算口诀一

铝芯 电线 电缆 载流量 标准电缆 载流量口诀
二点五下乘以九，往上减一顺号走。 三十五乘三点五，双双成组减点五。 条件有变加折算，高温九折铜升级。 穿管根数二三四，八七六折满载流。

上述口诀估算偏大可以运用于铜线的计算

实际使用要按80%计算

铝线估算口诀二

铝芯 电线 电缆 载流量 标准电缆 载流量口诀
10 下五，100 上二 25 35四三界 70 95两倍半 穿管 高温 八九折 裸线加一半铜线升级算

上述口诀适用于铝芯绝缘线，根据使用不同环境会有误差；数据仅供参考。

实际使用要按80%计算

铜线

220V ×(32A) = 7040W

U × I = P

U--电压V(伏)

I--电流A(安)

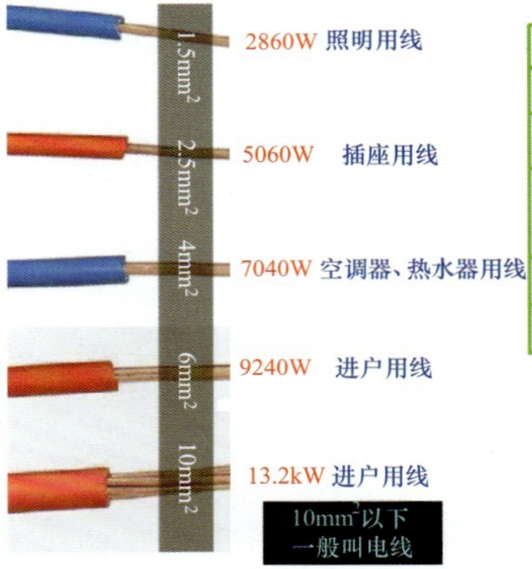

1.5mm²
2860W 照明用线
2.5mm²
5060W 插座用线
4mm²
7040W 空调器、热水器用线
6mm²
9240W 进户用线
10mm²
13.2kW 进户用线
10mm²以下
一般叫电线

二点五下乘以九
1mm² ×9A=9A
1.5mm² ×9A=13.5A
2.5mm² ×9A=22.5A
往上减一顺号走 4mm² ×8A=(32A)
6mm² ×7A=42A
10mm² ×6A=60A

16mm² ×5A=80A

25mm² ×4A=100A

35mm² ×3.5A=122.5A

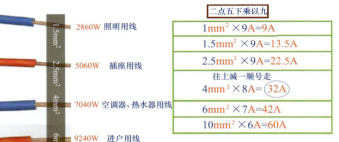

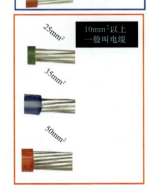

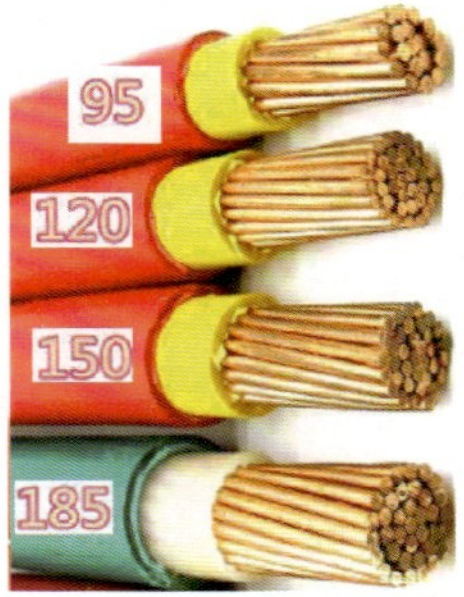

95
120
150
185

双双成组减点五

50mm² ×3A=150A

70mm² ×3A=210A

95mm² ×3A=285A

120mm² ×2.5A=300A

150mm² ×2.5A=375A

185mm² ×2.5A=462.5A

快速估算电流